工程施工图识读入门系列丛书

水暖工程施工图识读入门

本书编写组　编

中国建材工业出版社

图书在版编目(CIP)数据

水暖工程施工图识读入门/《水暖工程施工图识读入门》编写组编. —北京：中国建材工业出版社，2012.10

（工程施工图识读入门系列丛书）

ISBN 978-7-5160-0313-8

Ⅰ.①水… Ⅱ.①水… Ⅲ.①给排水系统-建筑安装-识别 ②采暖设备-建筑安装-识别 Ⅳ.①TU8

中国版本图书馆 CIP 数据核字(2012)第 237272 号

水暖工程施工图识读入门

本书编写组 编

出版发行：中国建材工业出版社

地　　址：北京市西城区车公庄大街 6 号

邮　　编：100044

经　　销：全国各地新华书店

印　　刷：北京紫瑞利印刷有限公司

开　　本：850mm×1168mm　1/32

印　　张：11.5

字　　数：354 千字

版　　次：2012 年 10 月第 1 版

印　　次：2012 年 10 月第 1 次

定　　价：**30.00 元**

本社网址：www.jccbs.com.cn

本书如出现印装质量问题，由我社发行部负责调换。电话：(010)88386906

对本书内容有任何疑问及建议，请与本书责编联系。邮箱：dayi51@sina.com

内容提要

本书根据最新《房屋建筑制图统一标准》(GB/T 50001—2010)和《建筑给水排水制图标准》(GB/T 50106—2010)进行编写，详细介绍了水暖工程施工图识读的基础理论和方法。全书主要内容包括投影基本原理、水暖工程施工图绘制与识读基础、给排水施工图识读、室内热水供应系统施工图识读、采暖工程施工图识读、燃气工程施工图识读、建筑消防给水系统施工图识读、小区给排水工程施工图识读、中水系统施工图识读、计算机绘图简介等。

本书在编写内容上选取了入门基础知识，在叙述上尽量做到浅显易懂，可供水暖工程施工技术与管理人员使用，也可供高等院校相关专业师生学习时参考。

水暖工程施工图识读入门

编 写 组

主　编：范　迪
副主编：梁金钊　张婷婷
编　委：高会芳　李良因　马　静　张才华
孙邦丽　许斌成　秦大为　孙世兵
蒋林君　何晓卫　汪永涛　甘信忠
徐晓珍　刘海珍　葛彩霞

前　言

众所周知，无论是建造一幢住宅、一座公园还是一架大桥，都需要首先画出工程图样，其后才能按图施工。所谓工程图样，就是在工程建设中，为了正确地表达建筑物或构筑物的形状、大小、材料和做法等内容，将建筑物或构筑物按照投影的方法和国家制图统一标准表达在图纸上。工程图样是“工程界的技术语言”，是工程规划设计、施工不可或缺的工具，是从事生产、技术交流不可缺少的重要资料。工程技术人员在进行相关施工技术与管理工作时，首先要必须读懂施工图样。工程施工图的识读能力，是工程技术人员必须掌握的最基本的技能。

近年来，为了适应科学技术的发展，统一工程建设制图规则，保证制图质量，提高制图效率，做到图面清晰、简明，符合设计、施工、审查、存档的要求，满足工程建设的需要，国家对工程建设制图标准规范体系进行了修订与完善，新修订的标准规范包括《房屋建筑制图统一标准》（GB/T 50001—2010）、《总图制图标准》（GB/T 50103—2010）、《建筑制图标准》（GB/T 50104—2010）、《建筑结构制图标准》（GB/T 50105—2010）、《建筑给水排水制图标准》（GB/T 50106—2010）、《暖通空调制图标准》（GB/T 50114—2010）等。《工程施工图识读入门系列丛书》即是以工程建设领域最新标准规范为编写依据，根据各专业的制图特点，有针对性地对工程建设各专业施工图的内容与识读方法进行了细致地讲解。丛书在编写内容上，选取了入门基础知识，在叙述上尽量做到通俗易懂，以方便读者轻松地掌握工程图识读的基本要领，能够初步进行相关图纸的阅读，从而为能更好的工作和今后进一步深入学习打好基础。

丛书的编写内容包括各种投影法的基本理论与作图方法，各专业工程的相关图例，各专业工程施工相关知识，以及各专业施工图识读的方法与示例，在内容上做到基础知识全面、易学、易掌握，以满足初学者对施工图识读入门的需求。

本套丛书包括以下分册：

（1）建筑工程施工图识读入门

（2）建筑电气施工图识读入门

（3）水暖工程施工图识读入门

（4）通风空调施工图识读入门

（5）市政工程施工图识读入门

（6）装饰装修施工图识读入门

（7）园林绿化施工图识读入门

（8）水利水电施工图识读入门

本套丛书的编写人员大多是具有丰富工程设计与施工管理工作经验的专家学者，丛书内容是他们多年实践工作经验的积累与总结。丛书编写过程中参考或引用了部分单位和个人的相关资料，在此表示衷心感谢。尽管丛书编写人员已尽最大努力，但丛书中错误及不当之处在所难免，敬请广大读者批评、指正，以便及时修订与完善。

编　者

目 录

第一章　投影基本原理

第一节　概　　述

一、投影的概念

工程图是工程设计人员用来表达设计构思和设计意图的工程图样，其可以准确而详尽地表达设计人员的意图，以作为编制施工预算和指导施工的根据。工程图是根据投影原理绘制出来的，因此，投影原理是工程图识读的重要基础之一。

在工程上，我们所研究的对象都是空间形体，而表达这些形体的图形一般是平面的，因此首先要解决的问题，是如何把空间形体表示到平面上去。

1. 投影的形成

在日常生活中，物体在日光或灯光的照射下，会在地面、墙面或其他表面上产生影子。这就是自然界的投影现象，这种影子在一定程度上反映了物体的形状和大小，但它仅反映了物体的外轮廓，而不能反映该物体的形状。

工程中的投影不仅要求外部轮廓线清晰，同时还能反映内部轮廓及形状，这样才能符合清晰表达工程物体形状大小的要求。所以，要形成工程制图所要求的投影，应有三个假设：一是光线能够穿透物体；二是光线在穿透物体的同时能够反映其内部、外部的轮廓（看不见的轮廓用虚线表示）；三是对形成投影的光线的射向作相应的选择，以得到不同的投影。

我们把上述的自然现象加以抽象得到空间形体的图形，即假定物体是透明的，光线可以穿过物体，使所产生的“影子”不是黑色一片，而能由线条来显示物体的完整形象，如图 1-1 所示，这种“影子”称为投影，把发出光线的光源称为投影中心，光线称为投影线，光线的射向称为投影方向，产生“影子”的面称为投影面，这种研究空间形体与其投影之间关系的方法，称为投影法，用投影法画出物体的图形称为投影图，习惯上也将投影物体称为形体。

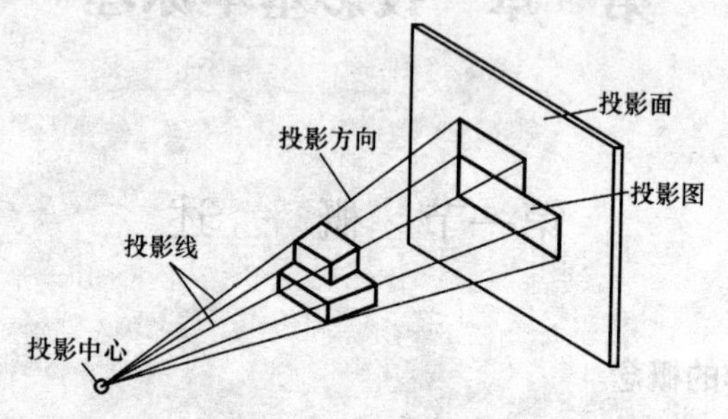

图 1-1　投影图的形成

2. 投影的分类

工程上根据投射线的不同可将投影分为中心投影和平行投影两大类。

(1)中心投影。投影中心 S 在有限的距离内，发出放射状的投射线时，求作的投影称为中心投影。如图 1-2 所示，形体的投影随光源的方向和距形体的距离而变化，光源距形体越近，投影越大，不能反映形体的真实大小。工程上运用中心投影法绘制物体的投影图称为透视图，如图 1-3 所示。其直观性很强、形象逼真，常用作建筑方案设计图和效果图。但绘制比较繁琐，而且建筑物等的真实形状和大小不能直接在图中度量，不能作为施工图用。

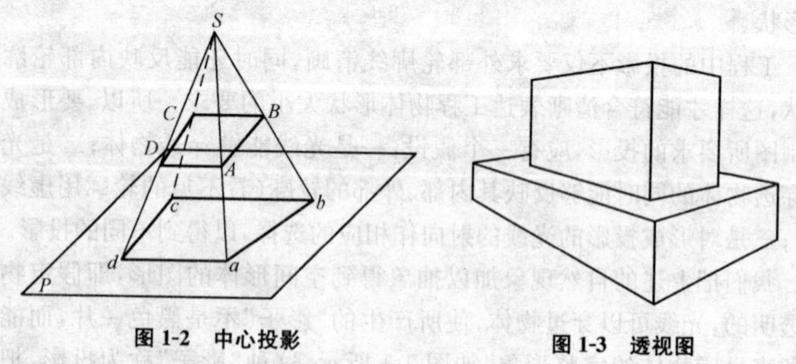

图 1-2　中心投影

图 1-3　透视图

(2)平行投影。投影中心 S 在无限远处发出的投射线按一定的投影方向平行投射下来的时候,求作的投影称为平行投影。假设光源在无限远处,投影线互相平行,这时投影的大小与形体到光源的距离无关,如图 1-4 所示。

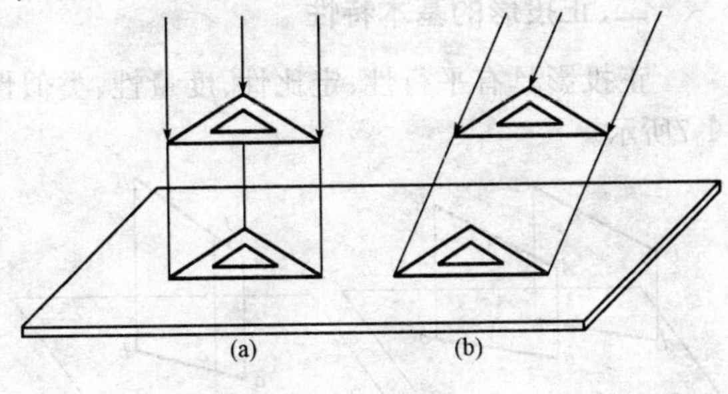

图 1-4　平行投影

(a)正投影;(b)斜投影

平行投影按照投影方向的不同又分为正投影与斜投影两种。

1)正投影。平行投影中投射线与投影面垂直时的投影称为正投影,正投影也称为直角投影,如图 1-4(a)所示。采用正投影法,在三个互相垂直相交且平行于物体主要侧面的投影面上所作出的物体投影图,称为正投影图,如图 1-5 所示。该投影图能够较为真实地反映出物体的形状和大小,即度量性好,多用于绘制工程设计图和施工图。

2)斜投影。投射线与投影面斜交时的投影称为斜投影,如图 1-4(b)所示。用斜投影法可绘制斜轴测图,如图 1-6 所示。投影图有一定的立体感,作图简单,但不能准确地反映物体的形状,视觉上变形和失真,只能作为工程的辅助图样。

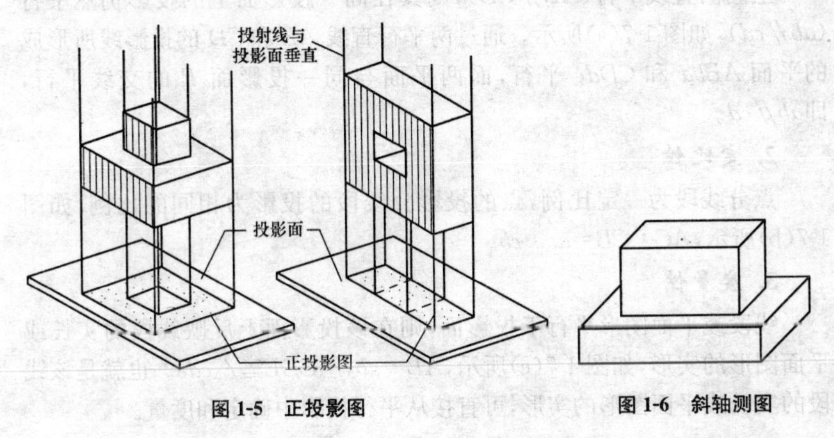

图 1-5　正投影图　　图 1-6　斜轴测图

二、正投影的基本特性

正投影具有平行性、定比性、度量性、类似性及积聚性等特性，如图1-7所示。

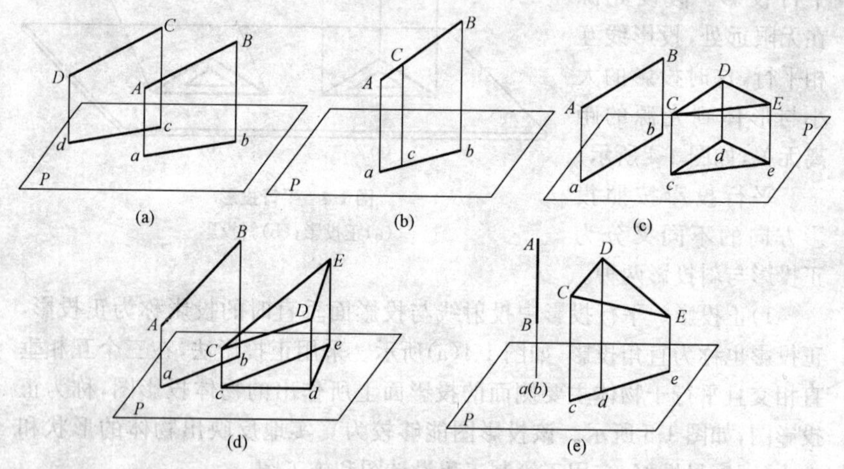

图 1-7 平面投影的特性

(a)平行性；(b)定比性；(c)度量性；(d)类似性；(e)积聚性

1. 平行性

空间两直线平行($AB/\!/CD$)，则其在同一投影面上的投影仍然平行($ab/\!/cd$)，如图 1-7(a)所示。通过两平行直线 AB 和 CD 的投影线所形成的平面 $ABba$ 和 $CDdc$ 平行，而两平面与同一投影面 P 的交线平行，即$ab/\!/cd$。

2. 定比性

点分线段为一定比例，点的投影分线段的投影为相同的比例，如图1-7(b)所示，$AC:CB=ac:cb$。

3. 度量性

线段或平面图形平行于投影面，则在该投影面上反映线段的实长或平面图形的实形，如图 1-7(c)所示，$AB=ab$，$\triangle CDE\cong\triangle cde$。也就是该线段的实长或平面图形的实形，可直接从平行投影中确定和度量。

4. 类似性

线段或平面图形不平行于投影面，其投影仍是线段或平面图形，但不反映线段的实长或平面图形的实形，其形状与空间图形相似。这种性质为类似性，如图 1-7(d)所示，$ab<AB$，$\triangle CDE \backsim \triangle cde$。

5. 积聚性

直线或平面图形平行于投影线(正投影则垂直于投影面)时，其投影积聚为一点或一直线，如图 1-7(e)所示，该投影称为积聚投影，这种特性称为积聚性。

三、三面投影图

三面投影图的特性及其相互关系是读图、识图的基础，将三面投影对照、分析、思考，弄清形体的上下、左右、前后关系，从而建立起形体的空间概念，是读图的基本方法。

1. 三面投影体系

如图 1-8 所示，空间五个不同状的物体在同一个投影面上的投影都是相同的。因此，在正投影法中形体的一个投影一般是不能反映空间形体形状的。

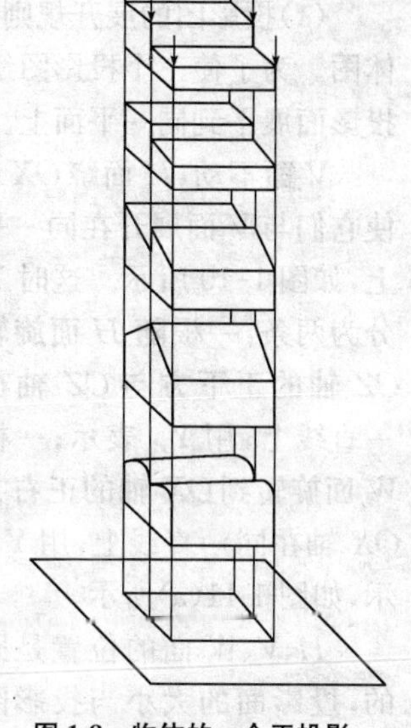

图 1-8　物体的一个正投影不能确定其空间的形状

一般来说，用三个互相垂直的平面作投影面，用形体在这三个投影面上的三个投影才能充分表达出这个形体的空间形状。这三个互相垂直的投影面，称为三面投影体系，如图 1-9 所示。图中水平方向的投影面称为水平投影面，用字母 H 表示，也可以称为 H 面；与水平投影面垂直相交的正立方向的投影面称为正立投影面，用字母 V 表示，也可以称为 V 面；与水平投影面及正立投影面同时垂直相交的投影面称为侧立投影面，用字母 W 表示，也可以称为 W 面。各投影面相交的交线称为投影轴，其中 V 面与 W 面的相交线称作 X 轴；W 面与 H 面的相交线称作 Y 轴；V 面与 W 面的相交线称作 Z 轴，三条投影轴的交点 O 称为原点。

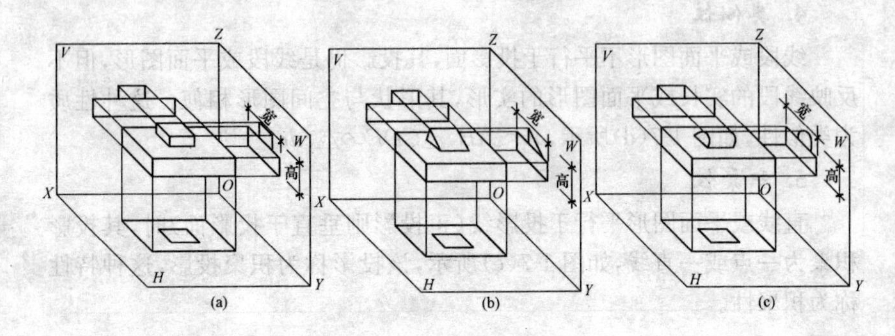

图 1-9　形体的三面投影

2. 三面投影图的形成

从形体上各点向 H 面作投影线，即得到形体在 H 面上的投影，这个投影称为水平投影；从形体上各点向 V 面作投影线，即得到形体在 V 面上的投影，这个投影称为正面投影；从形体上各点向 W 面作投影线，即得到形体在 W 面上的投影，这个投影称为侧面投影。

3. 三面投影图的展开

(1)投影图的展开规则。图 1-10 所示为长方体的正投影图形成的立体图。为了使三个投影图绘制在同一平面图纸上，需将三个垂直相交的投影面展平到同一平面上。其展开规则如下：

V 面不动，H 面绕 OX 轴向下旋转 90°；W 面绕 OZ 轴向后旋转 90°，使它们与 V 面展开在同一平面上，如图 1-10 所示。这时 Y 轴分为两条：一根随 H 面旋转到 OZ 轴的正下方与 OZ 轴在同一直线上，用 Y_H 表示；一根随 W 面旋转到 OX 轴的正右方与 OX 轴在同一直线上，用 Y_W 表示，如图 1-11(a)所示。

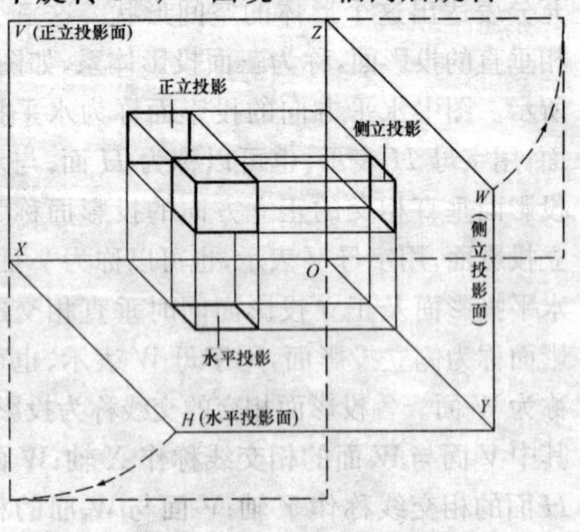

图 1-10　三面正投影及展开

H、V、W 面的位置是固定的，投影面的大小与投影图无关。在实际绘图时，不必画出投影面的边框，也不必注明 H、V、W 字样；待到对投影知识熟知后，投影轴 OX、OY、OZ 也不必画出，如图 1-11(b)所示。

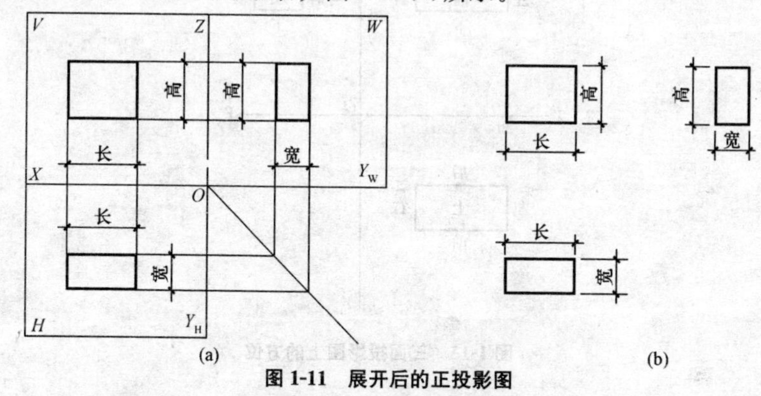

图 1-11　展开后的正投影图

(a)正投影图；(b)无轴正投影图

(2)三面投影图反映的方位。任何物体都有前、后、左、右、上、下六个方位，其三面正投影体系及其展开如图 1-12 所示。从图中可以看出：三个投影图分别表示它的三个侧面。这三个投影图之间既有区别又互相联系，每个投影图都相应反映出其中的四个方位，如 H 面投影仅反映出形体左、右、前、后四个面的方位关系。需要特别注意的是形体前方位于 H 投影的下侧，如图 1-13 所示。这是由于 H 面向下旋转、展开的缘故。识别形体的方位关系，对识图很有帮助。

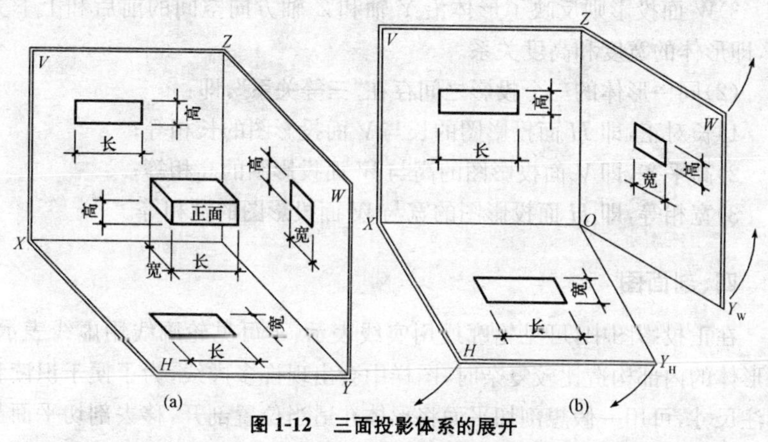

图 1-12　三面投影体系的展开

(a)长宽高在投影体系中的反映；(b)展开示意图

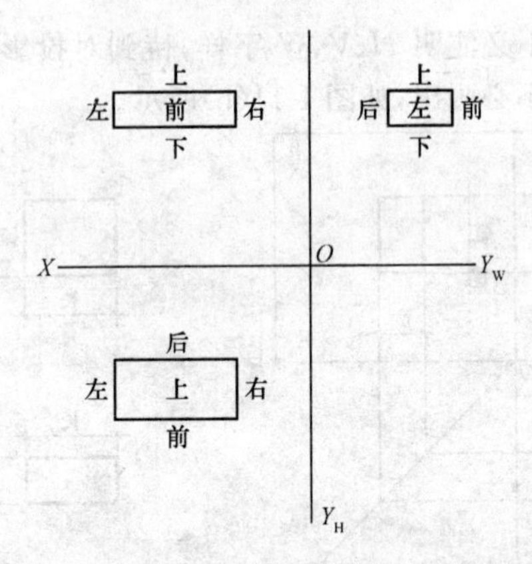

图 1-13　三面投影图上的方位

4. 三面投影规律

(1)形体具有上下、左右、前后(长、宽、高)三个方向的尺度,在三面投影图中,每个投影反映了两个方向的关系,即:

1)H 面投影反映了形体沿 X 轴和 Y 轴方向空间的左右和前后关系,即形体的长度和宽度关系;

2)V 面投影反映了形体沿 X 轴和 Z 轴方向空间的左右和上下关系,即形体的长度和高度关系;

3)W 面投影则反映了形体沿 Y 轴和 Z 轴方向空间的前后和上下关系,即形体的宽度和高度关系。

(2)同一形体的三个投影之间存在"三等关系",即:

1)长对正,即 H 面投影图的长与 V 面投影图的长相等;

2)高平齐,即 V 面投影图的高与 W 面投影图的高相等;

3)宽相等,即 H 面投影图的宽与 W 面投影图的宽相等。

四、剖面图

在正投影图中,可见轮廓线用实线表示,不可见轮廓线用虚线表示。当形体的内部构造比较复杂时,图样中会出现许多虚线,为了便于识读和标注尺寸,可用一假想剖切平面将形体在适当位置剖开,移去剖切平面与观察者之间的形体部分,然后对剩余的形体部分进行正面投影,所得投影图称为剖面图。图1-14所示为某水槽剖面图。

(1)剖面图的标注。剖面图的标注通常采用剖切时，应表示剖切位置及投影方向。

(2)剖切方法。为使剖面图表达形体更清楚，可采用不同的剖切平面形式和数量。如可用一个剖切平面剖切；两个或两个以上平行(或相交)剖切面剖切；分层剖切等。

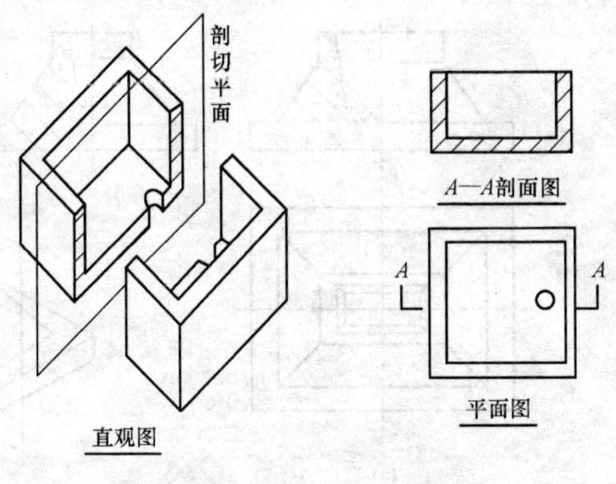

图1-14　某水槽剖面图

(3)剖面图的画法。

1)全剖面图：用一剖切平面将形体全部剖开所画出的剖面图。这种剖面图适用于形体不对称，或外形简单而内部复杂的形体。如图1-15所示为检查井全剖面图。

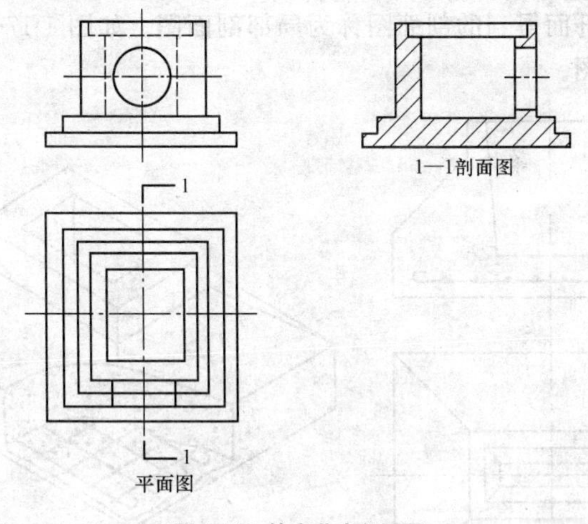

图1-15　检查井全剖面图

2)半剖面图：当形体对称而构造较为复杂时，可选用两个相交面剖切。可将形体投影图的一半画成表示形体外部构造的外形图，另一半画成剖面图，表明形体内部构造，如图 1-16 所示。

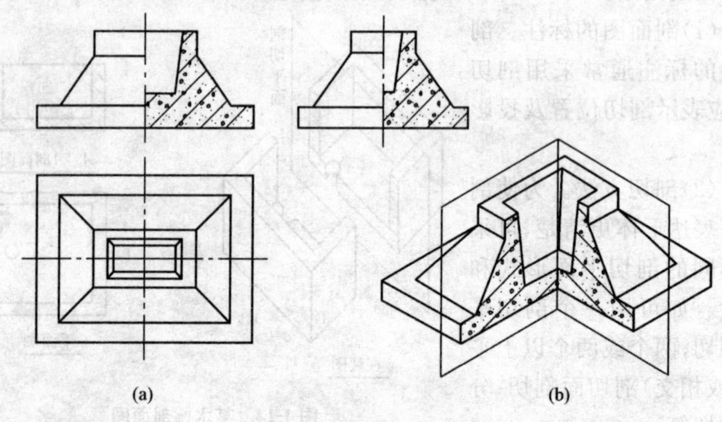

图 1-16　半剖面图示意图

(a)正面投影半剖面图；(b)侧面投影半剖面图

3)局部剖面图。当形体某一局部的内部形状需要表达，但又没必要作全剖或不适合作半剖时，可以保留原视图的大部分，用剖切平面将形体的局部剖切开而得到的剖面图称为局部剖面图。如图 1-17 所示为局部剖面图示意图。

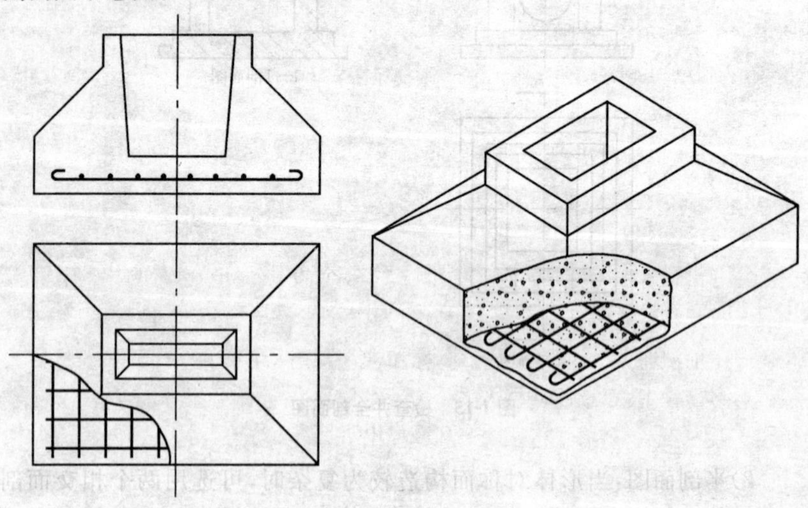

图 1-17　局部剖面示意图

五、工程中常用的投影图

为了清楚地表示不同的工程对象，满足工程建设的需要，工程中常用的投影图有透视投影图、轴测投影图、正投影图和标高投影图四种。

1. 透视投影图

运用中心投影的原理绘制的具有逼真立体感的单面投影图称为透视投影图，简称透视图。它具有真实、直观、有空间感且符合人们视觉习惯的特点，但绘制较复杂，形体的尺寸不能在投影图中度量和标注，不能作为施工的依据，仅用于建筑及室内设计等方案的比较以及美术、广告等，如图 1-18 所示。

2. 轴测投影图

图 1-19 所示为物体的轴测投影图。它是运用平行投影的原理在一个投影图上做出的具有较强立体感的单面投影图。其特点是作图较透视图简单，相互平行的线可平行画出，但立体感稍差，常作为辅助图样。

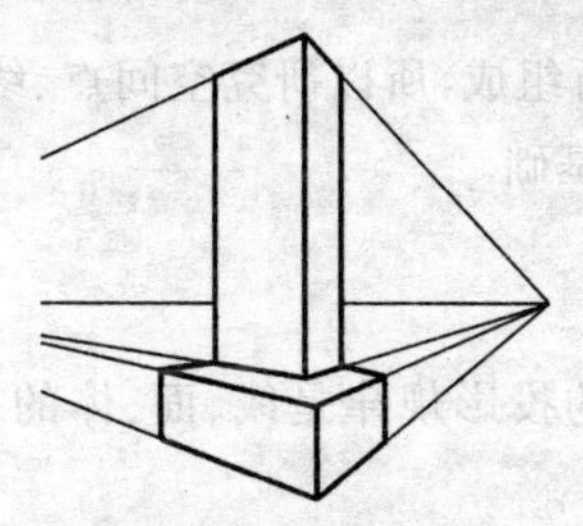

图 1-18　形体的透视投影图

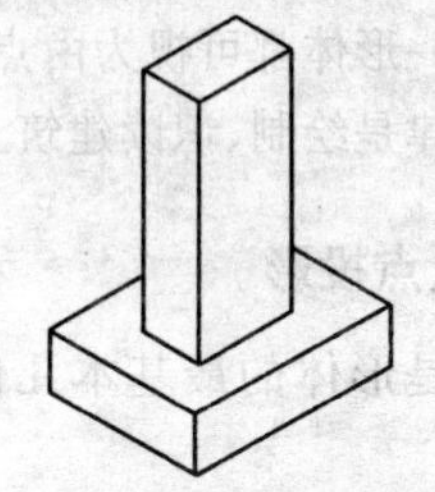

图 1-19　形体的轴测投影图

3. 正投影图

运用正投影法使形体在相互垂直的多个投影面上得到的投影，然后按规则展开在一个平面上所得到的图为正投影图。其特点是作图较透视投影图和轴测投影图简单，便于度量和标注尺寸，形体的平面平行于投影面时能够反映其实形，所以在工程上应用最多。但缺点是无立体感，需多个正投影图结合起来分析想象，才能得出立体形象。

4. 标高投影图

标高投影是标有高度数值的水平正投影图。在建筑工程中常用于表示地面的起伏变化、地形、地貌。作图时，用一组上下等距的水平剖切平面剖切地面，其交线反映在投影图上称为等高线。将不同高度的等高线自上而下投影在水平投影面上时，便可得到等高线图，称为标高投影图，如图 1-20 所示。

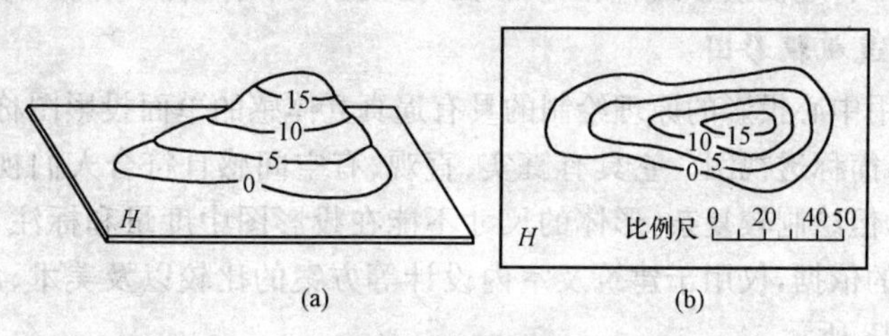

图 1-20　标高投影图

(a)立体状况；(b)标高投影图

第二节　点、直线和面的投影

任一形体都可视为由点、直线、面所组成，所以研究空间点、线、面的投影规律是绘制、识读建筑工程图样的基础。

一、点投影

点是形体的最基本几何元素，点的投影规律是线、面、体的投影的基础。

1. 点的三面投影

点在任何投影面上的投影仍是点，如图 1-21 所示，作出点 A 在三面投影体系中的投影。过点 A 分别向 H 面、V 面和 W 面作投影线，投影线与投影面的交点 a、a'、a''，就是点 A 的三面投影图。点 A 在 H 面上的投影 a，称为点 A 的水平投影；点 A 在 V 面上的投影 a'，称为点 A 的正面投影；点 A 在 W 面上的投影 a''，称为点 A 的侧面投影。

2. 点的三面投影规律

在图 1-21 中，过空间点 A 的两点投影线 Aa 和 Aa'确定的平面，与 H 面和 V 面同时垂直相交，交线分别是 aa_x 和 $a'a_x$。因此，OX 轴必然垂直于平面 $Aa a_x a'$，也就是垂直于 aa_x 和 $a'a_x$。aa_x 和 $a'a_x$ 是互相垂直的两条直线，即 $aa_x \perp a'a_x$、$aa_x \perp OX$、$a'a_x \perp OX$。当 H 面绕 OX 轴旋转至与 V 面成为一平面时，点的水平投影 a 与正面投影 a' 的连线就成为一条垂直于 OX 轴的直线，即 $a'a \perp OX$，如图 1-21(b)所示。

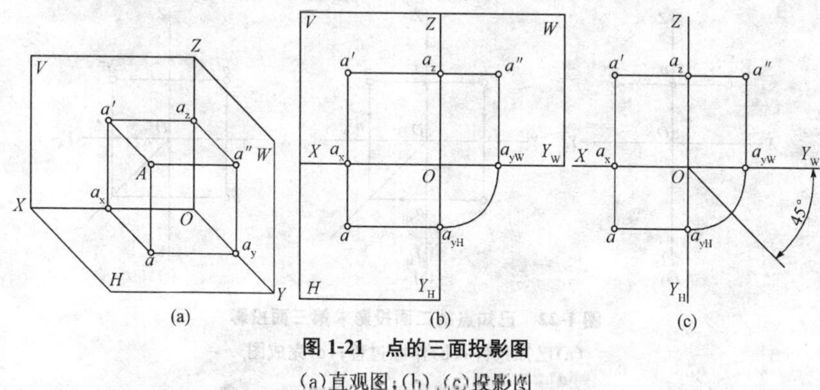

图 1-21　点的三面投影图

(a)直观图；(b)、(c)投影图

同理，可分析出，$a'a'' \perp OZ$。a_y 在投影面成展平之后，被分为 a_{yH} 和 a_{yW} 两个点，所以 $a_{yH}a \perp OY_H$，$a''a_{yW} \perp OY_W$，$aa_x = a''a_z$。

从上面分析可以得出点在三投影面体系中的投影规律：

(1)点的水平投影和正面投影的连线垂直于 OX 轴，即 $aa' \perp OX$。

(2)点的正面投影和侧面投影的连线垂直于 OZ 轴，即 $a'a'' \perp OZ$。

(3)点的水平投影到 Y 轴的距离等于点的侧面投影到 Z 轴的距离，即 $aa_x = a''a_z$。

点的投影到投影轴的距离，反映了点到相应投影面的距离，即：

$a'a_x = a''a_{yW} = Aa = A$ 点到 H 面距离；

$aa_x = a''a_z = Aa' = A$ 点到 V 面距离；

$aa_{yH} = a'a_z = Aa'' = A$ 点到 W 面距离。

以上投影规律是“长对正、高平齐、宽相等”的理论所在，由点的两面投影可以求出第三面投影。

【例 1-1】 已知一点 A 的 V、W 面投影 a'、a''，求 a 的投影，如图 1-22 所示。

【解】 (1)按第一条规律过 a' 作垂线并与 OX 轴相交于 a_x。

(2)按第三条规律在所作垂线上截取 $a_xa = a_za''$ 得 H 面投影 a，即为所求。

作图时也可借助于过 O 点所作 45°斜线，使得 $Oa_{yH}=Oa_{yW}$。作图过程如图 1-22(b)所示，完成图如图 1-22(c)所示。其他代号如 a_x、b_{yW} 等省略不写。

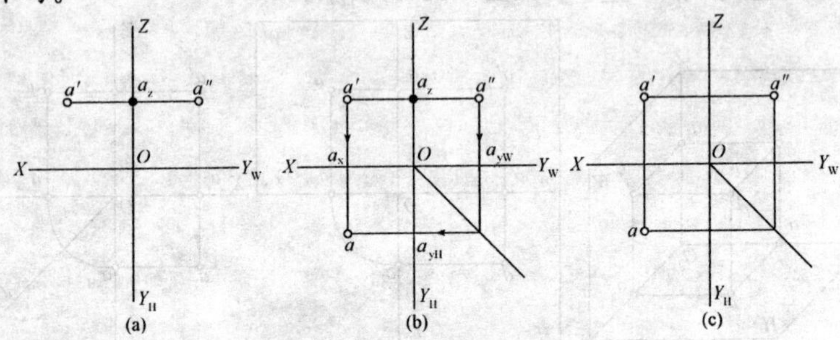

图 1-22 已知点的二面投影求第三面投影

(a)已知条件；(b)作图过程；(c)完成图

3. 点的空间位置

点在空间的位置大致有四种，即点悬空、点在投影面上、点在投影轴上、点在投影原点处。如图 1-23 所示，A 点在投影面上、B 点在投影轴上、C 点在投影原点上，并画出投影图。

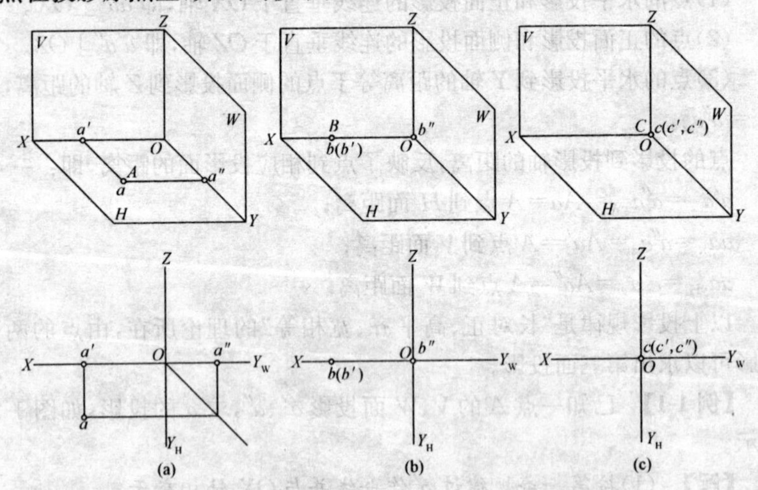

图 1-23 点在投影面、投影轴和投影原点处的投影

(a)点在投影面上；(b)点在投影轴上；(c)点在投影原点上

4. 点的坐标

研究点的坐标就是研究点与投影面的相对位置，再把三个投影面看作坐标面，投影轴看作坐标轴，如图 1-24 所示。

A 点到 W 面的距离为 x 坐标；

A 点到 V 面的距离为 y 坐标；

A 点到 H 面的距离为 z 坐标。

空间点 A 用坐标表示，可写成 $A(x,y,z)$。如已知一点 A 的三投影 a、a'、a''，就可从图上量出该点的三个坐标；反之，如已知 A 点的三个坐标，就能做出该点的三面投影。

【例 1-2】 已知点 $A(3,4,5)$，求 A 点的三投影。

【解】 (1)作图分析：根据已知条件 A 点坐标 $a_x=4$，$a_y=6$，$a_z=5$，由于已知点的三个投影与点的坐标关系：$a(x,y)$、$a'(x,z)$、$a''(y,z)$，因此可作出点的投影图。

(2)作图步骤：由空间点 A 坐标作三面投影图，如图 1-24 所示。

1)画出三轴及原点，在 X 轴自 O 点向左量取 4mm 得 a_x 点，如图 1-24(a)所示。

2)过 a_x 引 OX 轴的垂线，由 a_x 向上量取 $z=5$mm，得 V 面投影 a'，再向下量取 $y=6$mm，得 H 面投影 a，如图 1-24(b)所示。

3)过 a' 作水平线与 Z 轴相交于 a_z 并延长，量取 $a_za''=a_xa$，得 W 面投影 a''，此时 a、a'、a'' 即为所求。在作出 a、a' 以后也可利用 45°斜线求出，如图 1-24(c)所示。

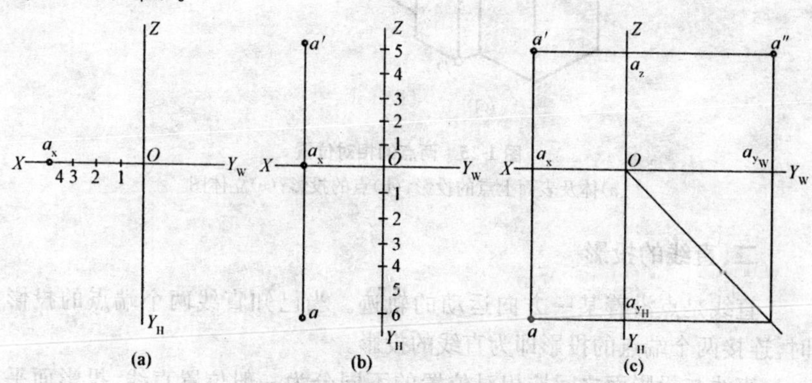

图 1-24　已知点的坐标，求点的三面投影

5. 两点的相对位置

在投影图中，两点在空间的相对位置，可用原点的左右、前后、上下关系来说明。空间两点位于一条投影线上，两点在投影线所垂直的投影面上的投影重合为一点，称此两点为重影点。

如图 1-25 所示，从形体中选出 A、B、C、D 四点作三面投影，来分析其中重影点的空间位置。从投影图中可见，V 投影 b'、c' 重合成一点，H 投影 c、d 重合成一点，因为 A、B 两点位于垂直 V 面的同一投影线上，B、C 两点位于垂直 H 面的同一投影线上，它们是重影点。

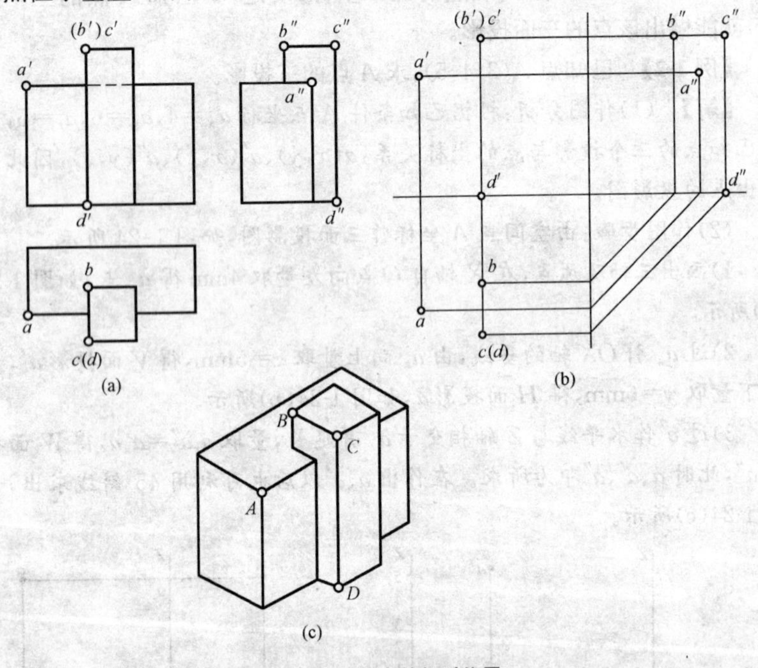

图 1-25 两点的相对位置

(a)体及表面上点的投影；(b)点的投影；(c)立体图

二、直线的投影

直线是点沿着某一方向运动的轨迹。当已知直线两个端点的投影时，连接两个端点的投影即为直线的投影。

直线与投影面之间按相对位置的不同分为一般位置直线、投影面平行线和投影面垂直线三种,后两种直线称为特殊位置直线。

1. 一般位置直线

一般位置直线是指三个投影面均倾斜的直线,又称倾斜线,如图 1-26(a)所示。一般位置直线倾斜于三个投影面,三个投影面均有倾斜角,称之为直线对投影面的倾角,分别用 α、β、γ 表示。

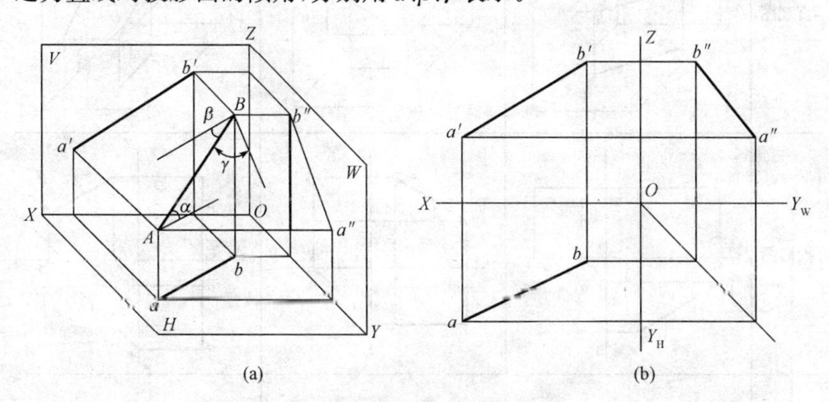

图 1-26 一般位置直线的投影特性

(a)直观图;(b)投影图

一般位置直线的投影特性:三个投影都与投影轴倾斜且都小于实长。三个投影与投影轴的夹角都不反映直线对投影面的倾角。

2. 投影面平行线

平行一个投影面、倾斜另两个投影面的直线,称为投影面平行线。投影面平行线分为水平线、正平线和侧平线。

(1)水平线——平行于 H 面,倾斜于 V、W 面的直线。

(2)正平线——平行于 V 面,倾斜于 H、W 面的直线。

(3)侧平线——平行于 W 面,倾斜于 H、V 面的直线。

投影面平行面的投影特性:直线在它所平行的投影面上的投影倾斜投影轴,且反映实长;其余两投影平行有关投影轴,其投影小于实长,投影面平行线的投影图和投影特性见表 1-1。

表 1-1 投影面平行线的投影图和投影特性

名称	水平线（$AB /\!/ H$ 面）	正平线（$AC /\!/ V$ 面）	侧平线（$AD /\!/ W$ 面）
直观图	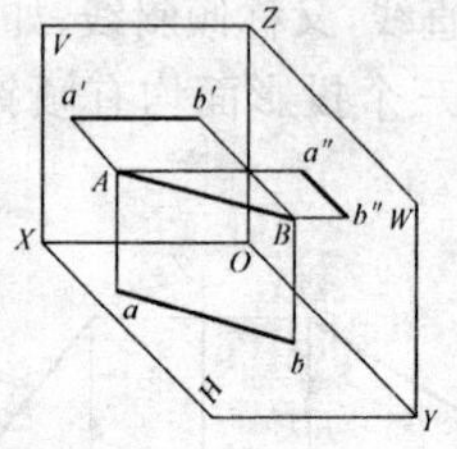	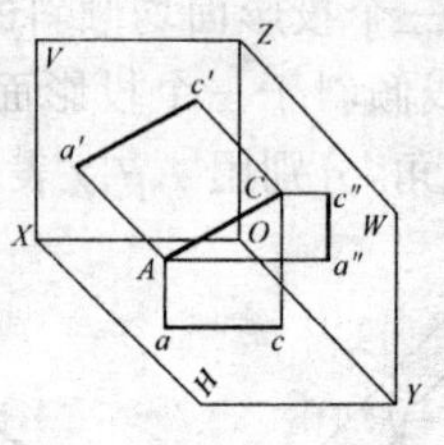	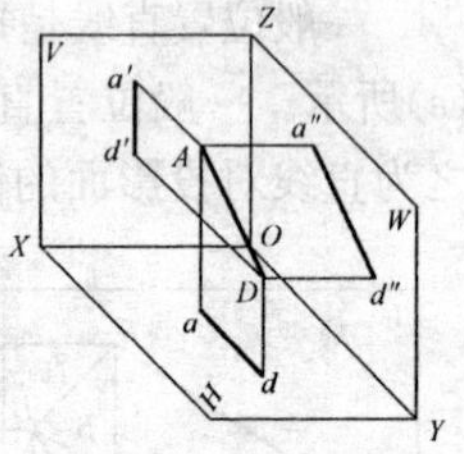
投影图	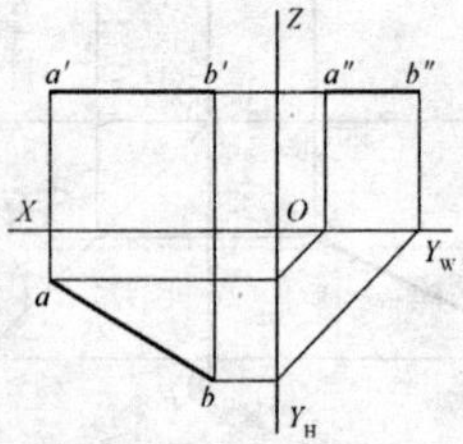	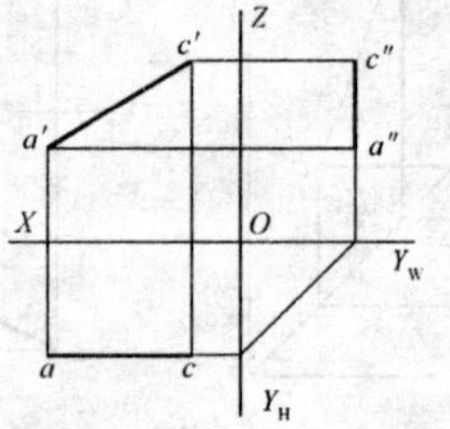	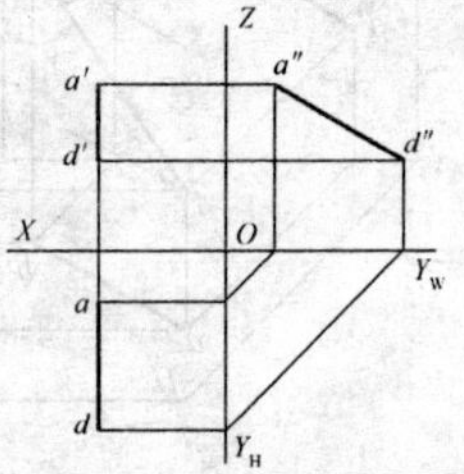
在形体投影图中的位置	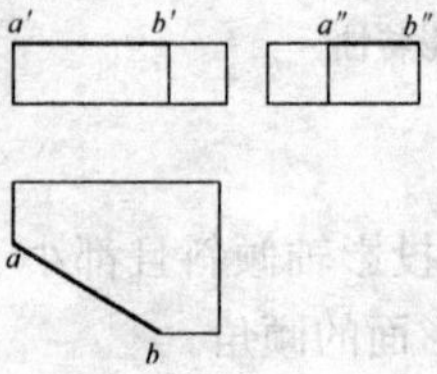	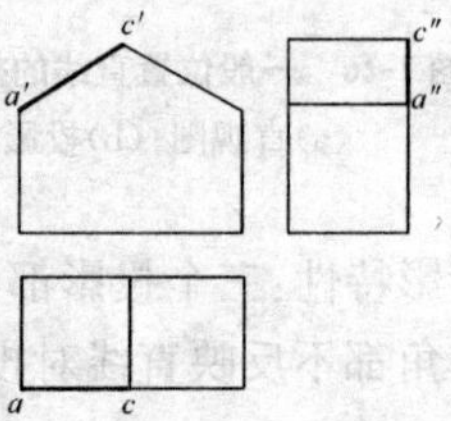	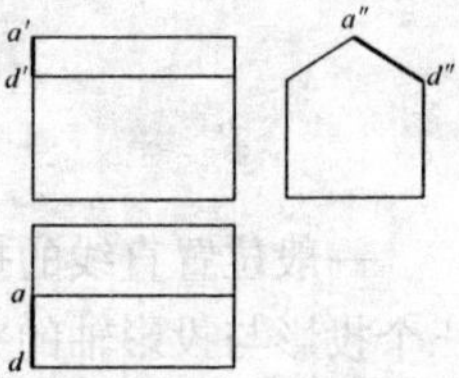
在形体立体图中的位置	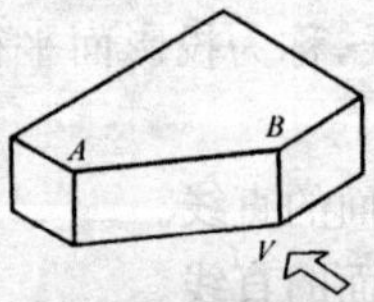	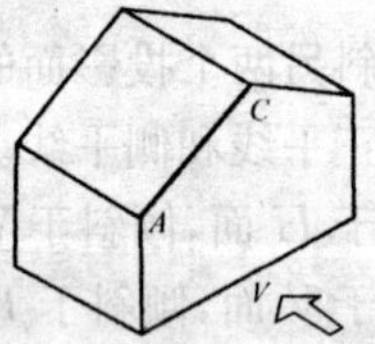	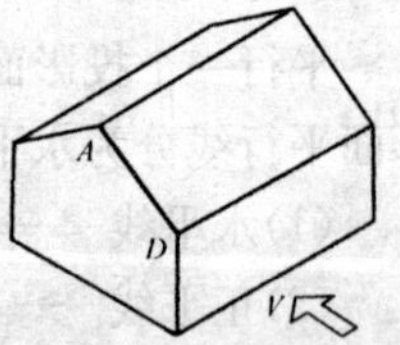
投影特性	(1)水平面投影反映实长 (2)水平面投影与 X 轴和 Y 轴的夹角，分别反映直线与 V 面和 W 面的倾角 (3)正面投影和侧面投影分别平行于 X 轴及 Y 轴，但不反映实长	(1)正面投影反映实长 (2)正面投影与 X 轴和 Z 轴的夹角，分别反映直线与 H 面和 W 面的倾角 (3)水平投影及侧面投影分别平行于 X 轴及 Z 轴，但不反映实长	(1)侧面投影反映实长 (2)侧面投影与 Y 轴和 Z 轴的夹角，分别反映直线与 H 面和 V 面的倾角 (3)水平投影及正面投影分别平行于 X 轴及 Z 轴，但不反映实长

3. 投影面垂直线

垂直于某一投影面的直线为投影面的垂直线，直线垂直于某一投影面，必定平行于另外两个投影面，投影面垂直线分为铅垂线、正垂线和侧垂线。

(1)铅垂线——垂直于 H 面，平行于 V、W 面的直线。

(2)正垂线——垂直于 V 面，平行于 H、W 面的直线。

(3)侧垂线——垂直于 W 面，平行于 H、V 面的直线。

投影面垂直线的投影特性：直线在它所垂直的投影面上的投影积聚成一点，其余两投影反映实长，并垂直有关投影轴，投影面平行线的投影图和投影特性见表 1-2。

表 1-2　　投影面垂直线的投影图和投影特性

名称	铅垂线（$AB \perp H$ 面）	正垂线（$AC \perp V$ 面）	侧垂线（$AD \perp W$ 面）
直观图	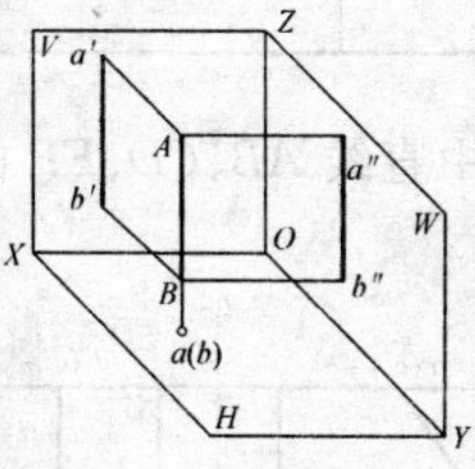 V a′ Z A a″ b′ W X O B b″ a(b) H Y	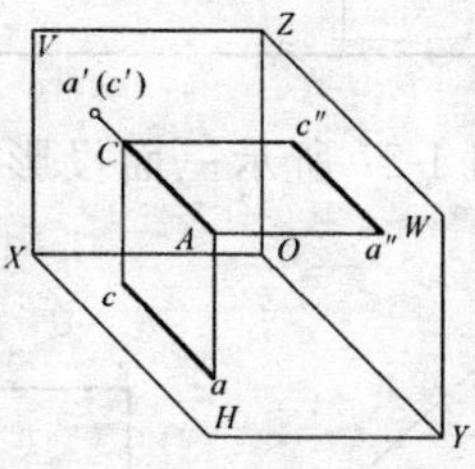 V Z a′(c′) c″ C a″ W A O X c a H Y	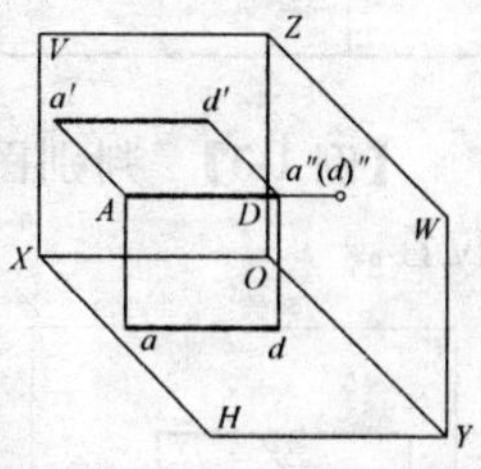 V Z a′ d′ a″(d)″ A D W X O a d H Y
投影图	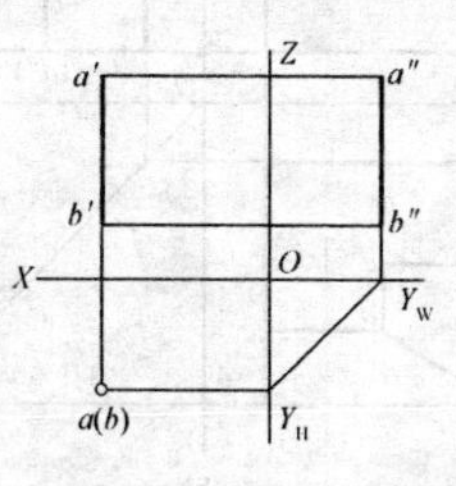 a′ Z a″ b′ b″ X O Y_W a(b) Y_H	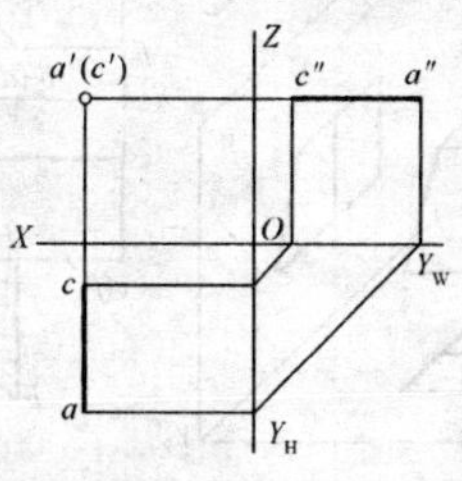 Z a′(c′) c″ a″ X O Y_W c a Y_H	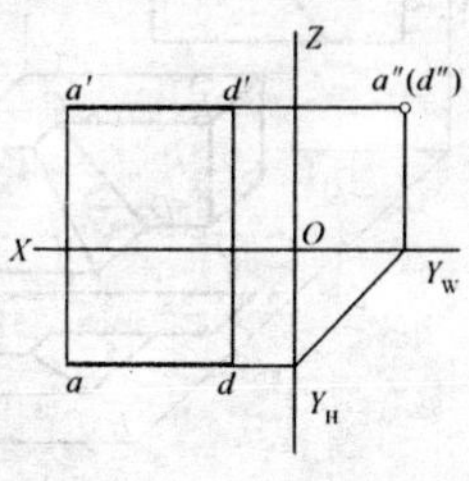 Z a′ d′ a″(d″) X O Y_W a d Y_H
在形体投影图中的位置	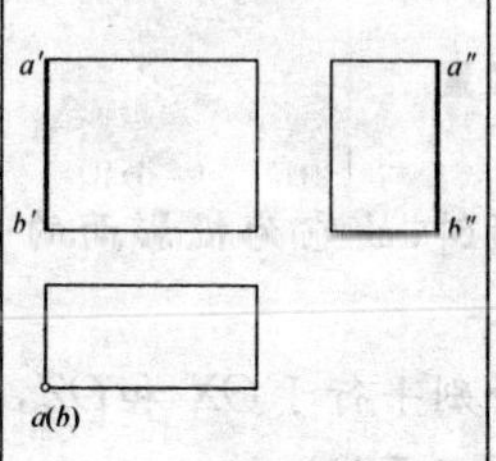 a′ a″ b′ b″ a(b)	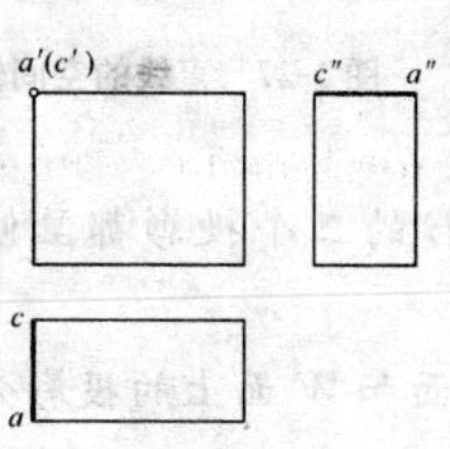 a′(c′) c″ a″ c a	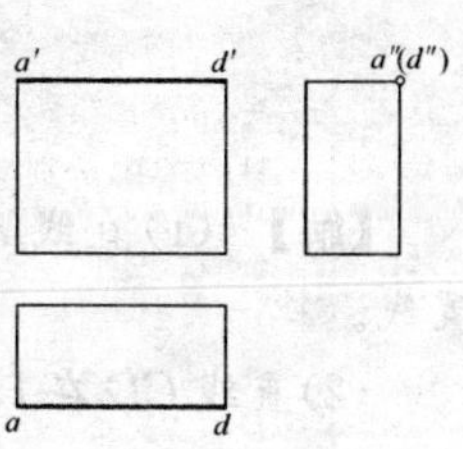 a′ d′ a″(d″) a d

（续）

名称	铅垂线（$AB \perp H$ 面）	正垂线（$AC \perp V$ 面）	侧垂线（$AD \perp W$ 面）
在形体立体图中的位置			
投影特性	（1）水平投影积聚为一点； （2）正面投影及侧面投影分别垂直于 X 轴及 Z 轴，且反映实长	（1）正面投影积聚为一点； （2）水平投影及侧面投影分别垂直于 X 轴及 Z 轴，且反映实长	（1）侧面投影积聚为一点； （2）水平投影及正面投影分别垂直于 Y 轴及 Z 轴，且反映实长

【例 1-3】 判别图 1-27 所示三面投影中直线 AB、CD、EF 的空间位置。

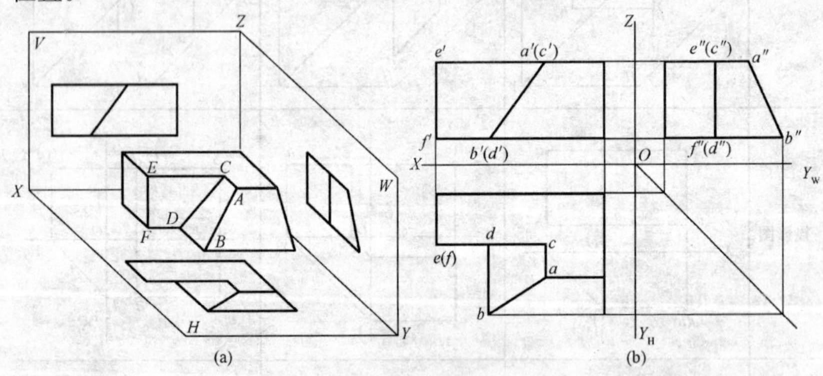

图 1-27 直线的空间位置

【解】 （1）直线 AB 的三个投影都呈倾斜，故它为投影面的一般位置线。

（2）直线 CD 在 H 面和 W 面上的投影分别平行于 OX 和 OZ，而在 V 面上的投影呈倾斜，故它为 V 面的平行线（即正平线）。

(3)直线 EF 在 H 面上的投影积聚成一点，在 V 面和 W 面上的投影分别垂直于 OX 和 OY_W，故它为 H 面的垂直线(即铅垂线)。

三、平面的投影

平面是直线沿某一方向运动的轨迹，可以用平面图形来表示，如三角形、圆形及梯形等，要做出平面的投影，只要做出构成平面的轮廓的苦干点与线的投影，然后连接成平面图形即可，平面与投影面之间按相对位置的不同分为一般位置平面、投影面平行面和投影面垂直面三种。

1. 一般位置平面

对三个投影面都倾斜的平面，称为一般位置平面，简称一般平面，如图 1-28(a)所示。一般位置平面的投影，既不反映实形也无积聚性，均为小于实体的类似形，如图 1-28(b)所示。

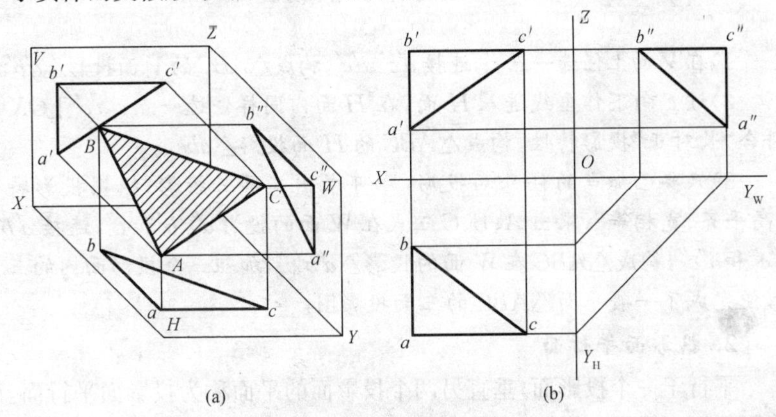

图 1-28 一般位置平面

(a)立体图；(b)投影图

【例 1-4】 以 AB 为边，求一般位置平面的三面投影，如图 1-29(a)所示。

【解】 (1)作图分析。因为 AB 是一般位置的直线，在图中任选一点 C，由一点 C 和一条直线 AB 则构成△ABC，根据平面投影特性可知，任选的三点所构成△ABC 为一般位置平面，△ABC 在三个投影面的投影应显示三角形，具有类似性。

(2)作图步骤。作图步骤如图 1-29(b)所示。

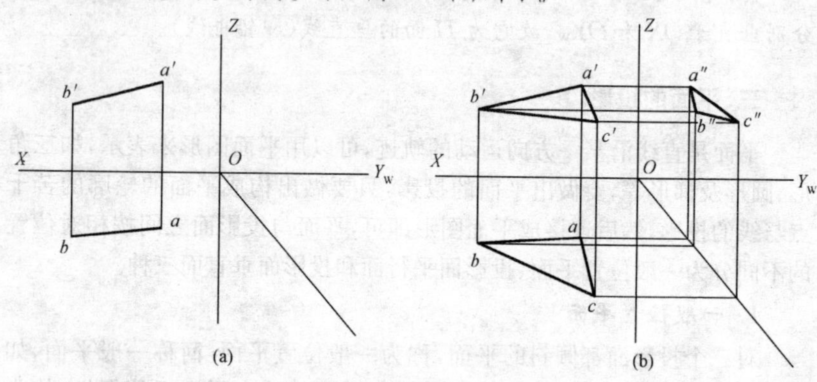

图 1-29　求一般平面的三面投影

(a)已知条件;(b)作图方法

1)在 V 面上任选一点 c',连接 $a'c'$、$b'c'$,构成△ABC 的 V 面投影△$a'b'c'$。

2)过 c' 向下作垂线进入 H 面,在 H 面内同样任选一点 c,$cc' \perp OX$ 且符合"长对正"投影特性,构成△ABC 的 H 面投影△abc。

3)只要已知点的任意两投影,即可求出其第三投影,根据投影特性"高平齐、宽相等",求出 A、B、C 三点在 W 面的投影 a''、b''和 c'',连接 $a''b''$、$b''c''$和 $a''c''$,构成△ABC 在 W 面的投影△$a''b''c''$,加粗三个投影面内的三角形便完成了一般平面△ABC 的三面投影图。

2. 投影面平行面

平行于一个投影面,垂直另两个投影面的平面称为投影面平行面,简称平行面。投影面平行面分为水平面、正平面和侧平面三种。

(1)水平面——平行于 H 面,垂直于 V、W 面的平面。

(2)正平面——平行于 V 面,垂直于 H、W 面的平面。

(3)侧平面——平行于 W 面,垂直于 H、V 面的平面。

投影面平行面的投影特性:平面在它所平行的投影面上的投影反映实形,其余两投影各积聚成一条直线,并平行有关投影轴,投影面平行面的投影图和投影特性见表 1-3。

表 1-3 投影面平行面的投影图和投影特性

名称	水平面	正平面	侧平面
直观图	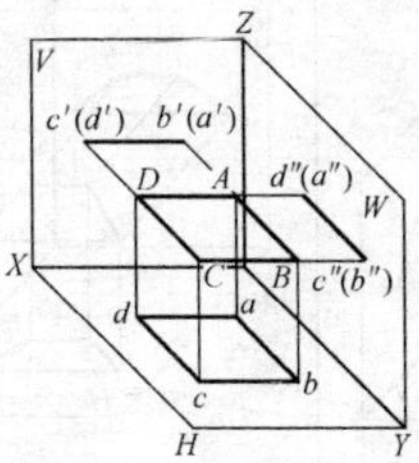	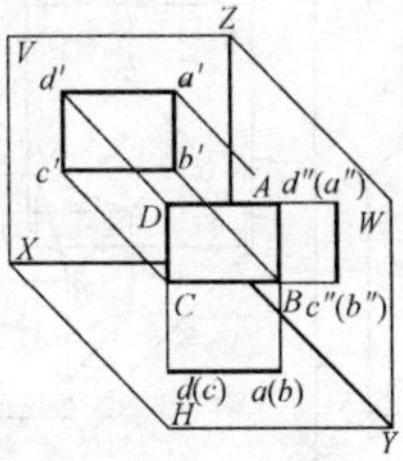	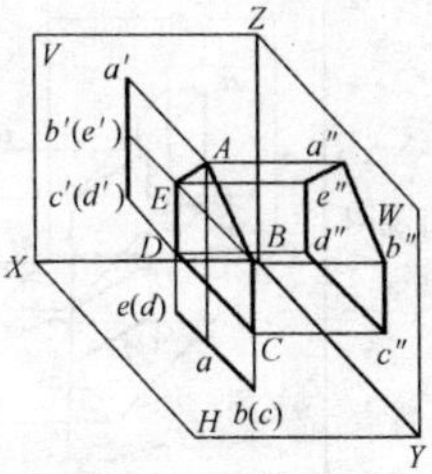
投影图	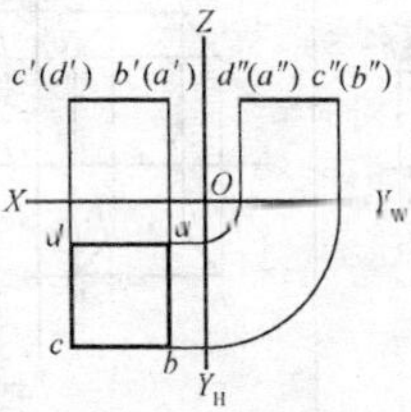	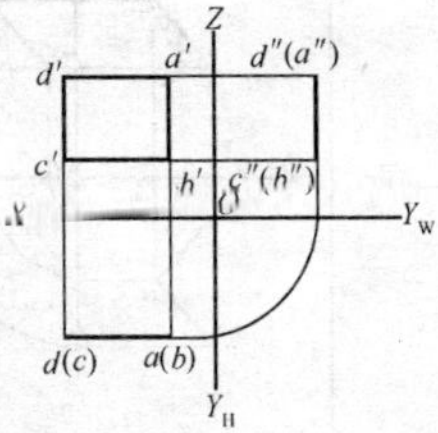	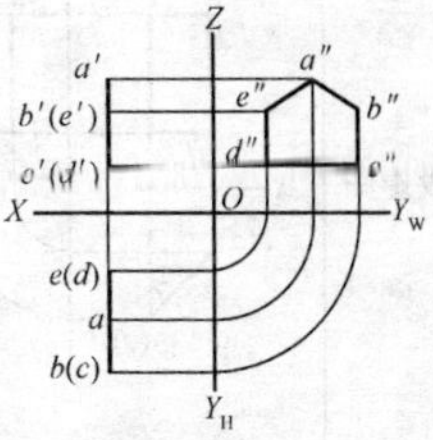
投影特点	(1)在 H 面上的投影反映实形 (2)在 V 面、W 面上的投影积聚为一直线，且分别平行于 OX 轴和 OY_W 轴	(1)在 V 面上的投影反映实形 (2)在 H 面、W 面上的投影积聚为一直线，且分别平行于 OX 轴和 OZ 轴	(1)在 W 面上的投影反映实形 (2)在 V 面、H 面上的投影积聚为一直线，且分别平行于 OZ 轴和 OY_H 轴

3. 投影面垂直面

垂直于一个投影面，倾斜于另两个投影面的平面称为投影面垂直面，简称垂直面，投影面垂直面分为铅垂面、正垂面和侧垂面。

(1)铅垂面——垂直于 H 面，倾斜于 V、W 面的平面。

(2)正垂面——垂直于 V 面，倾斜于 H、W 面的平面。

(3)侧垂面——垂直于 W 面，倾斜于 H、V 面的平面。

投影面垂直面的投影特性：平面在它所垂直的投影面上的投影，积聚成一条倾斜投影轴的直线，其余两投影均为小于原平面实形的类似形，投影面垂直面的投影图和投影特性见表 1-4。

表 1-4 投影面垂直面的投影图和投影特性

名称	铅垂面	正垂面	侧垂面
直观图	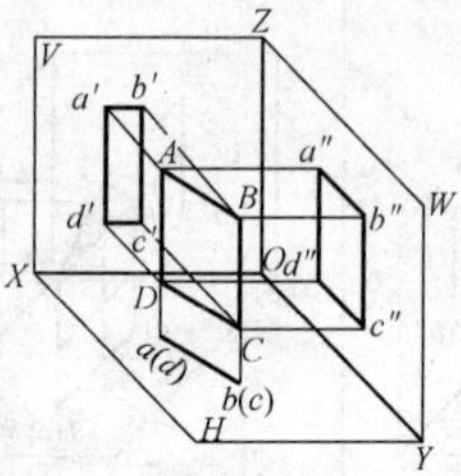	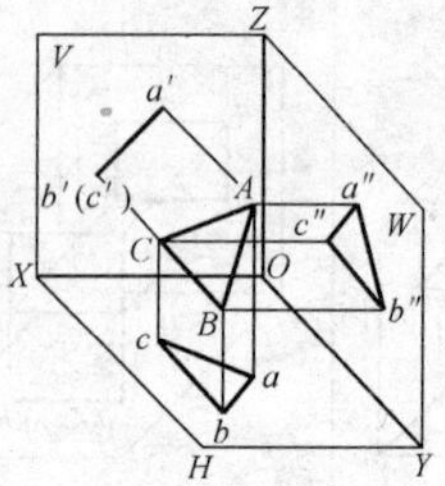	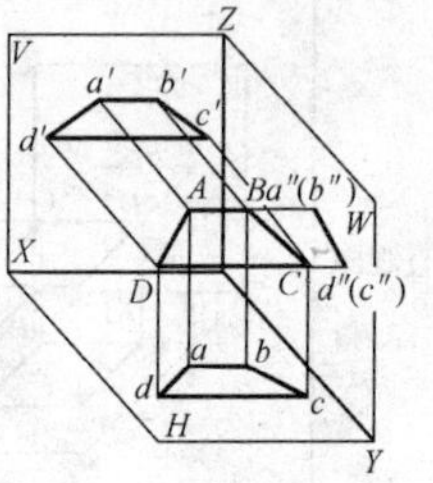
投影图	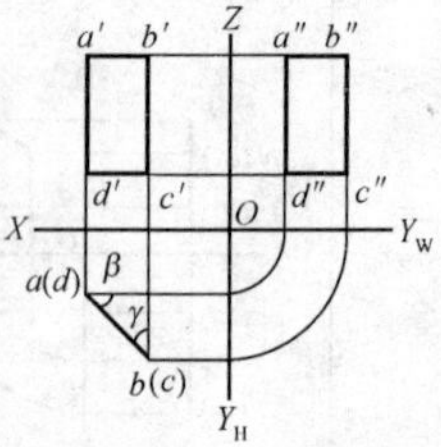	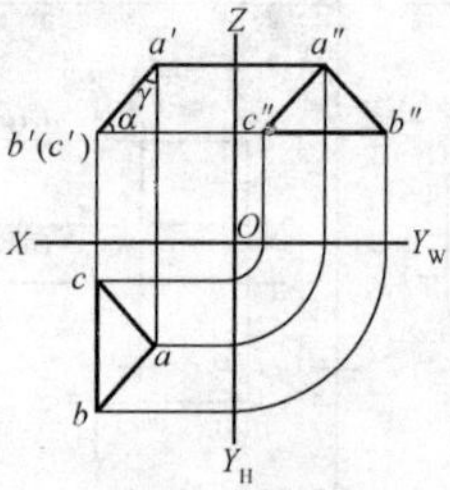	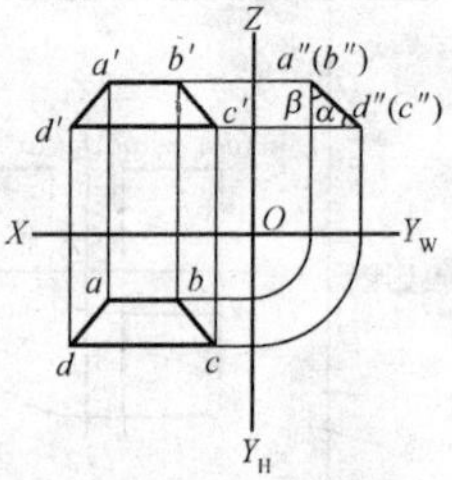
投影特点	(1)在 H 面上的投影积聚为一条与投影轴倾斜的直线 (2)β、γ 反映平面与 V、W 面的倾角 (3)在 V、W 面上的投影小于平面的实形	(1)在 V 面上的投影积聚为一条与投影轴倾斜的直线 (2)α、γ 反映平面与 H、W 面的倾角 (3)在 H、W 面上的投影小于平面的实形	(1)在 W 面上的投影积聚为一条与投影轴倾斜的直线 (2)α、β 反映平面与 H、V 面的倾角 (3)在 V、H 面上的投影小于平面的实形

第三节　基本形体的投影

体是由点、线、面等几何元素所组成的，因此，体的投影实际上就是点、线、面投影的综合。基本形体分平面体和曲面体两大类。由平面图形所围成的形体称为平面体，由曲面或由曲面和平面共同围成的形体称为曲面体。

为了便于管道工程图的绘制和识读，必须正确地掌握一些常见基本形体投影画法。

一、平面体的投影

平面体是由若干平面多边形图形围成的，由平面构成的几何体称为平面几何体。在建筑工程中多数构配件是由平面几何体构成的。根据各棱体的棱线的相互关系又可分为各棱线相互平等的几何体——棱柱体，如正方体、长方体、棱柱体；各棱线或其延长线交于一点的几何体——棱锥体，如三棱锥、四棱台等，如图 1-30 所示。

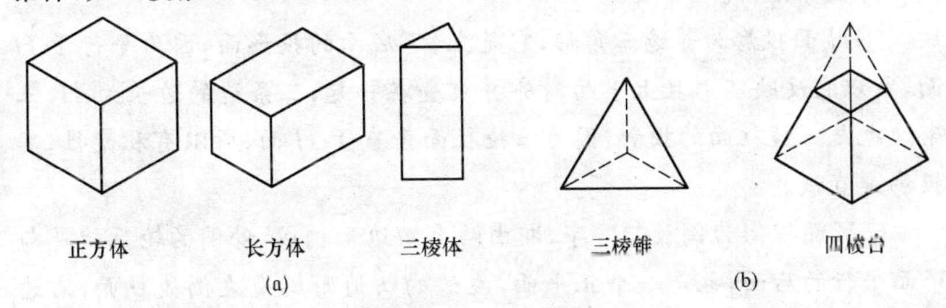

图 1-30 平面几何体

(a)棱柱体；(b)棱锥体

1. 棱柱体投影

棱柱体是指由两个互相平行的多边形平面，其余各面都是四边形，且每相邻两个四边形的公共边都互相平行的平面围成的形体。这两个互相平行的平面称为棱柱的底面，其余各平面称为棱柱的侧面，侧面的公共边称为棱柱的侧棱，如图 1-31 所示。棱柱有三棱柱、四棱柱、五棱柱等多种形式。

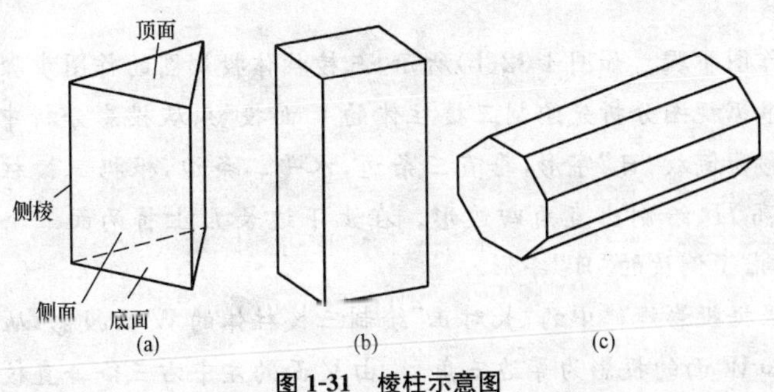

图 1-31 棱柱示意图

(a)三棱柱；(b)四棱柱；(c)八棱柱

(1)三棱柱投影。三棱柱的投影以正三棱柱为例进行分析。

【例 1-5】 已知正三棱柱边长为 L,棱柱高为 H,求正三棱柱的三面投影图。

【解】 如图 1-32(a)所示的棱柱体,使上下面摆放成水平面与 H 面平行,后面放置成正平面与 V 面平行,左右两个侧后面放置成正垂面、棱线朝前。

1)投影分析。

①H 面投影为等边三角形,它是上、下底面的投影面,因为平行于 H 面,所以它反映实形且上下面对齐并重叠在一起,三条边的边长为 H,三条边也是三棱柱面的投影,因为三棱柱面垂直于 H 面,所以有积聚性,其投影是直线。

②V 面投影为倒放"日"字,即由两个四边形构成,外围的轮廓就是与 V 面平行的后面,也是一个正平面,左边的四边形就是左侧棱柱面,右边的四边形就是右边的棱柱面。上下两边也是上、下面的投影,因为两平面垂直于 V 面,所以有积聚性,其投影是直线。左、中、右垂直的三条线就是三条棱柱线的投影,因为与 V 面平行,反映实长,也是棱柱的高 H。

③W 面投影为矩形,它既是三棱柱左侧面的投影面(因为是正垂面且不平行于 W 面,所以它反映的是相似形且左右面对齐并重叠在一起),四边形的上下两边也是上、下面的投影,因为两平面垂直于 W 面,所以有积聚性,其投影是直线。四边形的前边也是前棱线、四边形的后边是后棱柱面的投影,因为后棱柱面平行于 V 面并垂直于 W 面,所以有积聚性,其投影是直线。

2)作图步骤。如图 1-32(b)所示,三棱柱体投影图的作图步骤如下:

①根据视图分析先绘制三棱柱体的 V 面投影,从投影分析中可知 V 面的投影为倒放"日"字形,垂直三条边,水平二条边,根据三棱柱体的边长 L 和高 H,绘制出直角四边形。在上下边长 L 上将两面三个中点相连,就画出了倒放的"日"字形。

②根据投影规律中的"长对正"绘制三棱柱体的 W 面投影,从投影分析中已知 W 面的投影为等边三角形,由 V 面的左中右三条垂直棱体线向下作垂直线进入 H 面,再根据三棱柱体的边长 L,在 H 面作等边三角形。

③根据投影规律中的“高平齐、宽相等”绘制三棱柱体的 H 面投影，从投影分析中已知 W 面的投影也为直角四边形，由 V 面上下二边向右作水平线进入 W 面，在 H 面前点、后边向右作平行 X 轴的二条直线与 45°线向上作垂线交于上下边的二直线，形成直角四边形。

从三棱柱体的三面投影图上可以看出：正面投影反映出三棱柱体的边长 L 和高 H。水平投影面反映出三棱体的边长 L 和投影宽度 B。侧面反映出三棱柱体的宽度 B 和高 H。其完全符合前面介绍的三面投影图的投影特性。

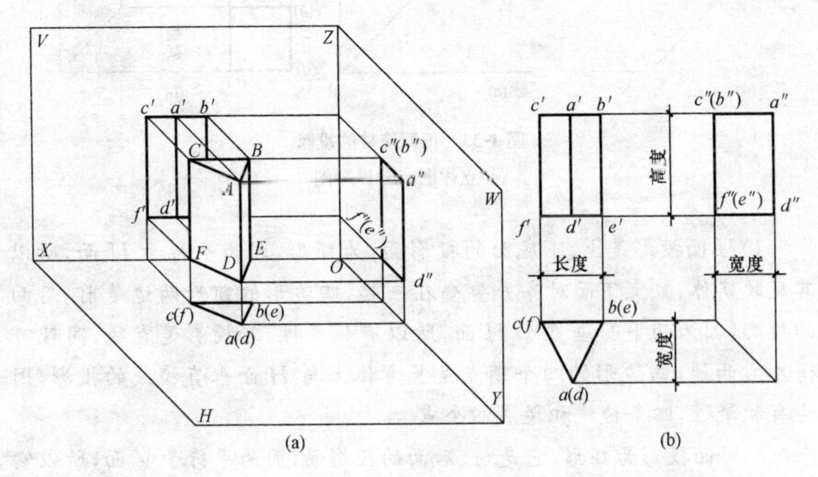

图 1-32　正三棱柱的投影

(a)立体图；(b)投影图

(2)长方体投影。长方体由左右面、上下面、前后面共六个平面构成。左右面、上下面和前后面之间相互平行，且左右面、上下面、前后面三种类型的平面相互垂直。现以长方体为例进行分析。

【例 1-6】　已知长方体长为 L，宽为 B，高为 H，求长方体的三面投影。

【解】　如图 1-33(a)所示的长方体，使上下面摆放成水平面与 H 面平行，左右面放置成侧平面与 W 面平行，前后面放置成正平面与 V 面平行。

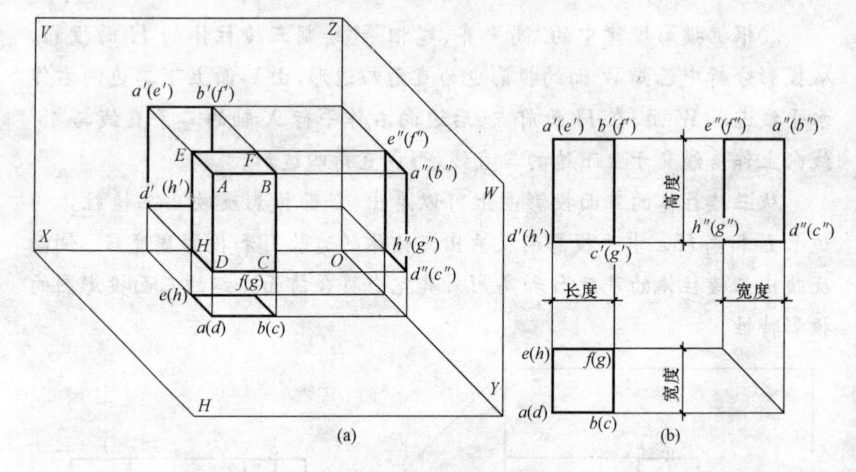

图 1-33　正四棱柱的投影

(a)立体图;(b)投影图

1)H 面投影是上、下底面的投影面,为矩形,因为平行于 H 面,所以其反映实体,且上下面对齐并重叠在一起,四边形的前后两边是前、后面的投影,因为两平面垂直于 H 面,所以有积聚性,其投影是直线,同理可得左右两边,四边形的四个顶点是长方体上与 H 面垂直棱线的投影,因为有积聚性,四条棱线积聚成四个点。

2)V 面投影为矩形,它是前、后面的投影面,因为平行于 V 面,所以它反映实形且前后面对齐并重叠在一起,四边形的上下两边是上、下面的投影,因为两平面垂直于 V 面,所以有积聚性,其投影是直线。同理可得左右两边。同时四边形的四个顶点,还是长方体上与 V 面垂直棱线的投影,因为有积聚性四条棱线积聚成四个点。

3)W 面投影为矩形,它是左、右面的投影面,因为平行于 W 面,所以它反映实形且左右面对齐并重叠在一起,四边形的上下两边是上、下面的投影,因为两平面垂直于 W 面,所以有积聚性,其投影是直线。同理可得前后两边,同时四边形的四个顶点,还是长方体上与 W 面垂直棱线的投影,因为有积聚性四条棱线积聚成四个点。

(3)五棱柱投影。以正五棱柱为例进行分析。

【例 1-7】　已知正五棱柱,如图 1-34 所示,求其三面投影图。

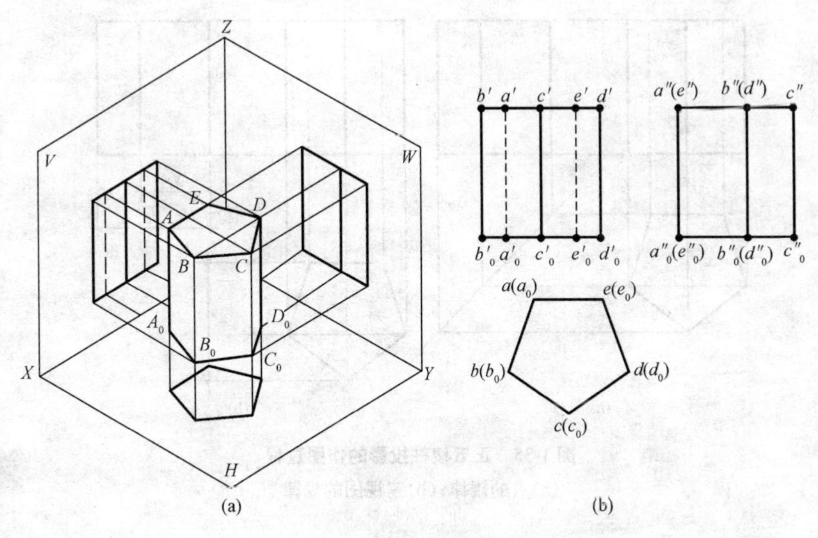

图 1-34　正五棱柱的投影

(a)立体图;(b)三视图

【解】 1)投影分析。由图 1-34 可知,在立体图中,正五棱柱的顶面和底面是两个相等的正五边形,都是水平面,其水平投影重合并且反映实形;正面和侧面的投影重影为一条直线,棱柱的五个侧棱面,后棱面为正平面,其正面投影反映实形,水平和侧面投影为一条直线;棱柱的其余四个侧棱面为铅垂面,其水平投影分别重影为一条直线,正面和侧面的投影都是类似形。五棱柱的侧棱线 AA_0 为铅垂线,水平投影积聚为一点 $a(a_0)$,正面和侧面的投影都反映实长,即 $a'a'_0=a''a''_0=AA_0$。底面和顶面的边及其他棱线可进行类似分析。

2)作图步骤。根据分析结果,作图时,由于水平面的投影(即平面图)反映了正五棱柱的特征,所以应先画出平面图,再根据三视图的投影规律作出其他的两个投影,即正立面图和侧立面图。其作图过程如图1-35(a)所示。需特别注意的是,在这里加了一个45°斜线,它是按照点的投影规律作的. 也可以按照三视图的投影规律,根据方位关系,先找出“长对正,高平齐,宽相等”的对应关系,然后再作图,如图 1-35(b)所示。

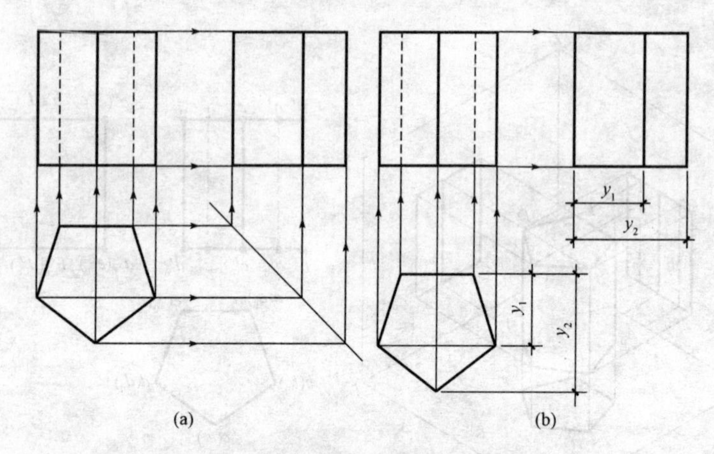

图 1-35　正五棱柱投影的作图过程

(a)点的规律；(b)三视图的规律

2. 棱锥体投影

棱锥体是由一个底面和若干个三角形的侧棱面围成，且所有棱面相交于一点，称为锥顶，常记为 S。棱锥相邻棱面的交线称为棱线，所有的棱线交于锥顶。常见的棱锥体有正三棱锥、正四棱锥。

(1)三棱锥的投影。现以正三棱锥为例进行分析。

【例 1-8】　如图 1-36 所示为正三棱锥，求正三棱锥的三面投影图。

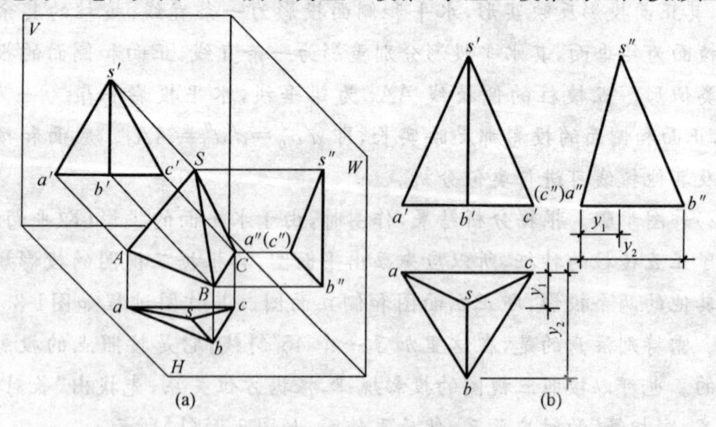

图 1-36　正三棱锥的投影

(a)立体图；(b)三视图

【解】 正三棱锥底面为正三角形，由三个相等的等腰三角形组合而成，将底面水平放置，轴线竖直通过底面的形心且与底面垂直，绕轴旋转三棱锥，使它的后棱面△SAC垂直于W面，此时三棱锥的另外两棱面△SAB和△SBC均为一般位置平面，如图1-36中的立体图所示。

1)投影分析。如图1-36所示，正三棱锥的底面在H面投影为正三角形(反映实形)，V、W两面投影分别积聚为两条水平线，后棱面为侧垂面，在W面投影积聚为一条斜线，H面和V面投影均为三角形(反映相似形)，而左右两棱面因为是一般位置平面，它的三面投影均为类似形。

2)作图步骤。

①先作H面的投影，在H面中先画出等边三角形△abc，因为与H面平行，所以反映实形，表达的是底面投影，再找到形心s，也是棱锥高的投影，因为垂直H面，所以积聚成为一点s，过s点与三角形的三个顶点a、b、c相连就是三个棱的边sa、sb、sc。

②作V面的投影，根据“长对正”的投影规律，在H面上过a、b、s、c四点向上作垂直线进入V面，作水平线交a、b、c的垂直线就是三条棱边AB、AC、BC在V面的投影，从b'向上量取棱锥高就是S点在V面的投影s'。连接$s'a'$、$s'b'$、$s'c'$、$a'c'$就是正三棱锥在V面的投影。

③作W面的投影，已知H、V面的四个点的投影，根据投影规律“高平齐、宽相等”作出s''、a''、b''、c''四个点在W面的投影，连接$s''a''(c'')$、$s''b''$、$a''b''$就是正三棱锥在W面的投影。

从三棱锥体的三面投影图上可以看出：正面投影反映出三棱锥体的底边长L和高H。水平投影面反映出三棱锥体的三个边长L和投影宽度B。侧面反映出三棱柱体的宽度B和高H。其完全符合三面投影图的投影特性。可以得出结论：若物体有两面投影的外框线均是三角形，则该物体一定是锥体。

(2)四棱锥的投影，现以正四棱锥为例进行分析。

【例1-9】 已知正四棱锥体的底面边长和棱锥高，求正四棱锥体的三面投影。

【解】 将正四棱锥体放置于三面投影体系中，使其底面平行于H面，并且$ab // cd // OX$。

如图1-37所示，根据放置的位置关系，正四棱锥体底面在H面的投影反映实形，锥顶 S 的投影在底面投影的几何中心上，H 面投影中的四个三角形分别为四个锥面的投影。

棱锥面△SBA 与 V 面倾斜，在 V 面的投影缩小。△SAB 与△SCD 对称，所以它们的投影相互重合，由于底面与 V 面垂直，其投影为一直线。棱锥面△SAD 与△SBC 与 V 面垂直，投影积聚成一斜线。W 面与 V 面投影方法一样，投影图形相同，只是所反映的投影面不同。

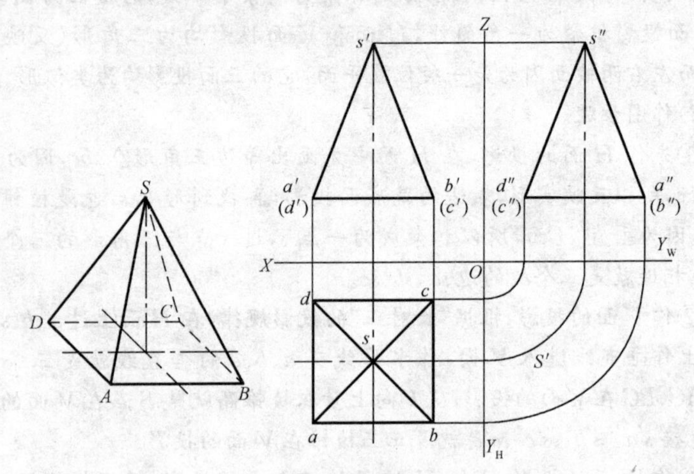

图 1-37 正四棱锥的三面投影

3. 棱台体投影

用平行于棱锥底面的平面切割棱锥后，底面与截面之间剩余的部分称为棱台体。截面与原底面称为棱台的上、下底面，其余各平面称为棱台的侧面，相邻侧面的公共边称为侧棱，上、下底面之间的距离为棱台的高。常见的棱台体有三棱台、四棱台、五棱台等。

(1)三棱台的投影。

【例 1-10】 如图 1-38 所示，三棱台上、下底面平行于水平投影面，侧面两条侧棱平行于正立投影面，求其三面投影图。

【解】 1)投影分析。将三棱台置于三面投影体系中，三棱台顶面 ABC 与底面 DEF 为互相平行的平面，均反映实形。前后侧面 $BCFE$ 为侧垂面。

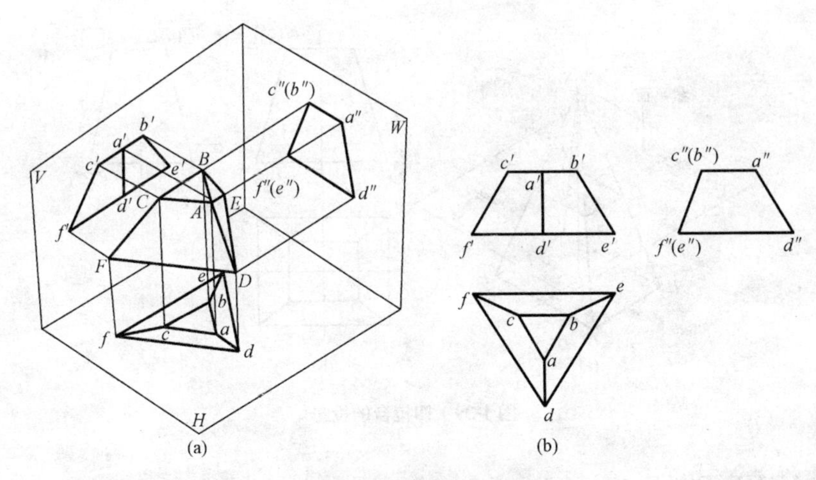

图 1-38　三棱台的投影

(a)直观图；(b)投影图

2)投影步骤。投影分析后作图步骤如下：

①作水平投影。由于上顶面和下底面为水平面，水平投影反映实形，为两个相似的三角形。其余各侧面倾斜于水平投影面，水平投影不反映实形，是以上、下底面水平投影相应边为底边的三个梯形。

②作正面投影。棱台上顶面、下底面的正面投影积聚成平行于 OX 轴的线段；侧面 $ACFD$ 和侧面 $ABED$ 为一般位置平面，其正面投影仍为梯形；$BCFE$ 为侧垂面，正面投影不反映实形，仍为梯形，并与另两个侧面的正面投影重合。

③作侧面投影。棱台上顶面、下底面的侧面投影分别积聚成平行于 OY 轴的线段，侧垂面 $BCFE$ 也积聚成倾斜于 OZ 轴的线段，而 $ACFD$ 与 $ABED$ 重合成为一个梯形。

(2)四棱台的投影。如图 1-39(a)所示为四棱锥台，其可看成由平行于四棱锥底面的平面截去锥顶一部分而形成的。

【例 1-11】 如图 1-39(a)所示为四棱台的立体图，求四棱台的三面投影图。

【解】 1)投影分析。四棱台顶面 $ABCD$ 与底面 $EFGH$ 为互相平行的平面，均反映实形；前、后侧面($ABFE$、$DCGH$)为侧垂面，左、右两侧面

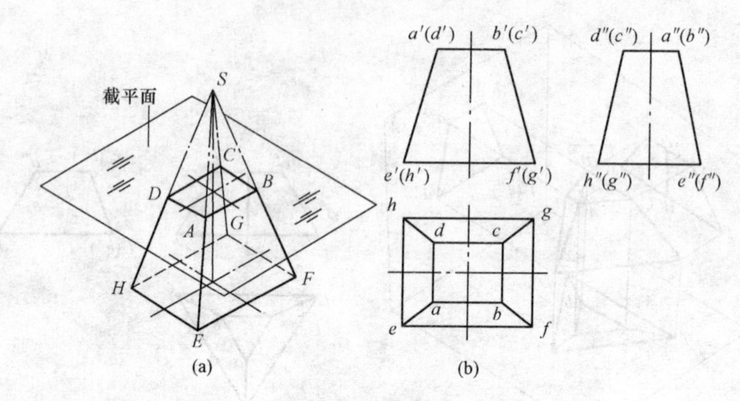

图 1-39　四棱台的投影

($ADHE$、$BCGF$)为正垂面。

图 1-39(b)为四棱台的三投影图，四棱台顶面和底面的 H 投影($abcd$、$efgh$)分别为矩形线框，它分别反映了顶面和底面的实形，顶面的 V、W 投影 $a'b'(c')(d')$、$a''(b'')(c'')d''$ 分别积聚成两条分别平行于 X 轴和 Y_W 轴的线段；前、后两侧面的 W 投影 $a''(b'')(f'')e''$、$d''(c'')(g'')h''$ 积聚成两条斜线，V、H 投影 $a'b'f'e'$、$(c')(d')(h')(g')$、$abfe$、$cdhg$ 为等腰梯形线框，是类似形；左、右两侧面的 V 面投影 $a'(d')(h')e'$、$b'(c')(g')f'$ 积聚成两条斜线，H、W 面投影 $adhe$、$bcgf$、$a''d''h''e''$、$(b'')(c'')(g'')(f'')$ 为等腰梯形线框，也是类似形。四条侧棱的投影 ae、bf、cg、dh 分别为一般位置线。

2)作图步骤。

①先作 H 面的投影，在 H 面中根据四棱台的底边长和宽先画出底面的四边形，根据顶面的边长和宽再画出顶面投影即四边形，因为与 H 面平行，反映实形，连接于小四边形的对应的顶点就是四棱台的棱线。

②作 V 面的投影，根据“长对正”的投影规律，在 H 面上过顶面和底面左右四点向上作垂直线进入 V 面，在底面左右二条垂直线上作水平线作为四棱台的底面，在顶面左右二条垂直线上截取四棱台的高度 H，作出等腰梯形也就是前后棱面的投影，其中上边为顶面的积聚投影，下边为底面投影，左斜边为四棱台的左侧棱面投影，右斜边为四棱台的右侧棱面投影。

③作 W 面的投影，根据投影规律“高平齐、宽相等”作出左侧棱面的

等腰梯形，其中上边为顶面的积聚投影，下边为底面在 W 面的积聚投影，前斜边为四棱台的前侧棱面投影，后斜边为四棱台的后侧棱面投影。

从四棱台的三面投影图上可以看出：正面投影反映出四棱台的顶面和底面边长 L 和高 H。水平投影面反映出四棱台顶面和底边长 L 和宽 B，侧面反映出四棱台顶面和底面边的宽度 B 和高 H。其完全符合前面介绍的三面投影图的投影特性。

二、曲面体的投影

由曲面或曲面与平面围成的立体称为曲面体。常见的曲面体有圆柱、圆锥、圆球等。由于这些物体的曲表面均可看成是由一条母线绕着一固定轴线旋转而成，如图 1-40 所示，这类形体又称为回转体曲面。母线是运动的，母线在曲面上任一位置处，称为素线。因此，回转曲面可看成由无数素线组成。

1. 圆柱体的投影

圆柱体是由圆柱面和顶面、底面围成的几何体，如图 1-41 所示。

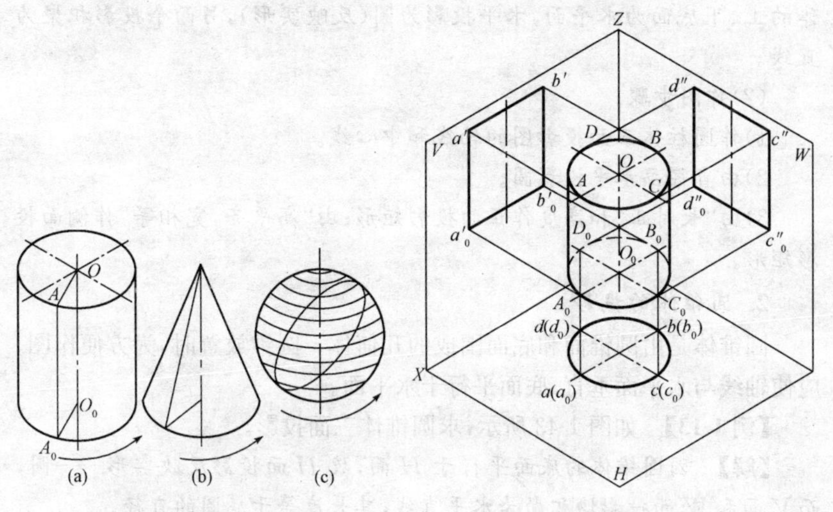

图 1-40　回转面的形式

(a)圆柱面；(b)圆锥面；(c)圆球面

图 1-41　圆柱体作图分析

【例 1-12】 如图 1-42 所示，求作圆柱体的三面投影。

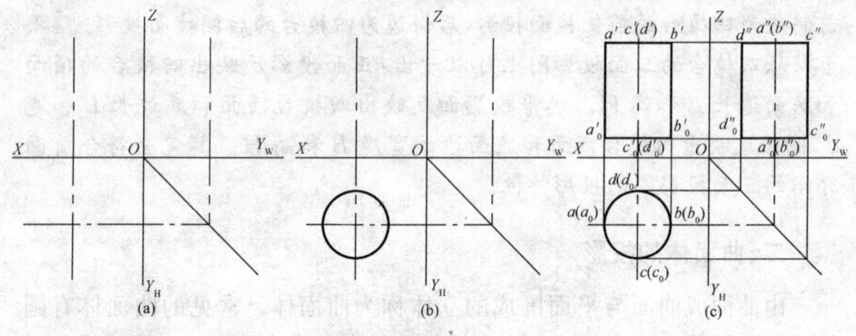

图 1-42　圆柱体的投影

【解】 (1)投影分析。如图 1-42 所示，当圆柱体的轴线为铅垂线时，圆柱面所有的素线都是铅垂线，在平面图上积聚为一个圆，圆柱面上所有的点和直线的水平投影，都在平面图的圆上；其正立面图和侧立面图上的轮廓线为圆柱面上最左、最右、最前、最后轮廓素线的投影。圆柱体的上、下底面为水平面，水平投影为圆(反映实形)，另两个投影积聚为直线。

(2)作图步骤。

1)作圆柱体三面投影图的轴线和中心线。

2)由直径画水平投影圆。

3)由“长对正”和高度作正面投影矩形；由“高平齐，宽相等”作侧面投影矩形。

2. 圆锥体的投影

圆锥体是由圆锥面和底面围成的几何体。圆锥放置时，为方便作图，应使轴线与水平面垂直，底面平行于水平面。

【例 1-13】 如图 1-43 所示，求圆锥体三面投影。

【解】 因圆锥体的底面平行于 H 面，故 H 面投影反映实形——圆，而 V 面和 W 面投影均积聚为水平直线，其长度等于底圆的直径。

圆锥面为光滑的曲面，其 H 面投影是一个圆，与底面圆的投影相重合，其底圆圆心与锥顶的投影相重合；圆锥面上最左、最右两条素线 SA 与 SB 为正平线，其投影构成了圆锥面在 V 面上投影的轮廓线，等腰

△$s'a'b$即为圆锥体在 V 面上的投影；圆锥体在 W 面上的投影与 V 面投影相同，但其等腰三角形中两腰分别为圆锥体最前、最后两条素线的投影。

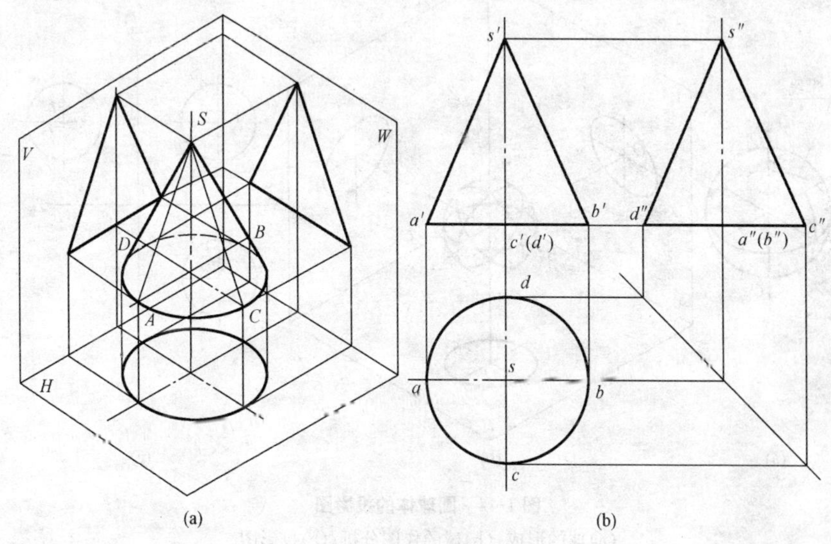

图 1-43　圆锥体的投影

3. 圆球体的投影

圆球体是由一个圆球面组成，圆球面可看成由一条半圆曲线绕与它的直径作为轴线 OO_0 旋转而成。

【例 1-14】　如图 1-44 所示，求作圆球体的投影图。

【解】　(1)投影分析。如图 1-44(b)所示，球体的三面投影均为与球的直径大小相等的圆，故又称为“三圆为球”。V 面、H 面和 W 面投影的三个圆分别是球体的前、上、左三个半球面的投影，后、下、右三个半球面的投影分别与之重合；三个圆周代表了球体上分别平行于正面、水平面和侧面的三条素线圆的投影。还可看出：圆球面上直径最大的、平行于水平面和侧面的圆 A 与圆 C 的正面投影分别积聚在过球心的水平与铅垂中心线上。

(2)作图步骤。如图 1-44 所示，圆球体的作图步骤如下：

1)画圆球面三投影圆的中心线。

2)以球的直径为直径画三个等大的圆,即各个投影面的投影图,如图1-44(c)所示。

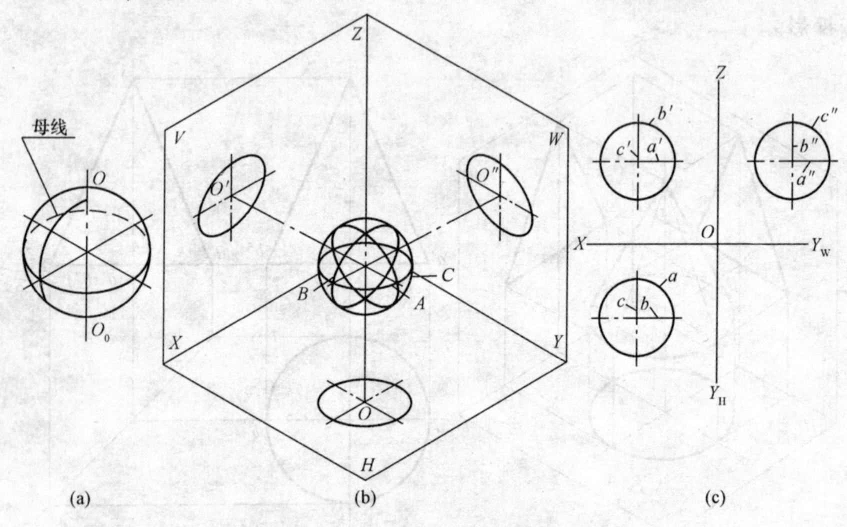

图 1-44　圆球体的投影图

(a)球的形成;(b)球的作图分析;(c)投影图

4. 圆环的投影

圆环是由一个圆环面围成的。圆环面可以看成是由一条圆曲线绕与圆所在平面上且在圆外的直线作为轴线旋转而成的,图上任意点的运动轨迹为垂直于轴线的纬圆。

【例 1-15】　如图 1-45 所示,求作圆环的投影。

【解】　(1)投影分析。如图 1-45(b)所示,圆环的正面投影是最左、最右两个素线圆和与该圆相切的直线,其素线圆是圆环面正面投影的轮廓线,其直径等于母线圆的直径;直线是母线圆最上和最下的点的纬圆的积聚投影,其投影长度等于此点纬圆的直径,也就是母线圆的直径。侧面投影和正面投影分析相同,在此不再赘述。水平面的投影为三个圆,其直径分别为圆环上下两部分的分界线的纬圆,也就是回转体的最大直径纬圆和最小直径纬圆,用粗实线画出,另一个圆为点画线画出,是母线圆圆心的轨迹。

(2)作图步骤。如图 1-45(b)所示,作图步骤如下:

1)先画出三个视图的中心线的投影(细点画线)。

2)再画出各个投影面的投影圆。

3)作出正面投影和侧面投影的切线,并将不可见部分用虚线画出。

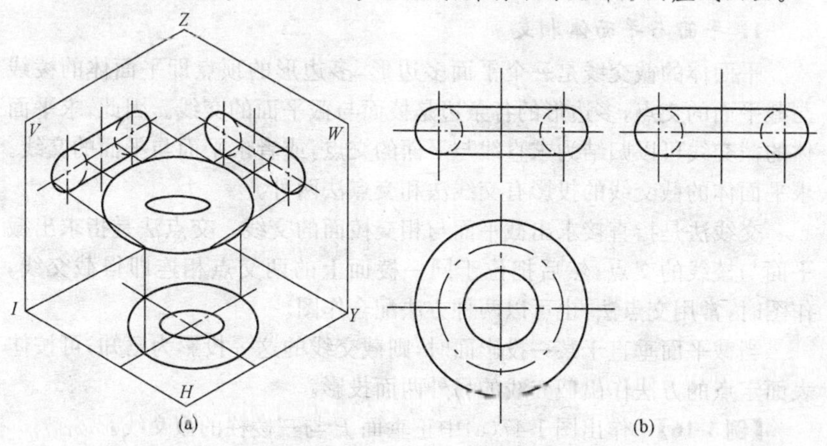

图 1-45　圆环的投影图

三、平面与形体表面相交

平面与形体表面相交,犹如平面去截割形体。截平面与形体表面的交线叫做截交线;由截交线所围成的平面图形,叫做断面或截面;形体被一个或几个截平面截割后留下的部分,称为切割体,如图 1-46 所示。

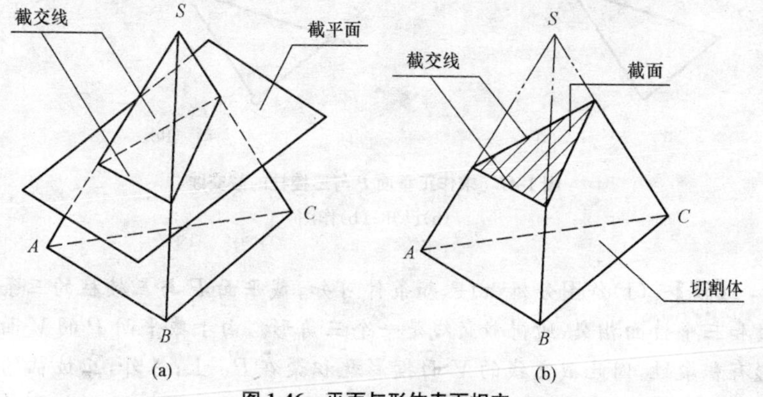

图 1-46　平面与形体表面相交

(a)截交线;(b)切割体

求截交线上点的基本方法有素线法、纬圆法和辅助平面法。另外，也应注意用形体各部分的投影特征，如对称性、某个曲面成平面的积聚性等。

1. 平面与平面体相交

平面体的截交线是一个平面多边形，多边形的顶点即平面体的棱线与截平面的交点，多边形的各条边是棱面与截平面的交线。因此，求平面体的截交线可以归结为求直线与平面的交点，或者求平面与平面的交线。求平面体的截交线的投影有交线法和交点法两种。

交线法是指直接求出截平面与相交棱面的交线。交点法是指求出截平面与棱线的交点，然后把位于同一棱面上的两交点相连即得截交线。作图时，常用交点法，也可以两种方法配合作图。

当截平面垂直于某一投影面时，则截交线的这一投影为已知，可按体表面定点的方法作出截交线的另外两面投影。

【例 1-16】 作出图 1-47(a)中正垂面 P 与三棱柱的截交线。

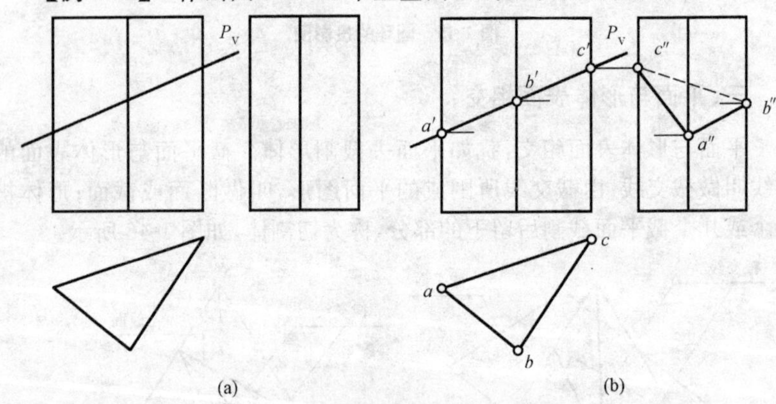

图 1-47 求作正垂面 P 与三棱柱的截交线

(a)已知；(b)作图

【解】 (1)作图分析：由已知条件可知，截平面 P 与三棱柱的三条侧棱和三个棱面相交，所得截交线是一个三角形。由于截平面 P 的 V 面投影有积聚性，因此截交线的 V 面投影就积聚在 P_V 上；另外，三棱柱的三个棱面的 H 面投影有积聚性，截交线的 H 面投影积聚在 H 面投影的三角形上。经分析截交线的 H 面及 V 面投影为已知，其主要求截交面的 W 面投影。

(2)作图步骤。

1)过 $a'b'c'$ 向右作水平线，分别与三条棱线相交即得 $a''b''c''$。

2)连接 $a''b''c''$，即得截交线的 W 面投影，$b''c''$ 位于不可见的棱面上，应连成虚线。

【例 1-17】 已知图 1-48(a)中四棱锥切割的 V 面投影，作出其 H 面投影和 W 面投影。

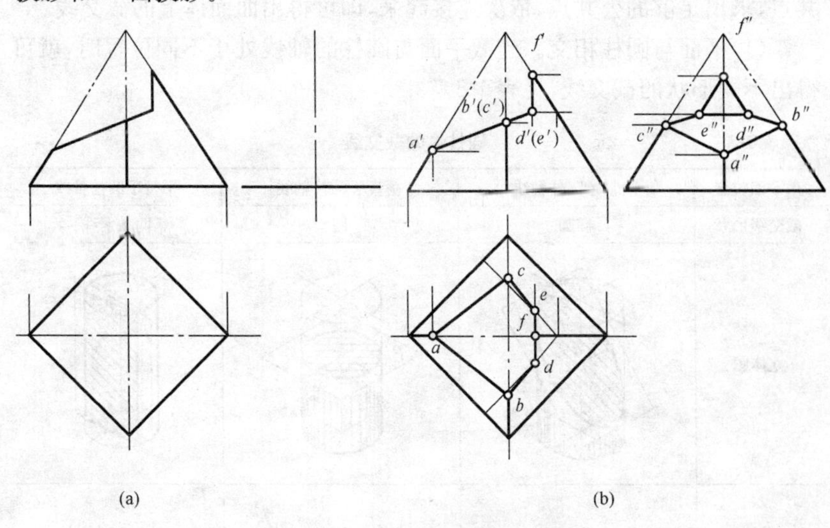

图 1-48　求作四棱锥切割体的投影

(a)已知；(b)作图

【解】 (1)作图分析：从已知可得，四棱锥切割体是由一个正垂面和一个侧平面截割而成，两个截平面相交形成一条交线，为正垂线。由于切割体截割以后拿走一部分形体，因此在判断切割体投影的可见性时，应注意与截交线区别开来。

(2)作图步骤：作图过程如图 1-48 所示。

1)在 V 面投影中，用 $a'b'c'd'e'f'$ 标出两个截平面与四棱锥的棱线的交点和两截平面的交线与四棱锥表面的交点。

2)依次求出 a、b、c、d、e、f 及 a''、b''、c''、d''、e''、f''。

3)连接位于同一棱面上的两点,即得切割体的投影。

4)在 H 面投影中,四个棱面均可见,因此断面轮廓线都可见,在 W 面投影中,$d''f''$ 与 $e''f''$ 虽然在右面,但由于左面遮挡部分被拿走,因而可见,最右轮廓线被遮挡,不可见,应画虚线。

2. 平面与曲面体相交

平面与曲面体相交,其截交线是封闭的平面曲线,或曲线与直线组成的平面图形。曲面体截交线上每一点都是截平面与曲面体表面的一个公共点,求出足够的公共点,依次连接起来,即可得出曲面体上的截交线。

(1)平面与圆柱相交。当截平面与圆柱的轴线处于不同位置时,就可得出不同形状的截交线,见表 1-5。

表 1-5　　圆柱体的截交线

截平面位置	倾斜于圆柱轴线	垂直于圆柱轴线	平行于圆柱轴线
截交线形状	椭圆	圆	两条素线
立体图	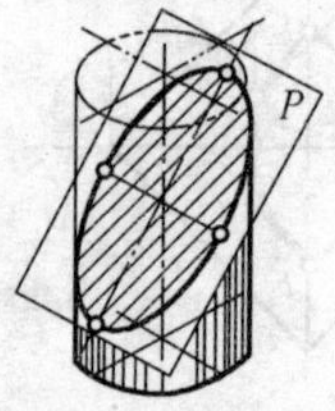 P	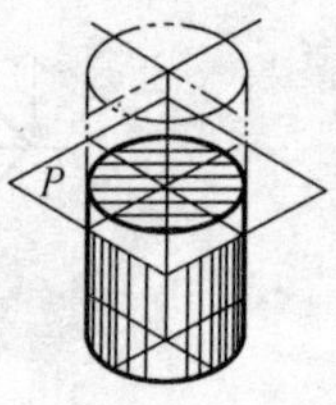 P	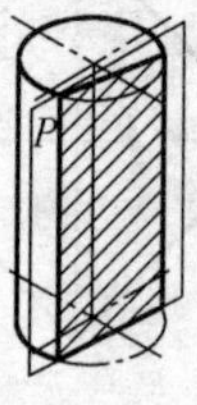 P
投影图	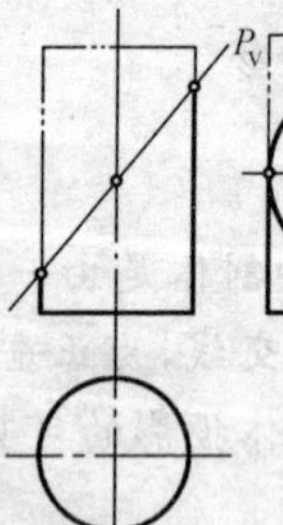 P_V	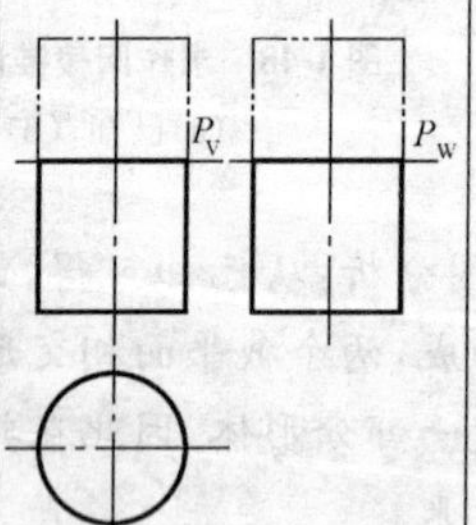 P_V　P_W	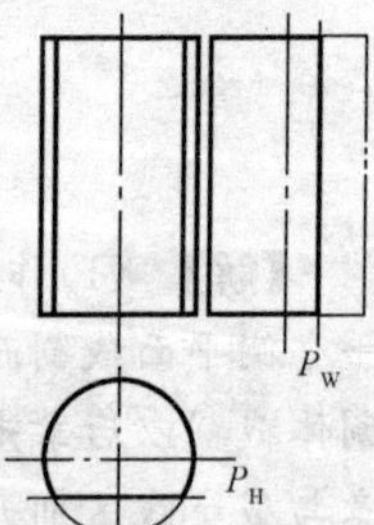 P_W　P_H

由表 1-5 中可知,当截平面垂直于圆柱轴线时截交线为一纬圆;当截平面倾斜于圆柱轴线时,截交线为一个椭圆,当截交线通过圆柱轴线或平

行于圆柱轴线时，截交线为一矩形。

【例 1-18】 如图 1-49(a)所示，求作正垂面与圆柱的截交线。

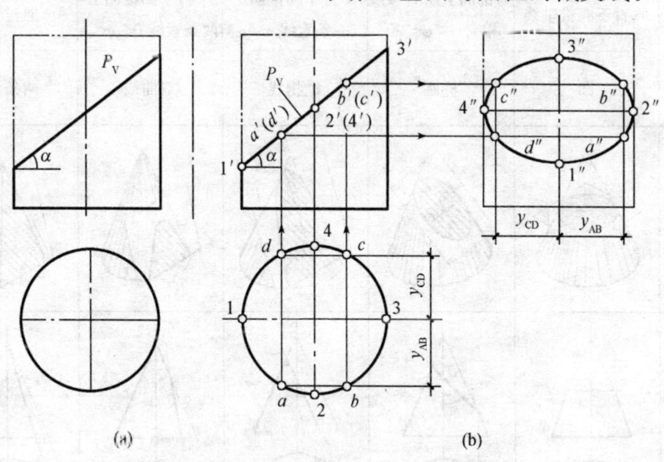

图 1-49　正垂面与圆柱的截交线

【解】 1)作图分析。因图中所给截平面与圆柱的轴线倾斜，可知截交线为一个椭圆。椭圆的水平投影仍是圆，侧面投影是椭圆。椭圆的短轴为圆柱体的直径，长轴为正垂面与圆柱体正面投影的交线长度。

2)作图步骤。

①在椭圆的 V 面投影中定出椭圆的长轴和短轴的四个端点，也就是圆柱体上四条特殊素线(最左、最右、最前、最后)与截平面的交点，如图 1-49(b)中 1、2、3、4 四点，作出其三面投影。

②在截交线特殊点之间选取一些一般位置点，以便于作图准确。图中选取了 A、B、C、D 四个点，由水平投影与正面投影作出侧面投影。

③用光滑曲线依次将所作出的点连接，即为椭圆的侧面投影。

④完善图形去掉切去的部分，判别可见性。

(2)平面与圆锥体相交。当截平面与圆锥体的相对位置不同时，截交线会出现五种情况，见表 1-6。

表 1-6　　　　圆锥体的截交线

截平面位置	垂直于圆锥轴线	与锥面上所有素线相交 $\alpha<\varphi<90°$	平行于圆锥面上一条素线 $\varphi=\alpha$	平行于圆锥面上两条素线 $0\leqslant\varphi<\alpha$	通过锥顶
截交线形状	圆	椭圆	抛物线	双曲线	两条素线
立体图	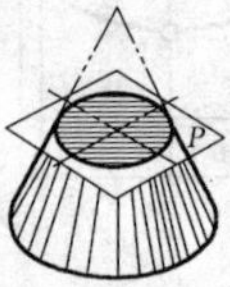	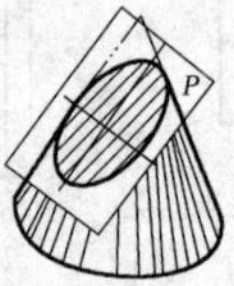	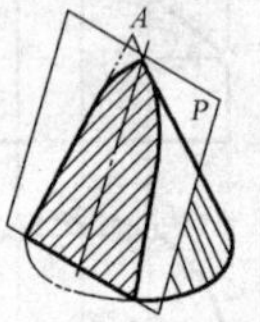	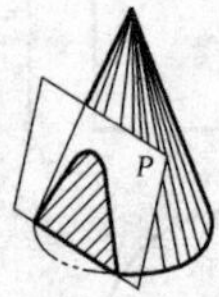	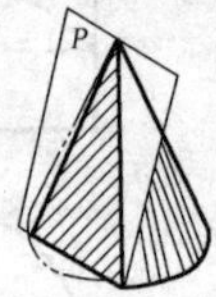
投影图	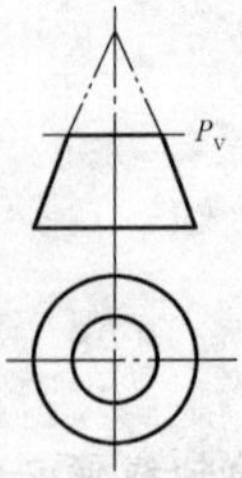	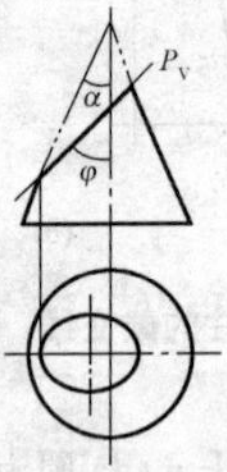	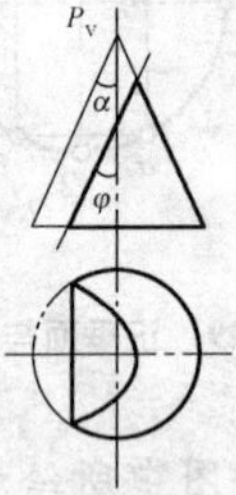	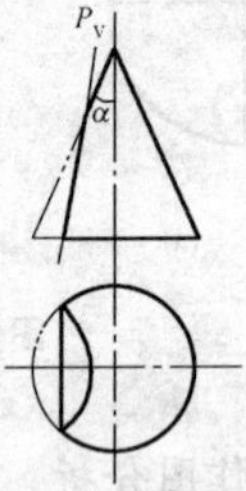	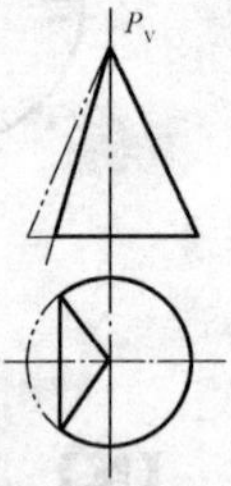

由表 1-6 可知，当截平面垂直于圆锥轴线时，截交线是一个纬圆；当截平面与圆锥上所有素线都相交时，截交线是一个椭圆；当截平面平行于圆锥上一条素线时，截交线是一条抛物线；当截平面平行于圆锥上两条素线时，截交线是双曲线；当截平面通过锥顶时，截交线是三角形。

【例 1-19】 如图 1-50 所示，求正平面 P 与圆锥的截交线投影。

【解】 1)作图分析。由于图中截平面 P 与圆锥面上两条素线平行，因此所得截交线为双曲线。又因截平面的 H 面投影和 W 面投影都有积聚性，所以双曲线的 H 面投影和 W 面投影分别积聚在 P_H 和 P_W 上，V 面投影是双曲线，且反映实形。

2)作图步骤。

①在双曲线的已知投影上定出Ⅰ、Ⅱ、Ⅲ三个点的 H 面投影 1、2、3 和 W 面投影 $1''$、$2''$、$3''$，并求出其 V 面投影 $1'$、$2'$、$3'$。

②在双曲线的适当高度的位置上定 $4''$、$5''$两个点，并用纬圆法求出它们的 H 面投影 4、5 和 V 面投影 $4'$、$5'$。

③把点依次连接起来，保证连线光滑，所得即为双曲线的正面投影。

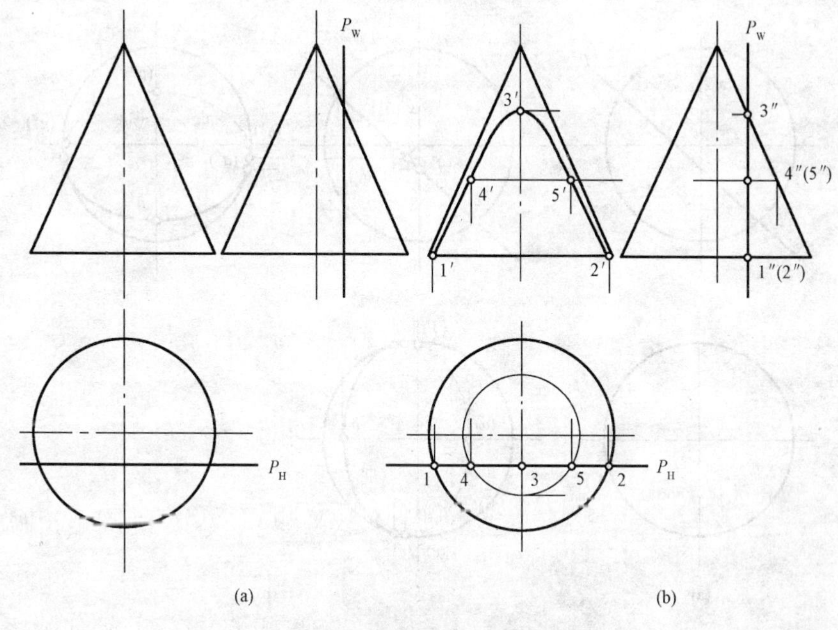

图 1-50　求作正平面 P 与圆锥的截交线

(a)已知;(b)作图

(3)平面与球相交。平面截割球体,截交线的投影是圆。截平面靠球心越近,截交线的圆越大;截平面通过圆心时,截交线是最大的圆。

当截平面是投影面的平行面时,截交线的投影为圆,截交线不平行于投影面时,截交线的投影为椭圆。该椭圆的作图方法与圆锥体被截平面切割形成椭圆的作图方法相同,只不过截交线上的点的投影只能用纬圆法作图。

【例 1-20】　如图 1-51 所示,求正垂面 P 与球的截交线投影。

【解】　1)作图分析:根据已知条件,截交线圆的 V 面投影积聚在 P_V 上,它与球的 V 面投影轮廓线的交点(a'、b')之间的长度即截交线圆的直径,H 面投影中截交线圆变形为椭圆,(a)、b 为椭圆的短轴。与 $a'b'$ 垂直的直径 $c'd'$,是一条正垂线,在 H 面投影中反映截交线圆直径的实长,成为椭圆的长轴。因此截交线的投影作图归结为椭圆的作图。

2)作图步骤。

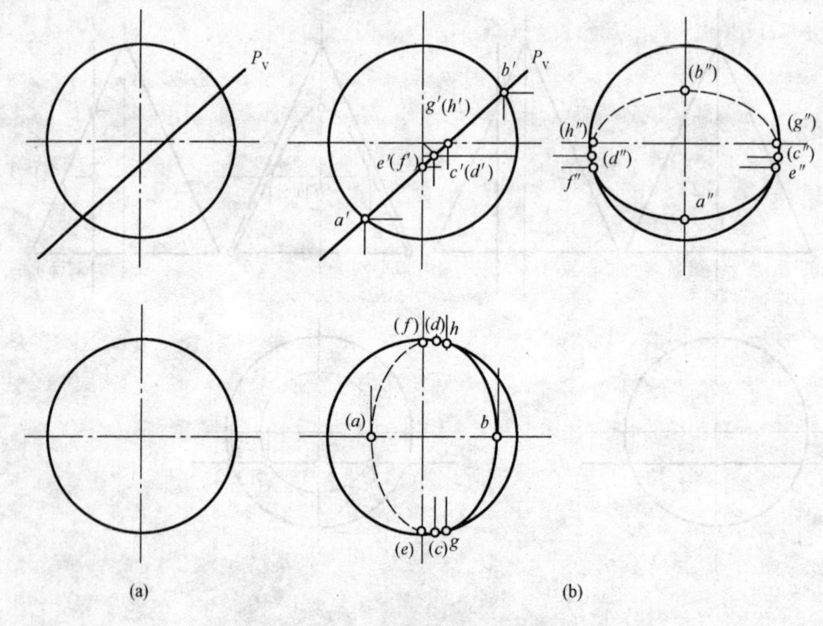

图 1-51　正垂面 *P* 与球的截交线

(a)已知;(b)作图

①作 V 面投影中,定出 a'、b'、c'、d'、e'、f'、g'、h' 八个点,分别为椭圆的长、短轴的端点和轮廓线上的点。

②用纬圆法求出八个点的 H 面及 W 面投影。

③将同名投影依次光滑地连接起来,H 面投影中 g、c、e、a、f、h 点不可见,应连为虚线;W 面投影中,e''、c''、g''、b''、h''、d''、f''点不可见,以虚线连接。

四、直线与形体表面相交

直线与形体表面相交,即直线贯穿形体,所得的交点叫贯穿点。当直线和形体在投影图中给出后,便可求出贯穿点的投影。一般用辅助平面法,其具体作图步骤是:经过直线作一辅助平面,求出辅助平面与已知形体表面的辅助截交线,辅助截交线与已知直线的交点,即为贯穿点。

特殊情况下,当形体表面的投影有积聚性时,可以利用积聚投影直接求出贯穿点；当直线为投影面垂直线时，贯穿点可按形体表面上定点的方法作出。

直线贯穿形体以后，穿进形体内部的那一段不需要画出，而位于贯穿点以外的直线需要画出，并且还要判别其可见性。

【例 1-21】 如图 1-52 所示，求直线 EF 与圆柱的贯穿点。

【解】 (1)作图分析：根据已知条件可知，直线在左侧和圆柱面相交，其交点 m 积聚在水平投影的圆周上；而另一个交点是直线与圆柱的上底面相交，其交点 n' 在 V 面投影中圆柱上底面的积聚投影上。

(2)作图步骤：

1)由交点的已知投影 m 向上作铅垂线与直线 EF 的 V 面投影 $e'f'$ 相交得 m' 点。

2)由交点的已知投影 n' 向下作铅垂线与 EF 直线的 H 面投影 ef 相交得 n 点。

3)直线的 H 面投影与 V 面投影均可见。

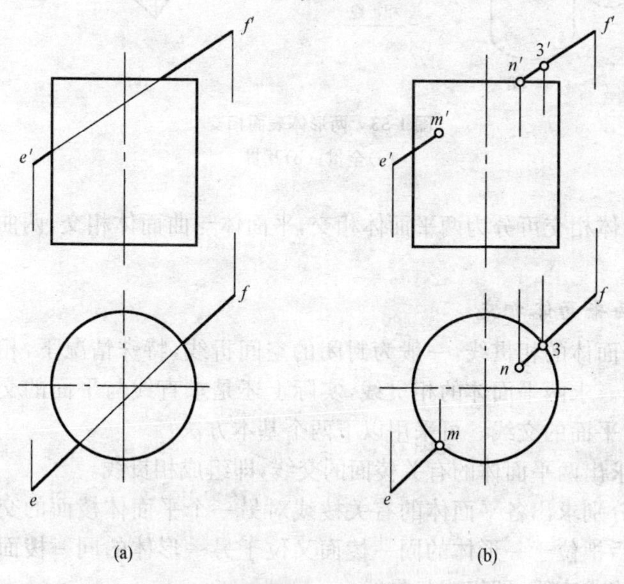

图 1-52　求作直线 EF 与圆柱的贯穿点

(a)已知；(b)作图

五、两形体表面相交

两形体相交也叫两形体相贯，形体表面的交线称为相贯线。当两形体相对位置不同时，相贯又分为全贯和互贯两种，全贯是指一形体的表面全部与另一形体相交。互贯是指一形体的表面只有一部分与另一形体的一部分相交，如图 1-53 所示。

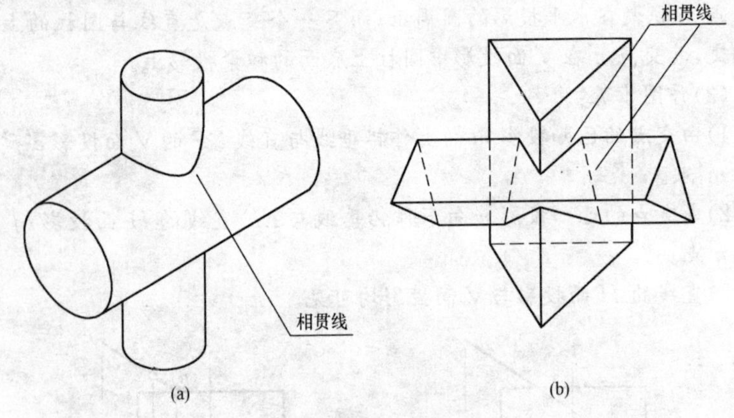

图 1-53　两形体表面相交

(a)全贯；(b)互贯

两形体相交可分为两平面体相交，平面体与曲面体相交，两曲面体相交三种。

1. 两平面体相交

两平面体的相贯线，一般为封闭的空间折线，特殊情况下，相贯线为平面折线。求两平面体的相贯线，实际上还是求直线与平面的交点以及求平面与平面的交线。可采用以下两个基本方法：

(1)求出两平面体的有关棱面的交线，即组成相贯线。

(2)分别求出各平面体的有关棱线对另一个平面体棱面的交点即贯穿点，然后把位于一形体的同一棱面又位于另一形体的同一棱面上的两点，顺次连成直线，即组成相贯线。

判别可见性原则：只有位于两形体都可见的棱面上的交线才是可见的，只要有一个棱面不可见，面上的交线就不可见。

【例 1-22】 如图 1-54 所示,求三棱锥与四棱柱的相贯线。

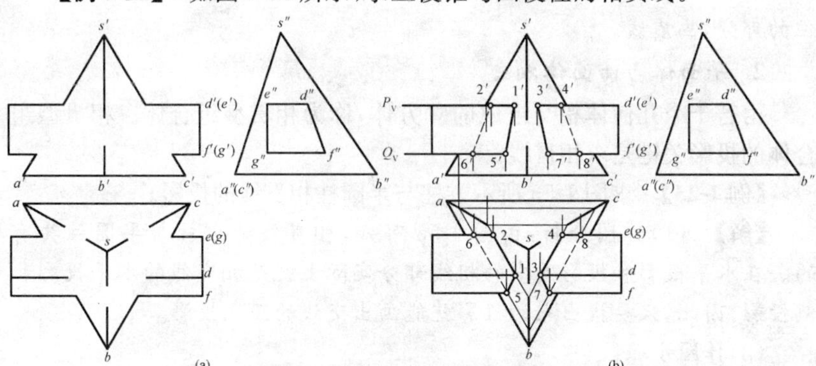

图 1-54 三棱锥与四棱柱的相贯线

【解】 (1)作图分析:根据已知条件可知,四棱柱的各棱面全部从三棱锥的 SAB 面穿入,从 SBC 棱面穿出,形成全贯。相贯线为两组平面折线,其 H 面和 V 面投影均成左右对称形。因四棱柱的 W 面投影有积聚性,相贯性的 W 面投影为已知,积聚在四棱柱的 W 面投影上。因此,只需求相贯线的 H 面、V 面投影。

四棱柱的 DE、FG 棱面为水平面,其 V 面投影有积聚性,可利用它们的积聚性直接求出与三棱锥的 SAB 和 SBC 棱面的交线。

(2)作图步骤:

1)将四棱柱的水平棱面 DE 扩大为 P 面,求得 DE 棱面与三棱锥的两个棱面的交线ⅠⅡ和ⅢⅣ;扩大水平棱面 FG 为 Q 面,求得 FG 棱面与三棱锥的两个棱面的交线ⅤⅥ和ⅦⅧ。然后在 EG 棱面上连接ⅡⅥ和ⅣⅧ,在 DF 棱面上连接ⅠⅤ和ⅢⅦ,这样就可形成相贯线的全部作图。

2)判别可见性:H 面投影中,除 FG 棱面不可见、EG 棱面有积聚性外,其余棱面均可见。所以相贯线的 H 面投影中,只有 56 和 78 不可见,应画虚线。V 面投影中,因 2′6′和 4′8′位于四棱柱的不可见棱面上,应画虚线。

3)补全投影:因四棱柱的棱线贯穿三棱锥的 SAB 和 SBC 两个棱面,四棱柱四条棱线的 H 面、V 面投影均用实线画至相应的贯穿点。三棱锥的投影轮廓线,在 V 面投影中,SB 棱在最前面,画实线;SA 和 SC 棱被四棱柱遮挡住的部分，画虚线。在 H 面投影中，AB 和 BC 边被四棱柱遮挡住的部分，画虚线。

2. 平面体与曲面体相交

由若干个几何体相交组成的立方体，称为相贯型组合体。相贯型组合体的投影关键是求相贯线。

【例 1-23】 求图 1-55 所示方柱与半圆柱相贯线的投影。

【解】 (1)作图分析：由图 1-55 可知，相贯线为方柱与半圆柱共有的。在水平投影和投影图中的粗线部分实际上就是相交线的水平投影和侧投影，因此，只要找出点的投影就能画出交线的正立投影。

(2)作图步骤：

1)先找出特殊点(最高、最低点)A、B、C、D 点的投影；

2)从已知投影中(水平或侧投影)，选几个中间点，按照“三等”关系画出各点的正立投影，连成光滑曲线即可。

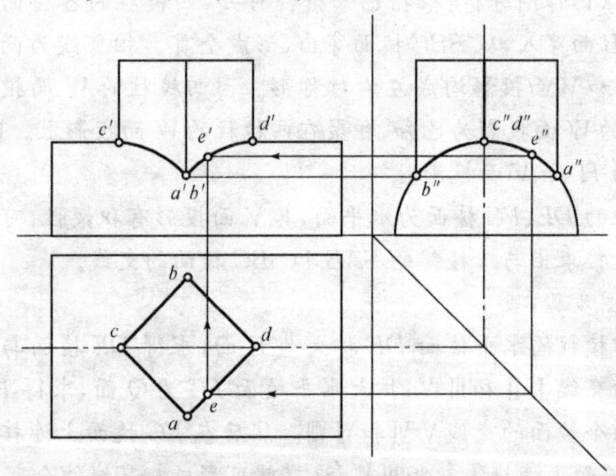

图 1-55 方柱与圆柱相交线

3. 曲面体与曲面体相交

两曲面立体的相贯线一般情况下为封闭的空间曲线，特殊情况下，也可是平面曲线或直线段的组合。求相贯线通常利用积聚性法，有时也用辅助平面法。

辅助平面法是求解曲面立体相贯线时常用的方法。在使用辅助平面法时，辅助平面的选择尤为重要。为便于解题，通常可取垂直于回转体轴线的平面为辅助面，这样可使其与两相贯体的交线是圆或直线。

【例 1-24】 如图 1-56 所示，求正交两圆体柱相贯线的投影。

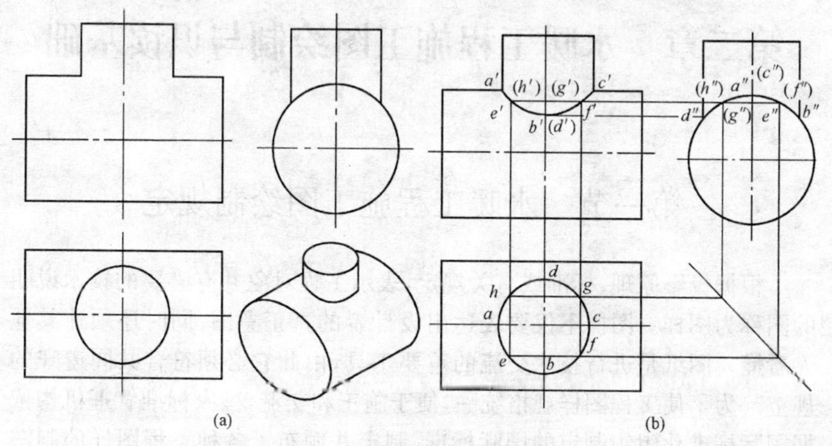

图 1-56　正交两圆柱体的相贯线

【解】 (1)作图分析：由图 1-56(a)所示，两大小圆柱的轴线分别为铅垂线和侧垂线，两轴共面，故相贯线为一对称的、封闭的空间曲线。根据积聚性和共有性，该相贯线的水平投影积聚在小圆周上；侧面投影则积聚在大圆周的上部(与小圆柱重叠的部分)，由此即可求出相贯线的正投影，这种方法就称为积聚性法。

(2)作图步骤：

1)定出相贯线上最左、最右、最上、最下、最前和最后的点，在本题中即 A、B、C、D 四点。

2)找出小圆柱上四条前后左右对称素线的水平投影(积聚为 e、f、g、h 四点)，然后根据投影规律求出对应投影。

3)光滑连接各点的正面投影，完成如图 1-56(b)所示。

第二章　水暖工程施工图绘制与识读基础

第一节　水暖工程施工图绘制规定

根据投影原理、标准或有关规定，表示工程对象并有必要的技术说明的图称为图样。图样不仅要表达出设计者的真正意图，同时还须让其他人看懂。图纸是进行技术交流的重要工具，由此它必须符合共同遵守的规范。为了使工程图样规格统一，便于施工和交流，国家标准管理机构依据国际标准化组织制定的国际标准，制定并颁布了各种工程图样的制图国家标准，简称“国标”。例如，《房屋建筑制图统一标准》(GB 50001—2010)、《总图制图标准》(GB/T 50103—2010)、《建筑给水排水制图标准》(GB/T 50106—2010)、《暖通空调制图标准》(GB/T 50114—2010)等。

一、图幅规格与图纸编排顺序

1. 图纸幅面

图纸的幅面是指图纸宽度与长度组成的图面。图纸幅面的基本尺寸规格有5种，其代号分别为A0、A1、A2、A3和A4。图纸幅面及图框尺寸应符合表2-1的规定及图2-1～图2-4的格式。

表2-1　　幅面及图框尺长　　mm

幅面代号 尺寸代号*	A0	A1	A2	A3	A4
$b \times l$	841×1189	594×841	420×594	297×420	297×210
c	10			5	
a	25				

*：表中b为幅面短边尺寸，l为幅面长边尺寸，c为图框线与幅面线间宽度，a为图框线与装订边间宽度。

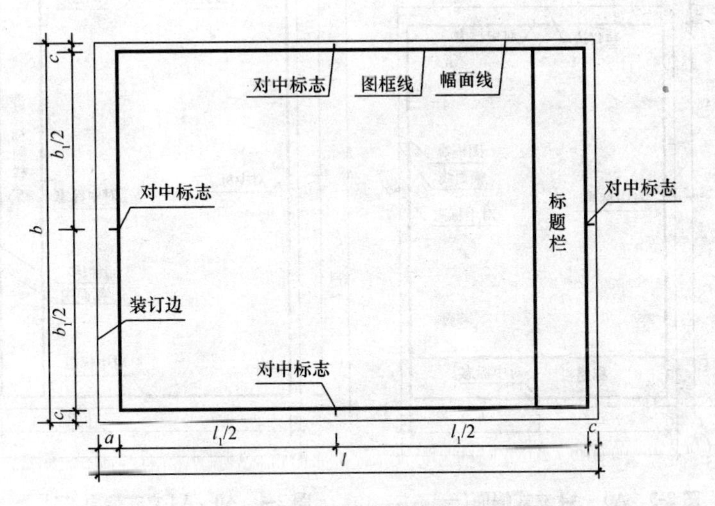

图 2-1　A0～A3 横式幅面(一)

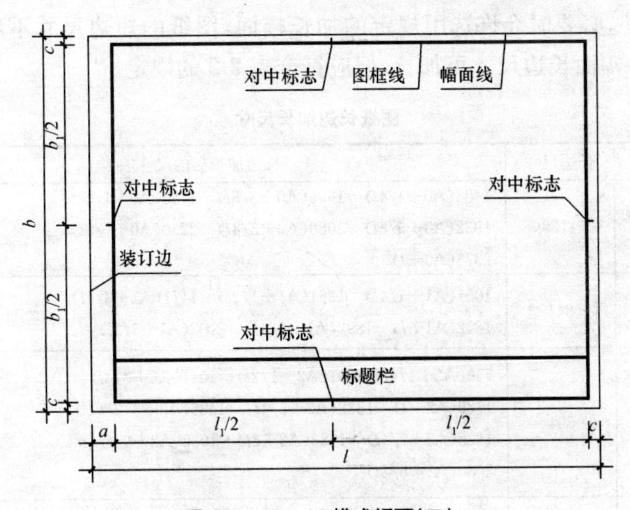

图 2-2　A0～A3 横式幅面(二)

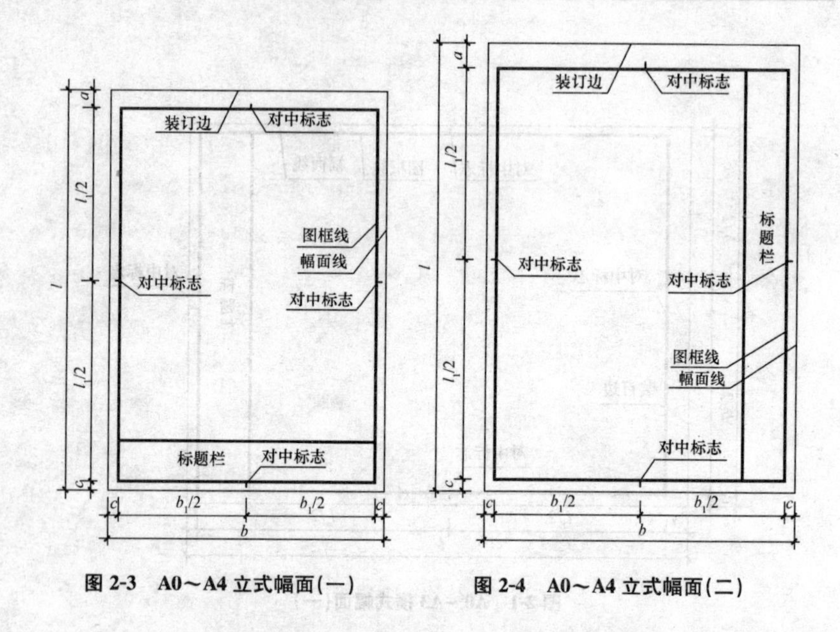

图 2-3 A0～A4 立式幅面(一)　　图 2-4 A0～A4 立式幅面(二)

此外，必要时允许选用规定的加长幅面，图纸的短边尺寸不应加长，A0～A3 幅面长边尺寸可加长，但应符合表 2-2 的规定。

表 2-2 图纸长边加长尺寸 mm

幅面代号	长边尺寸	长边加长后的尺寸
A0	1189	1486(A0+1/4*l*)　1635(A0+3/8*l*)　1783(A0+1/2*l*) 1932(A0+5/8*l*)　2080(A0+3/4*l*)　2230(A0+7/8*l*) 2378(A0+*l*)
A1	841	1051(A1+1/4*l*)　1261(A1+1/2*l*)　1471(A1+3/4*l*) 1682(A1+*l*)　1892(A1+5/4*l*)　2102(A1+3/2*l*)
A2	594	743(A2+1/4*l*)　891(A2+1/2*l*)　1041(A2+3/4*l*) 1189(A2+*l*)　1338(A2+5/4*l*)　1486(A2+3/2*l*) 1635(A2+7/4*l*)　1783(A2+2*l*)　1932(A2+9/4*l*) 2080(A2+5/2*l*)
A3	420	630(A3+1/2*l*)　841(A3+*l*)　1051(A3+3/2*l*) 1261(A3+2*l*)　1471(A3+5/2*l*)　1682(A3+3*l*) 1892(A3+7/2*l*)

注：有特殊需要的图纸，可采用 $b \times l$ 为 841mm×891mm 与 1189mm×1261mm 的幅面。

2. 标题栏

图纸中应有标题栏、图框线、幅面线、装订边线和对中标志。标题栏应符合图 2-5、图 2-6 的规定，根据工程的需要选择确定其尺寸、格式及分区。

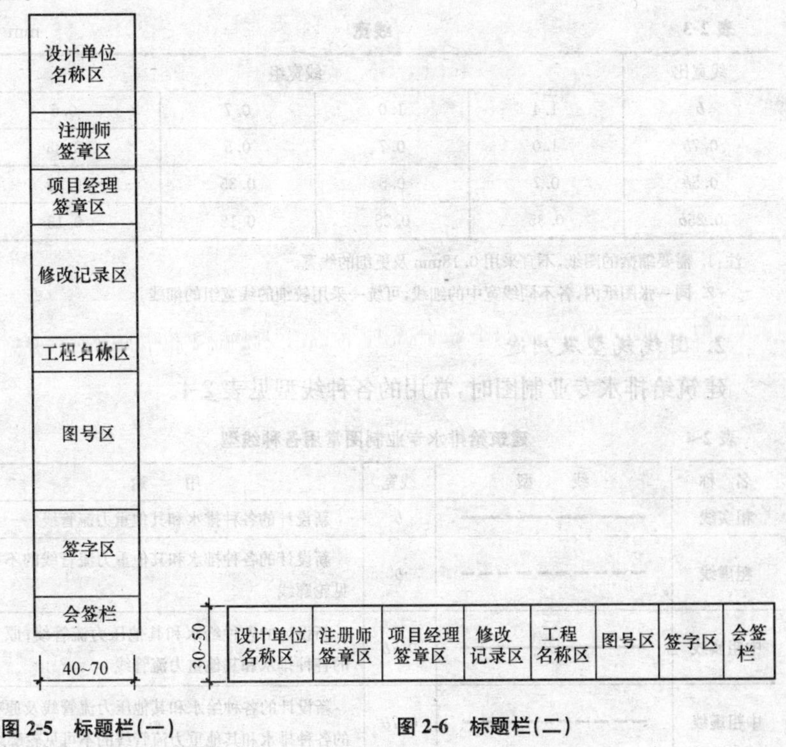

图 2-5 标题栏(一)　　图 2-6 标题栏(二)

3. 图纸编排顺序

工程图纸应按专业顺序编排，应为图纸目录、总图、建筑图、结构图、给水排水图、暖通空调图、电气图等。各专业的图纸，应按图纸内容的主次关系、逻辑关系进行分类排序。

二、图线

1. 图线宽度

为了使图样的表达统一、图面清晰，根据所绘图样的不同，国家标准规定了图线的宽度 b。绘图时，图线的宽度 b 宜从 1.4、1.0、0.7、0.5、0.35、0.25、0.18、0.13（mm）线宽系列中选取。图线宽度不应小于 0.1mm。每个图样，应根据复杂程度与比例大小，先选定基本线宽 b，再选用表 2-3 中相应的线宽组。

表 2-3 线宽 mm

线宽比	线宽组			
b	1.4	1.0	0.7	0.5
0.7b	1.0	0.7	0.5	0.35
0.5b	0.7	0.5	0.35	0.25
0.25b	0.35	0.25	0.18	0.13

注：1. 需要缩微的图纸，不宜采用 0.18mm 及更细的线宽。

2. 同一张图纸内，各不同线宽中的细线，可统一采用较细的线宽组的细线。

2. 图线线型及用途

建筑给排水专业制图时，常用的各种线型见表 2-4。

表 2-4 建筑给排水专业制图常用各种线型

名称	线型	线宽	用途
粗实线	————————	b	新设计的各种排水和其他重力流管线
粗虚线	- - - - - - - - - - - -	b	新设计的各种排水和其他重力流管线的不可见轮廓线
中粗实线	————————	0.7b	新设计的各种给水和其他压力流管线；原有的各种排水和其他重力流管线
中粗虚线	- - - - - - - - - - - -	0.7b	新设计的各种给水和其他压力流管线及原有的各种排水和其他重力流管线的不可见轮廓线
中实线	————————	0.5b	给水排水设备、零(附)件的可见轮廓线；总图中新建的建筑物和构筑物的可见轮廓线；原有的各种给水和其他压力流管线
中虚线	- - - - - - - - - - - -	0.5b	给排水设备、零(附)件的不可见轮廓线；总图中新建的建筑物和构筑物的不可见轮廓线；原有的各种给水和其他压力流管线的不可见轮廓线
细实线	————————	0.25b	建筑的可见轮廓线；总图中原有的建筑物和构筑物的可见轮廓线；制图中的各种标注线

（续）

名　称	线　　型	线宽	用　　途
细虚线	- - - - - - - - - - - -	0.25b	建筑的不可见轮廓线；总图中原有的建筑物和构筑物的不可见轮廓线
单点长画线	———·———·———	0.25b	中心线、定位轴线
折断线	——————\/——————	0.25b	断开界线
波浪线	∽∽∽	0.25b	平面图中水面线；局部构造层次范围线；保温范围示意线

三、比例

图样比例是指图形与实物相对应的线性尺寸之比，它是线段之比而不是面积之比，即

比例＝图形画出的长度（图距）/实物相应部位的长度（实距）

图样比例的符号为“：”，比例应用阿拉伯数字表示，如 1：1、1：2、1：10等。1：10 表示图纸所画物体缩小为实体的 1/10，1：1 表示图纸所画物体与实体一样大。比例宜注写在图名的右侧，字的基准线应取平；比例的字高宜比图名的字高小一号或二号（图 2-7）。

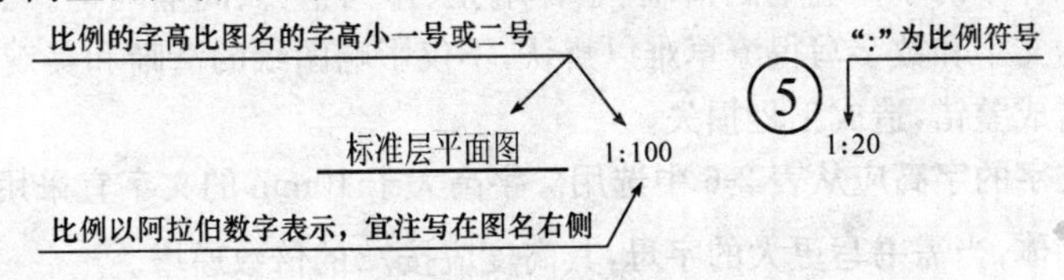

图 2-7　比例的注写

建筑给水排水工程图一般应选用表 2-5 的常用比例。

表 2-5　建筑给排水工程图常用比例

名　　称	比　　例	备　　注
区域规划图 区域位置图	1：50000、1：25000、1：10000、1：5000、1：2000	宜与总图专业一致
总平面图	1：1000、1：500、1：300	宜与总图专业一致

（续）

名　称	比　例	备　注
管道纵断面图	竖向 1∶200、1∶100、1∶50 纵向 1∶1000、1∶500、1∶300	—
水处理厂（站）平面图	1∶500、1∶200、1∶100	—
水处理构筑物、设备间、卫生间，泵房平、剖面图	1∶100、1∶50、1∶40、1∶30	—
建筑给排水平面图	1∶200、1∶150、1∶100	宜与建筑专业一致
建筑给排水轴测图	1∶150、1∶100、1∶50	宜与相应图纸一致
详图	1∶50、1∶30、1∶20、1∶10 1∶5、1∶2、1∶1、2∶1	—

四、字体

用图线绘成图样，须用文字及数字加以注解，表明其大小尺寸、有关材料、构造做法、施工要点及标题。

图样中的字体应笔画清晰、字体端正、排列整齐、间隔均匀。如果图样上的文字和数字写得潦草难以辨认，不仅影响图纸的清晰和美观，而且容易造成差错，造成工程损失。

文字的字高应从表 2-6 中选用。字高大于 10mm 的文字宜采用 True type 字体，当需书写更大的字母，其高度应按$\sqrt{2}$的倍数递增。

表 2-6　文字的字高　mm

字体种类	中文矢量字体	True type 字体及非中文矢量字体
字高	3.5、5、7、10、14、20	3、4、6、8、10、14、20

1. 汉字

图样及说明中的汉字，宜采用长仿宋体或黑体，同一图纸字体种类不应超过两种。长仿宋体的高宽关系应符合表 2-7 的规定，黑体字的宽度与高度应相同。大标题、图册封面、地形图等的汉字，也可书写成其他字体，但应易于辨认。

表 2-7　长仿宋字高宽关系　mm

字高	20	14	10	7	5	3.5
字宽	14	10	7	5	3.5	2.5

汉字的简化字书写应符合国家有关汉字简化方案的规定。

长仿宋体字的书写要领是：横平竖直、起落分明、笔锋满格、结构匀称，其书写法如图 2-8 所示。

10 号

排列整齐字体端正笔画清晰注意起落

7 号

字体基本上是横平竖直结构匀称写字前先画好格子

5 号

阿拉伯数字拉丁字母罗马数字和汉字并列书写时它们的字高比汉字高小

3.5 号

剖侧切截断面轴测示意主俯仰前后左右视向东西南北中心内外高低顶底长宽厚尺寸分厘毫米矩方

图 2-8　长仿宋体字示例

2. 数字与字母

图样及说明中的拉丁字母、阿拉伯数字与罗马数字，宜采用单线简体或 ROMAN 字体。拉丁字母、阿拉伯数字与罗马数字的书写规则应符合表 2-8 的规定。

表 2-8　拉丁字母、阿拉伯数字与罗马数字的书写规则

书写格式	字　体	窄字体
大写字母高度	h	h
小写字母高度（上下均无延伸）	$7/10h$	$10/14h$
小写字母伸出的头部或尾部	$3/10h$	$4/14h$
笔画宽度	$1/10h$	$1/14h$
字母间距	$2/10h$	$2/14h$
上下行基准线的最小间距	$15/10h$	$21/14h$
词间距	$6/10h$	$6/14h$

拉丁字母、阿拉伯数字与罗马数字，当需写成斜体字时，其斜度应是从字的底线逆时针向上倾斜 75°。斜体字的高度和宽度应与相应的直体字相等。

拉丁字母、阿拉伯数字与罗马数字的字高，不应小于 2.5mm。数量的数值注写，应采用正体阿拉伯数字。各种计量单位凡前面有量值的，均应采用国家颁布的单位符号注写。单位符号应采用正体字母。

分数、百分数和比例数的注写，应采用阿拉伯数字和数学符号。当注写的数字小于 1 时，应写出个位的“0”，小数点应采用圆点，齐基准线书写。

拉丁字母、阿拉伯数字与罗马数字的书写法如图 2-9 所示。

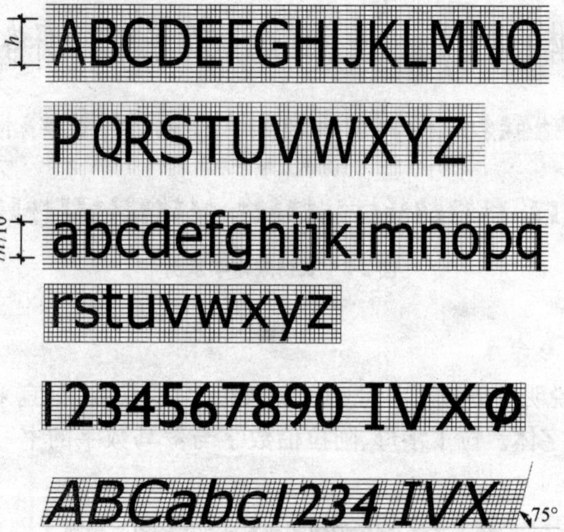

图 2-9 字母、数字示例

五、标高

1. 标高符号

(1)标高符号应以等腰直角三角形表示，按图 2-10(a)所示形式用细实线绘制，如标注位置不够，也可按图 2-10(b)所示形式绘制。标高符号的具体画法如图 2-10(c)、(d)所示。

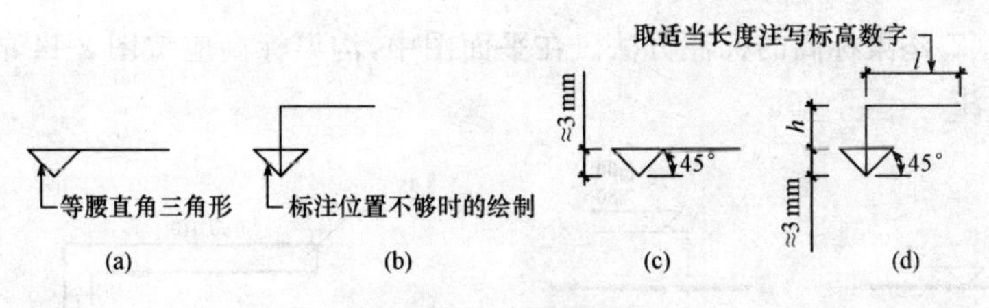

图 2-10　标高符号

(2)标高符号的尖端应指至被注高度的位置。尖端一般应向下,也可向上。标高数字应注写在标高符号的左侧或右侧(图 2-11);标高数字应以米为单位,注写到小数点以后第三位。在总平面图中,可注写到小数点以后第二位;零点标高应注写成±0.000,正数标高不注"+",负数标高应注"-",例如 3.000、-0.600;在图样的同一位置需表示几个不同标高时,标高数字可按图 2-12 的形式注写。

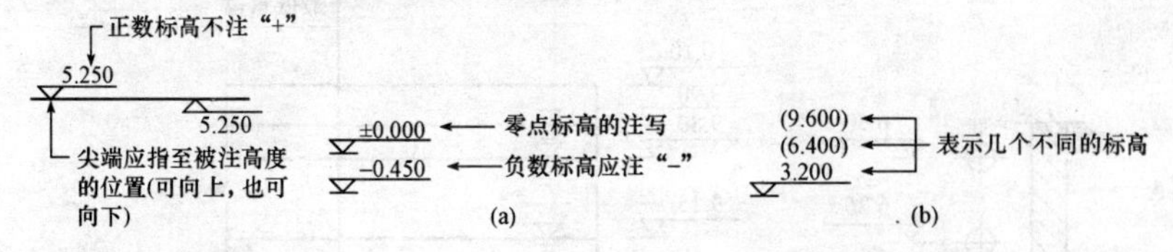

图 2-11　标高的指向　　　　图 2-12　同一位置注写多个标高

2. 标高的标注部位

一般情况下,在下列部位应标注标高:

(1)沟渠和重力流管道。

1)建筑物内应标注起点、变径(尺寸)点、变坡点、穿外墙及剪力墙处。

2)需控制标高处。

(2)压力流管道中的标高控制点。

(3)管道穿外墙、剪力墙和构筑物的壁及底板等处。

(4)不同水位线处。

(5)建(构)筑物中土建部分的相关标高。

3. 标高的标注方法

(1)管道标高的标注方法。在平面图中,管道标高应按图 2-13 的方式标注。

(2)沟渠标高的标注方法。在平面图中，沟渠标高应按图 2-14 的方式标注。

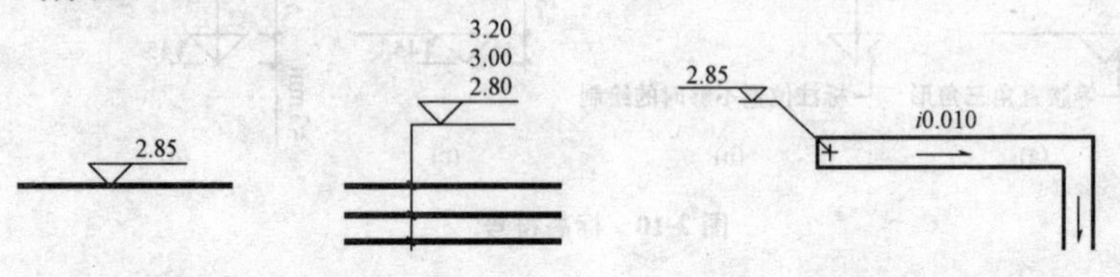

图 2-13　平面图中管道标高标注法　　　　图 2-14　平面图中沟渠标高标注法

(3)管道及水位的标高标注方法。在剖面图中，管道及水位的标高应按图 2-15 的方式标注。

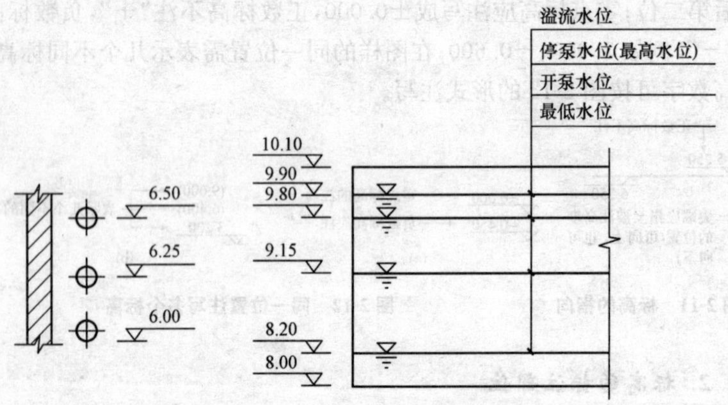

图 2-15　剖面图中管道及水位标高标注法

(4)轴测图的管道标高标注方法。在轴测图中，管道标高应按图 2-16 的方式标注。

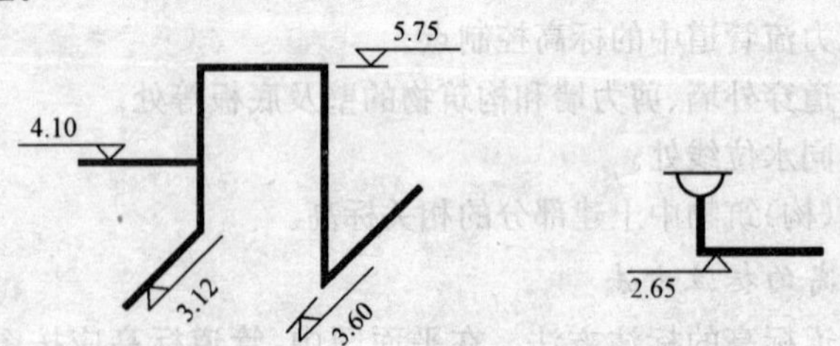

图 2-16　轴测图中管道标高标注法

六、管径

1. 管径的表达方法

管径的表达方法应符合下列规定：

(1)水、煤气输送钢管(镀锌或非镀锌)、铸铁管等管材，管径宜以公称直径 DN 表示。

(2)无缝钢管、焊接钢管(直缝或螺旋缝)等管材，管径宜以外径 $D\times$ 壁厚表示。

(3)铜管、薄壁不锈钢管等管材，管径宜以公称外径 D_W 表示。

(4)建筑给水排水塑料管材，管径宜以公称外径 d_n 表示。

(5)钢筋混凝土(或混凝土)管，管径宜以内径 d 表示。

(6)复合管、结构壁塑料管等管材，管径应按产品标准的方法表示。

(7)当设计中均采用公称直径 DN 表示管径时，应有公称直径 DN 与相应产品规格对照表。

2. 管径的标注方法

管径的标注方法应符合下列规定：

(1)单根管道时，管径应按图 2-17 的方式标注。

(2)多根管道时，管径应按图 2-18 的方式标注。

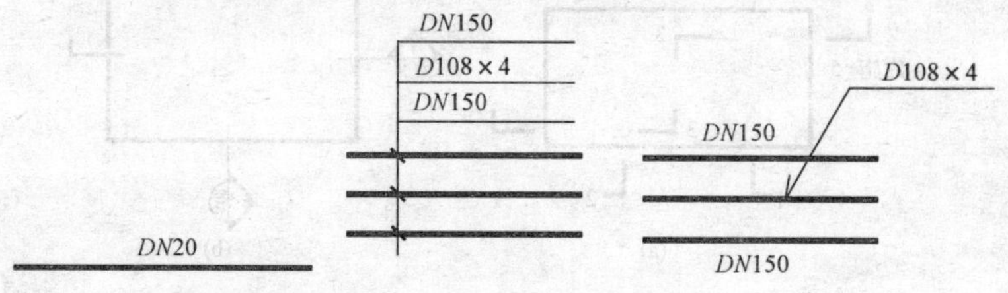

图 2-17　单管管径表示法　　　图 2-18　多管管径表示法

七、编号

1. 给水引入(排水排出)管编号表示法

当建筑物的给水引入管或排水排出管的数量超过一根时，应进行编号，编号宜按图 2-19 的方法表示。

2. 立管编号表示法

建筑物内穿越楼层的立管，其数量超过一根时，应进行编号，编号宜按图 2-20 的方法表示。

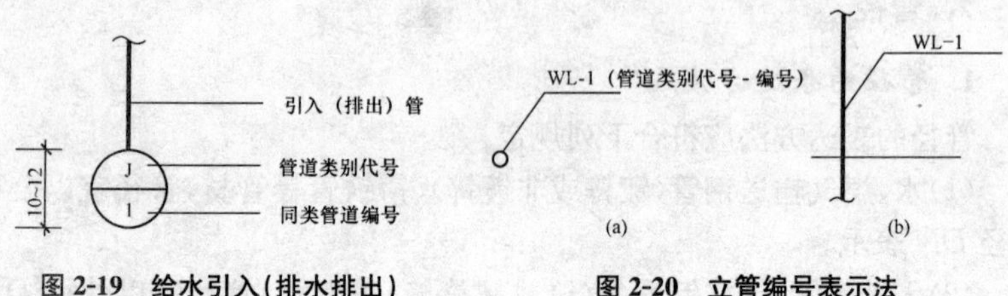

图 2-19　给水引入(排水排出)管编号表示法　　图 2-20　立管编号表示法

八、符号

1. 剖切符号

(1)剖视的剖切符号。剖视的剖切符号应由剖切位置线及剖视方向线组成，均应以粗实线绘制。剖视的剖切符号应符合下列规定：

1)剖切位置线的长度宜为 6～10mm；剖视方向线应垂直于剖切位置线，长度应短于剖切位置线，宜为 4～6mm[图 2-21(a)]，也可采用国际统一和常用的剖视方法，如图 2-21(b)所示。绘制时，剖视剖切符号不应与其他图线相接触。

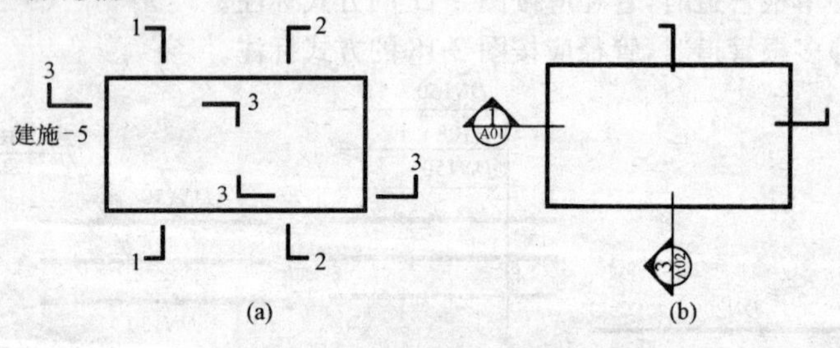

图 2-21　剖视的剖切符号

2)剖视剖切符号的编号宜采用粗阿拉伯数字，按剖切顺序由左至右、由下向上连续编排，并应注写在剖视方向线的端部。

3)需要转折的剖切位置线，应在转角的外侧加注与该符号相同的编号。

4)建(构)筑物剖面图的剖切符号应注在±0.000 标高的平面图或首层平面图上。

5)局部剖面图(不含首层)的剖切符号应注在包含剖切部位的最下面一层的平面图上。

(2)断面的剖切符号。断面的剖切符号应符合下列规定：

1)断面的剖切符号应只用剖切位置线表示，并应以粗实线绘制，长度宜为6～10mm；

2)断面剖切符号的编号宜采用阿拉伯数字，按顺序连续编排，并应注写在剖切位置线的一侧；编号所在的一侧应为该断面的剖视方向(图2-22)。

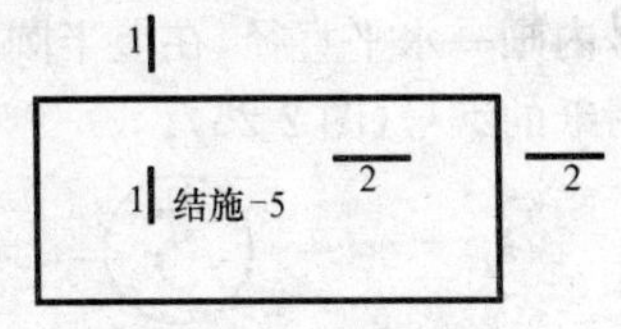

图2-22　断面的剖切符号

2. 索引符号

图样中的某一局部或构件，如需另见详图，应以索引符号索引(图2-23)。索引符号是由直径为8～10mm的圆和水平直径组成，圆及水平直径应以细实线绘制。索引符号应按下列规定编写：

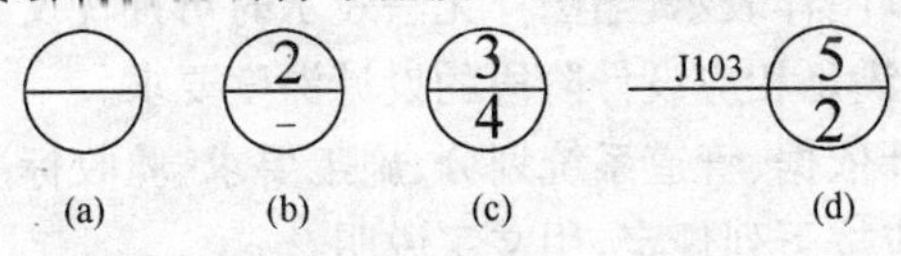

图2-23　索引符号

(1)索引出的详图，如与被索引的详图同在一张图纸内，应在索引符号的上半圆中用阿拉伯数字注明该详图的编号，并在下半圆中间画一段水平细实线[图2-23(b)]。

(2)索引出的详图，如与被索引的详图不在同一张图纸内，应在索引符号的上半圆中用阿拉伯数字注明该详图的编号，在索引符号的下半圆用阿拉伯数字注明该详图所在图纸的编号[图2-23(c)]。数字较多时，可加文字标注。

(3)索引出的详图，如采用标准图，应在索引符号水平直径的延长线上加注该标准图集的编号[图2-23(d)]。需要标注比例时，文字在索引符号右侧或延长线下方，与符号下对齐。

3. 详图符号

详图的位置和编号应以详图符号表示。详图符号的圆应以直径为14mm粗实线绘制。详图编号应符合下列规定：

(1)详图与被索引的图样同在一张图纸内时,应在详图符号内用阿拉伯数字注明详图的编号(图 2-24)。

(2)详图与被索引的图样不在同一张图纸内时,应用细实线在详图符号内画一水平直径,在上半圆中注明详图编号,在下半圆中注明被索引的图纸的编号(图 2-25)。

图 2-24　与被索引图样同在一张图纸内的详图符号

图 2-25　与被索引图样不在同一张图纸内的详图符号

九、图样画法

1. 一般规定

(1)设计应以图样表示,当图样无法表示时可加注文字说明。设计图纸表示的内容应满足相应设计阶段的设计深度要求。

(2)对于设计依据、管道系统划分、施工要求、验收标准等在图样中无法表示的内容,应按下列规定,用文字说明:

1)有关项目的问题,施工图阶段应在首页或次页编写设计施工集中说明;

2)图样中的局部问题,应在本张图纸内以附注形式予以说明;

3)文字说明应条理清晰、简明扼要、通俗易懂。

(3)设备和管道的平面布置、剖面图均应符合现行国家标准《房屋建筑制图统一标准》(GB/T 50001—2010)的规定,并应按直接正投影法绘制。

(4)在同一个工程项目的设计图纸中,所用的图例、术语、图线、字体、符号、绘图表示方式等应一致。

(5)在同一个工程子项目的设计图纸中,所用的图纸幅面规格应一致。如有困难时,其图纸幅面规格不宜超过两种。

(6)尺寸的数字和计量单位应符合下列规定:

1)图样中尺寸的数字、排列、布置及标注,应符合现行国家标准《房屋建筑制图统一标准》(GB/T 50001—2010)的规定;

2)单体项目平面图、剖面图、详图、放大图、管径等尺寸应以 mm 表示;

3)标高、距离、管长、坐标等应以 m 计,精确度可取至 cm。

(7)标高和管径的标注应符合下列规定：

1)单体建筑应标注相对标高，并应注明相对标高与绝对标高的换算关系；

2)总平面图应标注绝对标高，宜注明标高体系；

3)压力流管道应标注管道中心；

4)重力流管道应标注管道内底；

5)横管的管径宜标注在管道的上方；竖向管道的管径宜标注在管道的左侧；斜向管道应按现行国家标准《房屋建筑制图统一标准》(GB/T 50001—2010)的规定标注。

(8)工程设计图纸中的主要设备器材表的格式，可按图2-26绘制。

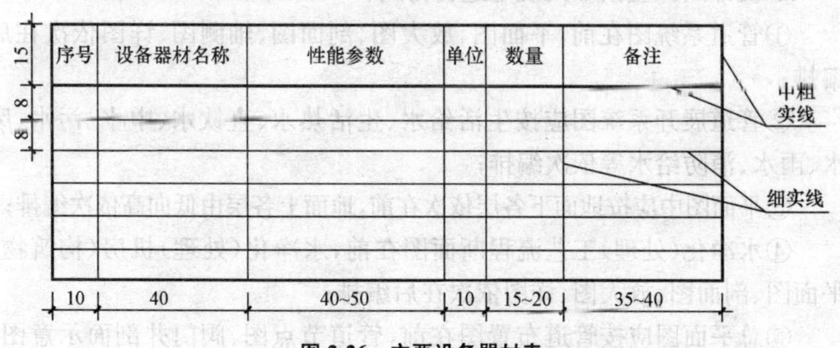

图2-26　主要设备器材表

2. 图号和图纸编排

(1)设计图纸的编号。设计图纸宜按下列规定进行编号：

1)规划设计阶段宜以水规－1、水规－2……以此类推表示；

2)初步设计阶段宜以水初－1、水初－2……以此类推表示；

3)施工图设计阶段宜以水施－1、水施－2……以此类推表示；

4)单体项目只有一张图纸时，宜采用水初－全、水施－全表示，并宜在图纸图框线内的右上角标“全部水施图纸均在此页”字样；

5)施工图设计阶段，本工程各单体项目通用的统一详图宜以水通－1、水通－2……以此类推表示。

(2)设计图纸的目录编写。设计图纸宜按下列规定编写目录：

1)初步设计阶段工程设计的图纸目录宜以工程项目为单位进行编写；

2)施工图设计阶段工程设计的图纸目录宜以工程项目的单体项目为

单位进行编写；

3)施工图设计阶段，本工程各单体项目共同使用的统一详图宜单独进行编写。

(3)设计图纸的排列。设计图纸宜按下列规定进行排列：

1)图纸目录、使用标准图目录、使用统一详图目录、主要设备器材表、图例和设计施工说明宜在前，设计图样宜在后；

2)图纸目录、使用标准图目录、使用统一详图目录、主要设备器材表、图例和设计施工说明在一张图纸内排列不完时，应按所述内容顺序单独成图和编号；

3)设计图样宜按下列规定进行排列：

①管道系统图在前，平面图、放大图、剖面图、轴测图、详图依次在后编排；

②管道展开系统图应按生活给水、生活热水、直饮水、中水、污水、废水、雨水、消防给水等依次编排；

③平面图中应按地面下各层依次在前，地面上各层由低向高依次编排；

④水净化(处理)工艺流程断面图在前，水净化(处理)机房(构筑物)平面图、剖面图、放大图、详图依次在后编排；

⑤总平面图应按管道布置图在前，管道节点图、阀门井剖面示意图、管道纵断面图或管道高程表、详图依次在后编排。

3. 图样布置

(1)同一张图纸内绘制多个图样时，宜按下列规定布置：

1)多个平面图时应按建筑层次由低层至高层的、由下而上的顺序布置；

2)既有平面图又有剖面图时，应按平面图在下，剖面图在上或在右的顺序布置；

3)卫生间放大平面图，应按平面放大图在上，从左向右排列，相应的管道轴测图在下，从左向右布置；

4)安装图、详图，宜按索引编号，并宜按从上至下、由左向右的顺序布置；

5)图纸目录、使用标准图目录、设计施工说明、图例、主要设备器材表，按自上而下、从左向右的顺序布置。

(2)每个图样均应在图样下方标注出图名,图名下应绘制一条中粗横线,长度应与图名长度相等,图样比例应标注在图名右下侧横线上侧处。

(3)图样中某些问题需要用文字说明时,应在图面的右下部位用“附注”的形式书写,并应对说明内容分条进行编号。

第二节　建筑平面图识读

一、建筑平面图的形成

用一个假想的水平剖切平面沿略高于窗台的位置剖切房间,移去上面部分,将剩余部分向水平面作正投影,所得的图样为建筑平面图,简称平面图。

建筑平面图反映新建建筑的平面形状,房间的位置、大小、相互关系,墙体的位置、厚度、材料,柱的截面形状与尺寸大小,门窗位置及类型等情况。它是施工时放线、砌墙、安装门窗、室内外装修及编制工程预算的重要依据,是建筑施工中的重要图样。

二、建筑平面图的分类

(1)底层平面图。底层平面图主要表示底层的平面布置情况,即各房间的分隔和组合、房间名称、出入口、门厅、楼梯等的布置和相互关系,各种门窗的位置以及室外的台阶、花台、明沟、散水、落水管的布置以及指北针、剖切符号、室内外标高等。

(2)标准层平面图。标准层平面图主要表示中间各层的平面布置情况。在底层平面图中已经表明的花台、散水、明沟、台阶等不再重复画出。进口处的雨篷等要在二层平面图上表示,二层以上的平面图中不再表示。

(3)顶层平面图。顶层平面图主要表示房屋顶层的平面布置情况。如果顶层的平面布置与标准层的平面布置相同,可以只画出局部的顶层楼梯间平面图。

(4)屋顶平面图。屋顶平面图主要表示屋顶的形状、屋面排水方向及坡度、天沟或檐沟的位置,还有女儿墙、屋脊线、落水管、水箱、上人孔、避雷针的位置等。由于屋顶平面图比较简单,所以可用较小的比例来绘制。

(5)局部平面图。当某些楼层的平面布置基本相同,仅有局部不同时,这些不同部分就可以用局部平面图来表示。当某些局部布置由于比例较小而固定设备较多,或者内部的组合比较复杂时,也可以另画较大比例的局部平面图。为了清楚地表明局部平面图在平面图中所处的位置,必须标明与平面图一致的定位轴线及其编号。常见的局部平面图有厕所、盥洗室、楼梯间平面图等。

三、建筑平面图的内容

建筑平面图的基本内容见表 2-9。

表 2-9 建筑平面图的基本内容

项目	内容
建筑物形状、内部的布置及朝向	包括建筑物的平面形状,各房间的布置及相互关系,入口、走道、楼梯的位置等。一般平面图中均注明房间的名称或编号。首层平面图还标注指北针,表明建筑物的朝向
建筑物的尺寸	在建筑平面图中,用轴线和尺寸线表示各部分的长宽尺寸和准确位置。外墙尺寸一般分三道标注:最外面一道是外包尺寸,表明了建筑物的总长度和总宽度。中间一道是轴线尺寸,表明开间和进深的尺寸。最里一道是表示门窗洞口、墙垛、墙厚等详细尺寸。内墙须注明与轴线的关系、墙厚、门窗洞口尺寸等。此外,首层平面图上还要表明室外台阶、散水等尺寸。各层平面图还应表明墙上留洞的位置、大小、洞底标高
建筑物的结构形式及主要建筑材料	建筑物的结构形式有混合结构、框架结构、木结构、钢结构等,其中混合结构的主要建筑材料有砖与砌块等,框架结构主要由钢筋混凝土柱子来承重
各层的地面标高	首层室内地面标高一般定为±0.00,并注明室外地坪标高。其余各层均注有地面标高。有坡度要求的房间还应注明地面的坡度
门窗及其过梁的编号、门的开启方向	(1)注明门窗编号。 (2)表示门的开启方向,作为安装门及五金的依据。 (3)注明门窗过梁编号

（续）

项目	内容
剖面图、详图和标准配件的位置及其编号	(1)表明剖切线的位置。 (2)表明局部详图的编号及位置。 (3)表明所采用的标准构件、配件的编号
综合反映其他各工种(工艺、水、暖、电)对土建的要求	各工种要求的坑、台、水池、地沟、电闸箱、消火栓、落水管等及其在墙或楼板上的预留洞,应在图中表明其位置及尺寸
室内装修做法	包括室内地面、墙面及顶棚等处的材料及做法。一般简单的装修,在平面图内直接用文字注明;较复杂的工程则应另列房间明细表和材料做法表,或另画建筑装修图
文字说明	平面图中不易表明的内容,如施工要求、砖及灰浆的强度等级等需用文字说明

四、建筑平面图的绘制

1. 建筑平面图的绘制步骤

(1)确定建筑平面图的绘制比例和图幅。建筑平面图的绘制比例和图幅,应根据建筑的长度、宽度和复杂程度以及要进行尺寸标注所占用的位置和必要的文字说明的位置确定。

(2)画底图。画底图的目的是为了确定图在图纸上的具体形状和位置,应采用较硬的2H铅笔或3H铅笔。画底图时主要绘制下列内容:

1)画图框线和标题栏的外边线。

2)布置图面,画定位轴线,墙、柱轮廓线。

3)在墙体上确定门窗洞口的位置。

4)画细部,如楼梯、台阶、卫生间、散水、明沟、花池等。

(3)加深图线。仔细检查底图,无误后,按建筑平面图的线型要求进行加深,墙身线一般为0.5mm或0.7mm,门窗图例、楼梯分格等细部为0.25mm,并标注轴线、尺寸、门窗编号、剖切符号等。

(4)标注及说明。画剖切位置线、尺寸线、标高符号、门的开启线并标注定位轴线、尺寸、门窗编号,注写图名、比例及其他文字说明。按照上述步骤绘制的某工程建筑施工平面图如图2-27所示。

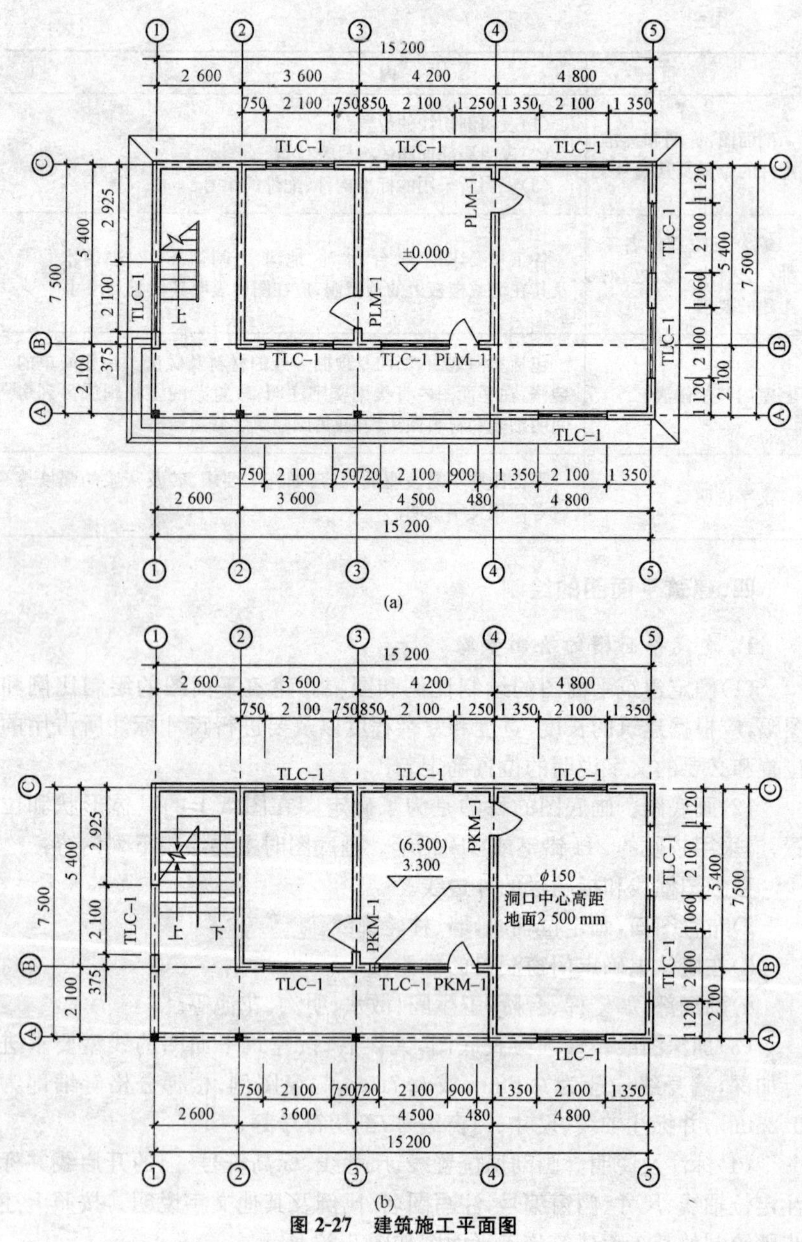

图 2-27 建筑施工平面图

(a)首层平面图;(b)标准层平面图

2. 建筑平面图的绘制要求

(1)平面图的方向宜与总图方向一致。平面图的长边宜与横式幅面图纸的长边一致。

(2)在同一张图纸上绘制多于一层的平面图时,各层平面图宜按层数由低向高的顺序从左至右或从下至上布置。

(3)除顶棚平面图外,各种平面图应按正投影法绘制。

(4)建筑物平面图应在建筑物的门窗洞口处水平剖切俯视(屋顶平面图应在屋面以上俯视),图内应包括剖切面及投影方向可见的建筑构造以及必要的尺寸、标高等,如需表示高窗、洞口、通气孔、槽、地沟及起重机等不可见部分,则应以虚线绘制。

(5)建筑物平面图应注写房间的名称或编号。编号注写在直径为6mm细实线绘制的圆圈内,并在同张图纸上列出房间名称表。

(6)平面较大的建筑物,可分区绘制平面图,但每张平面图均应绘制组合示意图。各区应分别用大写拉丁字母编号。在组合示意图中要提示的分区,应采用阴影线或填充的方式表示。

(7)顶棚平面图宜用镜像投影法绘制。

(8)为表示室内立面在平面图上的位置,应在平面图上用内视符号注明视点位置、方向及立面,编号如图 2-28 所示。符号中的圆圈应用细实线绘制,根据图面比例圆圈直径可选择 8～12mm。立面编号宜用拉丁字母或阿拉伯数字表示。内视符号如图 2-29 所示。

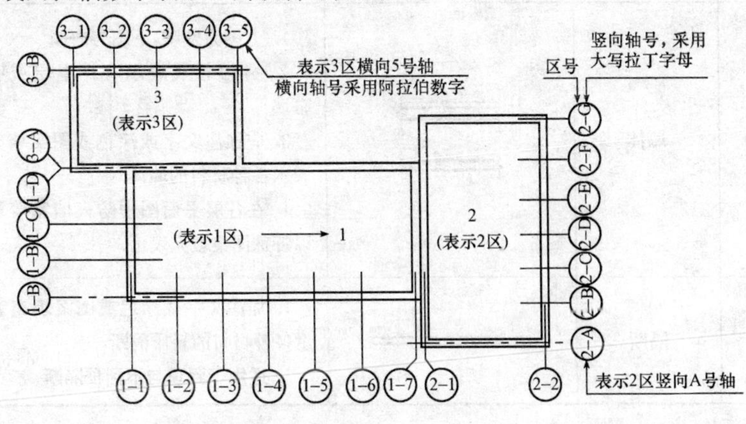

图 2-28　定位轴线的分区编号

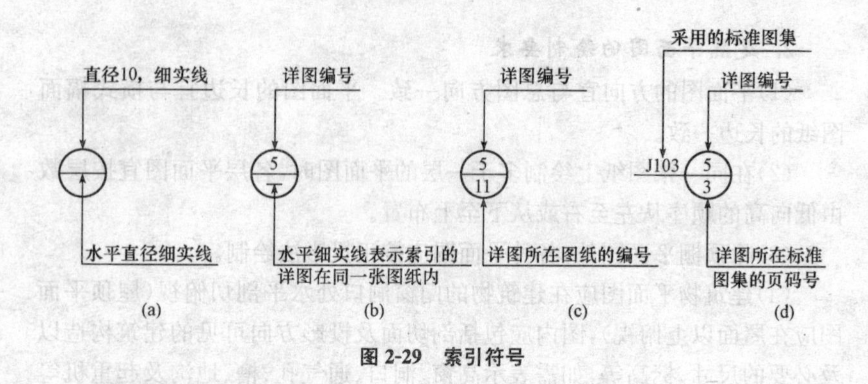

图 2-29　索引符号

五、建筑平面图识读要点

一般房屋平面图有多个，房屋有几层就有几个平面图，并在图的下方注写相应的图名，如底层(或一层)平面图、二层平面图等。但有些建筑中间各层的构造、布置情况都一样时，可用同一个平面图表示，称为中间层(标准层)平面图。因此，多层建筑的平面图一般由底层平面图、标准层平面图、顶层平面图组成。此外，还有屋顶平面图。

建筑平面图是用图例符号表示的，因此应熟悉常用的图例符号。表 2-10 为常见构造及配件图例。

表 2-10　　常用构造及配件图例

序号	名称	图　例	备　注
1	墙体		1. 上图为外墙，下图为内墙 2. 外墙粗线表示有保温层或有幕墙 3. 应加注文字或涂色或图案填充表示各种材料的墙体 4. 在各层平面图中防火墙宜着重以特殊图案填充表示
2	隔断		1. 加注文字或涂色或图案填充表示各种材料的轻质隔断 2. 适用于到顶与不到顶隔断

（续一）

序号	名称	图例	备注
3	玻璃幕墙		幕墙龙骨是否表示由项目设计决定
4	栏杆		—
5	楼梯	下 下 上 上	1. 上图为顶层楼梯平面，中图为中间层楼梯平面，下图为底层楼梯平面 2. 需设置靠墙扶手或中间扶手时，应在图中表示
6	孔洞		阴影部分亦可填充灰度或涂色代替
7	坑槽		—
8	单面开启单扇门（包括平开或单面弹簧）		1. 门的名称代号用M表示 2. 平面图中，下为外，上为内。门开启线为90°、60°或45°，开启弧线宜绘出 3. 立面图中，开启线实线为外开，虚线为内开，开启线交角的一侧为安装合页一侧。开启线在建筑立面图中可不表示，在立面大样图中可根据需要绘出 4. 剖面图中，左为外，右为内 5. 附加纱扇应以文字说明，在平、立、剖面图中均不表示 6. 立面形式应按实际情况绘制
	双面开启单扇门（包括双面平开或双面弹簧）		
	双层单扇平开门		

（续二）

<table>
<tr><th>序号</th><th>名称</th><th>图　例</th><th>备　注</th></tr>
<tr><td rowspan="3">9</td><td>单面开启双扇门（包括平开或单面弹簧）</td><td>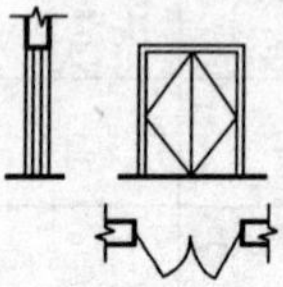</td><td rowspan="3">1. 门的名称代号用 M 表示
2. 平面图中，下为外，上为内。门开启线为 90°、60°或 45°，开启弧线宜绘出
3. 立面图中，开启线实线为外开，虚线为内开。开启线交角的一侧为安装合页一侧。开启线在建筑立面图中可不表示，在立面大样图中可根据需要绘出
4. 剖面图中，左为外，右为内
5. 附加纱扇应以文字说明，在平、立、剖面图中均不表示
6. 立面形式应按实际情况绘制</td></tr>
<tr><td>双面开启双扇门（包括双面平开或双面弹簧）</td><td>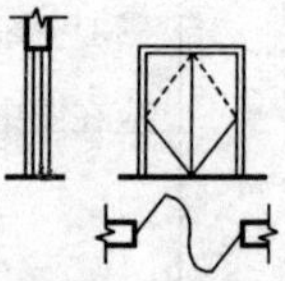</td></tr>
<tr><td>双层双扇平开门</td><td>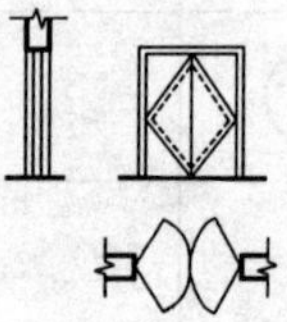</td></tr>
<tr><td rowspan="2">10</td><td>折叠门</td><td>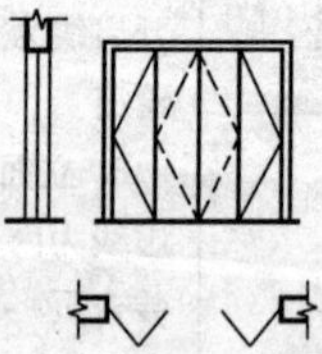</td><td rowspan="2">1. 门的名称代号用 M 表示
2. 平面图中，下为外，上为内
3. 立面图中，开启线实线为外开，虚线为内开，开启线交角的一侧为安装合页一侧
4. 剖面图中，左为外，右为内
5. 立面形式应按实际情况绘制</td></tr>
<tr><td>推拉折叠门</td><td>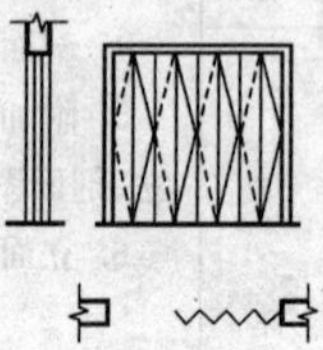</td></tr>
</table>

(续三)

序号	名称	图　例	备　注
11	墙洞外单扇推拉门	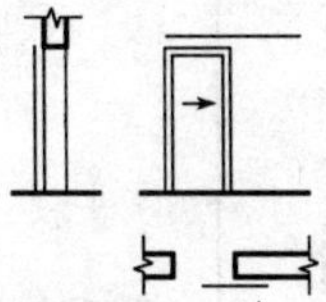	1. 门的名称代号用M表示 2. 平面图中,下为外,上为内 3. 剖面图中,左为外,右为内 4. 立面形式应按实际情况绘制
	墙洞外双扇推拉门	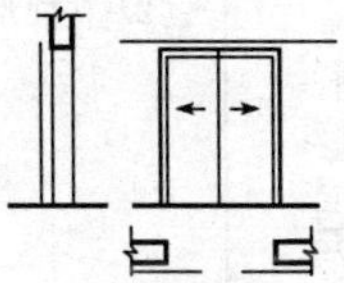	
	墙中单扇推拉门	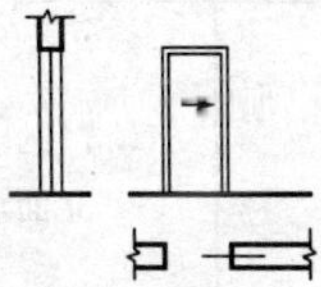	1. 门的名称代号用M表示 2. 立面形式应按实际情况绘制
	墙中双扇推拉门	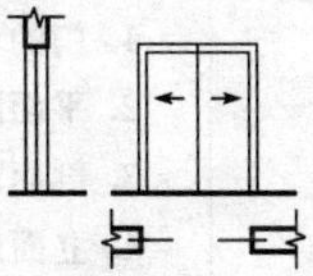	
12	推杠门	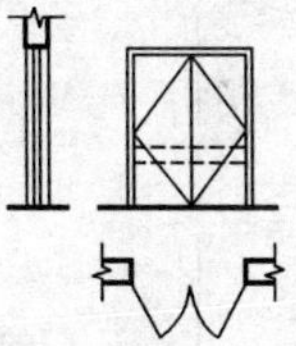	1. 门的名称代号用M表示 2. 平面图中,下为外,上为内。门开启线为90°、60°或45° 3. 立面图中,开启线实线为外开,虚线为内开,开启线交角的一侧为安装合页一侧。开启线在建筑立面图中可不表示,在室内设计门窗立面大样图中需绘出 4. 剖面图中,左为外,右为内 5. 立面形式应按实际情况绘制
13	门连窗	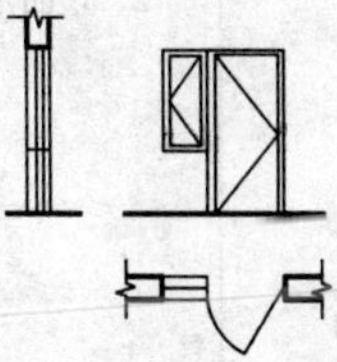	

（续四）

序号	名称	图例	备注
14	旋转门	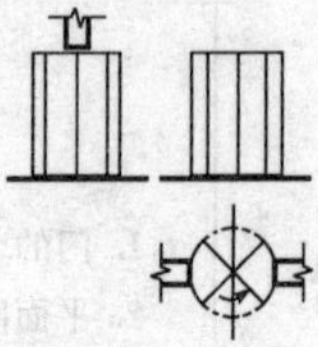	1. 门的名称代号用 M 表示 2. 立面形式应按实际情况绘制
	两翼智能旋转门	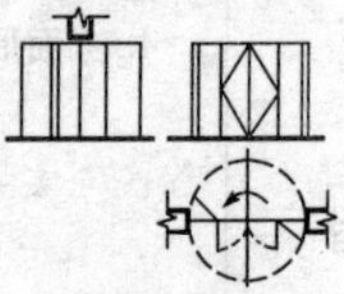	
15	自动门	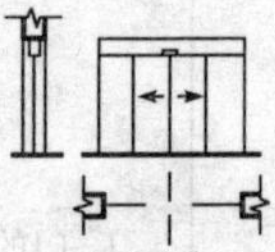	1. 门的名称代号用 M 表示 2. 立面形式应按实际情况绘制
16	折叠上翻门	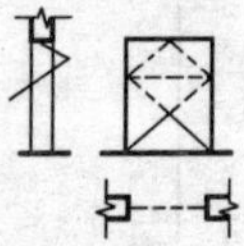	1. 门的名称代号用 M 表示 2. 平面图中，下为外，上为内 3. 剖面图中，左为外，右为内 4. 立面形式应按实际情况绘制
17	提升门	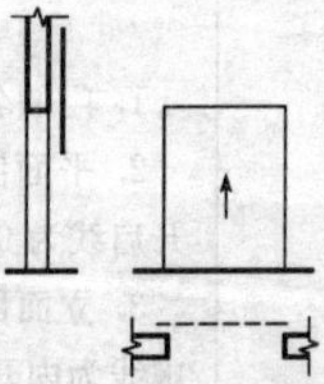	1. 门的名称代号用 M 表示 2. 立面形式应按实际情况绘制
18	分节提升门	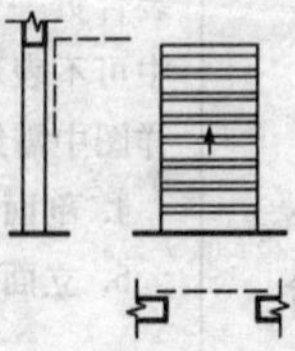	

（续五）

序号	名称	图例	备注
19	人防单扇防护密闭门	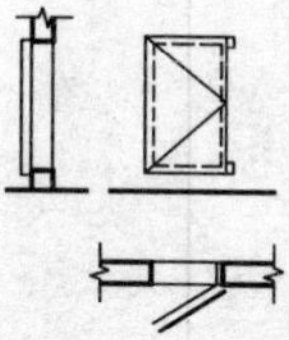 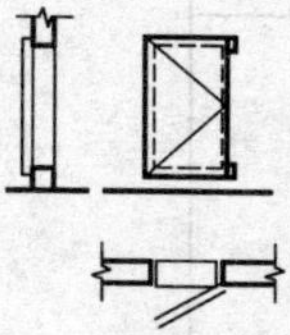	1. 门的名称代号按人防要求表示 2. 立面形式应按实际情况绘制
20	人防双扇防护密闭门	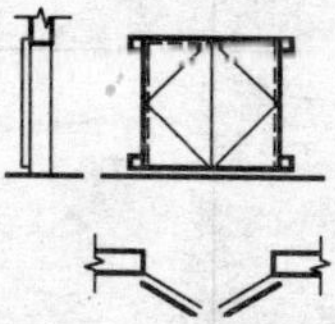 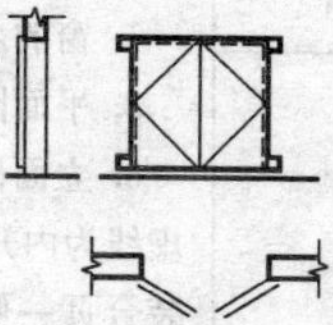	1. 门的名称代号按人防要求表示 2. 立面形式应按实际情况绘制
21	横向卷帘门	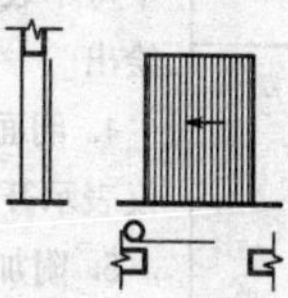	—
	竖向卷帘门	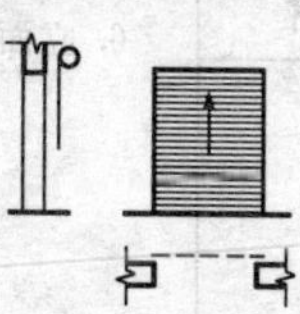	

（续六）

序号	名称	图例	备注
21	单侧双层卷帘门	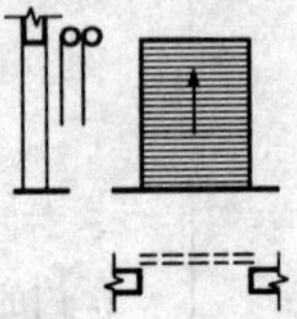	—
	双侧单层卷帘门	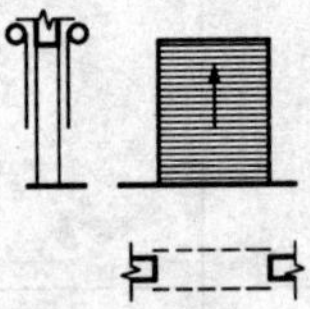	
22	固定窗	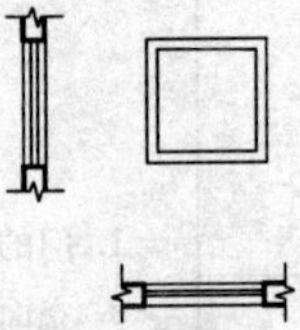	1. 窗的名称代号用C表示 2. 平面图中，下为外，上为内 3. 立面图中，开启线实线为外开，虚线为内开，开启线交角的一侧为安装合页一侧。开启线在建筑立面图中可不表示，在门窗立面大样图中需绘出 4. 剖面图中，左为外，右为内，虚线仅表示开启方向，项目设计不表示 5. 附加纱窗应以文字说明，在平、立、剖面图中均不表示 6. 立面形式应按实际情况绘制
23	上悬窗	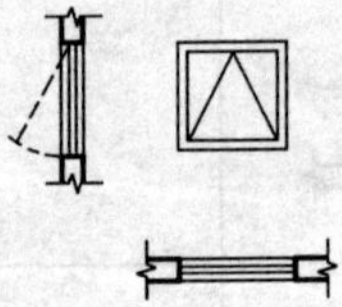	
	中悬窗	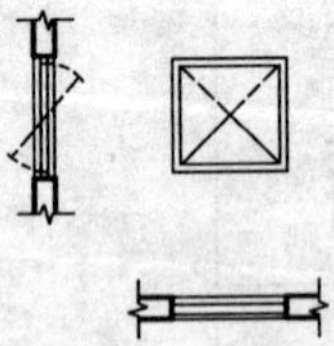	
24	下悬窗	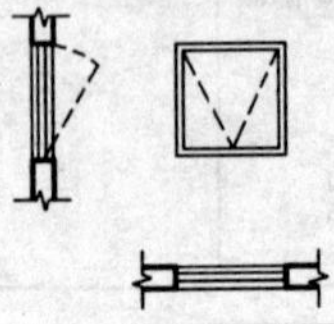	

（续七）

<table>
<tr><th>序号</th><th>名称</th><th>图　例</th><th>备　注</th></tr>
<tr><td>25</td><td>立转窗</td><td> 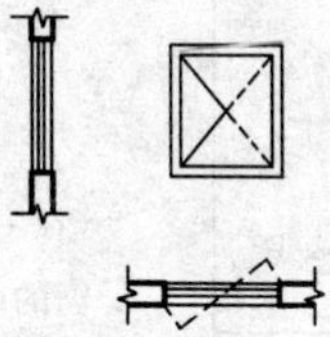</td><td rowspan="5">1. 窗的名称代号用C表示
2. 平面图中，下为外，上为内
3. 立面图中，开启线实线为外开，虚线为内开。开启线交角的一侧为安装合页一侧。开启线在建筑立面图中可不表示，在门窗立面大样图中需绘出
4. 剖面图中，左为外，右为内，虚线仅表示开启方向，项目设计不表示
5. 附加纱窗应以文字说明，在平、立、剖面图中均不表示
6. 立面形式应按实际情况绘制</td></tr>
<tr><td>26</td><td>内开平开内倾窗</td><td></td></tr>
<tr><td rowspan="3">27</td><td>单层外开平开窗</td><td></td></tr>
<tr><td>单层内开平开窗</td><td></td></tr>
<tr><td>双层内外开平开窗</td><td></td></tr>
</table>

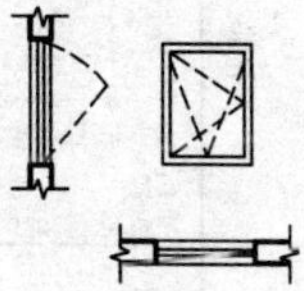

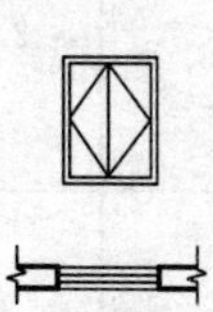

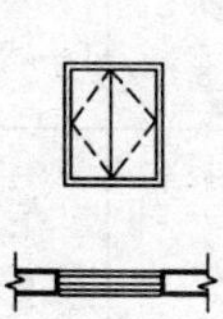

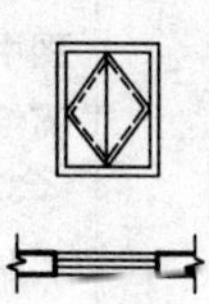

(续八)

序号	名称	图例	备注
28	单层推拉窗	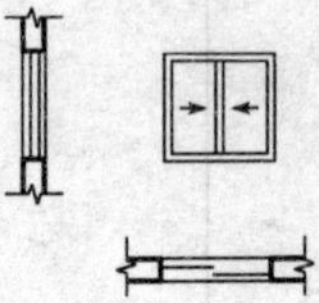	1. 窗的名称代号用C表示 2. 立面形式应按实际情况绘制
	双层推拉窗	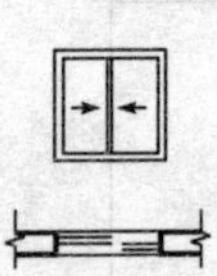	
29	上推窗	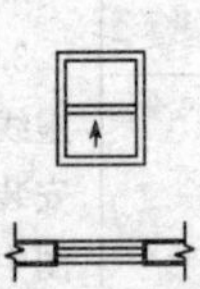	1. 窗的名称代号用C表示 2. 立面形式应按实际情况绘制
30	百叶窗	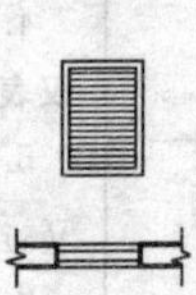	1. 窗的名称代号用C表示 2. 立面形式应按实际情况绘制
31	高窗	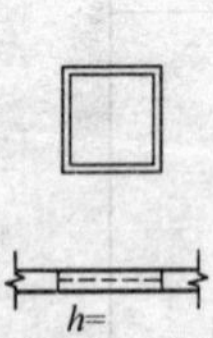 $h=$	1. 窗的名称代号用C表示 2. 立面图中，开启线实线为外开，虚线为内开。开启线交角的一侧为安装合页一侧。开启线在建筑立面图中可不表示，在门窗立面大样图中需绘出 3. 剖面图中，左为外，右为内 4. 立面形式应按实际情况绘制 5. h 表示高窗底距本层地面高度 6. 高窗开启方式参考其他窗型

（续九）

序号	名称	图　例	备　注
32	平推窗		1. 窗的名称代号用C表示 2. 立面形式应按实际情况绘制

2. 底层平面图识读

(1)读图名、识形状、看朝向。先从图名了解该平面是属于底层平面图，了解图的比例及平面形状。通过看指北针，了解房屋的朝向。

(2)读名称，看懂布局、组合。从墙(或柱)的位置、房间的名称，了解各房间的用途、数量及其相互间的组合情况。

(3)根据轴线定位置。根据定位轴线的编号及其间距，了解各承重构件的位置和房间的大小。定位轴线是指墙、柱和屋架等构件的轴线，可取墙柱中心线或根据需要偏离中心线为轴线，以便于施工时定位放线和查阅图纸。

(4)看尺寸，识开间、进深。建筑平面图上标注的尺寸均为未经装饰的结构表面尺寸，其所标注的尺寸以毫米为单位。平面图上注有外部和内部尺寸。

1)外部尺寸：为了便于读图和施工，一般在图形的下方及左侧注写三道尺寸，见表2-11。

表2-11　　建筑施工剖面图外部尺寸

外部尺寸	表　示　内　容
第一道尺寸	表示外轮廓的总尺寸，即指从一端外墙边到另一端外墙边的总长和总宽尺寸
第二道尺寸	表示轴线间的距离，称为轴线尺寸，用以说明房间的开间及进深尺寸
第三道尺寸	表示各细部的位置及大小，如门窗洞宽和位置、墙柱的大小和位置、窗间墙宽等。标注这道尺寸时，应与轴线联系起来

2)内部尺寸：内部尺寸说明房间的净空大小和室内的门窗洞、孔洞、墙厚和固定设备(如厕所、盥洗室、工作台、搁板等)的大小与位置。

(5)了解建筑中各组成部分的标高情况。在平面图中，对于建筑物各组成部分，如地面、楼面、楼梯平台面、室外台阶面、阳台地面等处，应分别注明标高。这些标高均采用相对标高，即对标高零点（注写为±0.000）的相对高度。

（6）看图例，识细部，认门窗代号。了解房屋其他细部的平面形状、大小和位置，如楼梯、阳台、栏杆和厨厕的布置以及搁板、壁柜、碗柜等空间利用情况。

（7）根据索引符号，可知总图与详图关系。

3. 中间层平面图和顶层平面图识读

中间层平面图也称标准层平面图，标准层平面图和顶层平面图的形成与底层平面图的形成相同。为了简化作图，已在底层平面图上表示过的内容，在标准层平面图和顶层平面图上不再表示，如不再画散水、明沟、室外台阶等；顶层平面图上不再画二层平面图上表示过的雨篷等。识读标准层平面图和顶层平面图时，应重点对照其与底层平面图的异同，如平面布置如何变化、墙体厚度有无变化、楼面标高的变化、楼梯图例的变化等。

4. 屋顶平面图识读

屋顶平面图是用来表达房屋屋顶的形状、女儿墙位置、屋面排水方式、坡度、落水管位置等的图形。一般在屋顶平面图附近配以檐口、女儿墙泛水、变形缝、雨水口、高低屋面泛水等构造详图，以配合屋顶平面图的阅读。

第三节　管道单线图和双线图

在水暖工程图中，管道的平面图样按其在投影面上的表示方法不同，分为单线图和双线图两种，在各种管道工程施工图中，平面图和系统图中的管道多采用单线图；剖面图和详图的管道均采用双线图。

单线图是指用一条粗线表示管道的图样。一般在工程制图中应用较多。双线图是指用两条平行的粗线表示管道轮廓的图样。双线图中的两条粗线只表示管道的外形而不表示其壁厚。

一、管道和管件的单、双线图

1. 管道的单、双线图

如图 2-30 所示为某一段实形管道，以及该管道的单线图。根据正投影的原理，管道的正面投影为一条直线，则平面投影应为一点，但为了读图的方便识别，规定在圆点外面加一个小圆圈。在实际绘制工程图时，圆中间的小圆点经常被省略，只用空心圆圈来表示。

如图 2-31 所示为某一段管道的双线图，图 2-31(a)所示为某一段管道的实际形状，图 2-31(b)是该管道的三面投影图，其中正面投影中的虚线表示管道的内壁，水平投影的同心圆表示了管道内外壁。管道的双线图则如图 2-31(c)所示，只用两条粗线表示管道的外形轮廓，而不表示其壁厚。

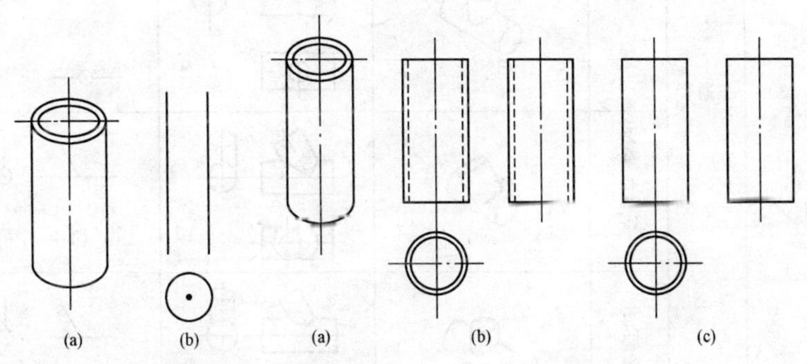

图 2-30　管道单线图
(a)实形；(b)单线投影

图 2-31　管道双线图
(a)实形；(b)三面投影；(c)双线投影

常见的几种管道单、双线图表示方法见表 2-12。

表 2-12　管道的单、双线图

序号	名称		管道实形图	双线图	单线图
1	弯管	90°	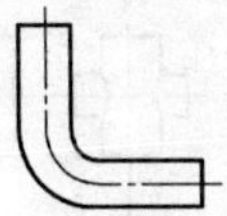		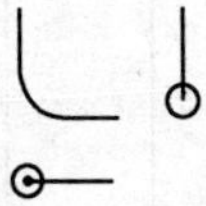
		45°	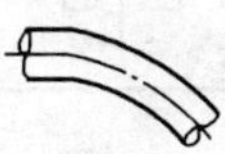	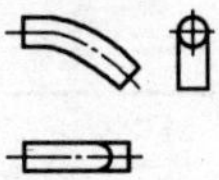	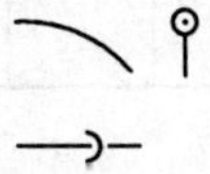
2	同心异径管			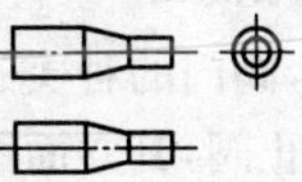	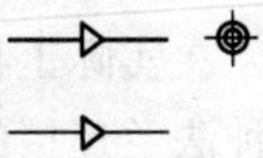

（续）

序号	名	称	管道实形图	双线图	单线图
3	三通管	同径			
		异径			
		等径斜45°			
		异径斜45°			
4	四通管	同径			
		异径			

2. 阀门的单、双线图

在实际工程中，阀门的种类很多，其图样的表现形式也较多，现仅选一种法兰连接的截止阀，其立面图和平面图在表 2-13 列出。

表 2-13　阀门的单、双线图

名称	阀柄向前	阀柄向后	阀柄向右
单线图		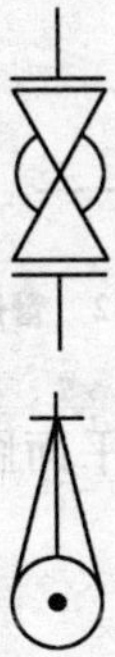	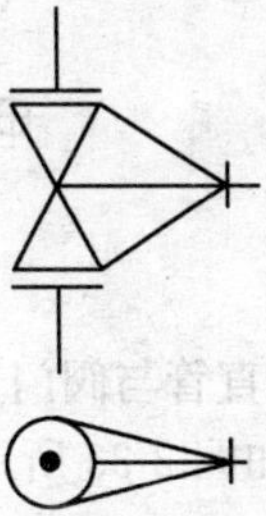
双线图	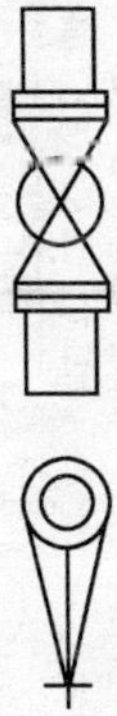	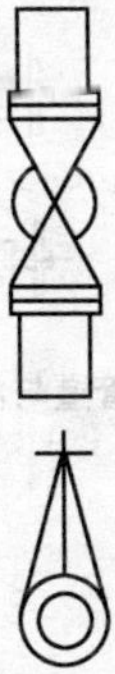	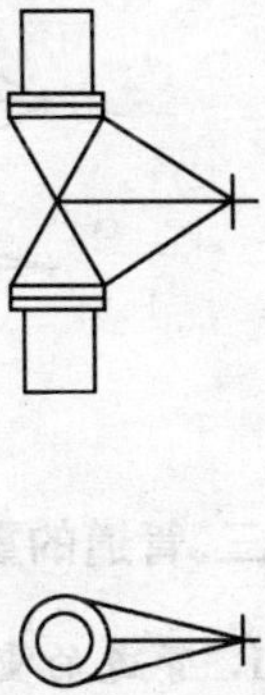

二、管道的积聚

1. 直管积聚

根据投影原理可知，一根直管的积聚用单线图形式表示为一个小点，用双线图形表示就是一个小圆。为了便于识别，将用单线图形表示直管的积聚画成一个圆心带点的小圆。

2. 弯管积聚

直管弯曲后就成了弯管，弯管是由直管和弯头两部分组成的，直管积聚后投影是个小圆，与直管相连接的弯头，在拐弯前的投影也积聚成小圆，并且同直管积聚成小圆的投影重合，如图 2-32 所示。

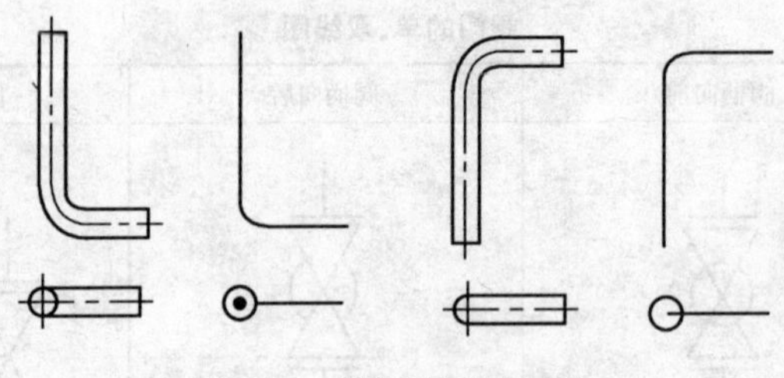

图 2-32 管道积聚的表示法

直管与阀门连接，直管在平面图上积聚成小圆并与阀门内径投影重合，如图 2-33 所示。

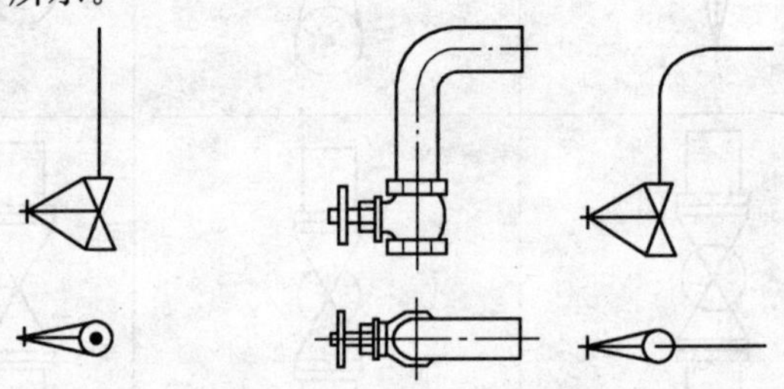

图 2-33 管道与阀门积聚的表示方法

三、管道的重叠与交叉

1. 管道的重叠

在水暖工程图中经常会遇到管道重叠现象。所谓管道重叠是指两根或两根以上管道在同一个投影面的投影完全重合。

(1)管子的重叠形式。图 2-34 为两组“U”形管的单、双线图，在平面图上由于几根横管重叠，看上去好像是一根弯管的投影。

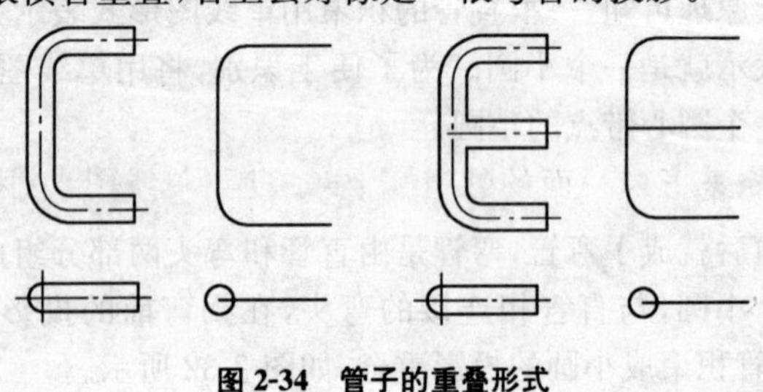

图 2-34 管子的重叠形式

(2)两根管线重叠的表示方法。工程图中通常用折断显露法表示,此方法是将能看到的管道折断一段,显露出后面被遮挡的管道的一段。如图 2-35 所示为管道两根管线重叠的表示方法。

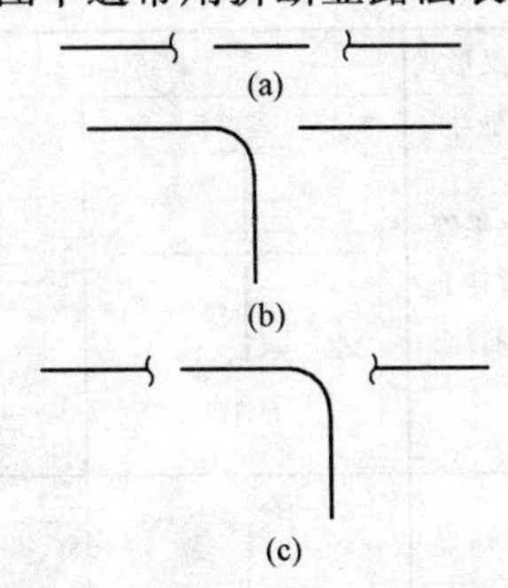

图 2-35　两根管线重叠的表示法

(a)两根直管重叠;(b)弯管和直管重叠;
(c)直管和弯管重叠

1)图 2-35(a)为两根直管的重叠。若此图是平面图,则表示断开的管线高于中间显露的管线;若此图是立面图,那么断开的管线则在中间显露的管线之前。

2)图 2-35(b)为弯管与直管重叠。若此图为平面图,则表示弯管高于直管;若此图为立面图,则表示弯管在直管之前。

3)图 2-35(c)为直管与弯管重叠。若此图为平面图,则表示直管高于弯管;若此图为立面图,则表示直管在弯管之前。

(3)多根管线的重叠。通过对图 2-36 中平、立面图的分析可知,这是三根高低不同、平行排列的管线,自上而下编号为 1、2、3。如用折断显露法表示,即可看出 1 号管最高,2 号管次高,3 号管最低。

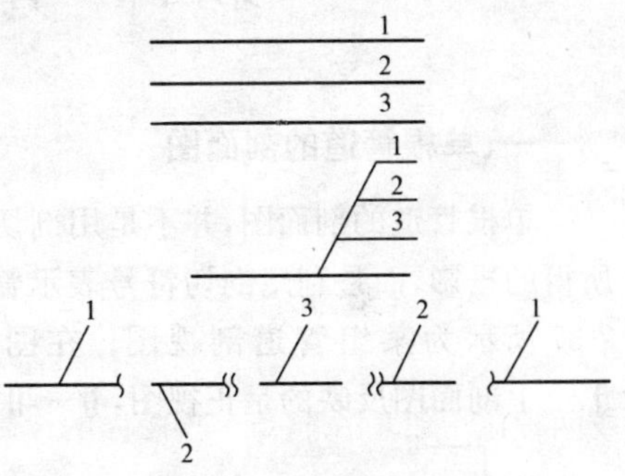

图 2-36　多根管线重叠的表示法

运用折断显露法画管线时,同一根管线的折断符号要互相对应,如图 2-36 所示。

2. 管道的交叉

在水暖工程图中,经常会遇到管道交叉现象。位于上(前)面的管道全部可见,而位于下(后)面的管道需要被打断(单线图)或用虚线(双线图)表示。其表示方法见表 2-14。

表 2-14　管道交叉的表示方法

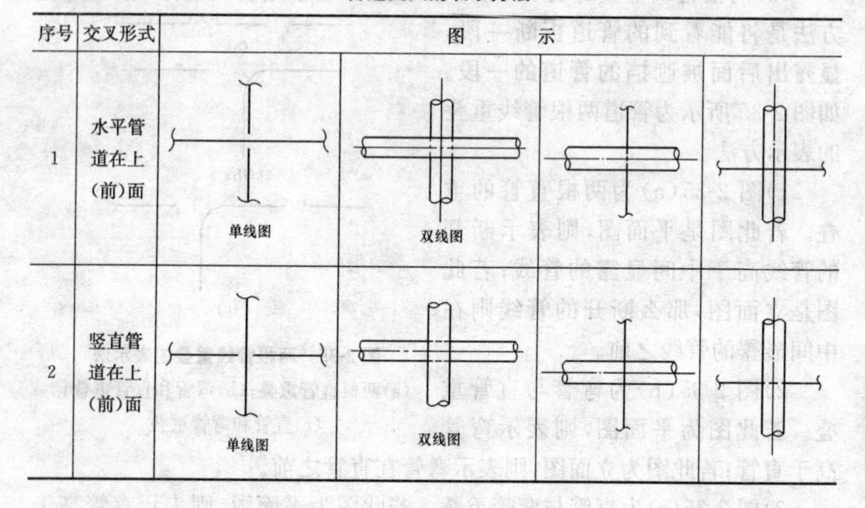

序号	交叉形式	图示			
1	水平管道在上(前)面	单线图	双线图		
2	竖直管道在上(前)面	单线图	双线图		

第四节　管道剖面图

一、单根管道的剖面图

单根管道的剖面图,并不是用剖切平面沿着管道的中心线剖切开后所得的投影,而是利用剖切符号表示管道在某一投影面上的投影。如图 2-37 所示为某组管道剖视图。在图 2-37 中,从三视图投影角度讲,Ⅰ—Ⅰ剖面图反映的是正视图,Ⅱ—Ⅱ剖面图反映的是左视图。

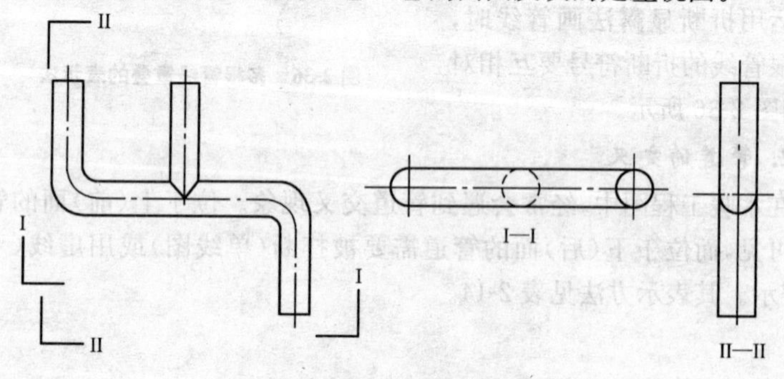

图 2-37　管道剖视图

二、管道之间的剖视图

在两根或两根以上的管道之间，假想用剖切平面切开，然后把剖切平面前面部分的管道移去，而对保留下来的前面部分管道投影，这样得到的投影图称为管道间的剖面图。如某两路管道的平面图、立面图如图 2-38 所示。

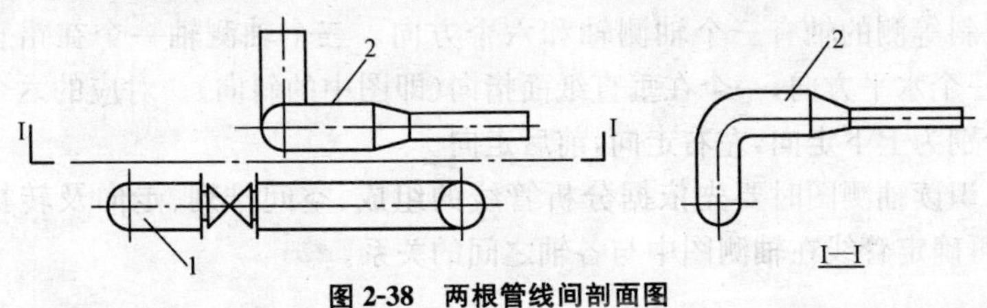

图 2-38 两根管线间剖面图

从视图上看，1 号管道由来回弯组成，管道上安有阀门，2 号管道由摇头弯组成，管道右端有大小头，为了表明 2 号管道，就需要在 1 号和 2 号管道之间进行剖切。通过剖切把位于剖切平面之前的 1 号管道移去，然后对摇头弯 2 号管道进行投影，这样能清楚地反映出管道之间的关系。

三、管道断面的剖面图

用一假想的剖切平面在管道断面上切开，把人与剖切平面之间的管道部分移去，对剩下部分进行投影所得的投影图，即得到管道断面的剖面图。如图 2-39 所示，在一组三路同标高管线组成的平面图里，在垂直于管子轴线的断面上进行剖切。

由于三路管线是同一标高，所以在剖面图中，这三路管线应在同一轴线上；三路管线的间距应与平面图上的相同。

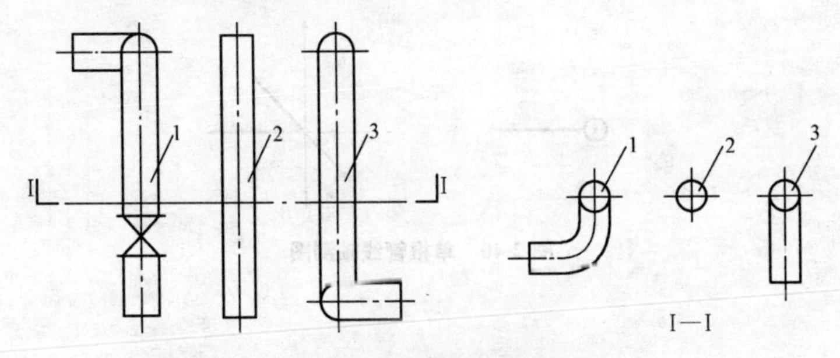

图 2-39 管线断面的剖面图

第五节 管道轴测图

在水暖工程管道施工图中,管道系统的轴测图多采用正等测图和斜等测图,其中又以斜等测图更为常用。

斜等测的轴有三个轴测轴和六个方向。三个轴测轴一个在铅直指向,一个水平方向,一个在垂直纸面指向(即图中的斜向)。对应的六个方向分别为上下走向,左右走向,前后走向。

识读轴测图时要先依据分析管线的组成、空间排列、走向及转折方向,再确定管线在轴测图中与各轴之间的关系。

一、单根管线轴测图

画单根管线的轴测图时,首先分析图形,弄清这根管线在空间的实际走向和具体位置。在确定这根管线的实际走向和具体位置后,就可以确定它在轴测图中同各轴之间的关系。

如图 2-40 所示,通过对平、立面图的分析可知,这是三根与轴平行的管线,由于三个轴的轴向伸缩率都是 1,故可在轴测轴上直接量取管道在平面图上的实长、走向及转折方向。

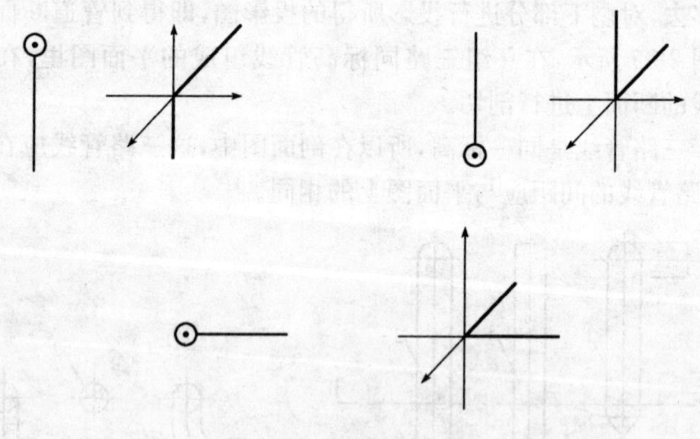

图 2-40 单根管线轴测图

二、多根管线轴测图

图 2-41 所示为多根管线的平面图、立面图和轴测图。由平面、立面图可知，1、2、3 号管线是左右走向的水平管线，4、5 号管线是前后走向的水平管线，而且这五根管线的标高相同。

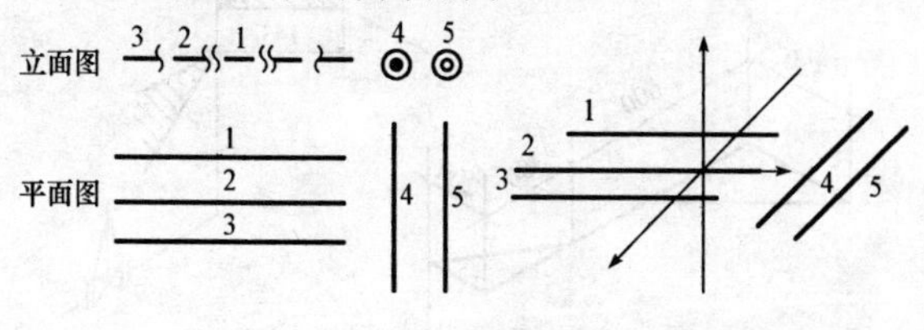

图 2-41　多根管线

三、交叉管线轴测图

在图 2-42 中，通过对平面图及立面图分析可知，它们是四根垂直交叉的水平管线。为使图形富于立体感，在轴测图中，高的或前面的管线应显示完整，低的或后面的管线应以断开的形式表示。

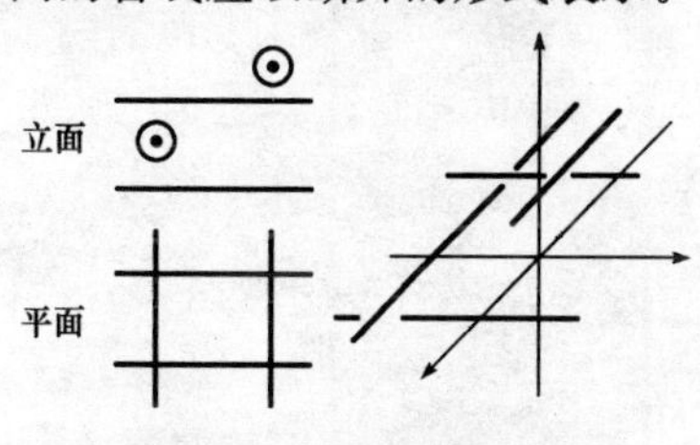

图 2-42　交叉管线的轴测图

四、偏置管轴测图

对偏置管来说，无论是垂直的还是水平的，对于非 45°角的偏置管都要标出两个偏移尺寸，而角度一般可省略不标。

在图 2-43 中，管线右侧所标的偏移尺寸 u 为 200mm 及 100mm，而具体角度则没有标出；对于 45°角的偏置管，只要标出角度(45°)和一个偏移尺寸即可。这里所说的偏移尺寸均指沿正方位量取的尺寸，即轴向方向的尺寸。因此，画图时只要在轴测方向上量取相应的偏移尺寸，即可画出偏置管的轴测图，如图 2-43(a)所示。

偏置管的另一种表示方法，是在管子转弯或分支的地方作出管线正方位走向的平行线，并用数字注明转弯或分支的角度，突出表明这根管线的走向不是正方位的，如图 2-43(b)所示。

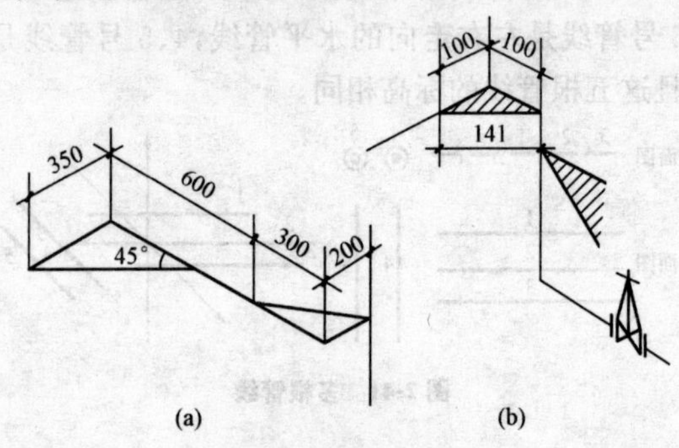

图 2-43 偏置管轴测图

第三章　给排水施工图识读

第一节　给排水施工图概述

一、给排水施工图分类及组成

给排水工程图是建筑工程图的组成部分(简称给排水工程图),按其内容及作用的不同可分为室内给排水工程图和室外给排水工程图两大类。

室外给排水工程图表示的范围较广,它可表示一幢建筑物外部的给排水工程,也可表示一个厂区(建筑小区)或一个城市的给排水工程。其内容可包括平面图、高程图、纵断面图、详图。

室内给排水工程图(又称建筑给排水施工图)主要表示一幢建筑内或一片小区内建筑物的生活、生产、消防给水设施和生活、生产污废水及屋面雨雪水排除设施。它包括平面图、系统图、屋面雨水平面图、剖面图、详图等。

二、给排水施工图表达特点

(1)给排水施工图中的平面图、详图等均采用正投影法绘制。

(2)给排水系统图宜按45°正面斜轴测投影法绘制。管道系统图应与平面图布图方向一致,并宜按比例绘制,当局部管道按比例不易表示清楚时,可不按比例绘制。

(3)给水排水施工图中管道附件和设备等,一般采用统一图例表示。

(4)给水及排水管道一般采用单线画法,以粗线绘制。

(5)有关管道的连接配件属规格统一的定型工业产品,在图中均不予画出。

(6)给水排水施工图中,管道类别应以汉语拼音字母表示。

(7)给排水施工图中管道设备的安装应与土建施工图相互配合,尤其在留洞、预埋件、管沟等方面对土建的要求,须在图纸上注明。

三、给排水施工图常用图例

在同一个项目的设计图纸中,图例、术语、绘图表示方法应一致。

给排水系统中一些构筑物、附件等,细部往往不能在图纸上如实画出。因此,在给排水施工图中的管件、阀门、仪器仪表、设备等常采用规定的图例表示,图例是用简单的图样表示复杂的设备、附件,使工程图简化便于识读。

给排水工程常用的图例有:管道类别图例(表3-1)、管道附件图例(表3-2)、管道连接图例(表3-3)、管件图例(表3-4)、阀门图例(表3-5)、给水配件图例(表3-6)、消防设施图例(表3-7)、卫生设备及水池图例(表3-8)、小型给排水构筑物图例(表3-9)、给排水设备图例(表3-10)、给排水专业所用仪表图例(表3-11)。

表3-1 管 道

序号	名 称	图 例	备 注
1	生活给水管	—— J ——	—
2	热水给水管	—— RJ ——	—
3	热水回水管	—— RH ——	—
4	中水给水管	—— ZJ ——	—
5	循环冷却给水管	—— XJ ——	—
6	循环冷却回水管	—— XH ——	—
7	热媒给水管	—— RM ——	—
8	热媒回水管	—— RMH ——	—
9	蒸汽管	—— Z ——	—
10	凝结水管	—— N ——	—
11	废水管	—— F ——	可与中水原水管合用
12	压力废水管	—— YF ——	—

（续）

序号	名称	图例	备注
13	通气管	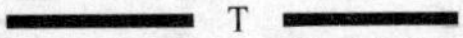 T	—
14	污水管	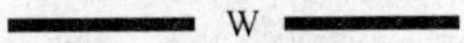 W	—
15	压力污水管	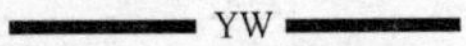 YW	—
16	雨水管	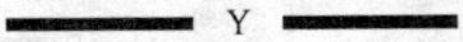 Y	—
17	压力雨水管	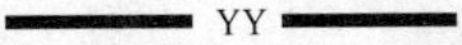 YY	—
18	虹吸雨水管	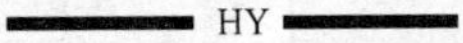 HY	—
19	膨胀管	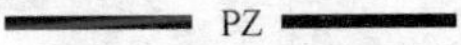 PZ	—
20	保温管		也可用文字说明保温范围
21	伴热管		也可用文字说明保温范围
22	多孔管		—
23	地沟管		—
24	防护套管		—
25	管道立管	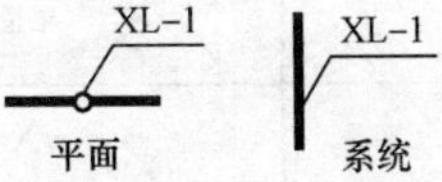 XL-1 平面 XL-1 系统	X为管道类别 L为立管 1为编号
26	空调凝结水管	 KN	—
27	排水明沟	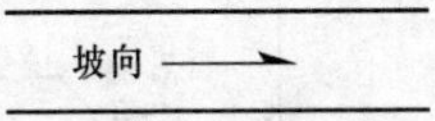 坡向 →	—
28	排水暗沟	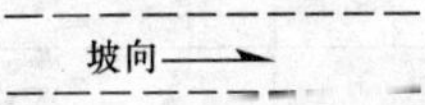 坡向 →	—

注：1. 分区管道用加注角标方式表示；

2. 原有管线可用比同类型的新设管线细一级的线型表示，并加斜线，拆除管线则加叉线。

表 3-2　　管道附件

序号	名　称	图　例	备　注
1	管道伸缩器		—
2	方形伸缩器		—
3	刚性防水套管		—
4	柔性防水套管		—
5	波纹管		—
6	可曲挠橡胶接头	单球　双球	—
7	管道固定支架		—
8	立管检查口		—
9	清扫口	平面　系统	—
10	通气帽	成品　蘑菇形	—
11	雨水斗	YD-　平面　YD-　系统	—
12	排水漏斗	平面　系统	—

表 3-3　管道连接图例

序号	名　称	图　例	备　注
1	法兰连接		—
2	承插连接		—
3	活接头		—
4	管堵		—
5	法兰堵盖		—
6	盲板		—
7	弯折管	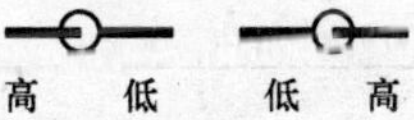 高　低　低　高	—
8	管道丁字上接	 高　低	—
9	管道丁字下接	 高　低	—
10	管道交叉	 低　高	在下面和后面的管道应断开

表 3-4　管件图例

序号	名　称	图　例
1	偏心异径管	
2	同心异径管	
3	乙字管	

（续）

序号	名　称	图　例
4	喇叭口	
5	转动接头	
6	S形存水弯	
7	P形存水弯	
8	90°弯头	
9	正三通	
10	TY三通	
11	斜三通	
12	正四通	
13	斜四通	
14	浴盆排水管	

表3-5　阀门图例

序号	名　称	图　例	备　注
1	闸阀		—

（续一）

序号	名　称	图　例	备　注
2	角阀		—
3	三通阀		—
4	四通阀	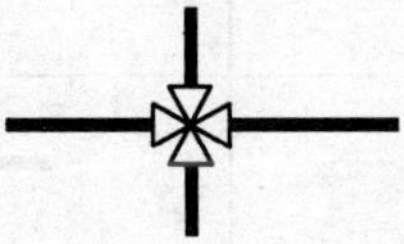	—
5	截止阀	 	—
6	蝶阀	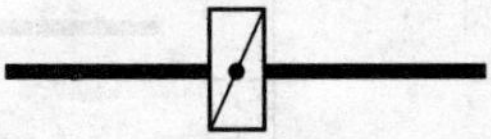	—
7	电动闸阀		—
8	液动闸阀	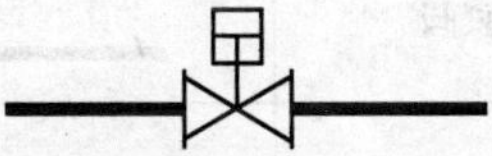	—
9	气动闸阀	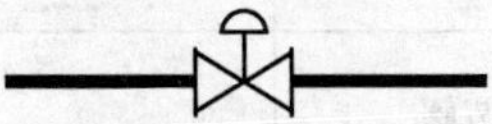	—
10	电动蝶阀	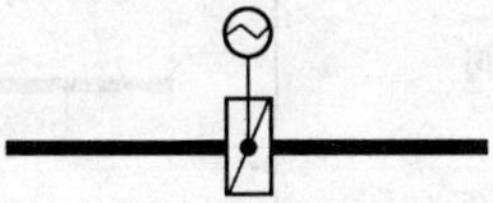	—
11	液动蝶阀	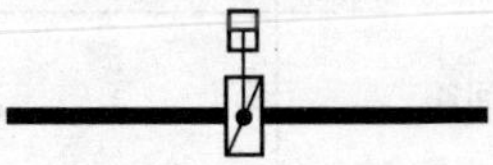	—

（续二）

序号	名　称	图　例	备　注
12	气动蝶阀		—
13	减压阀		左侧为高压端
14	旋塞阀	平面　系统	—
15	底阀	平面　系统	—
16	球阀		—
17	隔膜阀		—
18	气开隔膜阀		—
19	气闭隔膜阀		—
20	电动隔膜阀		—
21	温度调节阀		—
22	压力调节阀		—
23	电磁阀	M	—
24	止回阀		—
25	消声止回阀		—

（续三）

序号	名 称	图 例	备 注
26	持压阀	©	—
27	泄压阀		—
28	弹簧安全阀		左侧为通用
29	平衡锤安全阀		—
30	自动排气阀	平面 系统	—
31	浮球阀	平面 系统	—
32	水力液位控制阀	平面 系统	—
33	延时自闭冲洗阀		—
34	感应式冲洗阀		—
35	吸水喇叭口	平面 系统	—
36	疏水器		—

表 3-6 给水配件图例

序号	名　称	图　例
1	水嘴	平面　系统
2	皮带水嘴	平面　系统
3	洒水(栓)水嘴	
4	化验水嘴	
5	肘式水嘴	
6	脚踏开关水嘴	
7	混合水嘴	
8	旋转水嘴	
9	浴盆带喷头混合水嘴	
10	蹲便器脚踏开关	

表 3-7　消防设施图例

序号	名　称	图　例	备　注
1	消火栓给水管	XH	—
2	自动喷水灭火给水管	ZP	—
3	雨淋灭火给水管	YL	—
4	水幕灭火给水管	SM	—
5	水炮灭火给水管	SP	—
6	室外消火栓		—
7	室内消火栓（单口）	平面　系统	白色为开启面
8	室内消火栓（双口）	平面　系统	—
9	水泵接合器		—
10	自动喷洒头（开式）	平面　系统	—
11	自动喷洒头（闭式）	平面　系统	下喷
12	自动喷洒头（闭式）	平面　系统	上喷
13	自动喷洒头（闭式）	平面　系统	上下喷

(续一)

序号	名称	图例	备注
14	侧墙式 自动喷洒头	平面　系统	—
15	水喷雾喷头	平面　系统	—
16	直立型水幕喷头	平面　系统	—
17	下垂型水幕喷头	平面　系统	—
18	干式报警阀	平面　系统	—
19	湿式报警阀	平面　系统	—
20	预作用报警阀	平面　系统	—
21	雨淋阀	平面　系统	—

(续二)

序号	名称	图例	备注
22	信号闸阀		—
23	信号蝶阀		—
24	消防炮	平面 系统	—
25	水流指示器		—
26	水力警铃		—
27	末端试水装置	平面 系统	—
28	手提式灭火器		—
29	推车式灭火器		—

注:1. 分区管道用加注角标方式表示。

2. 建筑灭火器的设计图例可按现行国家标准《建筑灭火器配置设计规范》(GB 50140)的规定确定。

表 3-8 卫生设备及水池图例

序号	名　　称	图　　例	备　　注
1	立式洗脸盆		—
2	台式洗脸盆	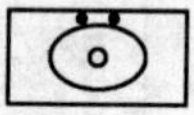	—
3	挂式洗脸盆		—
4	浴盆	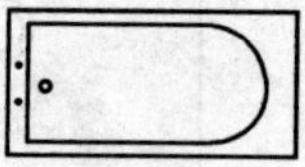	—
5	化验盆、洗涤盆		—
6	厨房洗涤盆	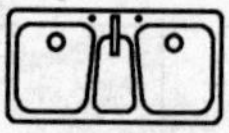	不锈钢制品
7	带沥水板洗涤盆		—
8	盥洗槽	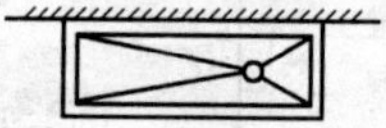	—
9	污水池		—
10	妇女净身盆		—
11	立式小便器		—

（续）

序号	名　称	图　例	备　注
12	壁挂式小便器		—
13	蹲式大便器	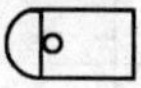	—
14	坐式大便器	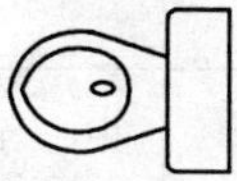	—
15	小便槽		—
16	淋浴喷头		—

注：卫生设备图例也可以建筑专业资料图为准。

表 3-9　　小型给排水构筑物图例

序号	名　称	图　例	备　注
1	矩形化粪池	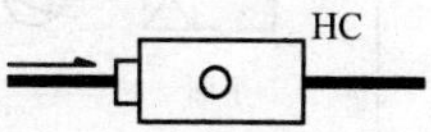 HC	HC 为化粪池
2	隔油池	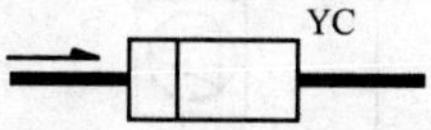 YC	YC 为隔油池代号
3	沉淀池	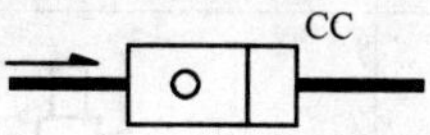 CC	CC 为沉淀池代号
4	降温池	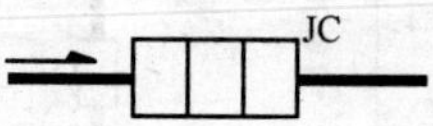 JC	JC 为降温池代号

（续）

序号	名称	图例	备注
5	中和池	 ZC	ZC为中和池代号
6	雨水口（单箅）		—
7	雨水口（双箅）		—
8	阀门井及检查井	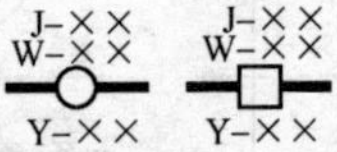 J-×× W-×× Y-×× J-×× W-×× Y-××	以代号区别管道
9	水封井		—
10	跌水井		—
11	水表井		—

表 3-10 给排水设备图例

序号	名称	图例	备注
1	卧式水泵	 平面 或 系统	—
2	立式水泵	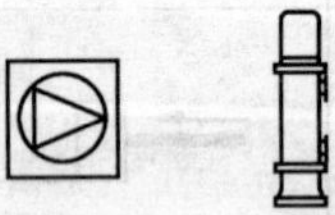 平面 系统	—
3	潜水泵		—
4	定量泵		—

（续）

序号	名　　称	图　　例	备　　注
5	管道泵		—
6	卧式容积热交换器	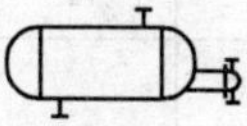	—
7	立式容积热交换器	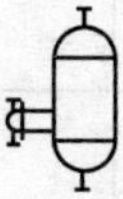	—
8	快速管式热交换器		—
9	板式热交换器		—
10	开水器	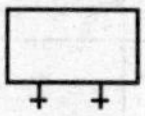	—
11	喷射器	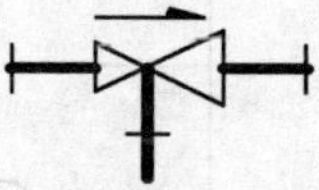	小三角为进水端
12	除垢器		—
13	水锤消除器	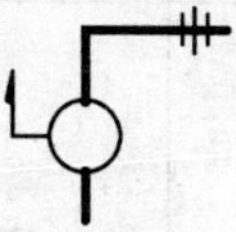	—
14	搅拌器	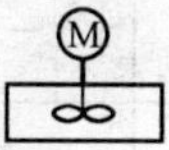 M	—
15	紫外线消毒器	 ZWX	—

表 3-11 仪表图例

序号	名称	图例	备注
1	温度计		—
2	压力表		—
3	自动记录压力表		—
4	压力控制器		—
5	水表		—
6	自动记录流量表		—
7	转子流量计	平面 系统	—
8	真空表		—
9	温度传感器	T	—
10	压力传感器	P	—
11	pH 传感器	pH	—

（续）

序号	名　称	图　例	备　注
12	酸传感器	——[H]——	—
13	碱传感器	——[Na]——	—
14	余氯传感器	——[Cl]——	—

第二节　室内给排水系统简介

一、室内给水系统的分类与组成

室内给水系统的主要任务是从城市给水管网（或自备水源）的用水输送到建筑物内部的用水点，以满足人们生活、生产以及消防等用水。

1. 室内给水系统的分类

室内给水系统按照供水对象可划分为三类：

(1)生产给水系统。工业企业生产用水而设置的给水系统，其主要是解决生产车间内部的用水，对象范围比较广，如设备的冷却、产品及包装器皿的洗涤或产品本身所需用的水（如饮料、锅炉、造纸等）。

(2)消防给水系统。城镇的民用建筑、厂房以及用水进行灭火的仓库，按国家对有关建筑物的防火规定所设置的消防给水系统，其是提供扑救火灾用水的主要设施。

(3)生活给水系统。为民用及公共建筑、工业企业建筑内部的餐饮、盥洗、洗浴等生活用水而设置的给水系统，其以民用住宅、饭店、宾馆、公共浴室等为主。

实际上，并不是每一幢建筑物都必须设置三种独立的给水系统，而应根据使用要求可以混合组成生活—消防给水系统或生产—消防给水系统以及生活—生产—消防给水系统。只有大型的建筑或重要物资仓库，才需要单独的消防给水系统。

2. 室内给水系统的组成

一般情况下，建筑内部给水系统由引入管、水表节点、给水管道、配水龙头和用水设备、给水附件、加压和贮水设备等组成，如图 3-1 所示。

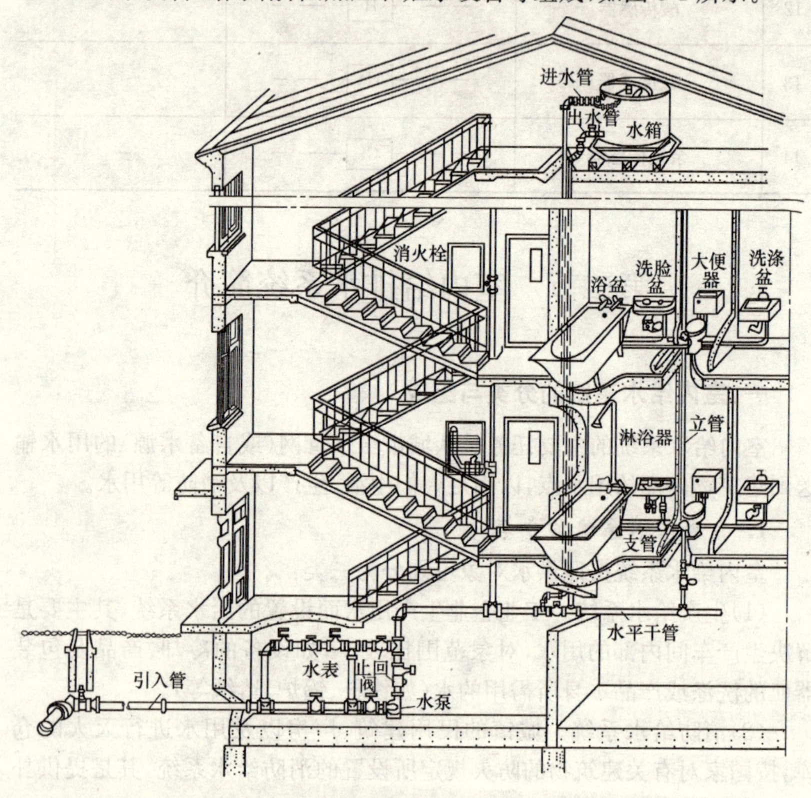

图 3-1　建筑给水系统

(1)引入管。对一幢单独建筑物而言，引入管是穿过建筑物承重墙或基础，自室外给水管将水引入室内给水管网的管段，也称进户管。对于一个工厂、一个建筑群体、一个学校区，引入管是指总进水管。

(2)水表节点。水表节点是指引入管上装设的水表及其前后设置的阀门、泄水装置的总称。阀门用以修理和拆换水表时关闭管网，泄水装置主要用于系统检修时放空管网、检测水表精度及测定进户点压力值。为了使水流平稳流经水表，确保其计量准确，在水表前后应有符合产品标准规定的直线管段。

水表及其前后的附件一般设在水表井中，如图 3-2 所示。温暖地区的水表井一般设在室外，寒冷地区为避免水表冻裂，可将水表设在采暖房间内。

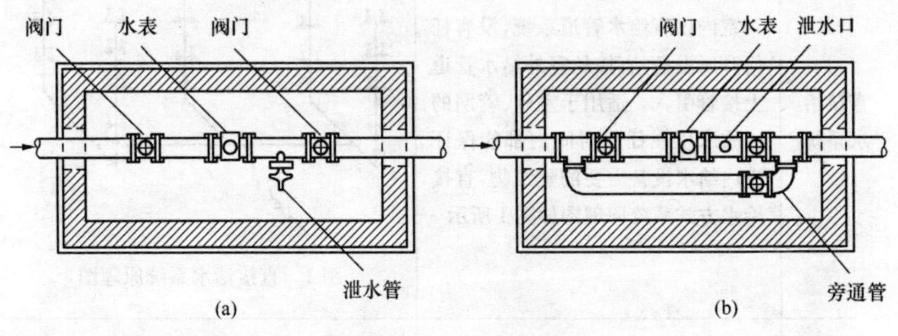

图 3-2　水表节点

(a)无旁通管的水表节点；(b)有旁通管的水表节点

在建筑内部的给水系统中，除了在引入管上安装水表外，在需计量水量的某些部位和设备的配水管上也要安装水表。为利于节约用水，住宅建筑每户的进户管上均应安装分户水表。

(3)给水管道。给水管道包括水平或垂直干管、立管、横支管等。

(4)配水龙头和用水设备。

(5)给水附件。用于管道系统中调节水量、水压，控制水流方向，以及关断水流，便于管道、仪表和调和设备检修的各类阀门，如截止阀、止回阀、闸阀等。

(6)加压和贮水设备。在室外给水管网水量、压力不足或室内对安全供水、水压稳定有要求时，需在给水系统中设置水泵、气压给水设备和水池、水箱等各种加压、贮水设备。

二、室内给水系统的基本方式及原理图

室内给水系统有直接给水系统，设有水箱的给水系统，设有水泵、水箱的联合给水系统，单设水泵的给水系统，分区给水系统，环状给水系统等，见表 3-12。

表 3-12　　　　室内给水系统的基本方式及原理图

给水方式	内　容	原理图
直接给水系统	室内仅有给水管道系统，没有任何升压设备，直接从室外给水管道上接管引入。适用于室外、管网的水质水压在任何时间内都能保证室内给水设备需要的建筑物，直接给水方式系统原理图如图 1 所示	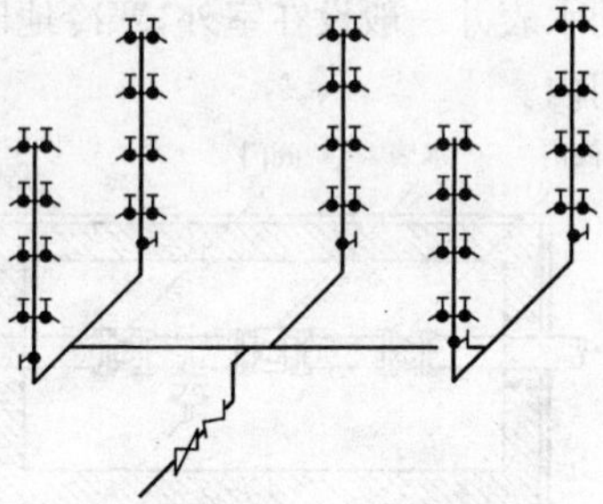 图 1　直接给水系统原理图
设有水箱的给水系统	当室外管网中的水压周期不足或一天中的某些时间内不足，以及当某些用水设备要求水压恒定或要求安全供水的场合时应用。这种给水系统设有水箱，其系统原理图如图 2 所示	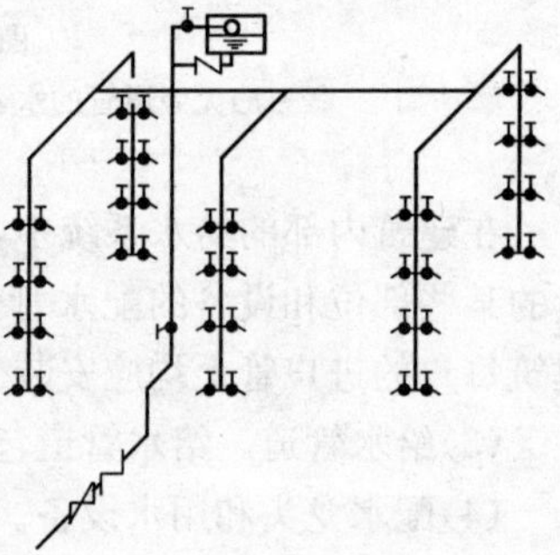 图 2　设有水箱的给水系统原理图
设有水泵、水箱的联合给水系统	当室外给水管网压力经常性不足时，应采用设置水泵、水箱联合供水的方式，原理图如图 3 所示	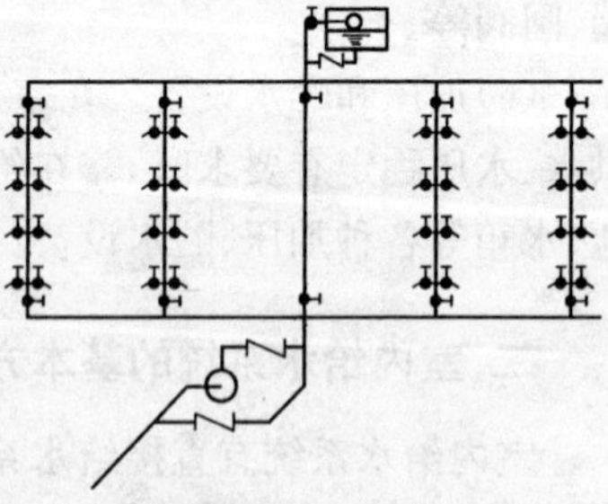 图 3　设有水箱和水泵的给水系统原理图

（续）

给水方式	内　　容	原理图
单设水泵的给水系统	当一天内室外给水管网的水压大部分时间满足不了建筑内部给水管网所需水压，且建筑物内部用水较大又较均匀时，常采用单设水泵的供水方式。如工业企业、生产车间对建筑立面、建筑外观要求比较高的建筑，不便在上部设置水箱时常采用这种方式。单设水泵的给水方式系统原理图如图 4 所示	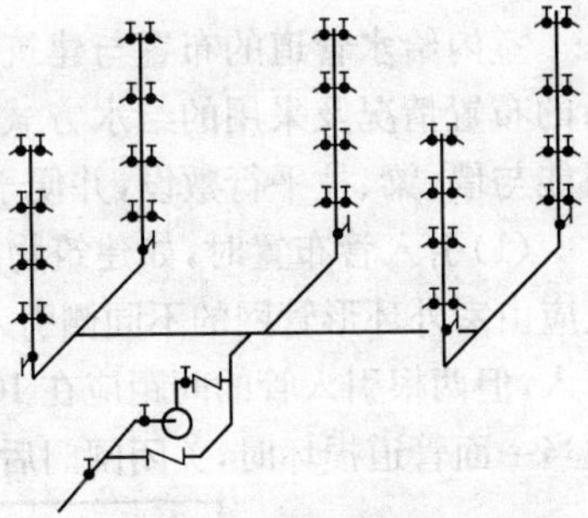 图 4　设有水泵的给水系统原理图
分区给水系统	在高层建筑中，采用沿楼层高度不同的分区供水，每个区有独立的一套管网、水箱和水泵设备。同样，不同区域的水泵均不得与室外给水管网直接连接，水泵抽水来自高层建筑底层内的贮水池。不同高度的给水区域应配备不同扬程的水泵，并在每供水区域顶层设贮水箱，如图 5 所示	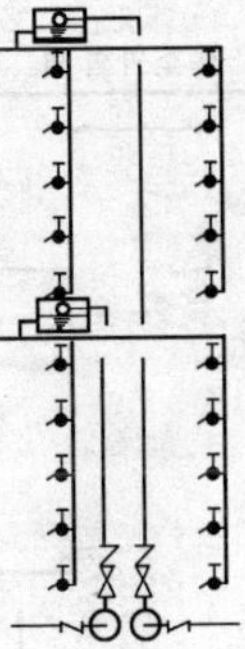 图 5　分区给水系统图示
环状给水系统	当建筑物用水量较大，不允许间断供水，室外给水管网水压和水量又不足时，建筑物用水可自城市给水管网上面处引入，在建筑物内构成环状给水系统，以确保建筑物用水的可靠性，如图 6 所示	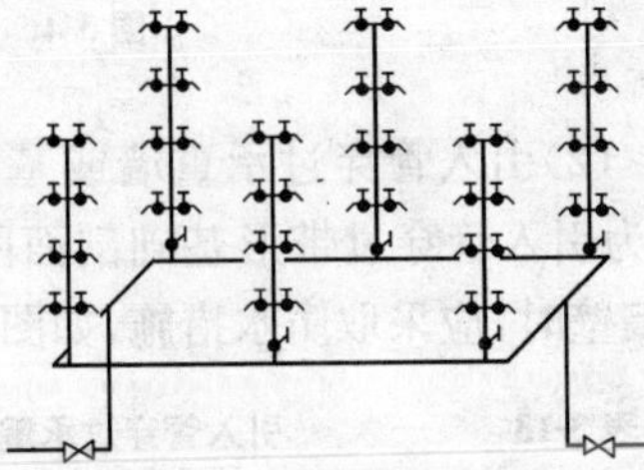 图 6　环状给水系统图示

三、室内给水管道的布置与敷设

1. 室内给水管道的布置

室内给水管道的布置与建筑物性质、建筑物外形、结构情况和用水设备的布置情况及采用的给水方式有关，管道布置时，应力求长度最短，尽可能与墙、梁、柱平行敷设，并便于安装和检修。

(1)引入管布置时，如建筑物内不允许中断供水，可设两根引入管，而且应由室外环形管网的不同侧引入，如图 3-3 所示。若不可能，也可由同侧引入，但两根引入管的间距应在 10m 以上，并在两接点间安装一个闸门，以便当一面管道损坏时，关闭闸门后，另一面仍可继续供水，如图 3-4 所示。

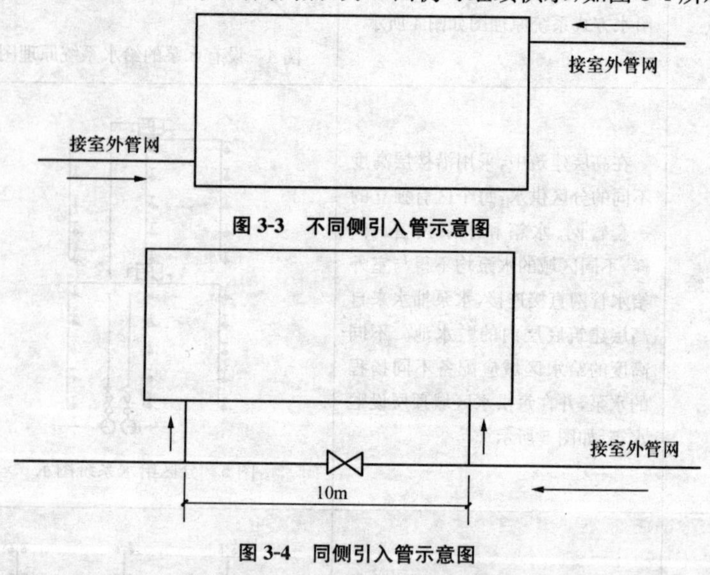

图 3-3 不同侧引入管示意图

图 3-4 同侧引入管示意图

(2)引入管穿过承重墙或基础时，应预留孔洞，其尺寸见表 3-13，图 3-5为引入管穿过带形基础剖面图。当引入管穿过地下室或地下构筑物的墙壁时，应采取防水措施，如图 3-6 所示。

表 3-13 引入管穿过承重墙基础预留孔洞尺寸规格 mm

管 径	≤50	50～100	125～150
孔洞尺寸	200×200	300×300	400×400

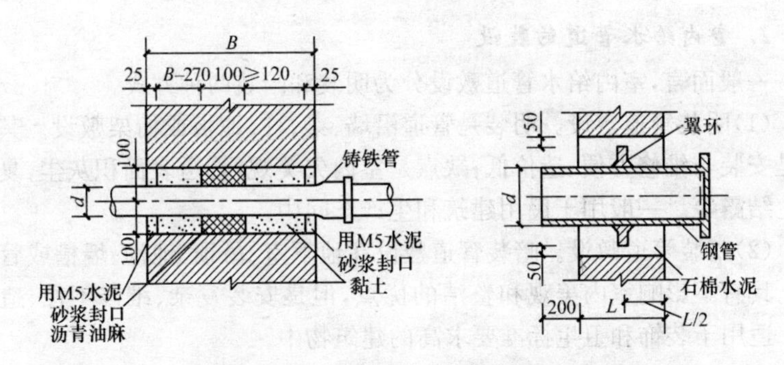

图 3-5　引入管穿过带形基础剖面图(mm)

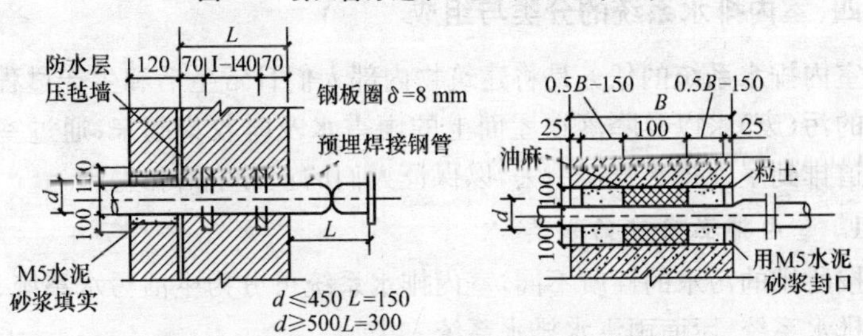

图 3-6　引入管穿过地下室防水措施(mm)

图 3-7 为引入管穿越砖墙基础的剖面图。由图可见孔洞与管道的空隙应用油麻、黏土填实,外抹 M5 水泥砂浆,以防雨水渗入。

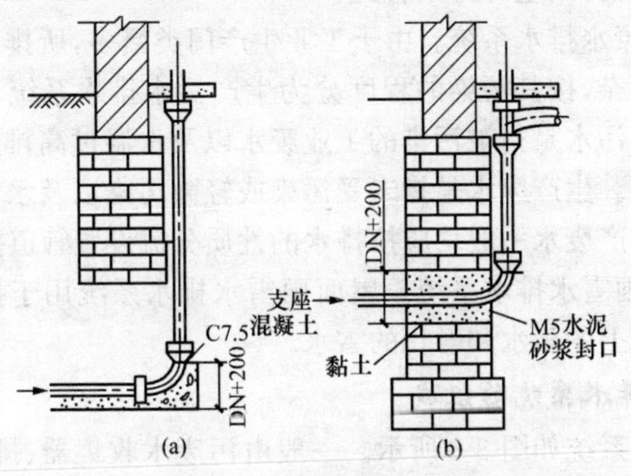

图 3-7　引入管穿越墙基础图

(a)浅基础;(b)深基础

2. 室内给水管道的敷设

一般而言，室内给水管道敷设分为明装和暗装两种方式。

(1)明装管道敷设。明装是管道沿墙、梁、柱、地板或桁架敷设。其优点是安装与维修方便、造价低；缺点是室内欠美观，管道表面积灰尘，夏天产生结露等。一般用于民用建筑和生产车间中。

(2)暗装管道敷设。暗装管道敷设在地下室、吊顶、地沟、墙槽或管井内。具有不影响室内美观和整洁的优点，但是安装复杂、维修不便、造价高。适用于装饰和卫生标准要求高的建筑物中。

四、室内排水系统的分类与组成

室内排水系统的任务是将建筑物内部人们日常生活和生产过程中所产生的污(废)水以及降落在屋面上的雨雪水及时收集起来，通过室内排水管道排到室外排水管道中去，以保证人们的正常生活和生产。

1. 室内排水系统的分类

按所排的污水的性质不同，室内排水系统可分为生活污水系统、工业废水排水系统、屋面雨雪水排水系统三类。

(1)生活污水系统。人们在日常生活中排除的盥洗、洗涤水称为生活废水，排除的粪便污水称为生活污水。生活废水经过处理后，可作为杂用水，如用来冲洗厕所，浇洒绿地或道路，冲洗汽车等；生活污水需经过化粪池处理后，方可排入室外排水管道。

(2)工业废水排水系统。由于工业生产门类繁多，所排出的污(废)水性质也极为复杂，按其污染的程度分为生产污水排水系统和生产废水排水系统。生产污水是指被污染的工业废水以及水温过高排放后造成热污染的工业废水。生产废水是指未受污染或轻微污染以及水温稍有升高的工业废水。生产废水一般均应按排水的性质分流设置管道排出。

(3)屋面雨雪水排水系统。屋面雨雪水排水系统用于排除降落在各类建筑物屋面上的雨水和融化的雪水。

2. 室内排水系统的组成

室内排水系统如图 3-8 所示。一般由污废水收集器、排水管系统、通气管、清通设备、抽升设备、污水局部处理设备等部分组成。

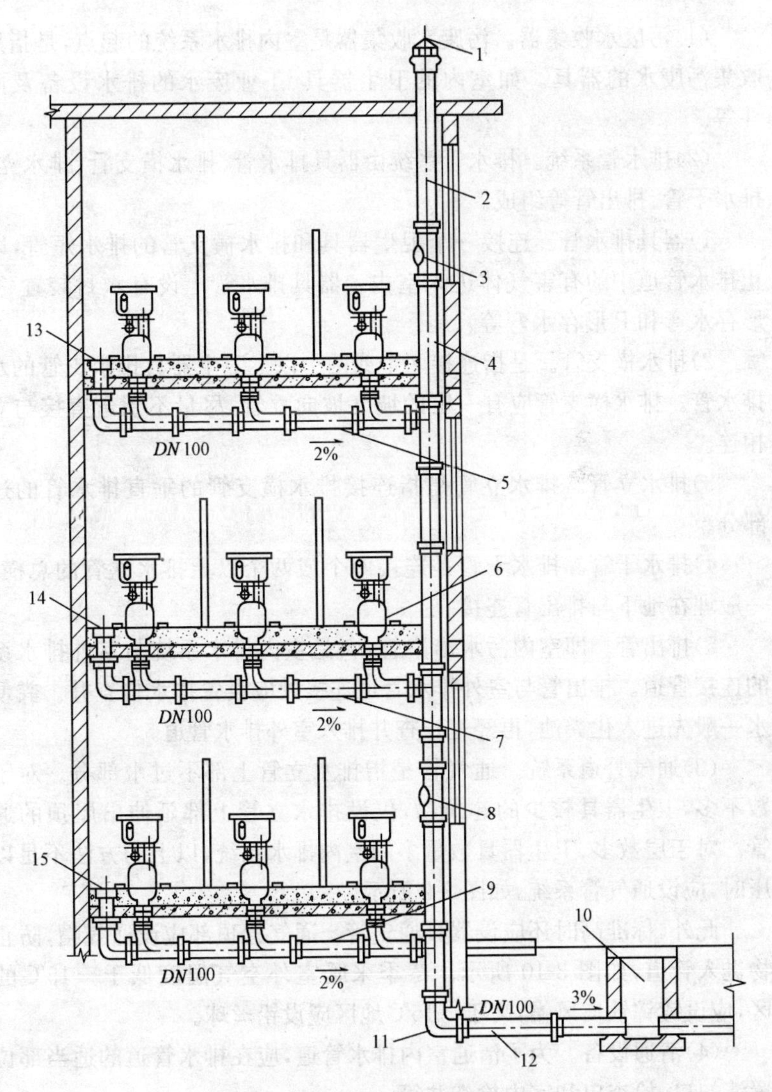

图 3-8　室内排水系统的组成

1　风帽；2　通气管；3　检查口；4　排水立管；
5、7、9—排水横支管；6—大便器；8—检查口；10—检查井；
11—出户大旁管；12—排水管；13、14、15—清扫口

(1)污废水收集器。污废水收集器是室内排水系统的起点,是指用来收集污废水的器具。如室内的卫生器具、工业废水的排水设备及雨水斗等。

(2)排水管系统。排水管系统由器具排水管、排水横支管、排水立管、排水干管、排出管等组成。

1)器具排水管。连接一个卫生器具和排水横支管的排水短管,以防止排水管道中的有害气体进入室内。器具排水管上设有水封装置(如S形存水弯和P形存水弯等)。

2)排水横支管。是指连接两个或两个以上卫生器具排水支管的水平排水管。排水横支管应有一定的坡度坡向立管,尽量不拐弯直接与立管相连。

3)排水立管。排水立管是指连接排水横支管的垂直排水管的过水部分。

4)排水干管。排水干管是连接两个或两个以上排水立管的总横管,一般埋在地下与排出管连接。

5)排出管。即室内污水出户管,它是室内排水系统与室外排水系统的连接管道。排出管与室外排水管道连接处应设置排水检查井。粪便污水一般先进入化粪池,再经过检查井排入室外排水管道。

(3)通气管道系统。通气管是指排水立管上部不过水部分。对于层数不多,卫生器具较少的建筑物,仅设排水立管上部延伸出屋顶的通气管。对于层数多、卫生器具数量多的室内排水系统,以上的方法不足以稳压时,应设通气管系统,如图 3-9 所示。

此外,标准高时还应设器具通气管。通气管顶部应设通气帽,防止杂物进入管道,如图 3-10 所示。冬季采暖室外空气温度低于－15℃的地区,应设镀锌铁皮风帽,高于－15℃地区应设铅丝球。

(4)清通设备。为了清通室内排水管道,应在排水管道的适当部位设置清扫口、检查口和室内检查井等。

1)清扫口。当排水横支管上连接两个或两个以上的大便器、三个或三个以上的其他卫生器具时,应在横管的起端设置清扫口,如图 3-11 所示。清扫口顶面应与地面相平,且仅单向清通。横管起端的清扫口与管道相垂直的墙面的距离不得小于 0.15m,以便于拆装和清通操作。清扫口安装如图 3-12 所示。

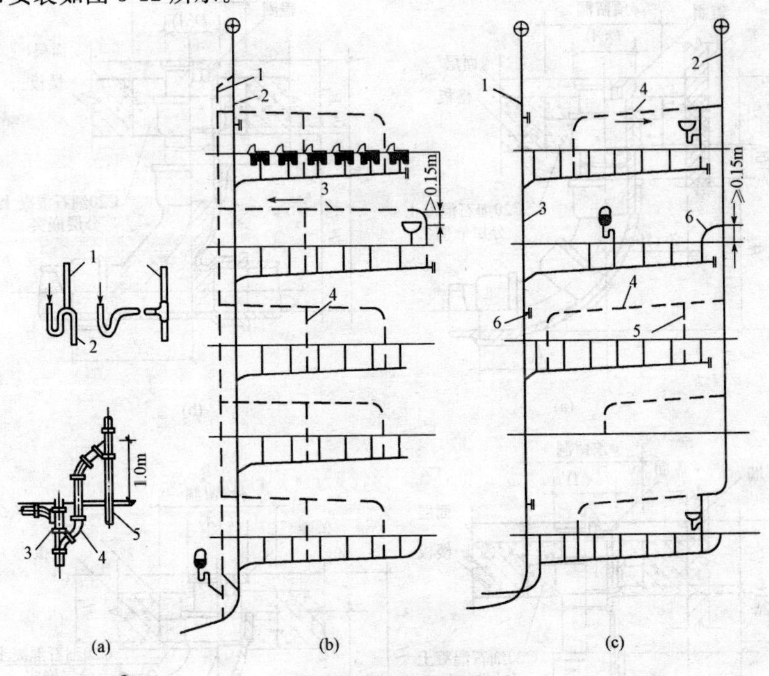

图 3-9　通气管系统

(a)结合通气管；

1—器具通风管；2—器具排水管；3—污水立管；4—结合通气管；5—通气立管

(b)排水、通气立管同边设置；

1—主通气立管；2—排水立管；3—环形通气管；4—安全通气管

(c)排水、通气立管分开设置

1—透气管；2—副通气立管；3—排水立管；4—环形通气管；5—安全通气管；6—检查口

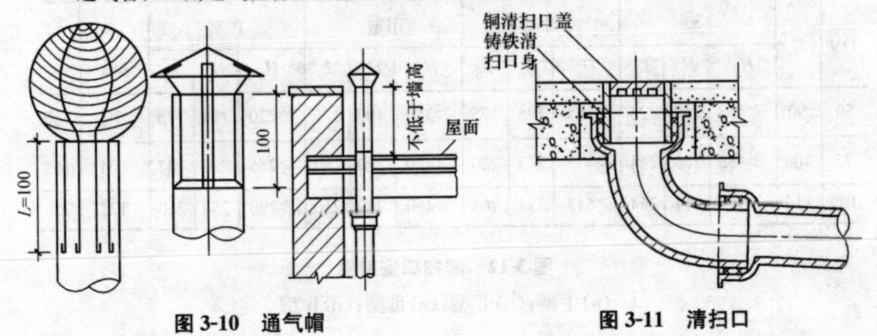

图 3-10　通气帽　　　　图 3-11　清扫口

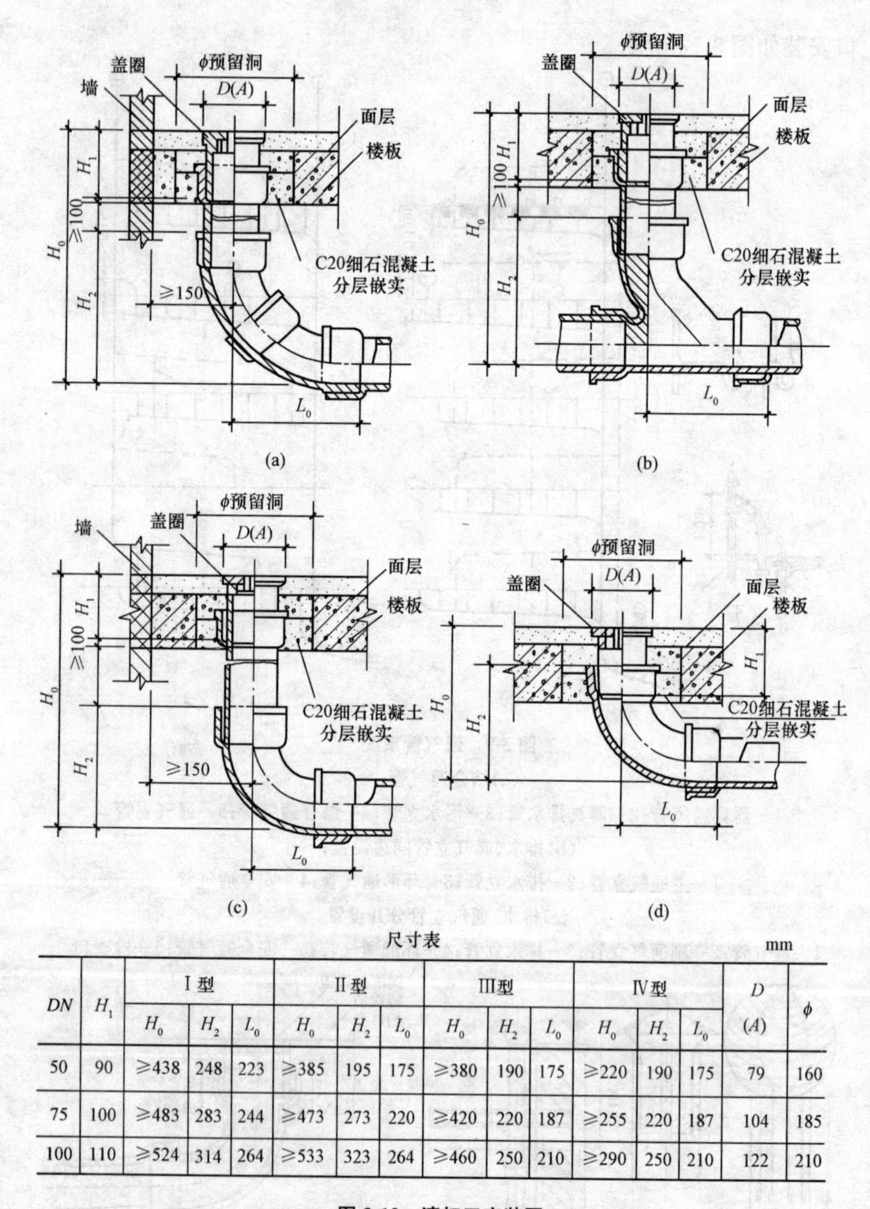

尺寸表　　mm

DN	H_1	Ⅰ型			Ⅱ型			Ⅲ型			Ⅳ型			D (A)	φ
		H_0	H_2	L_0	H_0	H_2	L_0	H_0	H_2	L_0	H_0	H_2	L_0		
50	90	≥438	248	223	≥385	195	175	≥380	190	175	≥220	190	175	79	160
75	100	≥483	283	244	≥473	273	220	≥420	220	187	≥255	220	187	104	185
100	110	≥524	314	264	≥533	323	264	≥460	250	210	≥290	250	210	122	210

图 3-12　清扫口安装图

(a)Ⅰ型；(b)Ⅱ型；(c)Ⅲ型；(d)Ⅳ型

2)检查口。检查口是一个带盖的开口配件，拆开盖板即可清通管道，如图 3-13 所示。检查口通常设在排水立管上，可以每隔一层设一个，但在底层和有卫生器具的最高层必须设置。检查口安装时，应使盖板向外，并与墙面成 45°夹角，检查口中心距地面 1m，并且至少高出该楼层卫生器具上边缘 0.15m。

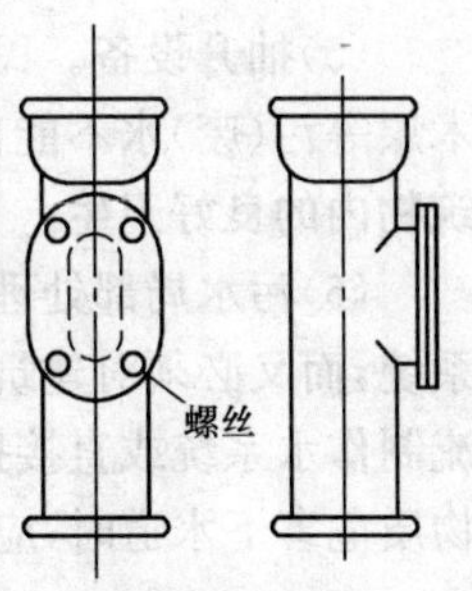

图 3-13　检查口

3)室内检查井。对于不散发有害气体或大量蒸汽的工业废水管道，在管道转弯、变径、改变坡度和连接支管处，可在建筑物内设检查井。在直线管段上，排除生产废水时，检查井的间距不得大于 30m；排除生产污水时，检查井的间距不得大于 20m。对于生活污水排水管道，在室内不宜设置检查井。室内检查井如图 3-14 所示。

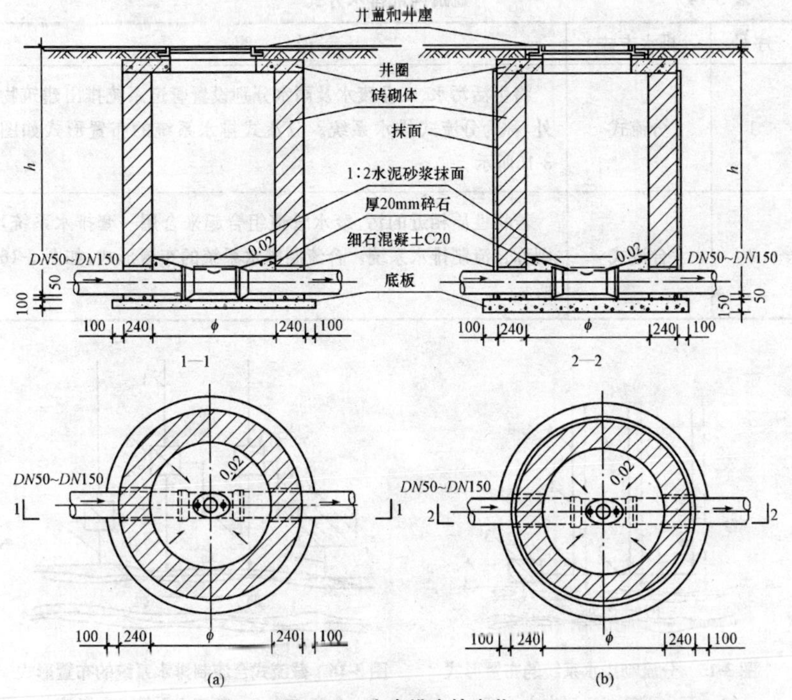

图 3-14　室内排水检查井

(a)用于无地下水；(b)用于有地下水

(5)抽升设备。民用和公共建筑地下室,人防建筑、高层建筑地下技术层等污(废)水不能自流排出至室外,必须设置污水抽升设备以保持建筑物内的良好卫生。

(6)污水局部处理构筑物。当室外无生活污水或工业废水专用排水系统,而又必须对建筑物内所排出的污(废)水进行处理后才允许排入合流制作水系统或直接排入水体时;或有排水系统但排出污(废)水中某些物质危害下水道时,应在建筑物内或附近设置局部处理构筑物。

五、室内排水系统的方式与特点

1. 室内排水系统的方式

室内排水系统有分流式和合流式两种方式,见表 3-14。

表 3-14 建筑内部排水方式

序号	排水方式	说明
1	分流式	将生活污水、工业废水及雨水分别设置管道系统排出建筑物外,称为分流式排水系统。分流式排水系统的布置形式如图3-15所示
2	合流式	若将性质相近的污、废水管道组合起来合用一套排水系统,则称合流制排水系统。合流制排水系统的布置形式,如图 3-16所示

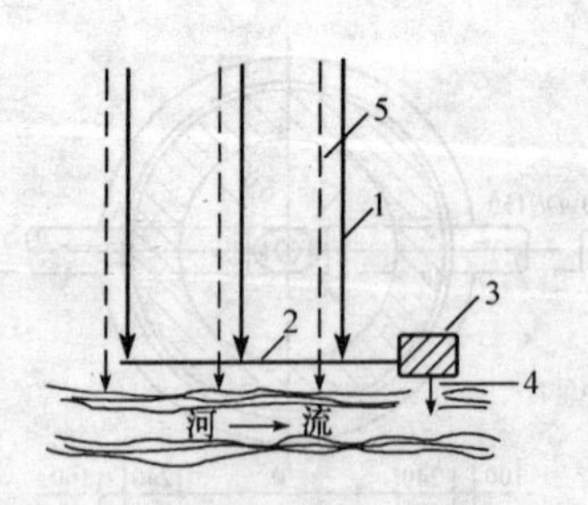

图 3-15 分流制排水系统的布置形式

1—污水干管;2—污水主干管;3—污水处理厂;4—出水口;5—雨水干管

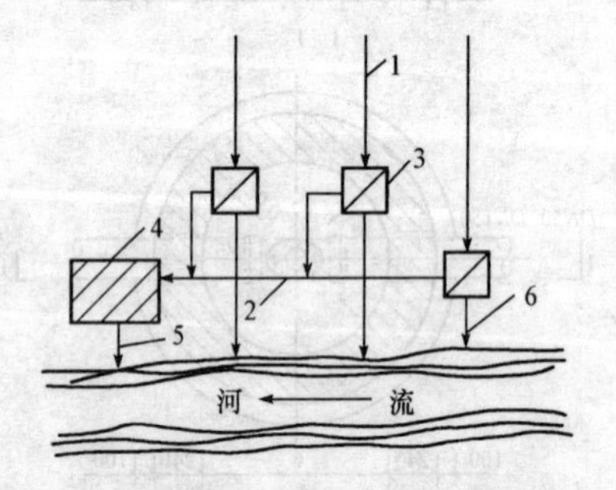

图 3-16 截流式合流制排水系统的布置形式

1—合流干管;2—截流主干管;3—溢流井;4—污水处理厂;5—出水口;6—溢流出水口

2. 室内排水系统的特点

建筑内部排水是水、气、固三种介质的复杂运动，排水过程中具有以下特点：

(1)水量气压变化幅度大。室内排水管网接纳的排水量少，且不均匀，排水历时短，高峰流量时可能充满整个管道断面，而大部分时间管道内可能没有水。管内水面和气压不稳定，水气容易掺和，水量气压变化幅度大。

(2)流速变化剧烈。室内排水系统横管与立管交替连接，当水流由横向管进入立管时，流速急骤增大，水气混合；当水流由立管进入横管时，流速急骤减小，水气分离，流速变化剧烈。

(3)事故危害大。室内排水管排水不畅，污水外溢到室内地面，或管内气压波动，有毒有害气体进入房间，将直接危害人体健康，影响室内环境卫生，其危害性大。因此，一个完善的室内排水系统必须符合下列要求：

1)管道布置最省，以及能迅速排除室内的污(废)水。

2)使排水管道内的气压波动尽量稳定，从而防止管道系统水封被破坏，避免排水管道中有毒或有害的气体进入室内。

3)管道及设备的安装必须牢固，不致因建筑物或管道本身发生少许震动和变位时使管道系统漏水。

4)尽可能做到清污分流，减少有毒或有害物质污水的排放量，并保证污水处理构筑物的处理效果。

六、室内排水管道的布置与敷设

1. 室内排水管道的布置

(1)排水管道的布置原则。建筑内部排水管道系统的布置直接关系着人们生活和生产，为了创造一个良好的生活和生产环境，建筑内部排水管道的布置应遵循以下原则：

1)卫生器具及生产设备中的污(废)水应就近排入立管；

2)使用安全可靠，不影响室内环境卫生；

3)便于安装、维修及清通；

4)管道尽量避震、避基础及伸缩缝、沉降缝；

5)在配电间、卧室等处不宜设管道；

6)管线尽量横平竖直，沿梁柱走，使总管线最短，工程造价低；

7)占地面积小，美观；

8)防止水质污染；

9)管道位置不得妨碍生产操作、交通运输或建筑物的使用。

(2)排水管道的布置要求。在布置和敷设室内排水管道时，不仅要保证管道内良好的水力条件，便于维护和管理，而且还要保护管道不易受损坏，保证生产和使用安全以及经济美观。排水管道的最大设计充满度见表3-15。排水管道的布置要求见表3-16。

表3-15 排水管道的最大设计充满度

排水管道名称	管径/mm	最大设计充满度
生活排水管道	≤125 150～200 50～75	0.5 0.6 0.6
生产废水管道	100～150 ≥200 50～75	0.7 1.0 0.6
生产污水管道	100～150 ≥200	0.7 1.0

注：1. 若生活排水管道在短时间内排泄大量洗涤污水(如浴室、洗衣房污水等)，可按满流计算。

2. 生产废水和雨水合流的排水管道，可按地下雨水管道的设计充满度进行计算。

3. 排水明渠的最大设计充满度为计算断面深度的0.8。

表3-16 排水管道的布置要求

序号	布置要求	说　明
1	卫生器具的布置	根据卫生间和公用厕所的平面尺寸，所选用的卫生器具类型和尺寸布置卫生器具，布置时，不仅要保证使用方便，管线短，而且要排水通畅，便于维护管理

（续）

序号	布置要求	说明
2	排水横支管的布置	①横支管不宜太长，尽量少转弯，当条件受限时宜采用两个45°弯头或乙字弯，一根支管连接的卫生器具不宜太多。 ②器具排水管与横支管宜采用90°斜三通连接，横管与横管或横管与立管连接宜采用90°斜三(四)通。 ③横支管不得布置在食堂、饮食业的主副操作烹调设备以及遇水易燃烧、爆炸或损坏原料、产品和设备的上面。 ④横支管不得穿过对生产工艺或卫生有特殊要求的生产厂房、贵重商品仓库、变电室。 ⑤横支管不宜穿过建筑的沉降缝、伸缩缝、风道烟道等。 ⑥为便于安装和维修，横支管距离楼板和墙应有一定的距离。 ⑦当横支管悬吊在楼板下，接有2个及2个以上大便器或3个及3个以上卫生器具时，横支管顶端应升至上层地面设清扫口
3	横干管及排出管的布置	①排出管以最短的距离排出室外，尽量避免在室内转弯。 ②建筑层数较多时，应按表3-17确定底部横管最小垂直距离。 ③埋地管不得布置在可能受重物压坏处或穿越生产设备的基础。 ④埋地管穿越承重墙或基础时，应预留孔洞，并必须在管道外套较其直径大200mm的金属套管或设置钢筋混凝土过梁，管顶上部净空尺寸不得小于建筑物沉降量，一般不宜小于0.15m。 ⑤管道穿越地下室外墙或地下构筑物的墙壁处时，应采取防水措施。 ⑥埋地管应进行防腐处理。 ⑦排出管与室外排水管相连接，其管顶标高不得低于室外排水管顶标高，连接处的水流转角不小于90°，当跌落差大于0.3m时可不受角度限制
4	通气系统的布置	①生活污水管道和散发有毒有害气体的生产污水管道应设伸顶通气管。伸顶通气管高出屋面的高度不小于0.3m，且大于该地区最大积雪厚度，当屋顶为上人屋顶时，应不小于2m，并应按要求设置防雷装置。 ②通气立管不得接纳污水、废水和雨水，通气管不得与通风管或烟道连接

表 3-17 最低横支管与立管连接处至立管管底的最小距离

立管连接卫生器具的层数/层	垂直距离/m
≤4	0.45
5～6	0.75
7～19	1层
≥20	1层

2. 室内排水管道的敷设

室内排水管道的敷设方式有明装和暗装两种。

(1)明装。明装是指管道沿墙、梁、柱直接敷设在室内，排水管道的管径相对于给水管管径较大，又常需清通修理，因此，应以明装为主。明装的优点是安装、维修、清通方便，工程造价低，但是不够美观，且因暴露在室内易积灰结露影响环境卫生。

(2)暗装。对室内美观程度要求高的建筑物或管道种类较多时，应采用暗敷设的方式。立管可装设在管道井内，或用装饰材料掩盖，横支管可装设在管槽内，或敷设在平吊顶装饰空间隐蔽处理。大型建筑物的排水管道应尽量利用公共管沟或管廊。

3. 室内排水管道的计算

(1)排水量标准。

1)每人每日排出的污水量，与建筑物内卫生设备的完善程度、生活习惯、气候等因素有关。一般室内排水量均取等于用水量标准。各类卫生洁具的排水量和排水当量数见表 3-18。

表 3-18 卫生器具排水的流量、当量和排水管的管径、最小坡度

序号	卫生器具名称	排水流量/(L/s)	当量	排水管	
				管径/mm	最小坡度
1	污水盆(池)	0.33	1.0	50	0.026
2	单格洗涤盆(池)	0.67	2.0	50	0.025
3	双格洗涤盆(池)	1.00	3.0	50	0.025
4	洗手盆、洗脸盆(无塞)	0.10	0.3	32～50	0.020
5	洗脸盆(有塞)	0.25	0.75	32～50	0.020

（续）

序号	卫生器具名称	排水流量/(L/s)	当　量	排水管	
				管径/mm	最小坡度
6	浴盆	1.00	3.0	50	0.020
7	淋浴器	0.15	0.45	50	0.020
8	大便器				
	高水箱	1.50	4.50	100	0.012
	低水箱	2.00	6.0	100	0.012
	自闭式冲洗阀	1.50	4.50	100	0.012
9	小便器				
	手动冲洗阀	0.05	0.15	40～50	0.02
	自闭式冲洗阀	0.10	0.30	40～50	0.02
	自动冲洗水箱	0.17	0.50	40～50	0.02
10	小便槽(每米长)				
	手动冲洗阀	0.05	0.15	—	—
	自动冲洗水箱	0.17	0.50	—	—
11	化验盆(无塞)	0.20	0.60	40～50	0.025
12	净身器	0.10	0.30	40～50	0.02
13	饮水器	0.05	0.15	25～50	0.01～0.02
14	家用洗衣机	0.50	1.50	50	—

2)确定室内排水大管管径时，首先需计算出管段排水当量。以污水盆的排水量 0.33L/s 作为一个排水当量，其他卫生器具的排水量与之相比，比值即为该卫生器具的当量数。污水盆的排水当量取其给水当量 0.2L/s 的 1.65 倍，这是考虑到排水瞬时、迅猛的特点的缘故。

3)不同性质的建筑物，排水设计秒流量的计算方法也不同。

(2)设计秒流量的计算。

1)用水住宅、集体宿舍、旅馆、医院、幼儿园、办公楼和学校等建筑的计算公式：

$$q_u = 0.12\alpha\sqrt{N_p} + q_{max}$$

式中　q_u——计算管段排水设计秒流量(L/s)；

N_p——计算管段的卫生洁具排水当量总数；

α——根据建筑物的用途而定的系数，宜按表 3-19 确定；

q_{max}——计算管段上排水量最大的一个卫生洁具的排水流量(L/s)。

表 3-19　　根据建筑物用途而定的系数 α 值

建筑物名称	集体宿舍、旅馆和公共建筑的公共盥洗室和厕所间	住宅、旅馆、医院、疗养院、休养所的卫生间
α	1.5	2.0～2.5

注：如计算所得流量值大于该管段上按卫生洁具排水量累加值时，应按卫生洁具排水量累加值计。

2)适用于工业企业生活间、公共浴室、洗衣房、公共食堂、实验室、影剧院、体育场等建筑的计算公式：

$$q_u = \sum q_p n_0 b$$

式中　q_u——计算管段排水设计秒流量(L/s)；

q_p——同类型的一个卫生洁具排水流量(L/s)；

n_0——同类型卫生洁具数；

b——卫生洁具的同时排水百分数，应按表 3-20 选取。

表 3-20　　卫生洁具同时排水百分数

卫生洁具名称	同时排水百分数(%)						
	工业企业生活间	公共浴室	洗衣房	电影院、剧院	体育场、游泳池	科学研究实验室	生产实验室
洗涤盆(池)	如无工艺要求时，采用 33	15	25～40	50	50		
洗手盆	50	20	—	50	70		
洗脸盆(盥洗槽水龙头)	60～100	60～100	60	50	80		
浴盆	—	50	—	—	—		
淋浴器	100	100	100	100	100		
大便器冲洗水箱	30	20	30	50	70		
大便器自闭式冲洗阀	5	3	4	10	15		
大便槽自动冲洗水箱	100	—	—	100	100		
小便器手动冲洗阀	50	—	—	50	70		

（续）

卫生洁具名称	同时排水百分数(%)						
	工业企业生活间	公共浴室	洗衣房	电影院、剧院	体育场、游泳池	科学研究实验室	生产实验室
小便槽自动冲洗水箱	100	—	—	100	100		
小便槽自闭式冲洗阀	25	—	—	15	20		
净身器	100	—	—	—	—		
饮水器	30～60	30	30	30	30		
单联化验龙头						20	30
双联或三联化验龙头						30	50

冲洗水箱大便器的同时排水百分数应按12%计算。当计算设计秒流量小于一个大便器的排水流量时，应按一个大便器的排水流量计算。

(3)排水管管径的确定。根据排水设计秒流量，可以经济、合理地确定排水管的管径和管道坡度，并确定是否需要设专用通气管，以保证管道系统正常工作。

1)按经验确定排水管管径。排水管的最小管径是指为避免排水管道经常淤积、堵塞和便于清通，根据工程实践经验，对排水管道管径的最小限值作的规定，各类排水管的最小管径见表3-21。当卫生器具的数量不多时，生活污水管管径可根据以下标准取值，但应符合表3-22的规定。

表3-21　排水管道的最小管径

序号	管道名称		最小管径/mm
1	单个饮水器排水管		25
2	单个洗脸盆、浴盆、净身器等排泄较洁净废水的卫生洁具排水管		40
3	连接大便器的排水管		100
4	大便槽排水管		150
5	公共食堂厨房污水	干管	100
		支管	75
6	医院污物的洗涤盆、污水盆排水管		75
7	小便槽或连接3个及3个以上小便器的排水管		75
8	排水立管管径		不小于所连接的横支管管径
9	多层住宅厨房间立管		75

注：除表中1、2项外，室内其他排水管管径不得小于50mm。

表 3-22　　不通气的排水立管的最大排水能力

立管工作高度/m	排水能力/(L/s)			
	立管管径/mm			
	50	75	100	125
2	1.0	1.70	3.8	5.0
≤3	0.64	1.35	2.40	3.4
4	0.50	0.92	1.76	2.7
5	0.40	0.70	1.36	1.9
6	0.40	0.50	1.00	1.5
7	0.40	0.50	0.70	1.2
≥8	0.40	0.50	0.64	1.0

注：1. 排水立管工作高度，系指最高排水横支管和立管连接点至排出管中心线间的距离。
2. 如排水立管工作高度在表中列出的两个高度值之间时，可用内插法求得排水立管的最大排水能力数值。

①为防止管道淤塞，室内排水管的管径不小于 50mm。

②对于单个洗脸盆、浴盆、妇女卫生盆等排泄较洁净废水的卫生器具，最小管径可采用 40mm 钢管。

③对于单个饮水器的排水管排泄的清水可采用 25mm 钢管。

④公共食堂厨房排泄含大量油脂和泥沙等杂物的排水管管径应比计算管径大一级，干管管径不得小于 100mm，支管不得小于 75mm。

⑤医院住院部的卫生间或杂物间内，由于使用卫生器具人员繁杂，且常有棉花球、纱布碎块、竹签、玻璃瓶等杂物投入其中，因此洗涤盆或污水盆的排水管径不得小于 75mm。

⑥小便槽或连接 3 个及 3 个以上手动冲洗小便器的排水管，应考虑冲洗不及时而结尿垢的影响，管径不得小于 75mm。

⑦凡连接有大便器的管段，即使仅有一个大便器，也应考虑其排放时水量大而猛的特点，管径应为 100mm。

⑧对于大便槽的排水管，同上道理，管径至少应为 150mm。

⑨连接一根立管的排出管，自立管底部至室外排水检查井中心的距离不大于 15m 时，管径为 *DN*100、*DN*150；当距离小于 10m 时，管径宜与立管相同。

2)按排水立管的最大排水能力，确定立管管径。排水管道通过设计流量时，为防止水封破坏，其压力波动不应超过规定控制值±0.25kPa(±25mmH_2O)，使排水管道压力波动保持在允许范围内的最大排水量，即排水管的最大排水能力。采用不同通气方式的生活排水立管最大管水能力，见表 3-23。

表 3-23 排水管道允许负荷卫生洁具当量数

建筑物性质	排水管道名称		允许负荷当量总数			
			50mm	75mm	100mm	150mm
住宅、公共居住建筑的小卫生间	横支管	无器具通气管	4	8	25	
		有器具通气管	8	14	100	
		底层单独排出	3	6	12	
		横干管		14	100	1200
	立管	仅有伸顶通气管	5	25	70	
		有通气立管			900	1000
集体宿舍、旅馆、医院、办公楼、学校等公共建筑的盥洗室、厕所	横支管	无环行通气管	4.5	12	36	
		有环行通气管			120	
		底层单独排出	4	8	36	
		横干管		18	120	2000
	立管	仅有伸顶通气管	6	70	100	2500
		有通气立管			1500	
工业企业生活间：公共浴室、洗衣房、公共食堂、实验室、影剧院、体育场	横支管	无环行通气管	2	6	27	
		有环行通气管			100	
		底层单独排出	2	4	27	
		横干管		12	80	1000
	立管	(仅有伸顶通气管)	3	35	60	800

七、卫生器具的分类与选用

(1)卫生器具的分类。卫生器具是建筑物给排水系统的重要组成部分，是收集和排放室内生活(或生产)污水的设备，卫生器具按其主要用途可分为便溺用的卫生器具，盥洗、沐浴用的卫生器具，洗涤用的卫生器具三类，见表 3-24。

表 3-24 卫生器具的分类

分类		说明
便溺用卫生器具	大便器	大便器有坐式大便器与蹲式大便器之分。其中坐式大便器多设于住宅、宾馆类建筑，蹲式大便器多设于公共建筑。大便器冲洗有直接冲水式，虹吸式，冲洗、虹吸联合式，喷射虹吸式和旋涡虹吸式等多种。其中直接冲水式因粪便不易被冲洗净，且臭气向外逸出，家用已逐渐淘汰，当前广泛采用虹吸式冲洗方式
	大便槽	大便槽是个狭长开口的槽，用水磨石或瓷砖建造。从卫生观点评价，大便槽并不好，受污面积大，有恶臭，而且耗水量大，不够经济。但设备简单，建造费用低，因此可在建筑标准不高的公共建筑或公共厕所内采用。 大便槽的槽宽一般 200～250mm，底宽 150mm，起端深度 350～400mm，槽底坡度不小于 0.015，大便槽底的末端做有存水门坎，存水深 10～50mm，存水弯及排出管管径一般为 150mm。 在使用频繁的建筑中，大便槽的冲洗设备宜采用自动冲洗水箱进行定时冲洗
	小便器	小便器安装在公共男厕所中，分挂式和立式两种。 挂式小便器悬挂在墙上，其冲洗设备可采用自动冲洗水箱，也可采用阀门冲洗，每只小便器均应设存水弯。 立式小便器安装在对卫生设备要求较高的公共建筑，如展览馆、大剧院、宾馆、大型酒店等男厕所内，多为 2 个以上成组安装。立式小便器的冲洗设备常为自动冲洗水箱
	小便槽	小便槽系用瓷砖沿墙砌筑的浅槽，因有建造简单、经济、占地面积小、可同时供多人使用等优点，故被广泛装置在工业企业、公共建筑、集体宿舍男厕所中。 小便槽宽 300～400mm，起端槽深不小于 100mm，槽底坡度不小于 0.01mm，槽外侧有 400mm 的踏步平台，平台做成 0.01 成坡度坡向槽内。 小便槽可用普通阀门控制的多孔冲洗管冲洗，但应尽量采用自动冲洗水箱冲洗。冲洗管设在距地面 1.1m 高度的地方，管径 15～20mm，管壁开有直径 2mm、间距 30mm 的一排小孔，小孔喷水方向与墙面成 45°夹角。小便槽长度一般不大于 6m

（续）

分　类		说　明
盥洗、沐浴用卫生器具	洗面器	洗面器(又称"洗脸盆")形式较多,可分为挂式、立柱式、台式三类。挂式洗面器,是指一边靠墙悬挂安装的洗面器。它一般适用于家庭。立柱式洗面器,是指下部为立柱支承安装的洗面器。它在较高标准的公共卫生间内常被选用。台式洗面器,是指脸盆镶于大理石台板上或附设在化妆台的台面上的洗面器。它在国内宾馆的卫生间使用最为普遍。 洗面器的材质以陶瓷为主,也有人造大理石、玻璃钢等。洗面器大多用上釉陶瓷制成,形状有长方形、半圆形及三角形等
	浴盆	浴盆按造型有方形和长方形两种;按水龙头安装方式有一般冷、热水龙头方式,混合水龙头方式,固定淋浴器式,移动软管淋浴器式等多种
	淋浴器	淋浴器多用于公共浴室,与浴盆相比,具有占地面积小、费用低、卫生等优点
洗涤用卫生器具	洗涤盆	装置在厨房或公共食堂内的洗涤盆,供洗涤碗碟、蔬菜等食物之用。 洗涤盆按用途有家用和公共食堂用之分,按安装方式有墙架式、柱脚式,又有单格、双格,有搁板、无搁板或有、无靠背等。 洗涤盆可以设置冷热水龙头或混合龙头,排水口在盆底的一端,口上设十字栏栅,卫生要求严格时还设有过滤器,为使水在盆内停留,备有橡皮或金属制的塞头。 在医院手术室、化验室等处,因工作需要常装置肘式开关或脚踏开关的洗涤盆
	化验盆	化验盆装置在工厂、科学研究机关、学校化验室或实验室中,通常都是陶瓷制品,盆内已有水封,排水管上不需装存水弯,也不需盆架,用木螺丝固定于实验台上。盆的出口配有橡皮塞头。根据使用要求,化验盆可装置单联、双联、三联的鹅颈龙头
	防水盆	污水盆装置在公共建筑的厕所、盥洗室内,供打扫厕所、洗涤拖布或倾倒污水之用。 污水盆深度一般为 400～500mm,多为水磨石或水泥砂浆抹面的钢筋混凝土制品

(2)卫生洁具的选用。室内卫生洁具的选用时一般按卫生洁具的规格型号与适用场合等因素有关,见表 3-25。

表 3-25 卫生洁具选用表

卫生器具名称		规格型号	适用场合
大便器	坐式	挂箱虹吸式 S 型	适用于一般住宅、公共建筑卫生间和厕所内
		挂箱冲落式 S 型	同上
		挂箱虹吸式 P 型	适用于污水立管布置在管道井内,且器具排水管不得穿越楼板的高层住宅、旅馆
		挂箱冲落式 P 型	同上,但立管明敷,可防止结露水下跌;一般用于北方地区
		挂箱冲落式 P 型软管连接	污水立管布置在管道井内,一般适用于高层旅馆
		坐箱虹吸式 P 型	适用于中上等旅馆
		坐箱虹吸式 S 型	缺水地区的中等居住建筑
		坐(挂)箱式节水型	供水压力有 0.04～0.4MPa 的,公共建筑物内,住宅水表
		自闭式冲洗阀	口径和支管口径不小于 25mm
		高水箱型	旧式维修更换用,用水量小,冲洗效果好
		超豪华旋涡虹吸式连体型	高级宾馆、宾馆中的总统客房、使领事馆、康复中心等对噪声有特殊要求的卫生间
		儿童型	适用于幼儿园使用
	蹲式	高水箱	中低档旅馆、集体宿舍等公共建筑
		低水箱	由于建筑层高限制不能安装高水箱的卫生间
		高水箱平蹲式	粪便污水与废水合流,既可大便冲洗又可淋浴、冲凉、排水
		自闭式冲洗阀	同坐式大便器
		脚踏式自闭冲洗阀	医院、医疗卫生机构的卫生间
		儿童用	幼儿园
小便器		手动阀冲洗立式	24h 服务的公共卫生间内
		自动冲洗水箱冲洗立式	涉外机构、机场、高级宾馆的公共厕所间
		自动冲洗水箱冲洗挂式	中上等旅馆、办公楼等
		手动阀冲洗挂式	较高档的公共建筑
		自闭式手揿阀立式	供水压力 0.03～0.3MPa 旅馆、公共建筑
		光电控制半挂式	缺水地区、高级公共建筑物
小便槽		手动冲洗阀	车站、码头,24h 服务的大型公共建筑
		水箱冲洗	一般公共建筑、学校、机关、旅馆

（续一）

卫生器具名称	规格型号	适用场合
大便槽		蹲位多于2个时，低档的公共建筑、客运站、长途汽车站、工业企业卫生间、学校的公共厕所
化验室	双联化验龙头	医院、医疗科研单位的实验室
	三联化验龙头	需要同时供2人使用，且有防止重金属掉落入排水管道内的要求时的化学实验室
洗涤盆	双联化验龙头	医疗卫生机构的化验室，科研机构的实验室
	三联化验龙头	医疗门诊、病房医疗间、无菌室和传染病房化验室
	单把肘式开关	医院手术室，可供冷水或温水
	双把肘式开关	医院手术室，同时供应冷水和热水
	回转水嘴	厨房内需要对大容器洗涤
	光电控自动水嘴	公共场所的洗手盆（池）
	普通龙头	高级公寓房内
洗涤池	普通龙头	住宅、中低档公共食堂的厨房内
洗菜池	普通龙头	中低档公共食堂的厨房内
污水池	普通龙头	住宅厨房、公共建筑和工业企业卫生间内
洗脸盆	普通龙头	适用于住宅、中档公共建筑的卫生间内、公共浴室
	单把水嘴台式	浴盆、洗脸盆两用的盒子卫生间内
	混合水嘴台式	高级宾馆的卫生间内
	立式	宾馆、高级公共建筑的卫生间内
	角式	当空间狭小时
	理发盆	公共理发室、美容厅
洗手盆	自闭式节水水嘴	水压0.03～0.3MPa，公共建筑物内
	光电控水嘴	高级场所的公共卫生间内，工作电压180～240V，50Hz，水压0.05～0.6MPa，有效距离8～12m
盥洗槽		集体宿舍、低档旅馆、招待所、学校、车站码头
浴盆	普通龙头	住宅、公共浴室、较低档旅馆的卫生间内
	带淋浴的冷热水混合龙头	中级旅馆的卫生间
	带软管淋浴器冷热水混合龙头	中级旅馆
	带裙边，单把暗装门	高级旅馆、公寓的卫生间
	带裙边、单柄混合水嘴软管淋浴	适用于有供热水水温稳定的热水供应系统的高级宾馆
	电热水器供热水	无集中热水供应系统和居住建筑物内，供电充沛的地区

（续二）

卫生器具名称	规格型号	适用场合
淋浴器	单管供水	标准较低的公共浴室、工业企业浴室、气候炎热的南方居住建筑
	单管带龙头	医院入院处理间
	脚踏开关单管式	缺水地区、公共浴室
	脚踏开关调温节水阀	缺水地区、公共浴室
	双管供水	公共浴室，工业企业浴室
	管件斜装	有防止烫伤要求时
	移动式	适用于不同身高的人使用
	电热式	供电充沛的无集中热水供应系统的居住建筑
妇洗器	单孔	高级医院
	双孔	高级宾馆的总统房卫生间及高级康复中心
	恒温消毒水箱蹲式	最大班女工在100人以上的工业企业

(3)卫生间的布置。卫生器具的设置，必须符合卫生标准，满足使用要求。各种建筑的卫生标准列于表3-26、表3-27。

表3-26　公共建筑每个器具可供使用人数

建筑类别	大便器		小便器	洗脸盆	盥洗龙头	沐浴器
	男	女				
集体宿舍	18	12	18		5	20～40
旅馆	18	12	18			
医院	12～20	12～20	25～40			
门诊部	100	75	50			
办公楼	50	25	50	一般厕所内至少应设洗脸盆或污水盆一个	由设计决定	由设计决定
学校	35～50	25	30～40			
车站	500	300	100			
百货公司	100	80	80			
餐厅	80	60	80			
电影院	200	100	100			
剧院、俱乐部	75	50	25～40	100		

表 3-27　中小学校、幼儿园每个器具可供使用个数

幼儿园		中小学校			
总人数	大便器	总人数	大便器		小便器
			男	女	
20 以下	8	100 以下	25	20	20
21～30	12	100～200	30	25	25
31～75	15	201～300	35	30	30
76～100	17	301～400	50	35	35
101～125	21				

卫生间布置时要考虑使用者的方便和活动范围、卫生用具的类型和尺寸、安装的高度、器具之间的距离及相互位置等。同时还要考虑给排水管道位置和布线的简短，务使供水方便，排水通畅及便于检修。

八、屋面雨水排水系统

屋面雨水排水系统有外排水系统与内排水系统两大类。根据建筑结构形式、气候条件及生产使用要求，在技术经济合理的情况下，屋面雨水应尽量采用外排水系统排水。

1. 外排水系统

外排水系统可分为檐沟外排水和天沟外排水两种。

(1)檐沟外排水(水落管外排水)。对一般的居住建筑、屋面面积较小的公共建筑及单跨的工业建筑，雨水多采用屋面檐沟汇集，然后流入外墙的水落管排至屋墙边地面或明沟内。若排入明沟，再经雨水口、连接管引到雨水检查井，如图 3-17 所示。水落管在民用建筑中多为镀锌铁(白铁)皮或混凝土制成，但近年来随着屋面形式及材料的革新，有的用预制混凝土制成。水落管用镀锌铁皮管、铸铁管、玻璃钢或 UPVC 管制作，截面为长方形或圆形(管径约为 100～150mm)。水落管设置间距应根据由降雨量及管道通水能力确定的一根水落管服务的屋面面积而定。按经验，水落管间距在民用建筑上为 8～16m 一根，工业建筑可为 18～24m 一根。

(2)天沟外排水。对于大型屋面的建筑和多跨厂房，通常采用长天沟

外排水系统排除屋面的雨雪水,天沟外排水是指利用屋面构造上所形成的天沟本身容量和坡度,使雨雪水向建筑物两端(山墙、女儿墙方向)泄放,并经墙外立管排至地面或雨水道。这种排水方式的优点是可消除厂房内部检查井冒水的问题,而且可减少管道埋深。但若设计不善或施工质量不佳,将会发生天沟渗漏的问题。

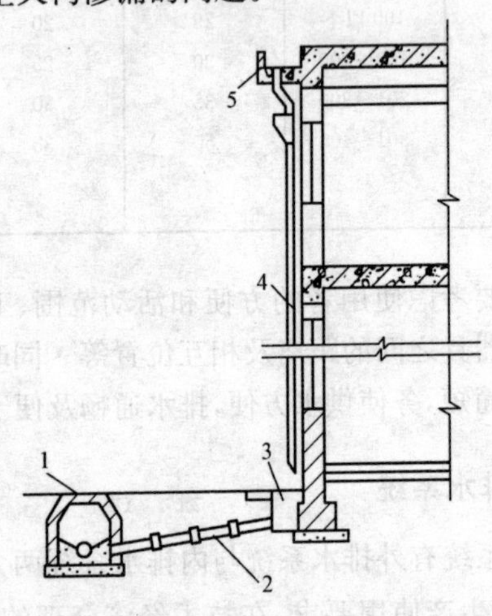

图 3-17 檐沟外排水

1—检查井;2—连接管;3—雨水口;4—水落管;5—檐沟

2. 内排水系统

(1)内排水系统的组成。内排水系统主要由雨水斗、悬吊管、立管、地下雨水沟管及清通设备等组成。图 3-18 所示为内排水系统结构示意图。对于大屋面面积的工业厂房,尤其是屋面有天窗、多跨度、锯齿形屋面或壳形屋面等工业厂房,采用檐沟外排水或天沟外排水排除屋面雨水有较大困难,所以必须在建筑物设置雨水管系统。对建筑的立面处理要求较高的建筑物,也应设置室内雨水管系统。另外,对于高层大面积平屋顶民用建筑,均应采用内排水方式。

1)雨水斗。雨水斗的作用是极大限度地迅速排除屋面雨雪水,并将粗大杂物阻挡下来。为此,要求选用导水通畅、水流平稳、通过流量大、天沟水位低、水流中排气量小的雨水斗。目前我国常用的雨水斗有 65 型和

79 型，如图 3-19 所示。

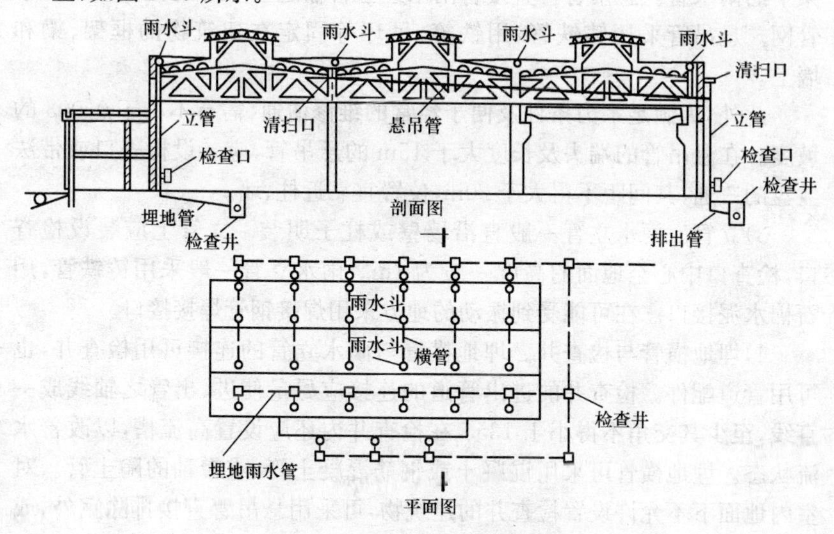

图 3-18　内排水系统示意图

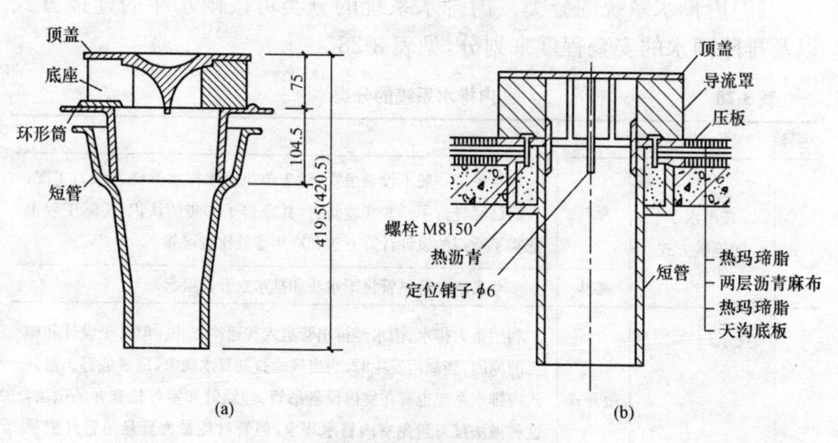

图 3-19　雨水斗组合图

(a)65 型雨水斗；(b)79 型雨水斗

2)悬吊管。当厂房内地下有大量机器设备基础和各种管线或其他生产工艺要求不允许雨水井冒水时，不能设计埋地横管，必须采用悬吊在屋架下的雨水管。悬吊管可直接将雨水经立管输送至室外的检查井及排水管网。悬吊管采用铸铁管，用铁箍、吊环等固定在建筑物的框架、梁和墙上。

此外，为满足水力条件及便于经常的维修清通，需有不小于0.003的坡度。在悬吊管的端头及长度大于15m的悬吊管，应装设检查口或带法兰盘的三通，其间距不得大于20m，位置宜靠近柱、墙。

3)立管。雨水立管一般直沿墙壁或柱子明装。立管上应装设检查口，检查口中心至地面的高度一般为1m。雨水立管一般采用铸铁管，用石棉水泥接口。在可能受到振动的地方采用焊接钢管焊接接口。

4)埋地横管与检查井。埋地横管与雨水立管的连接可用检查井，也可用管道配件。检查井的进出管道的连接应尽量使进、出管之轴线成一直线，至少其交角不得小于135°，在检查井内还应设置高流槽，以改善水流状态。埋地横管可采用混凝土或钢筋混凝土管，或带釉的陶土管。对室内地面下不允许设置检查井的建筑物，可采用悬吊管直接排除室外，或者用压力流排水的方式。检查井内设有盖堵的三通做检修用。

(2)内排水系统的分类。内排水系统的分类可按雨水斗的连接方式以及排除雨水的安全程度来划分，见表3-28。

表3-28　内排水系统的分类

序号	分类		说明
1	按雨水斗的连接方式	单斗	单斗系统一般不设悬吊管，对于单斗雨水排水系统的水力工况，人们已经进行了一些实验研究，并获得了初步的认识，实际工程也证实了所得的设计计算方法和取用参数比较可靠
		多斗	多斗系统中悬吊管将雨水斗和排水立管连接起来
2	按排除雨水的安全程度	敞开式	利用重力排水，雨水经排出管进入普通检查井。但由于设计和施工的原因，当暴雨发生时，会出现检查井冒水现象，造成危害。敞开式内排水系统也有在室内设悬吊管、埋地管和室外检查井的做法，这种做法虽可避免室内冒水现象，但管材耗量大且悬吊管外壁易结露
		密闭式	密闭式内排水系统利用压力排水，埋地管在检查井内用密闭的三通连接。当雨水排泄不畅时，室内不会发生冒水现象。其缺点是不能接纳生产废水，需另设生产废水排水系统。为了安全可靠，一般宜采用密闭式内排水系统。

(3)内排水系统的计算。

1)降雨量。各地区的设计降雨量是根据当地长期记录的降雨气象资料通过数理分析而推算出来的。设计降雨量一般用小时降雨量强度(mm/h)来表示。

2)雨水斗的集水面积。雨水斗的排水能力与雨水斗前(天沟内)的水深和降雨量大小有关。雨水斗前积水深,根据试验以及考虑建筑物屋面情况,一般采用6m、8m、10cm为宜,在具体设计中需按屋面形式、建筑物的重要性及当地实际情况酌情采用。

3)架空管系管径的确定。架空管系是指雨水连接管(连接雨水斗和悬吊管的管段)、悬吊管、立管和引出管(立管至第一个雨水检查井之地下管段)各管段的总称。在工作时,整个管系处于密闭状态,管内水流为压力流。其排泄雨水的流量随天沟水深(雨水斗前水深)、天沟高度(自雨水斗至引出管的几何高差)、各管段长度和管径、雨水斗数量以及布置形式而变动。内排水系统中,一般采用单斗、单悬吊管及单位管排水。条件不允许时,一根悬吊管及立管最多可连接四个雨水斗。

九、高层建筑给排水系统

1. 高层建筑给水系统

(1)高层建筑给水系统的分类。高层建筑室内给水系统有分区串联给水系统、分区并联给水系统、减压给水系统三种。

1)分区串联给水系统。分区串联给水系统如图3-20所示。泵和水箱分散设置在各区的楼层中,下区水箱兼作上区的水池,上区的水泵从下区的水箱中抽水,供上区用水。图3-21为变频调速给水系统,主要由控制柜、水泵机组、自动化仪表、管件等组成。

2)分区并联给水系统。分区并联给水系统如图3-22、图3-23所示。并联给水方式的各分区水泵集中布置在建筑底层或地下室,各区水泵独立向各区的用户供水。分区也可以不设水箱,采用变频调速水泵,如图3-24所示。

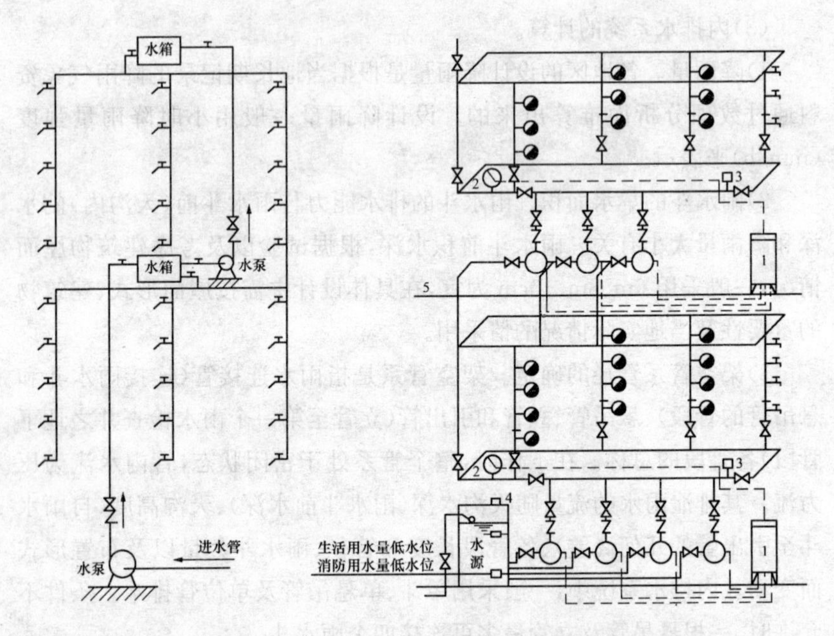

图 3-20　分区串联给水系统

图 3-21　变频调速供水系统

1—控制柜；2—远传压力表；

3—防水锤装置；4—水位控制器；5—分区线

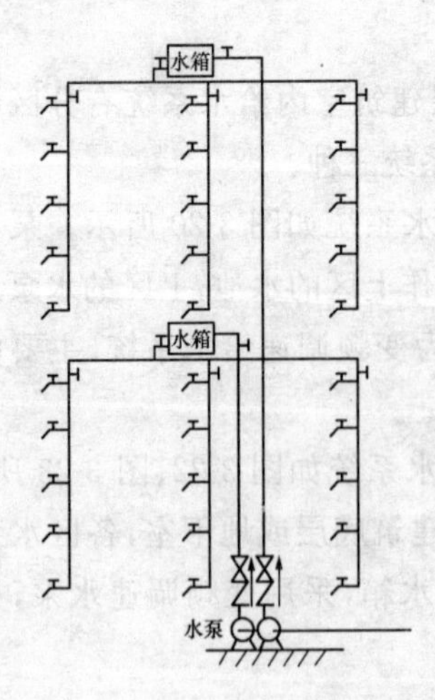

图 3-22　有水箱并联给水系统

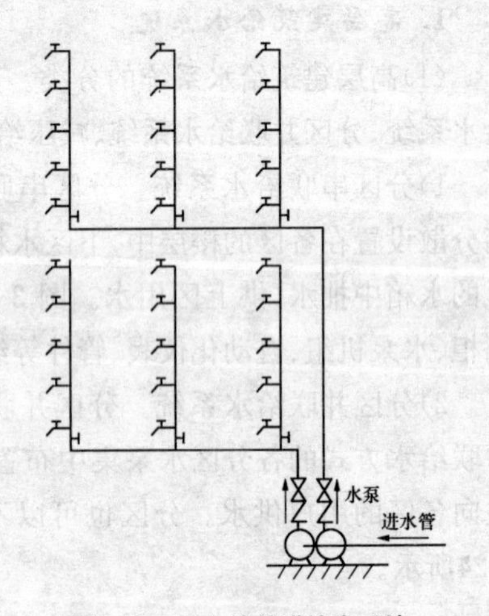

图 3-23　无水箱并联给水系统

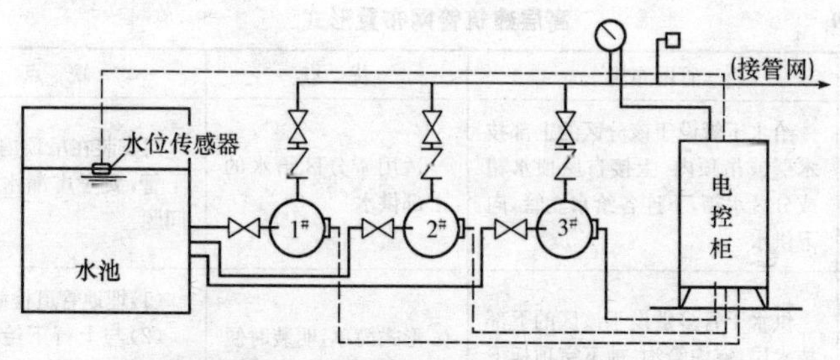

图 3-24　变频调速系统(1～3 为给水泵)

3)减压给水系统。减压给水系统如图 3-25 所示。此种给水系统是在建筑物的底层或地下室设置总的加压水泵将整个建筑物所需的水统一加压至最高层的总水箱内,然后通过输水干管将总水箱内的水依次输至各分区水箱进行减压,再由各分区水箱通过配水管网将水送至本区用水点。不设中间水箱时可通过减压阀减压,如图 3-26 所示。

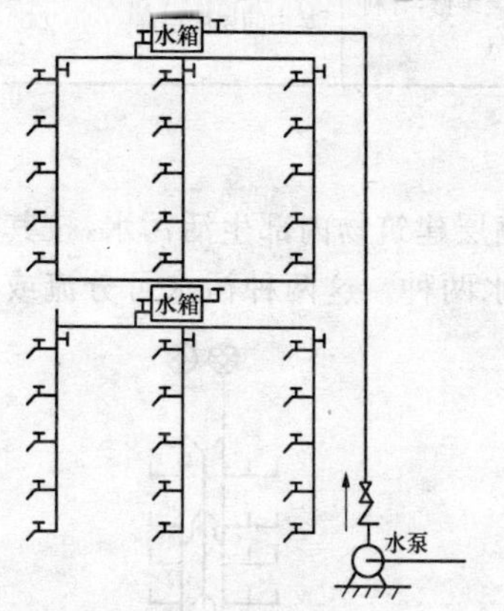

图 3-25　分区水箱减压给水方式

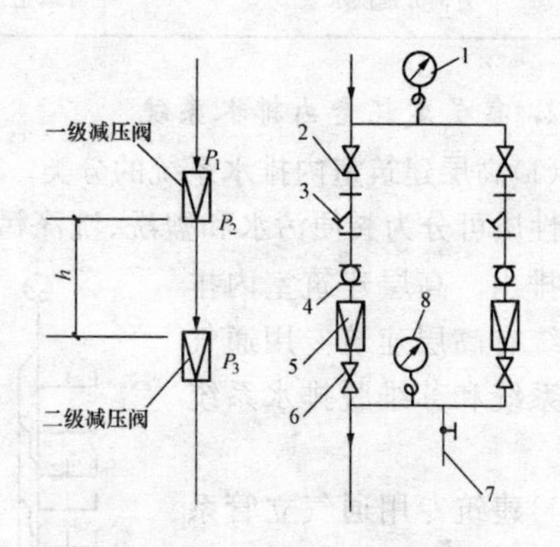

图 3-26　减压阀连接示意图

1—压力表;2、6—阀门;3—过滤器;4—软接头;
5—减压阀;7—*DN*32 泄水阀;8—压力表

此外,应当指出,室内给水系统没有固定的方式,在设计时可以根据具体情况,采用其中某种或综合几种而组合成适用的给水方式。

(2)高层建筑管网布置形式。高层建筑给水系统按照水平配水管的敷设位置,可布置成上行下给式、下行上给式、环状式和中分式四种管网方式,见表 3-29。

表 3-29　高层建筑管网布置形式

布置形式	管网布置	优　点	缺　点
上行下给式	给水干管设于该分区的上部技术层或吊顶内，上接自屋顶水箱或分区水箱，下连各给水立管，向下供水	适用于分区给水的上部供水	对安装在吊顶内的配水干管，要考虑漏水或结露问题
下行上给式	供水干管多敷设于该区的下部技术层，室内管沟、地下室顶板下或该分区底层下的吊顶内	形式简单，明装时便于安装维修	(1)埋地管道检修不便 (2)与上行下给式布置相比，最高层配水点流出水头较低
环状式	水平配水干管或配水立管互相连接成环，在有两条引入管时，也可将两条引入管通过配水立管和水平配水干管组成环状	(1)供水安全可靠 (2)水流通畅，水头损失小 (3)水不易变质	整个管网使用管材较多，管网造价较高
中分式	水平干管敷设在中间技术层内或某中间层吊顶内，向上下两个方向分别供水	管道安装在技术层内便于安装维修，有利于管道排气	需要增设设备层或增加某中间层的层高

2. 高层建筑室内排水系统

(1)高层建筑室内排水系统的分类。高层建筑物内部生活污水，按其污染性质可分为粪便污水和盥洗、洗涤污水两种。这两种污水可分流或合流排出。高层建筑室内排水系统有高层建筑专用通气立管系统和苏维脱排水系统两类。

1)建筑专用通气立管系统。当建筑物的层数在 10 层及 10 层以上且承担的设计排水量超过排水立管允许负荷时，应设置专用通气立管，如图 3-27 所示。

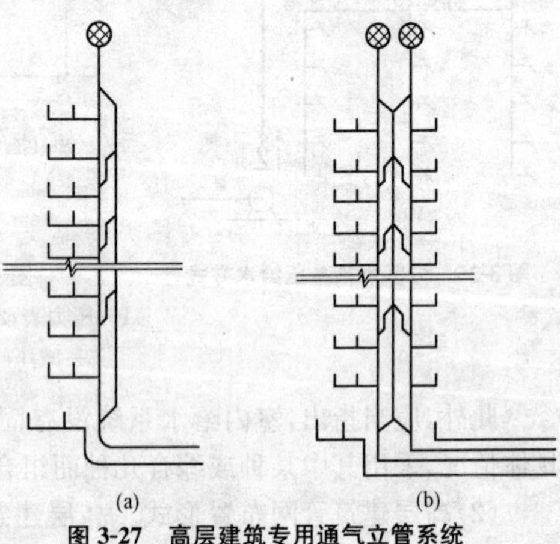

图 3-27　高层建筑专用通气立管系统

(a)合流排放专用通气立管；

(b)洗涤污水和粪便污水立管共用通气立管

此外，需要注意的是，专用通气立管管径一般比排水立管管径小一至两号。当洗涤污水立管和粪便污水立管两根立管共用一根专用通气立管时，专用通气立管管径应与排水立管管径相同。

2)苏维脱排水系统。如图 3-28 所示为苏维脱排水系统。系统有气水混合器和气水分离器两个特殊部件。

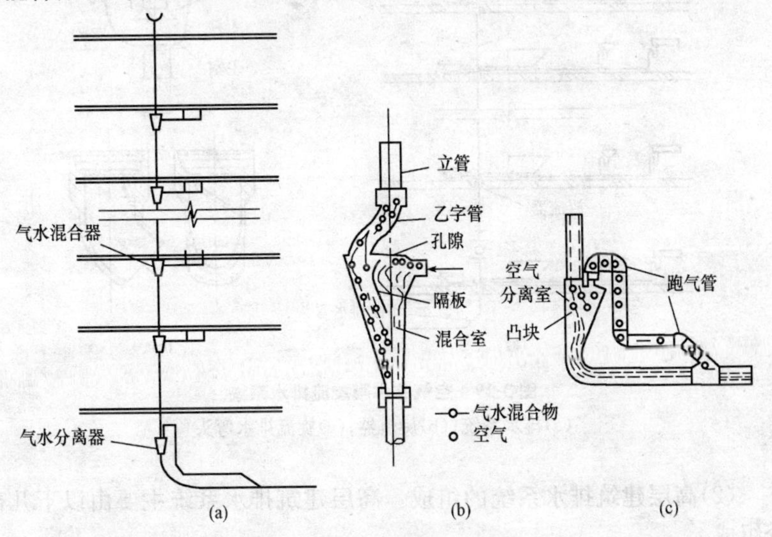

图 3-28　苏维脱排水系统

①气水混合器。如图 3-28(b)所示，气水混合器为一长 80cm 的连接配件，装置在立管与每根横支管相接处，气水混合器有三个方向可接入横支管，混合器的内部有一隔板，隔板上部有约 1cm 高的孔隙，隔板的设置使横支管排出的污水仅在混合器内右半部形成水塞，此水塞通过隔板上部的孔隙从立管补气并同时下降，降至隔板下，水塞立即被破坏而呈膜流沿立管流下。

②气水分离器。如图 3-28(c)所示，气水分离器装置在立管底部转弯处。沿立管流下的气水混合物遇到分离器内部的凸块后被溅散，从而分离出气体，减少了污水的体积，降低了流速，使空气不致在转弯处受阻。此外，还将分离出来的气体用一根跑气管引到干管的下游，以此防止立管底部产生过大正压。

3)空气芯水膜旋流排水立管系统。图 3-29 为空气芯水膜旋流排水立管系统，此系统广泛应用于10层以上的建筑物。

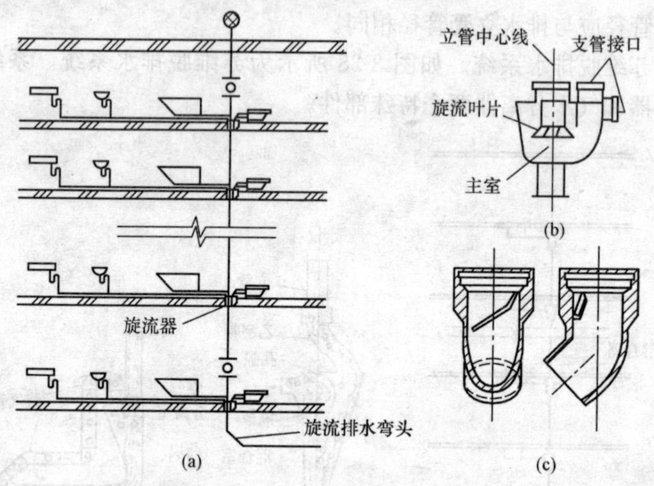

图 3-29　空气芯水膜旋流排水系统

(a)排水系统；(b)旋流器；(c)旋流排水弯头

(2)高层建筑排水系统的组成。高层建筑排水系统主要由以下几部分组成。

1)卫生洁具。卫生洁具是建筑排水系统的起点，接纳各种污水后排入管网系统，污水从卫生洁具排出口经过存水弯和洁具排水管流入横支管。

2)横支管。横支管的作用是把各卫生洁具排水管流来的污水排至立管，横支管应具有一定的坡度。

3)立管。立管接受各横支管流出的污水，然后再排至排出管。

4)排出管(出户管)。排出管是室内排水立管与室外排水检查井之间的连接管。它接受立管流出的污水并排至室外排水管网，其管径应由水力计算确定。

5)专用通气管。对于高层建筑，通气管是其排水系统的重要组成部分，主要作用有两方面：一方面是污水在室内外排水管道中产生的臭气及有毒害的气体能排到大气中去；另一方面是在污水排放时横排水管系内的压力变化应尽量稳定，并接近大气压力，这样可使卫生洁具存水弯内的存水(水封)不致因压力的波动而被抽吸(负压时)或喷溅(正压时)。

6)清通设备。为了疏通排水管道，在室内排水系统内，一般可设置检查口、清扫口及检查井三种清通设备。

7)抽升设备。高层建筑的地下室或地下技术层的污水不能自流排至室外时,必须设置污水抽升设备。

8)污水局部处理构筑物。当室内污水未经处理不允许直接排入城市下水道或污染水体时,必须进行局部处理。

第三节　室外给排水系统简介

一、室外给水系统的组成

室外给水工程是为满足城乡居民及工业生产等用水需要而建造的工程设施,它所供给的水在水量、水压和水质方面应适应各种用户的不同要求,因此,室外给水工程的任务是自水源取水,并将其净化到所要求的水质标准后,经输配水管网系统送往用户。

室外给水系统主要由水源、取水工程、净水工程、输配水工程和泵站五部分组成。

1. 水源

给水水源可分为地下水和地面水两大类。一类是地下水,如井水、泉水、喀斯特溶洞水等;另一类是地表水,如江水、河水、水库水、湖水等。

(1)以地下水为水源的室外给水系统。以地下水为水源的给水系统,常用大口井或深管井等取水。如地下水水质符合《生活饮用水卫生标准》(GB 5749—2006),可省去处理构筑物。其系统如图 3-30 所示。

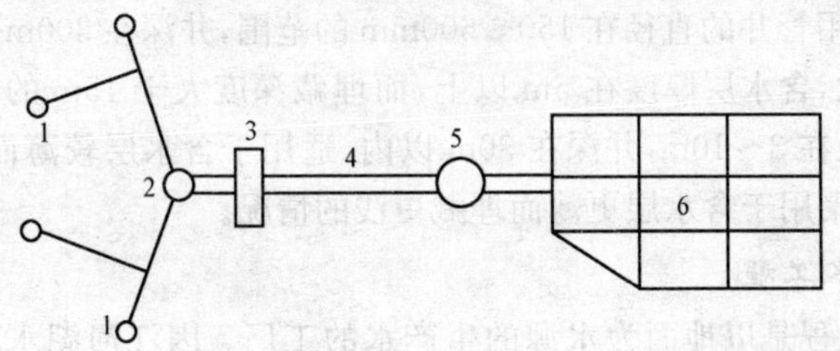

图 3-30　地下水源给水系统

1—管井;2—集水池;3—泵站;4—输水管;5—水塔;6—管网

(2)以地表水为水源的室外给水系统。地表水是指存在于地壳表面、暴露于大气中如江、河、湖泊和水库等的水源。地表水易受到污染,含杂质较多,水质和水温都不稳定,但水量充沛。图 3-31 是以地表水为水源的给水系统,其与地下取水方式的系统比较,组成比较复杂。

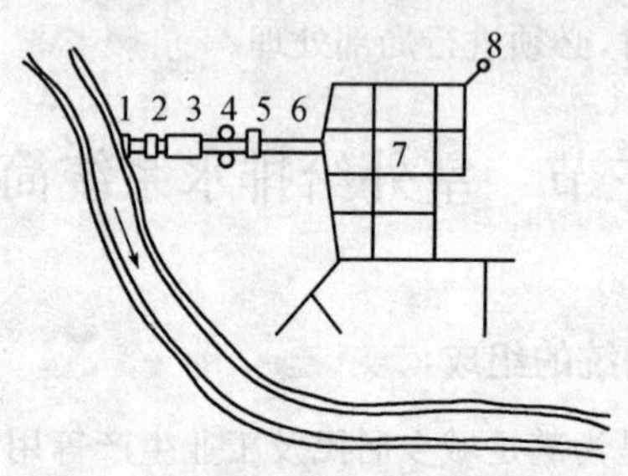

图 3-31　用地表水源的城市给水系统示意

1—取水构筑物;2—一级泵站;3—处理构筑物;4—清水池;
5—二级泵站;6—干管;7—管网;8—水塔

2. 取水工程

在河流岸边和湖泊水库岸边建造提取所需要的水量的构筑物,便是取水工程。取水工程主要包括取水头部、管道、水泵站建筑、水泵设备、配电及其他附属设备。

取水工程要解决的是从天然水源中取(集)水的方法以及取水构筑物的构造形式等问题。地下水取水构筑物的形式,与地下水埋深、含水层厚度等水文地质条件有关。管井是室外给水系统中广泛采用的地下水取水构筑物,常用管井的直径在 150～600mm 的范围,井深在 300m 以内,适用于取水量大,含水层厚度在 5m 以上,而埋藏深度大于 15m 的情况;大口井通常井径在 3～10m,井深在 30m 以内,适用于含水层较薄而埋藏较浅的情况;渗渠用于含水层更薄而埋藏更浅的情况。

3. 净水工程

净水工程是以地面为水源的生产水的工厂。因江河湖水不仅浑浊,而且有各种细菌,无法直接为生活和生产使用,因此,必须经净水处理成满足生活和生产需要的水质标准。生产过程中需要建造净化设备,如加药设备、混合反应设备、沉淀过滤设备、加氯灭菌设备等。

地面水的净化工艺流程，应根据水源水质和用水对水质的要求确定。一般以供给饮用水为目的的工艺流程，主要包括混凝、沉淀、过滤及消毒四个部分。图 3-32 为以地面水为水源的自来水厂平面布置图例。它是由生产构筑物、辅助构筑物和合理的道路布置等组成。

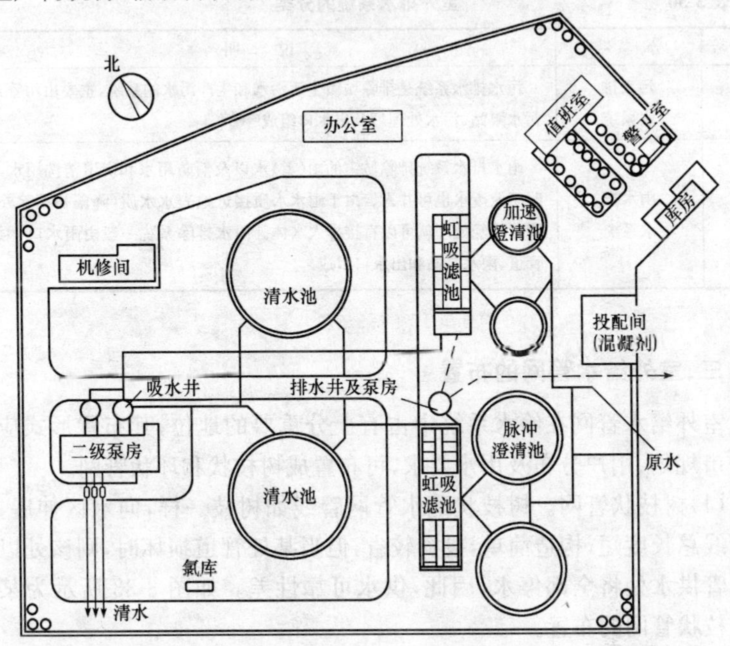

图 3-32　水厂平面布置图

4. 输配水工程

输配水工程通常包括输水管道、配水管网及调节构筑物等，净化后的水以足够的水量和水压输送给用水户，需要建筑足够数量的输水管道、配水管图和水泵站，建造水塔和水池等调节构筑物。

5. 泵站

泵站是把整个给水系统连为一体的枢纽，是保证给水系统正常运行的关键。在给水系统中，通常把水源的取水泵站称为一级泵站，而把连接清水池和输配水系统的送水泵站称为二级泵站。

泵站的主要设备有水泵及其引水装置、配套电机及配电设备和起重设备等。

二、室外排水系统的分类

室外排水系统的分类见表 3-30。

表 3-30 室外排水系统的分类

序号	分类	说明
1	污水排水系统	污水排水系统是排除城镇生活污水和生产污水的系统，主要由污管道、污水泵站、污水处理厂及出水口组成
2	雨水排水系统	雨水排水系统排除城镇的雨(雪)水以及消防用水和街道清洗用水，有时工业废水也可并入。由于雨水水质接近地表水水质(降雨初期除外)，因此不经处理就可以直接排入水体。雨水排除系统一般由雨水口、雨水管道、雨水泵站和出水口组成

三、室外给水管网的布置

室外给水管网在给水系统中占有十分重要的地位，其布置形式应根据城市规划、用户分布及用水要求，可布置成树枝状和环状管网。

(1)树枝状管网。树枝状配水管网管线如树枝一样，向水区伸展，它的管线总长度短，构造简单，投资较省，但当某处管道损坏时，则该处以后靠此管供水处将全部停水，因此，供水可靠性差。如图 3-33 所示为某城市树枝状管网的布置。

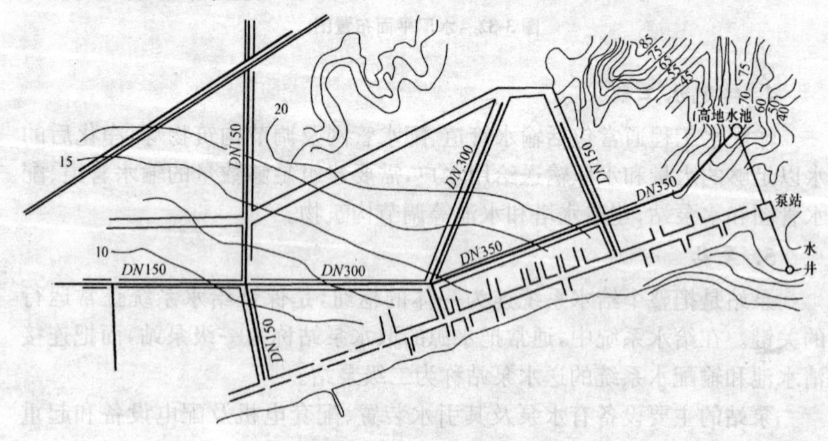

图 3-33 某城市树枝状管网

(2)环状管网。环状管网是指供水干管间互相连通而形成的闭合管路,如图 3-34 所示。但管线总长度较枝状管网长,管网中阀门多,基建投资相应增加。在实际工程中,往往将枝状管网和环状管网结合起来进行布置。可根据具体情况,在主要给水区采用环状管网,在边远地区采用枝状管网。不管枝状管网还是环状管网,都应将管网中的主干管道布置在两侧用水量较大的地区,并以最短的距离向最大的用水户供水。

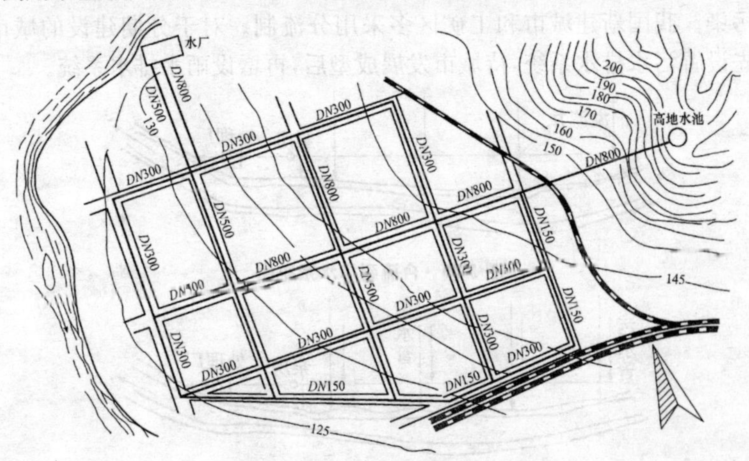

图 3-34　环状管网布置

四、室外排水系统体制

室外排水工程是将建筑物内排出的生活污水、工业废水和雨水有组织地按一定的系统汇集起来,经处理符合排放标准后再排入水体,或灌溉农田,或回收再利用。

1. 室外排水体制的分类

生活污水、工业废水和雨水是采用同一个管道系统来排除,或是采用两个或两个以上各自独立的管道系统来排除,这种不同排除方式所形成的排水系统称作排水体制。排水体制一般分为合流制与分流制两种类型。

(1)合流制。合流制是将生活污水、工业废水和雨水排泄到同一个管渠内的系统,如图 3-35 所示。其特点是将其中的污水和雨水不经过处理就直接就近排入水体,由于污水未经处理即排放出去,常常使得受纳水体受到严重的污染。

(2)分流制。分流制排水系统如图 3-36 所示。分流制排水系统是将生活污水、工业废水和雨水分别在两个或两个以上各自独立的管渠内排除的系统。排除生活污水、工业废水或城市污水的系统称为污水排水系统;排除雨水的系统称为雨水排水系统。其优点是污水能得到全部处理;管道水力条件较好;可分期修建。主要缺点是降雨初期的雨水对水体仍有污染。我国新建城市和工矿区多采用分流制。对于分期建设的城市,可先设置污水排水系统,待城市发展成型后,再增设雨水排水系统。

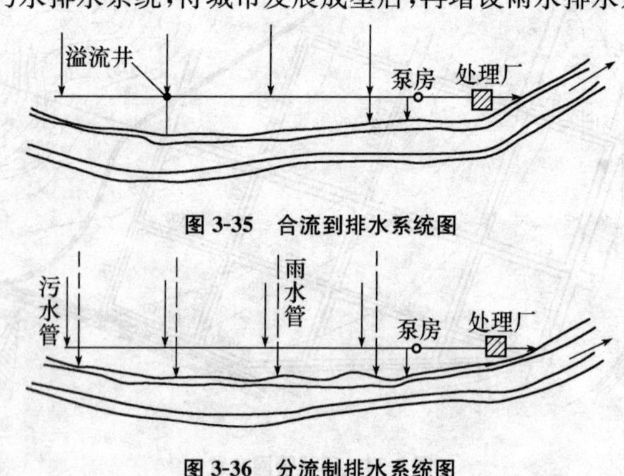

图 3-35 合流到排水系统图

图 3-36 分流制排水系统图

2. 室外排水体制的选择

排水体制的选择是一项很复杂很重要的工作,应根据城市及工矿企业的规划、环境保护的要求、污水利用的情况、原有排水设施、水质、水量、地形、气象和水体等条件,从全局出发,在满足环境保护的前提下,通过技术经济比较,综合考虑确定,条件不同的地区,也可采用不同的排水体制。

五、室外排水管道接口形式

室外排水管道接口主要有水泥砂浆抹带接口、钢丝网水泥砂浆抹带接口、承插口水泥砂浆接口以及沥青砂柔性接口四种形式。

1. 水泥砂浆抹带接口

水泥砂浆抹带接口,一般适用于雨水管道接口,如图 3-37 所示。由图 3-37 可见,水泥砂浆抹带接口时,抹第一道砂浆时,应使管缝在管带范围居中，厚度约为带厚的 1/3，并压实使之与管粘结牢固，在表面划出线槽，待第一层砂浆初凝后抹第二层，用弧形抹子捋压成形。

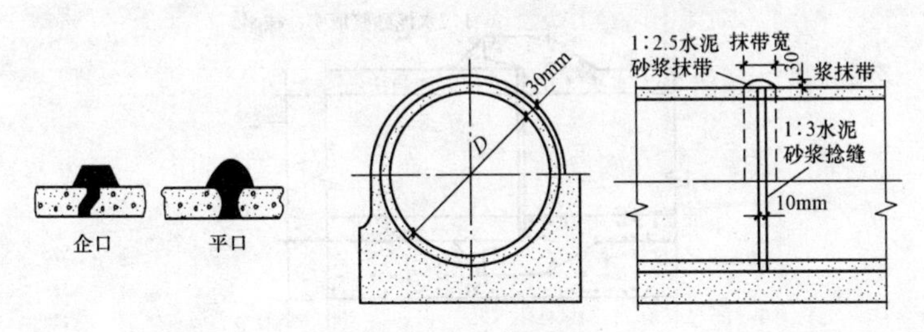

图 3-37　水泥砂浆抹带接口

2. 钢丝网水泥砂浆抹带接口

钢丝网水泥砂浆抹带接口形式见图 3-38。由图 3-38 可见，用钢丝网水泥砂浆抹带接口时，钢丝网留出搭接长度，搭接长度不小于 100mm。钢丝网一般为 20 号 10mm×10mm 钢丝网，绑丝为 20 号或 22 号镀锌绑丝。抹第一层砂浆时应压实，与管壁粘牢，厚 15mm 左右，待底层砂浆稍晾有浆皮儿后将两片钢丝网包拢使其挤入砂浆浆皮中，用绑丝扎牢，同时要把所有的钢丝网头向下折塞入网内，保持网表面平整。第一层水泥砂浆初凝后，再抹第二层水泥砂浆，抹带完成后立即养护。

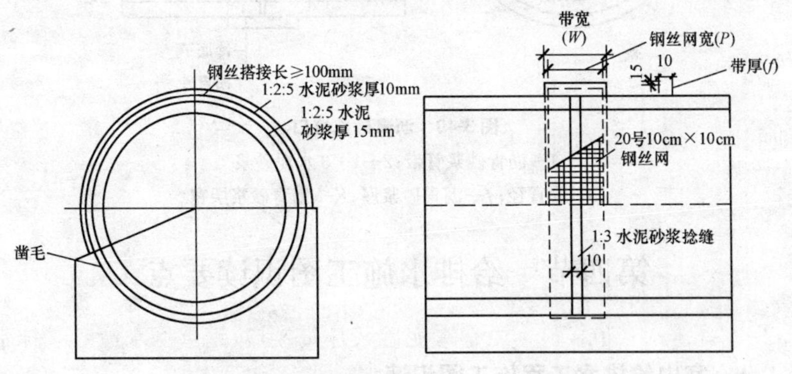

图 3-38　钢丝网水泥砂浆抹带接口（尺寸单位：mm）

3. 承插口水泥砂浆接口

承插口水泥砂浆接口，如图 3-39 所示。用承插口水泥砂浆接口时，承口下部座满 1∶2 水泥砂浆。安装第二节管接口缝隙用 1∶2 水泥砂浆填捣密实，口部抹成斜面。

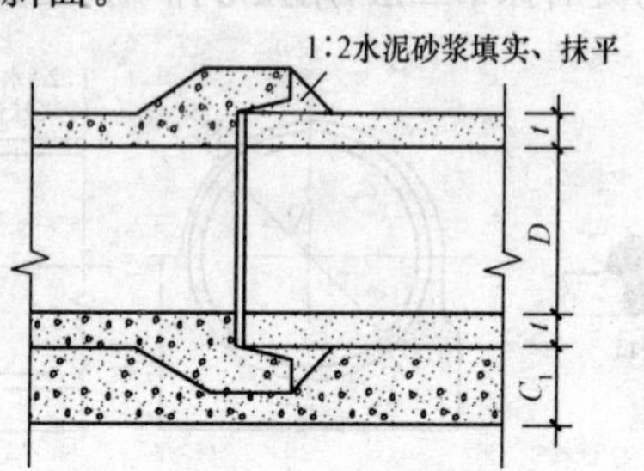

图 3-39 承插口水泥砂浆接口

4. 沥青砂柔性接口

沥青砂浆接口形式如图 3-40 所示。

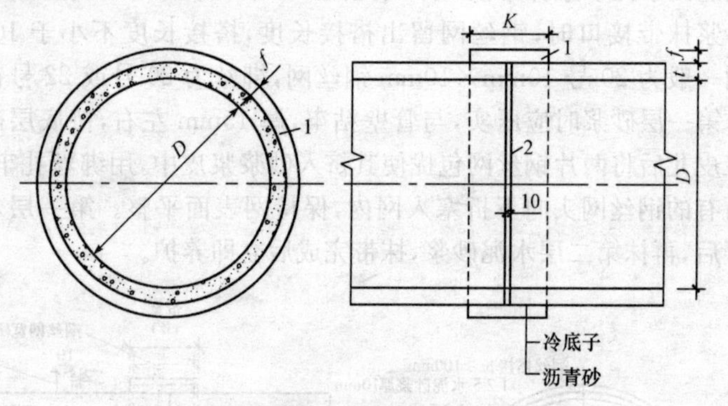

图 3-40 沥青砂浆接口

1—沥青砂浆管带；2—1∶3 水泥砂浆

D—管直径；f—沥青砂浆厚；K—沥青砂浆层宽

第四节 给排水施工图识读要点

一、室内给排水工程施工图识读

室内给排水工程施工图主要反映一幢建筑物内给水、排水管道的走向和建筑设备的布置情况。室内给水方式、排水体制、管道敷设形式、给水升压设备和污水局部处理构筑物等均可在图纸上表达出来。

1. 室内给排水管道平面图

(1)管道平面图的内容。管道平面布置图表明建筑物内给排水管道、用水设备、卫生器具、污水处理构筑物等的各层平面布置,包括以下几个内容:

1)建筑物内用水房间的平面分布情况。

2)卫生器具、热交换器、贮水罐、水箱、水泵、水加热器等建筑设备的类型、平面布置、定位尺寸。

3)污水局部构筑物的种类和平面位置。

4)给水和排水系统中的引入管、排出管、干管、立管、支管的平面位置、走向、管径规格、系统编号、立管编号以及室内外管道的连接方式等。

5)管道附件的平面布置、规格、型号、种类以及敷设方式。

6)给水管道上水表的位置、类型、型号以及水表前后阀门的设置情况。

(2)管道平面布置图的画法。

1)绘制房屋平面图。室内给水排水管道画在房屋平面图上,房屋平面图只需画出与管道布置和用水设备有关的房间。底层平面图必须单独画出,楼层的用水设备和管道布置完全相同时,可只画一个平面图,对于不同布置的楼层,则需分别画出。

绘制房屋建筑平面图一般用细实线画主要的墙、柱、门、窗等位置,门窗不必注出代号,门不画开启方向只画出门洞,窗可只画图例不画窗台。只画部分房屋平面图时,必须将这些房间的定位轴线用细点画线画出,其编号与房屋建筑平面图的定位轴线编号相同。

管道平面布置图的比例可根据需要放大,也可与房屋建筑平面图比例相同。

2)绘制建筑设备平面图。卫生器具、用水设备、水泵、水箱等建筑设备在房屋建筑平面图中一般均已布置好,可直接抄绘于管道平面布置图上,如果房屋建筑平面图上没有绘制,可由给排水设计人员直接画在管道平面布置图上,各类设备均采用中实线绘制,不标注尺寸,如有特殊需要时可标注相应中心线定位尺寸。

3)绘制管道。给水和排水管道在平面图上不分管径大小一律用单线表示法表示,给水管画成粗实线,排水管画成粗虚线。

管道上的各种管件、阀门、附件等均用图例表示。平面布置图中管道一般不必标注管径、长度和坡度。为了便于与系统图对照，管道应按系统加以标记和编号，给水管道以每一个引入管为一个系统，排水管道以每一个排出管或几条排出管汇集至室外检查井为一个系统。系统编号的标志是在 10mm 的圆圈内过中心画一水平线，水平线上面用大写汉语拼音字母表示管道类别。

给水和排水立管一般用涂黑的小圆圈表示，当建筑物内穿过一层及多于一层楼的立管，其数量多于一个时，宜标注立管编号。

2. 室内给排水管道系统图

管道系统图应表示出管道内的介质流经的设备、管道、附件、管件等连接和配置情况。

(1)管道展开系统图的图样画法。管道展开系统图的主要画法如下：

1)管道展开系统图可不受比例和投影法则限制，可按展开图绘制方法按不同管道种类分别用中粗实线进行绘制，并应按系统编号。一般高层建筑和大型公共建筑宜绘制管道展开系统图。

2)管道展开系统图应与平面图中的引入管、排出管、立管、横干管、给水设备、附件、仪器仪表及用水和排水器具等要素相对应。

3)应绘出楼层(含夹层、跃层、同层升高或下降等)地面线。层高相同时楼层地面线应等距离绘制，并应在楼层地面线左端标注楼层层次和相对应楼层地面标高。

4)立管排列应以建筑平面图左端立管为起点，顺时针方向自左向右按立管位置及编号依次顺序排列。

5)横管应与楼层线平行绘制，并应与相应立管连接，为环状管道时两端应封闭，封闭线处宜绘制轴线号。

6)立管上的引出管和接入管应按所在楼层用水平线绘出，可不标注标高(标高应在平面图中标注)，其方向、数量应与平面图一致，为污水管、废水管和雨水管时，应按平面图接管顺序对应排列。

7)管道上的阀门、附件，给水设备、给水排水设施和给水构筑物等，均应按图例示意绘出。

8)立管偏置(不含乙字管和两个 45°弯头偏置)时，应在所在楼层用短横管表示。

9)立管、横管及末端装置等应标注管径。

10)不同类别管道的引入管或排出管,应绘出所穿建筑外墙的轴线号,并应标注出引入管或排出管的编号。

(2)管道系统轴测图的内容及图样画法。

1)管道系统轴测图的内容。室内给水和排水管道系统轴测图通常采用斜等轴测图形式,主要表明管道的立体走向,其内容主要包括:

①表明自引入管、干管、立管、支管至用水设备或卫生器具的给水管道的空间走向和布置情况。

②表明自卫生器具至污水排出管的空间走向和布置情况。

③管道的规格、标高、坡度,以及系统编号和立管编号。

④水箱、加热器、热交换器、水泵等设备的接管情况、设置标高、连接方式。

⑤管道附近的设置情况,

⑥排水系统通气管设置方式,与排水管道之间的连接方式,伸顶通气管上的通气帽的设置及标高。

⑦室内雨水管道系统的雨水斗与管道连接形式,雨水斗的分布情况,以及室内地下检查井设置情况。

2)管道系统轴测图的画法。给水管道用粗实线表示,排水管用粗虚线表示。管道系统轴测图的主要画法如下:

①画图时,首先画立管,定出地坪线、各层地面线及屋面线;

②画给水引入管或污水排出管,同时将建筑物外墙位置画出来;

③从立管上引出各横管及支管;

④在横向管道上画出给水系统的水龙头、冲洗水箱、淋浴喷头,在排水管道系统中画清扫口、地漏、存水弯、连接支管等;

⑤标注管径、标高、坡度等数字。

⑥尺寸标注。给水排水管道的管径以 mm 为单位进行标注,并且只写代号不写单位,在给水管道的直线管段中,只需在管径发生变化的分支点的起端和终端的管段旁注出管径,中间管段可以不标注。对丁在土管上分支的支管,需在三通或四通的起点标注管径。

管道系统轴测图上应标注底层地面、各楼层地面及屋面标高。室内给水排水管道的标高均为管中心标高,给水管道要标注引入管、各层水平管段、阀门、水龙头、用水设备连接支管、淋浴器莲蓬头、水箱进水管及出水管等的标高。排水管道要标注排出管、各层水平横支管的起点标高，检查口及通气管上通气帽的标高以及检查井井底标高。

3. 室内给排水管道详图

室内给水排水管道的平面布置图和系统轴测图都是用图例表示的，它只能显示管道的布置、走向等情况，因此，对于卫生器具、用水设备、泵及其附属设备的安装及管道的连接，以及管道局部节点的详细构造、安装要求等，还都必须绘制详图。

详图主要是反映细部安装尺寸和施工的方法。详图要求详尽具体、明确，图示要完整、材料规格要注写清楚，并附上必要的说明。此外，详图采用的比例通常较大，一般为1∶20～1∶10。

(1)室内卫生器具安装详图。

1)大便器安装施工图。

①坐式大便器安装施工图。坐式大便器主要分为冲洗式、虹吸式两种。冲洗式坐式大便器的上口是空心边圈，空心边下面均匀分布着许多小孔，冲洗时，水从水箱经冲洗管进入大便器上口，水自空心边的孔口沿大便器向表面冲下，大便器内水面升高，然后连同污物冲出存水弯，流入污水管道，如图3-41所示。虹吸式大便器的上边缘除了空心边均匀分布很多小孔口外，在冲洗水进口处的下面有一个较大的孔口，当水流满上口空心边缘并从小孔口冲下时，大便器内表面上的污物即被洗去，余下的一部分水从冲洗水进口处下面的孔口冲下，形成一股射流，驱使浮游的污物下滑直至排除。由于便器内存水弯本身是一个较高的虹吸管，水流冲出后，大便器内水位迅速升高，当水面越过存水弯进入污水管道时，即产生虹吸作用，将污物加快抽吸到污水管内，如图3-42所示。

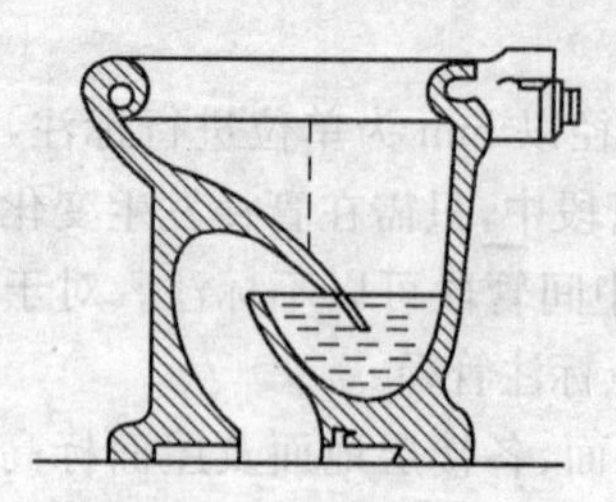

图3-41　冲洗式坐式大便器

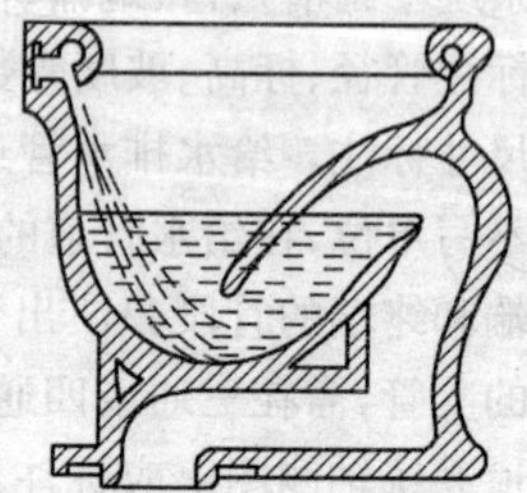

图3-42　虹吸式坐式大便器

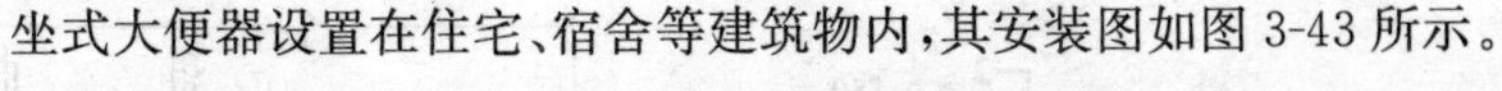

坐式大便器设置在住宅、宿舍等建筑物内，其安装图如图 3-43 所示。

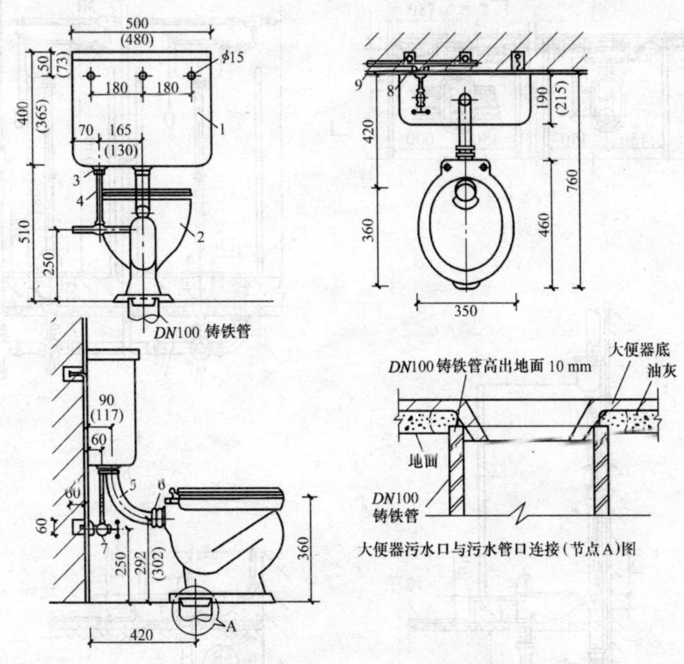

图 3-43　低水箱坐式大便器安装图

1—低水箱；2—坐式便器；3—浮球阀配件 *DN*15；4—水箱进水管 *DN*15；5—冲洗管及配件 *DN*50；6—锁紧螺母 *DN*50；7—角阀 *DN*15；8—三通；9—给水管

a. 本例采用的是低水箱坐式大便器；

b. 本水箱是采用预埋螺栓固定；

c. 给水管道为明设；

d. 在水箱下部进水，从水箱连接弯管进入大便器。

②蹲式大便器。蹲式大便器属于盘形，由于其本身不含存水弯，所以需要另外装设。存水弯一般由陶瓷或铸铁支撑。蹲式大便器在使用时臂部不直接接触大便器，卫生条件好，特别适用于集体宿舍、机关大楼等公共建筑的卫生间内。图 3-44 为高水箱蹲式大便器施工图。

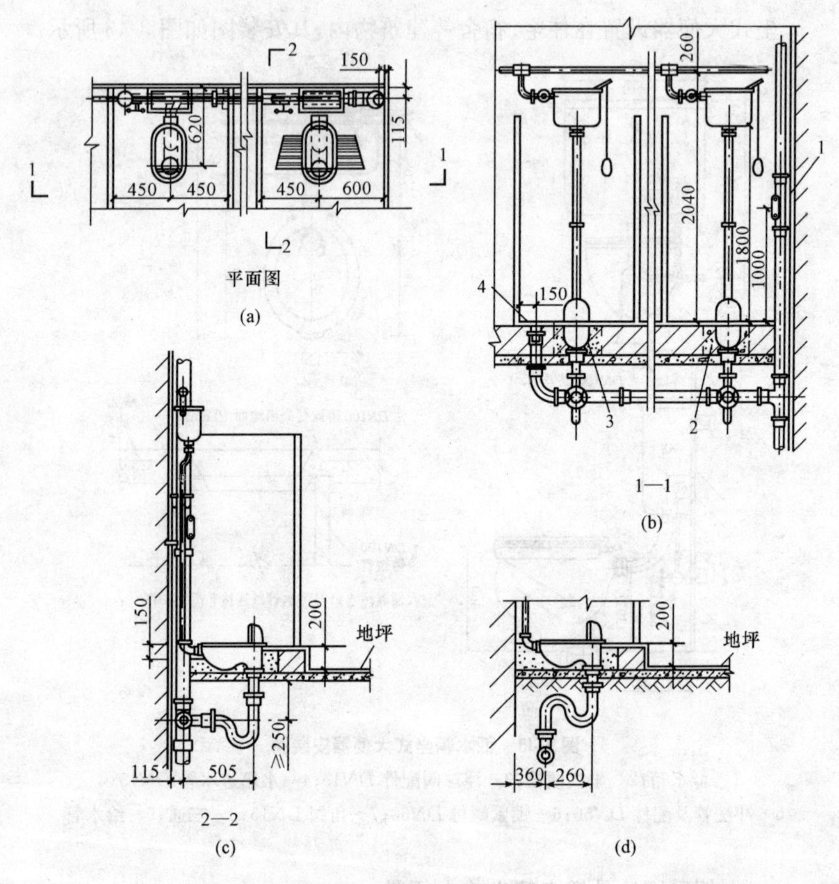

图 3-44 蹲式大便器安装图

(a)平面图；(b)1—1 剖面图；(c)2—2 剖面图；(d)“S”形存水弯安装图(用于底层)

1—检查口；2—1∶8 水泥焦渣；3—油灰接口；4—清扫口 *DN*100

a. 本例中采用的高水箱蹲式大便器；

b. 给水管采用明设；

c. 给水管道由水箱侧面进入；

d. S 型存水弯安装图适用于底层；

③坐便器、蹲便器与排水管连接施工图。坐便器、蹲便器与排水管连接施工图如图 3-45 所示。

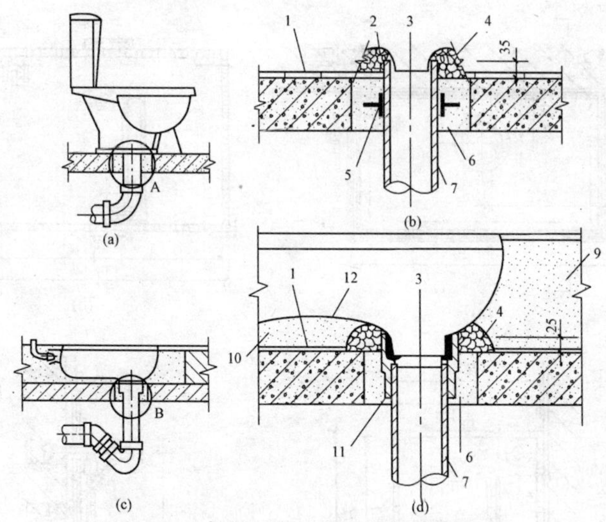

图 3-45　坐便器、蹲便器与排水管连接施工图

(a)坐便器；(b)A 放大；(c)蹲便器；(d)B 放大

1—地面；2—坐便器底；3—排水口；4—油灰；5—止水翼环；6—C20 细石混凝土；7—*DN*100；8—蹲便器底；9—填料；10—白灰膏；11—蹲便器连接管；12—蹲便器底

2)大便槽的安装施工图。大便槽安装施工图如图 3-46 所示，大便槽冲洗水箱安装图如图 3-47 所示。

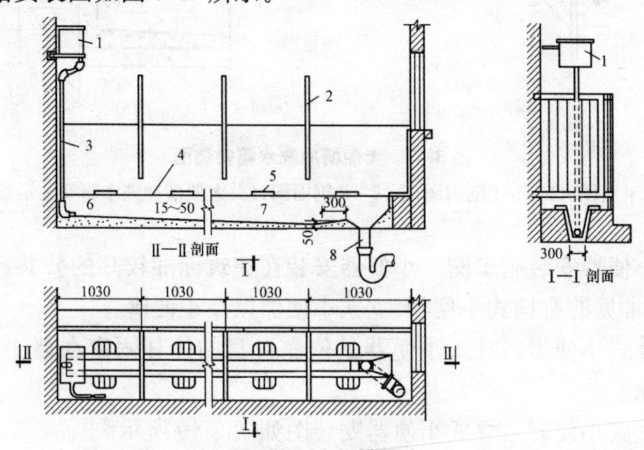

图 3-46　大便槽构造

1—冲洗水箱；2—木隔断；3—冲洗管；4—水泥台阶；

5—预制脚踏；6—槽内积水；7—槽内贴白瓷砖；8—ϕ150 污水管

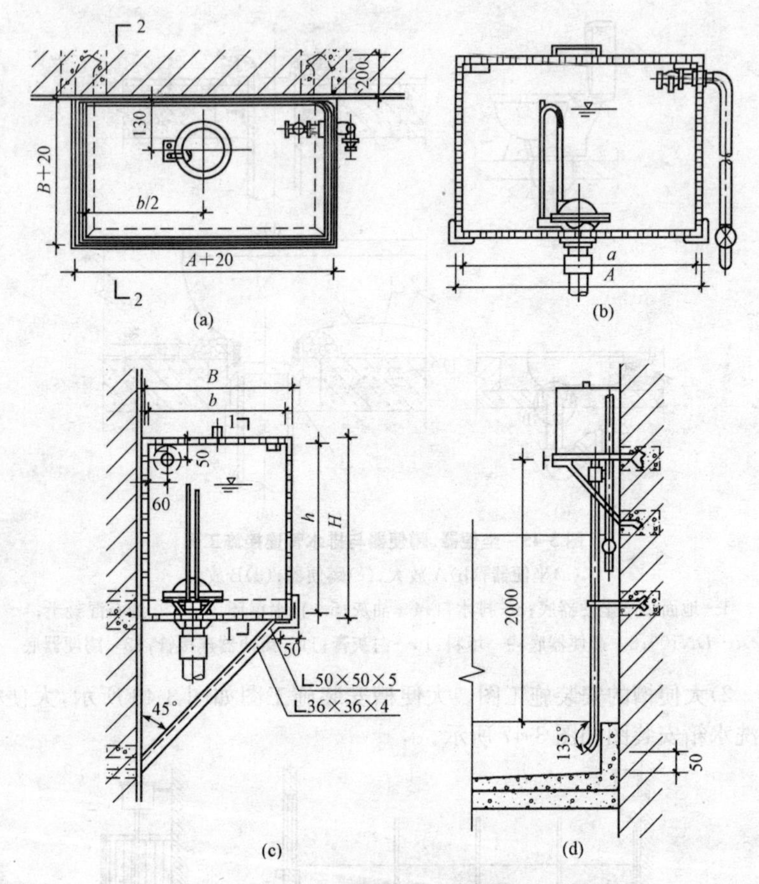

图 3-47 大便槽冲洗水箱安装图

(a)平面图;(b)1—1 剖面图;(c)2—2 剖面图;(d)大便槽冲洗水箱安装示意图

3)小便器安装施工图。小便器安装在建筑标准较高的公共建筑男卫生间中,常见的有挂式小便器、立式小便器以及小便槽。

①挂式小便器。挂式小便器是依靠自身的挂耳固定在墙上的,如图 3-48 所示。

②立式小便器。立式小便器安装图如图 3-49 所示。

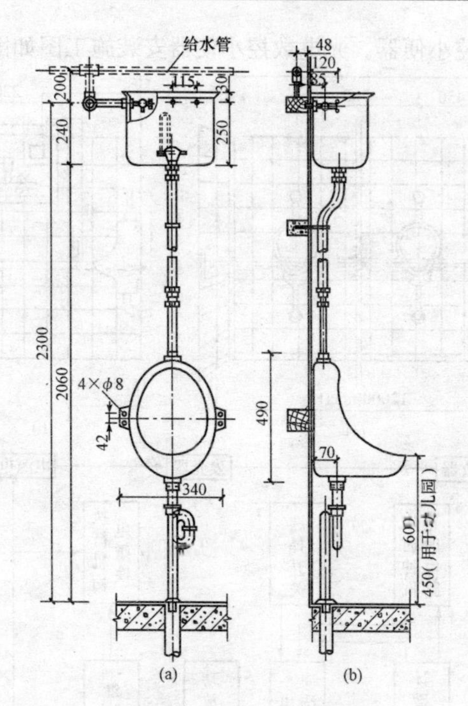

图 3-48　挂式小便器的安装

(a)立面图；(b)侧面图

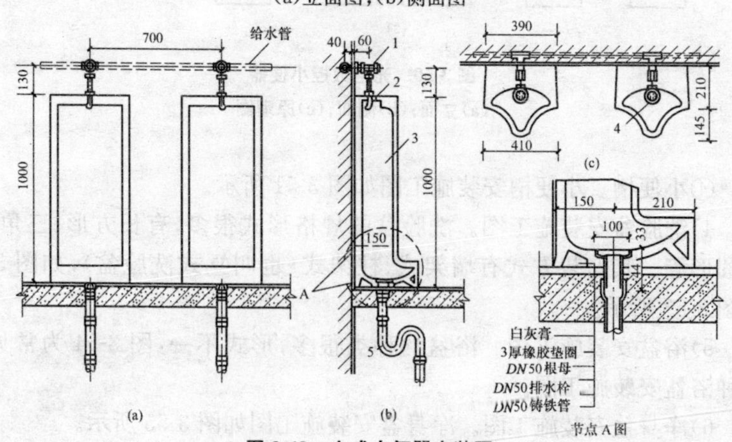

图 3-49　立式小便器安装图

(a)立面图；(b)侧面图；(c)平面图

1—延时自闭冲洗阀；2—喷水鸭嘴；3—立式小便器；4—排水栓；5—存水弯

③光电数控小便器。光电数控小便器安装施工图如图 3-50 所示。

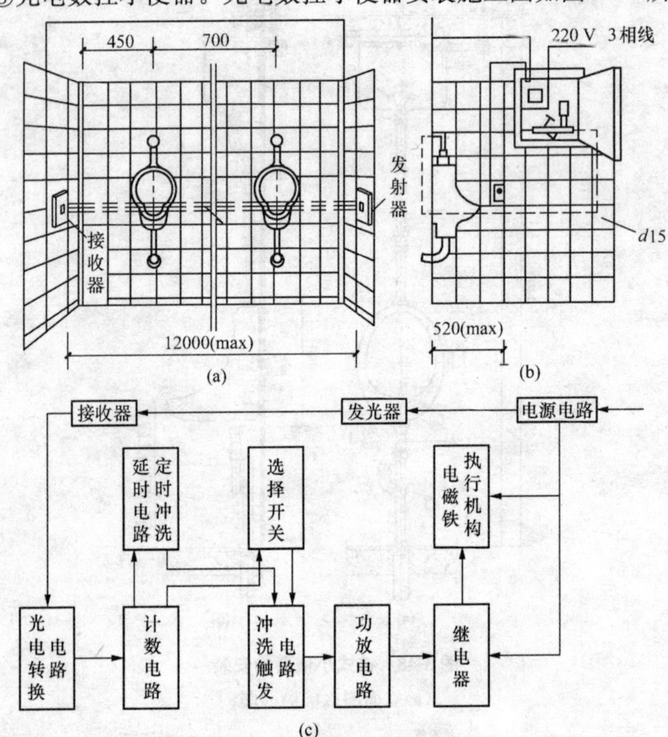

图 3-50 光电数控小便器

(a)立面;(b)侧面;(c)原理图

④小便槽。小便槽安装施工图如图 3-51 所示。

4)洗脸盆安装施工图。洗脸盆的规格形式很多,有长方形、三角形、椭圆形等。其安装方式有墙架式、柱架式(也叫立式洗脸盆),如图 3-52 和图 3-53 所示。

5)浴盆安装施工图。浴盆的种类很多,形式不一,图 3-54 为常见的一种浴盆安装施工图。

6)净身盆安装施工图。净身盆安装施工图如图 3-55 所示。

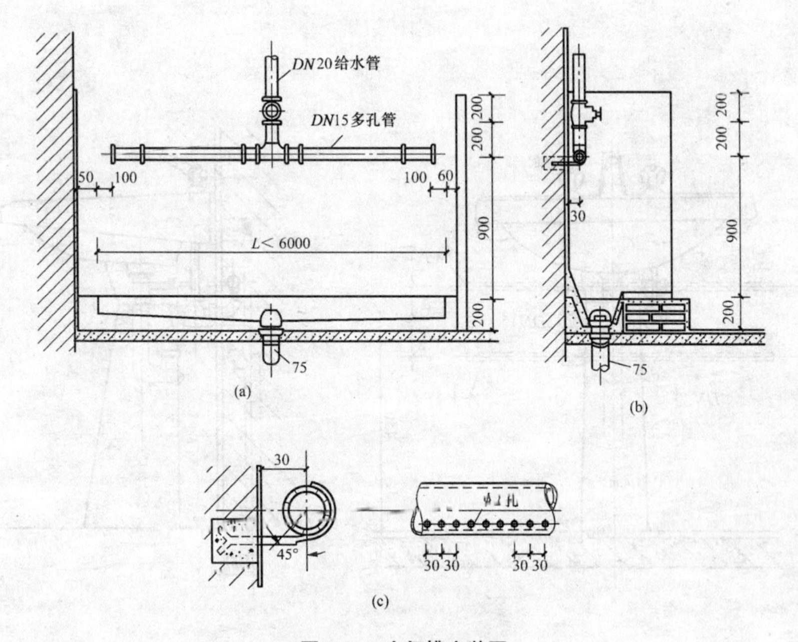

图 3-51　小便槽安装图

(a)立面图;(b)侧面图;(c)多孔管详图

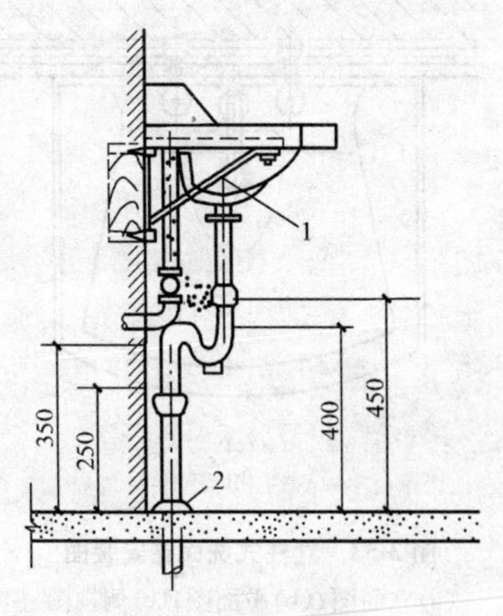

图 3-52　墙架式洗脸盆

1—托架;2—填油灰

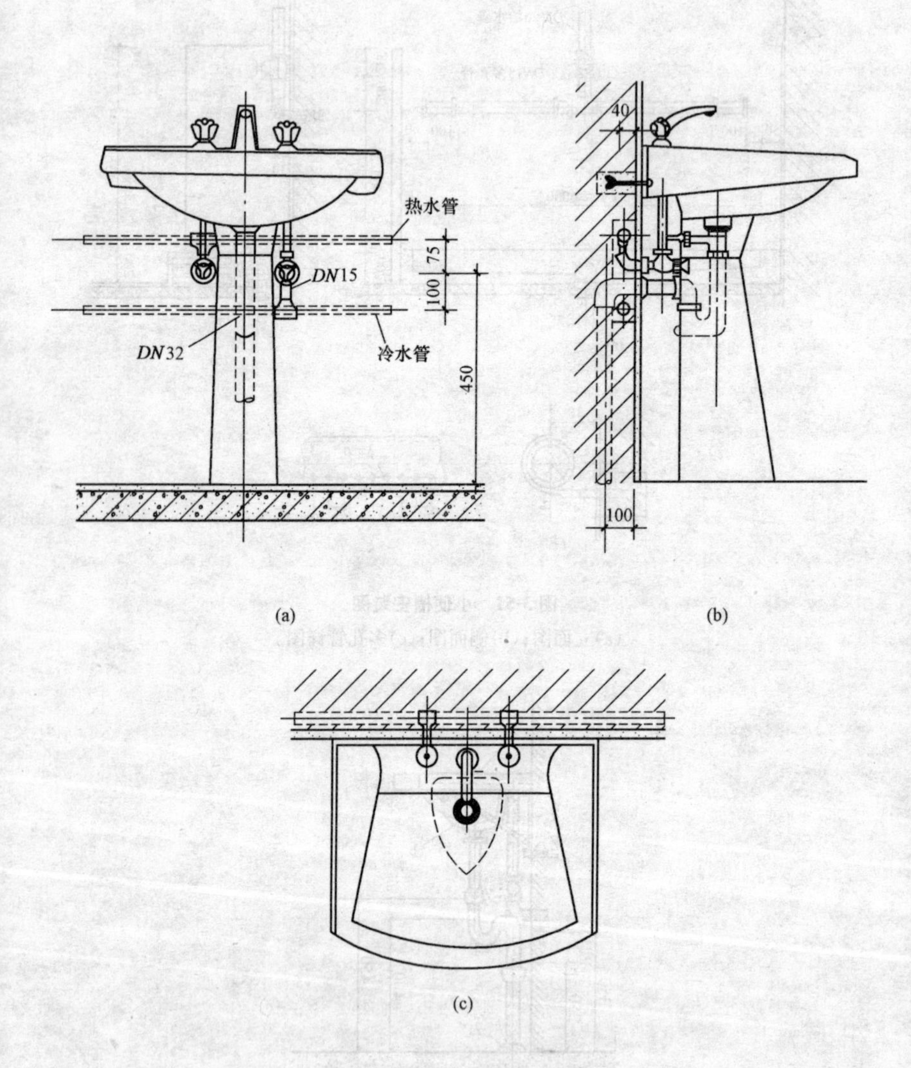

图 3-53　立柱式洗面器安装图

(a)立面图;(b)平面图;(c)侧视图

注:存水弯形式由设计确定。

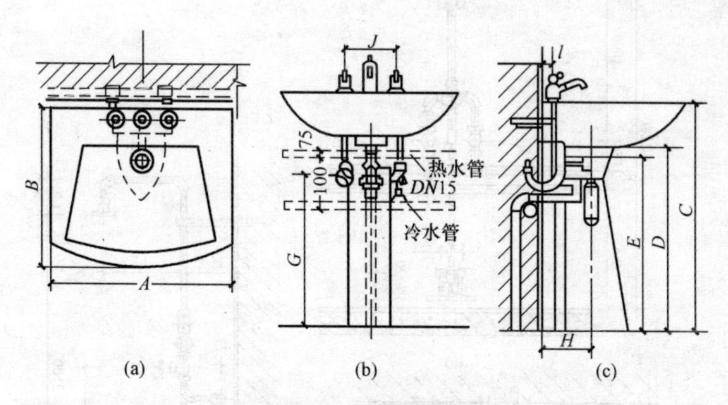

图 3-54　立式洗脸盆

(a)平面图;(b)立面图;(c)侧面图

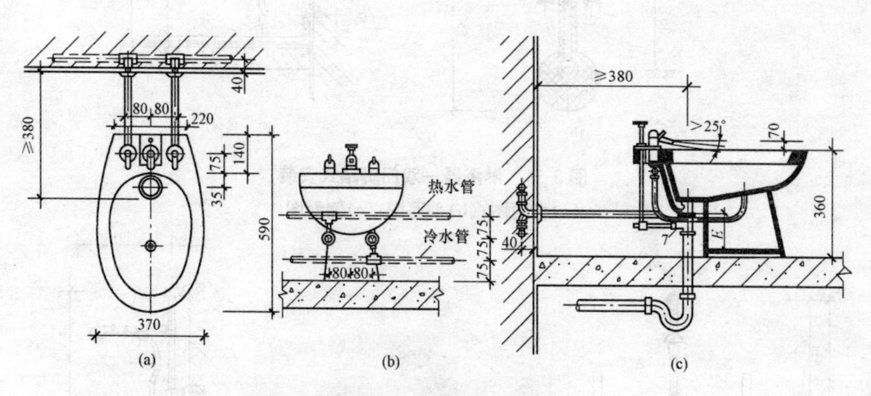

图 3-55　净身盆安装图

(a)立面图;(b)平面图;(c)纵剖面图

7)淋浴器安装施工图。淋浴器具有占地面积小、设备费用低、耗水量小、清洁卫生等优点,故被广泛采用。淋浴器安装施工图如图 3-56～图 3-58所示。

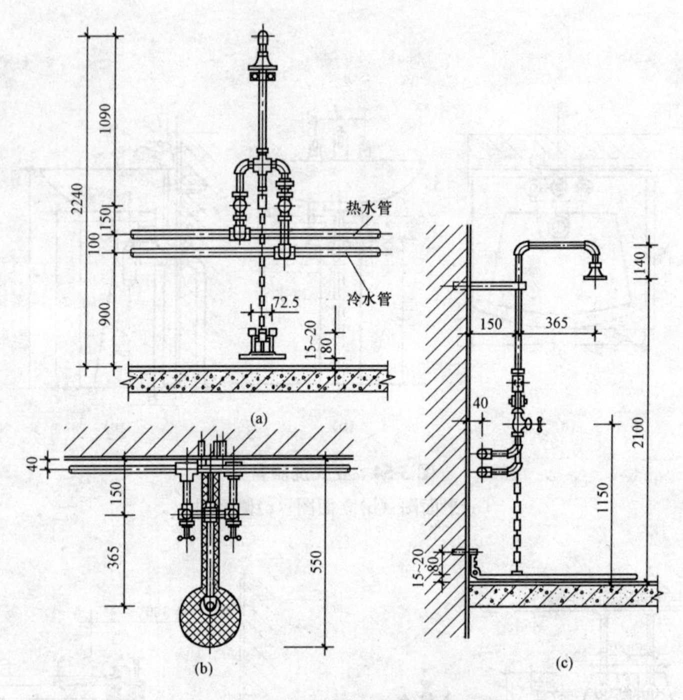

图 3-56　淋浴器—双门脚踏式安装

(a)立面图；(b)平面图；(c)侧面图

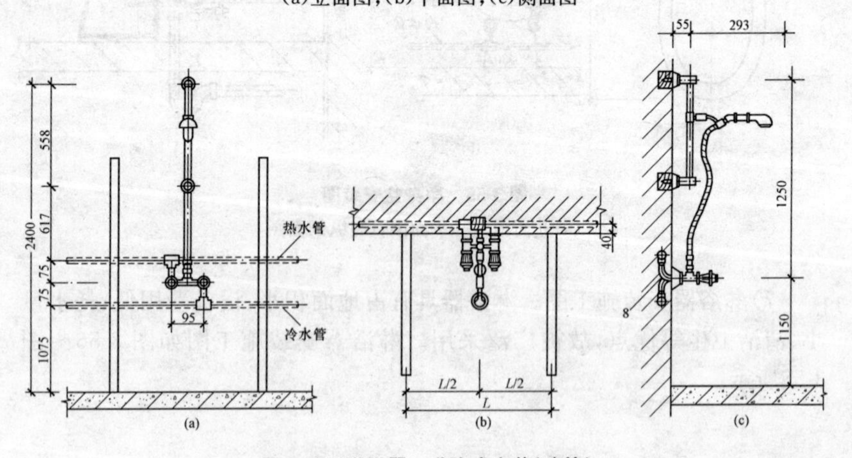

图 3-57　淋浴器—升降式安装(暗管)

(a)立面图；(b)平面图；(c)侧面图

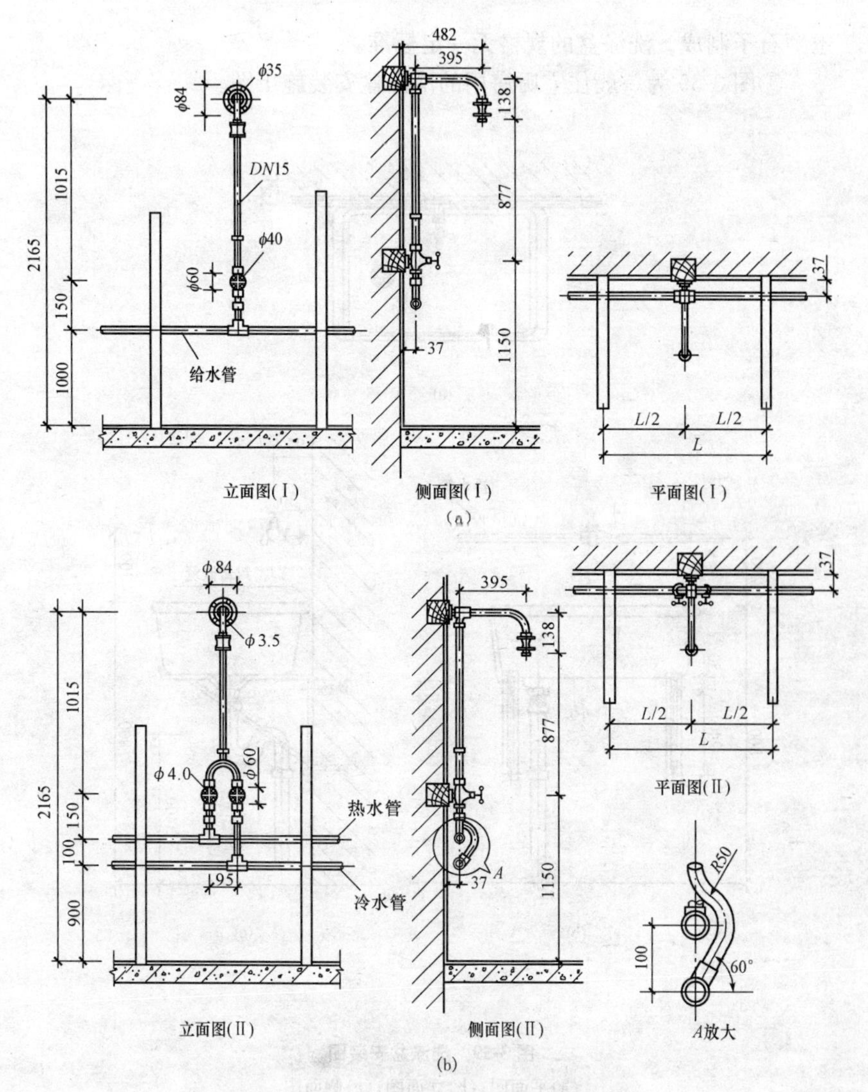

图 3-58　淋浴器—单、双成品淋浴器安装

(a)单成品沐浴器；(b)双成品沐浴器

8)洗涤盆安装施工图。洗涤盆多装在住宅厨房及公共食堂厨房内，供洗涤碗碟和食物用。常用的洗涤盆多为陶瓷制品，也有采用钢筋混凝土磨石子制成。洗涤盆的规格无一定标准。

①图 3-59 为一般住宅厨房用的洗涤盆安装施工图。

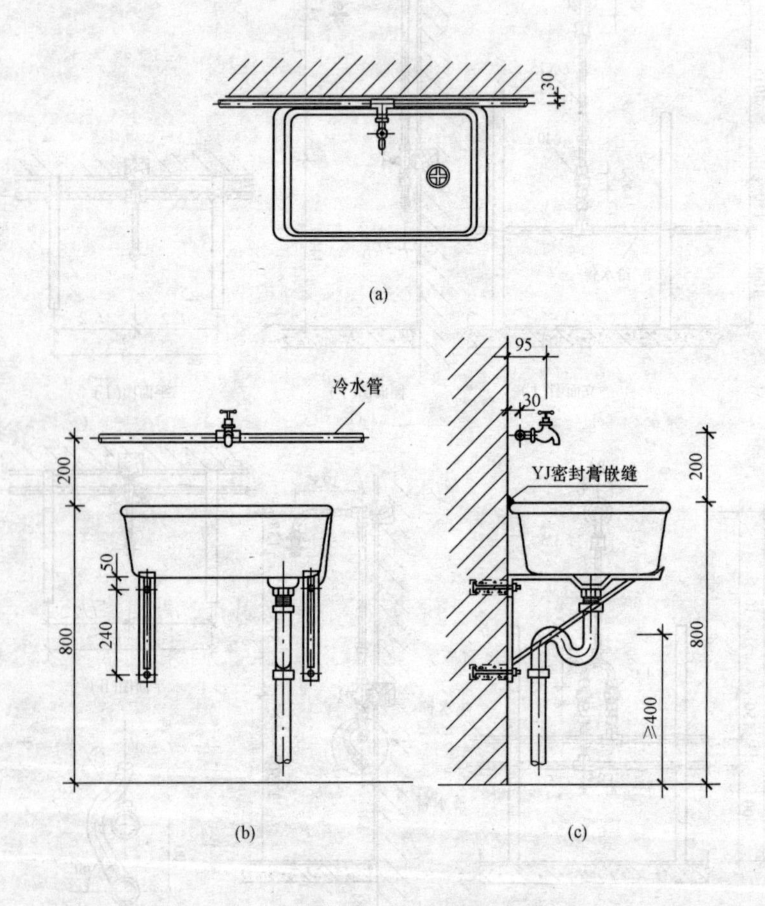

图 3-59　洗涤盆安装图

(a)平面图；(b)立面图；(c)侧面图

②图 3-60 为双联化验龙头洗涤盆安装图。

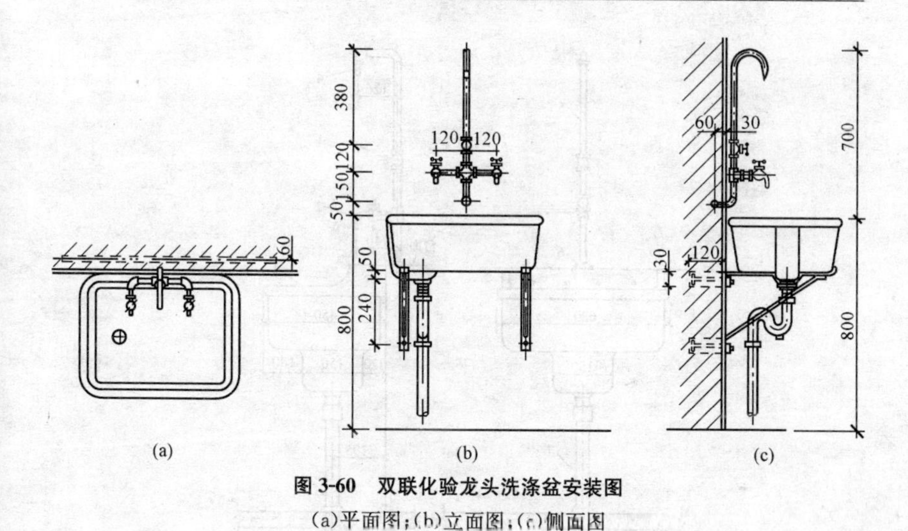

图 3-60　双联化验龙头洗涤盆安装图

(a)平面图；(b)立面图；(c)侧面图

③洗涤盆托架详图如图 3-61 所示。

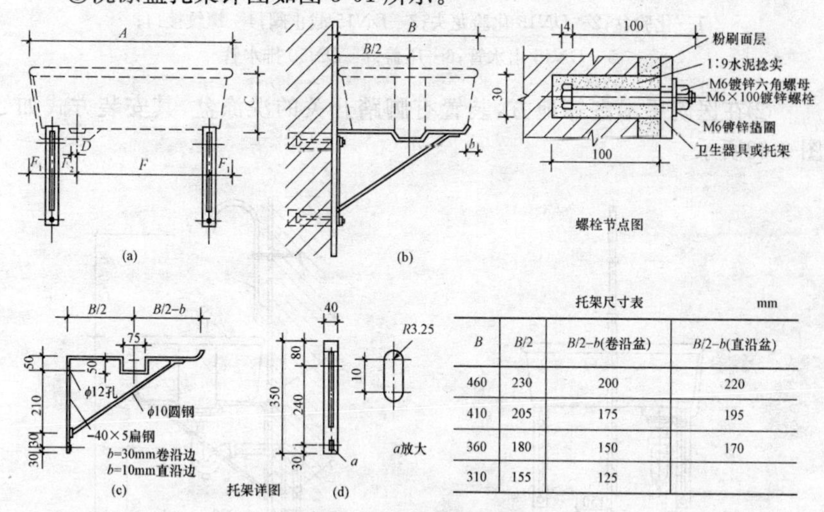

托架尺寸表　mm

B	B/2	B/2−b(卷沿盆)	B/2−b(直沿盆)
460	230	200	220
410	205	175	195
360	180	150	170
310	155	125	

图 3-61　洗涤盆托架详图

9)化验盆安装施工图。

①化验盆装在化验室中。根据使用要求，化验盆上可装单联、双联或三联鹅颈龙头。图 3-62 为化验盆安装图。

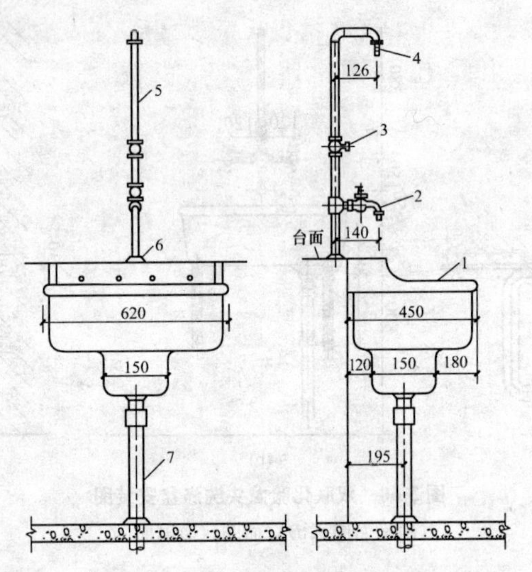

图 3-62 化验盆安装图

1—化验盆；2—*DN*15 化验龙头；3—*DN*15 截止阀；4—螺纹接口；
5—*DN*15 出水管；6—压盖；7—*DN*50 排水管

②在医院手术室等地方，装置有脚踏开关的洗涤盆，其安装方式如图 3-63所示。

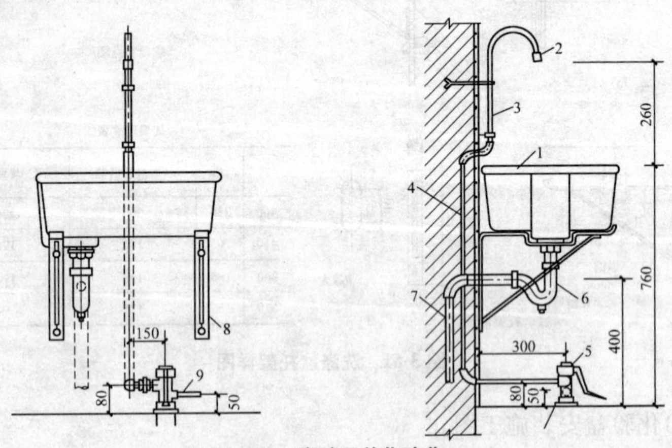

图 3-63 脚踏开关化验盆

1—家具盆；2—螺纹接口；3—*DN*15 铜管；4—*DN*15 给水管；
5—脚踏开关；6—*DN*50 存水弯；7—*DN*50 排水管；8—托架；9—接混合水门

10)污水盆安装施工图。污水盆也叫拖布盆,多装设在公共厕所或盥洗室中,供洗拖布和倒污水用,有落地式和架空式两种形式,污水盆安装详图如图 3-64 所示。

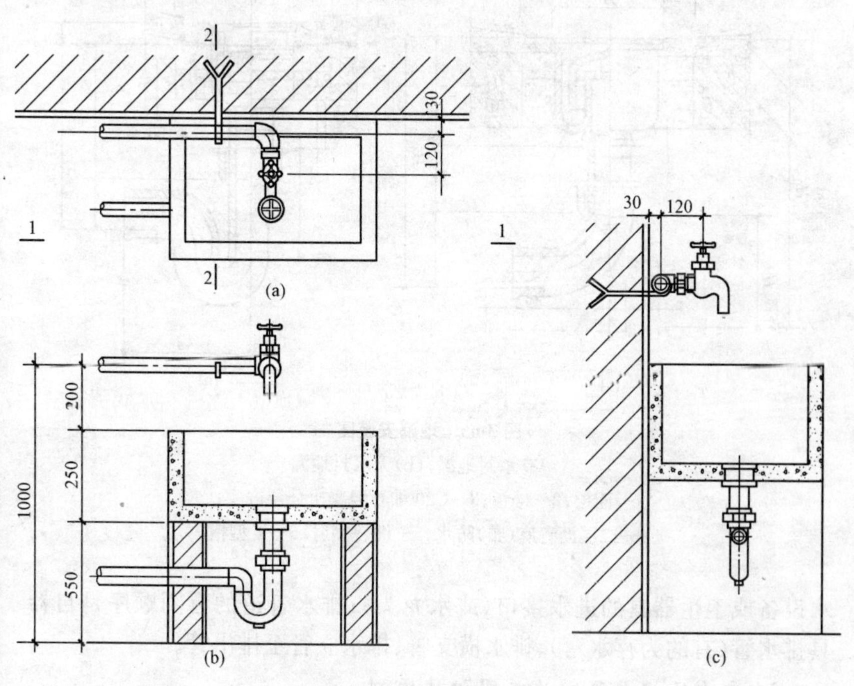

图 3-64 污水盆安装详图

(a)平面图;(b)1—1 剖视图;(c)2—2 剖视图

11)地漏安装施工图。地漏一般设置在厕所、盥洗室、卫生间及其他需从地面排水的房间。图 3-65 为地漏安装图。

4. 室内给排水管道施工图识读方法

室内给排水施工图中的主要图纸是平面图与系统轴测图。由此,在识读时须将平面图与系统轴测图结合起来看,以相互说明、相互补充,使得管道、附件、器具、设备等有一个立体的空间布置。

建筑内部给水排水施工图具体的识读方法是应以系统为单位,沿水流方向看下去,即给水管道的看图顺序是自引入管、干管、立管、支管至用

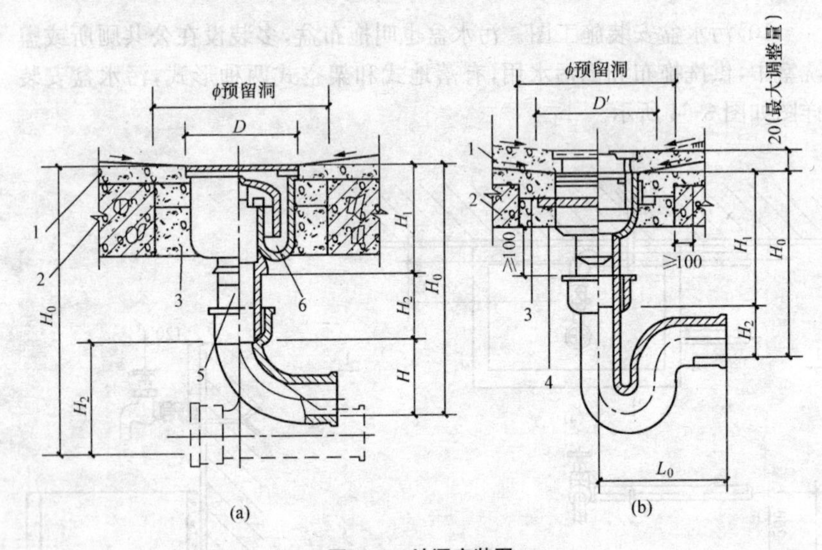

图 3-65 地漏安装图

(a)有水封地漏；(b)无水封地漏

1—面层；2—楼板；3—C20 细石混凝土分层嵌实；

4—二层沥青麻(布)防水；5—镀锌钢管；6—T 型槽

水设备或卫生器具的进水接口(或水龙头)；排水管道的看图顺序是自器具排水管(有的为存水弯)、排水横支管、排水立管至排出管。

5. 室内给排水管道施工图识读举例

图 3-66 为某住宅二层给水平面图，试对其进行识读。

(1)建筑内设有两个卫生间，卫生间各设一个坐式大便器、一个洗脸盆。

(2)在轴线②和轴线③间有给水立管 JL-2 通过。

(3)室内地面标高为 2.400m，卫生间地面标高为 2.350m。

(4)二层平面设有五根立管，编号分别为 JL-1、JL-1a、JL-2、JL-2a、JL-3。

(5)在轴线②位置设置的 JL-1、JL-1a 两根立管在二层并没有接入用水器具。

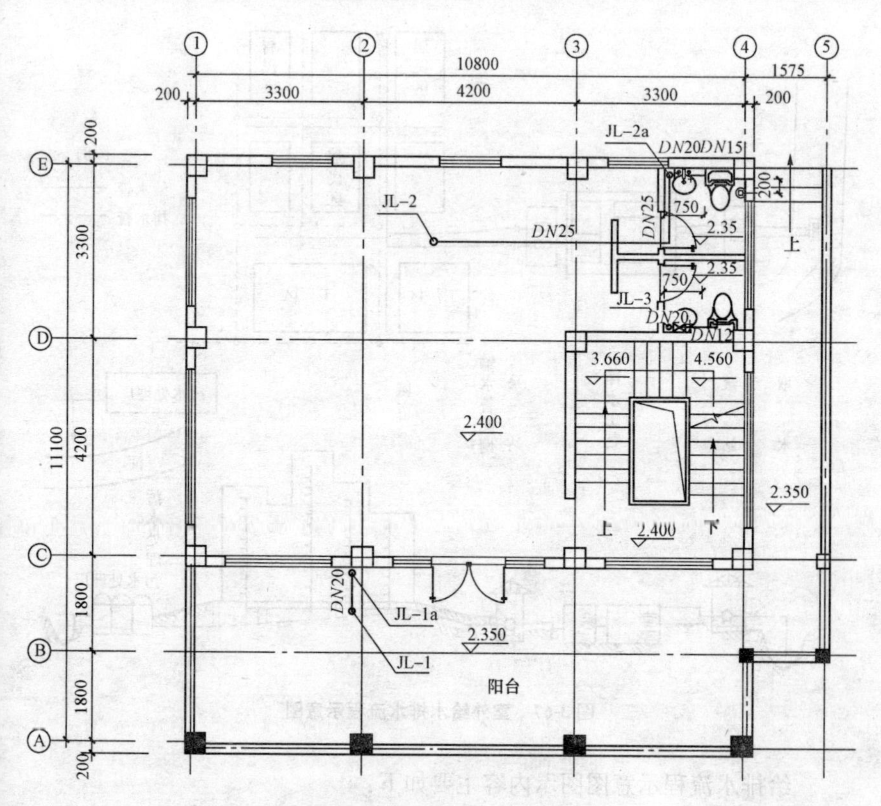

图 3-66　二层建筑给水管道平面图

二、室外给排水工程施工图识读

室外给排水施工图主要反应给水工程设施、排水工程设施及管网布置系统，其是一个区域或一个工厂区型建设规划设计的重要组成部分。室外给水排水工程图主要包括给水排水流程示意图、区域或厂区给水排水总平面图、管道平面布置图、管道纵断面图、工艺图和详图等。

1. 给排水流程示意图

室外给排水流程用来表明一个城市、一个区域或一个厂区的给水与排水的来龙去脉，用简单的单线示意图表示。室外给水排水流程示意图，如图 3-67 所示。

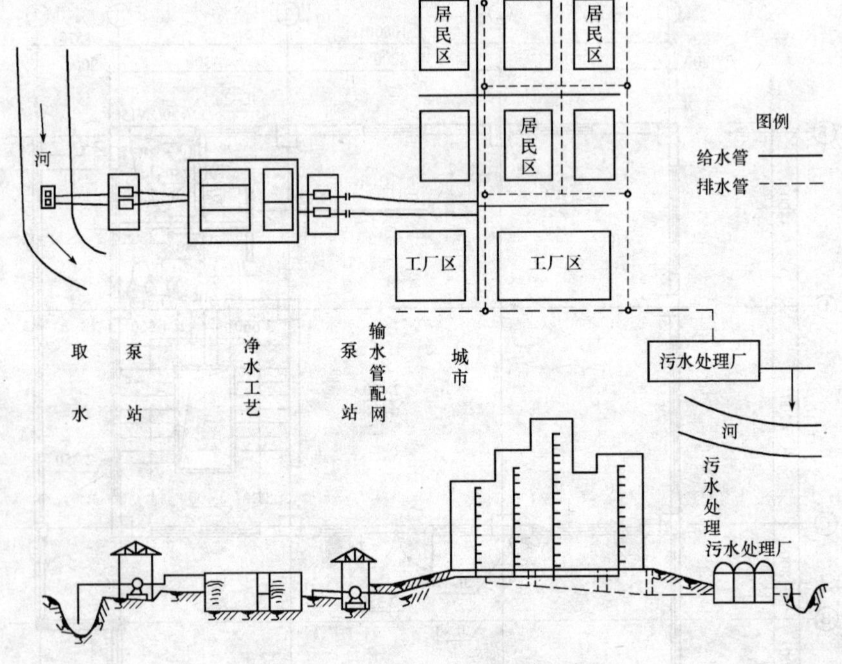

图 3-67 室外给水排水流程示意图

给排水流程示意图图示内容主要如下：

(1)水源有以地面水为水源和以地下水为水源两种类型。

(2)净水工艺中的主要设施主要有取水构筑物、泵站、沉淀池、滤池、清水池或水塔等。

(3)配水管网是从水厂输水管到厂区、居民区的给水管网。

(4)排水管网包括从居民区、工厂排出的污水或雨水、经污水管道或雨水管沟排到污水处理厂处理或直接排入河、湖等水体。

2. 室外给排水管道总平面图

给排水管道总平面图一般用来表明厂区或居民区室外给水及排水管道布置情况。图 3-68 所示为某小区给排水总平面布置图。

3. 室外给排水管网平面布置图

室外管网平面布置图是表达新建房屋周围的给排水管网的平面布置图。它包括新建房屋、道路、围墙等平面位置和给水与排水管网的布置。

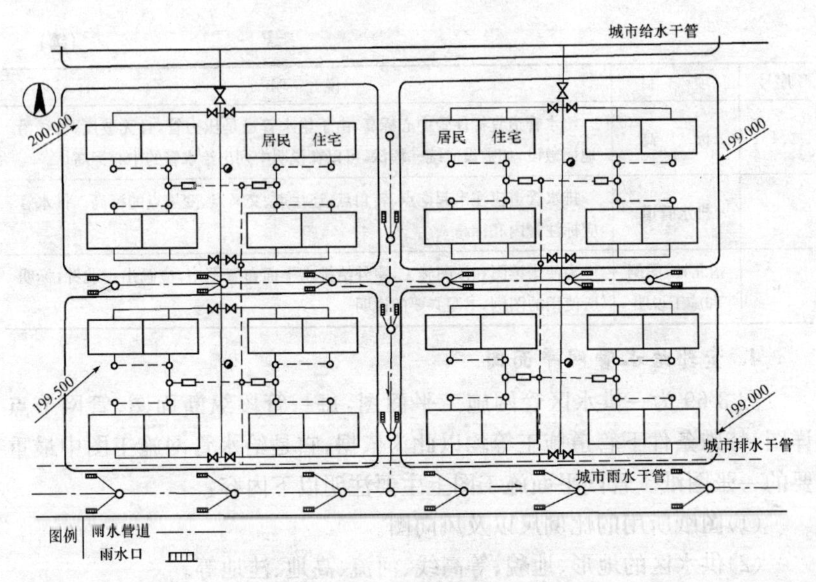

图 3-68　某小区给排水管道总平面布置图

房屋的轮廓、周围的道路和围墙用中粗或细实线表示，给水与排水管网用粗实线表示；管径、管道长度、敷设坡度标注在管道轮廓线旁，并加注相应的符号；管道上的其他构配件，用图例符号表示，图中所用图例符号应在图上统一说明。

室外给排水平面布置图的图示内容和识读要点见表 3-31。

表 3-31　　室外给排水平面布置图的图示内容和识读要点

序号	项　目	说　明
1	比例	室外给排水平面布置图的比例一般与建筑总平面图相同，常用 1∶500、1∶200、1∶100，范围较大的小区也可采用 1∶1000、1∶2000
2	建筑物及道路、围墙等设施	在平面图中，原有房屋以及道路、围墙等设施，基本上按建筑总平面图的图例绘制。新建房屋的轮廓采用中粗实线绘制
3	管道及附属设备	一般把各种管道，如给水管、排水管、雨水管，以及水表（流量计）、检查井、化粪池等附属设备，都画在同　张平面图上。新建管道均采用单条粗实线表示，管径直接标注在相应的管线旁边；给水管一般采用铸铁管，以公称直径 *DN* 表示；雨水管、污水管一般采用混凝土管，则以内径 *d* 表示。水表、检查井、化粪池等附属设备则按图例绘制，应标注绝对标高

(续)

序号	项　　目	说　　明
4	标　　高	给水管道宜标注管中心标高，由于给水管道是压力管，且无坡度，往往沿地面敷设，如敷设时统一埋深，可以在说明中列出给水管的中心标高
5	排水管道	排水管道应注出起讫点、转角点、连接点、交叉点、变坡点的标高。排水管应标注管内底标高
6	指北针、图例和施工说明	为便于读图和按图施工，室外给排水平面布置图中，应画出指北针，标明所使用的图例，书写必要的说明

4. 室外给水管网平面图

图 3-69 为一供水区管网施工平面图，每一管段纵断面图、管网节点详图、特殊条件下管道施工等均以此为依据，它是给水管网施工图中最重要的一张图纸。管网平面施工图上主要注明以下内容：

(1)图纸所用的比例尺以及风向图。

(2)供水区的地形、地貌、等高线、河流、高地、洼地等。

(3)铁路布置、街区布置、主要工业企业平面位置。

(4)主干管管网布置，管径和长度，消火栓、排气阀门、排水阀门和干管阀门布置。

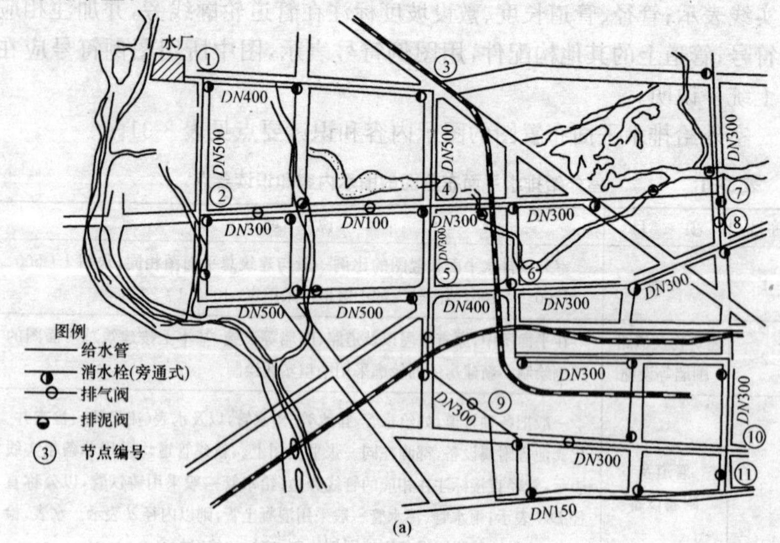

图 3-69　给水管网平面图(一)

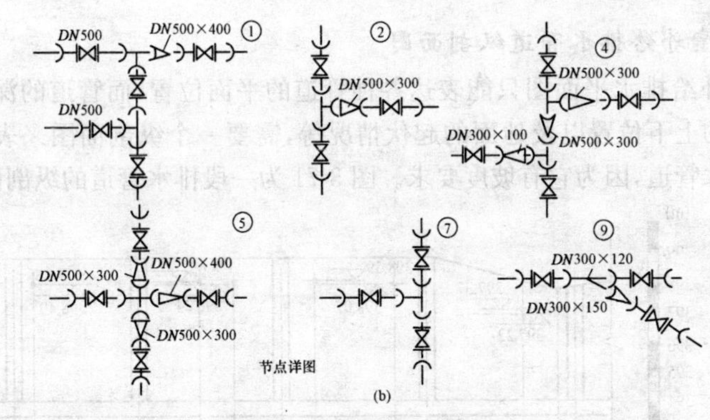

图 3-69　给水管网平面图(二)

5. 室外管网纵断面图

图 3-70 为输水管一段管道平面和纵断面图。图中水平方向的比例为 1∶100，竖向的比例为 1∶100。地面高程变化较大，管道基本是按地面自然坡度埋设的。

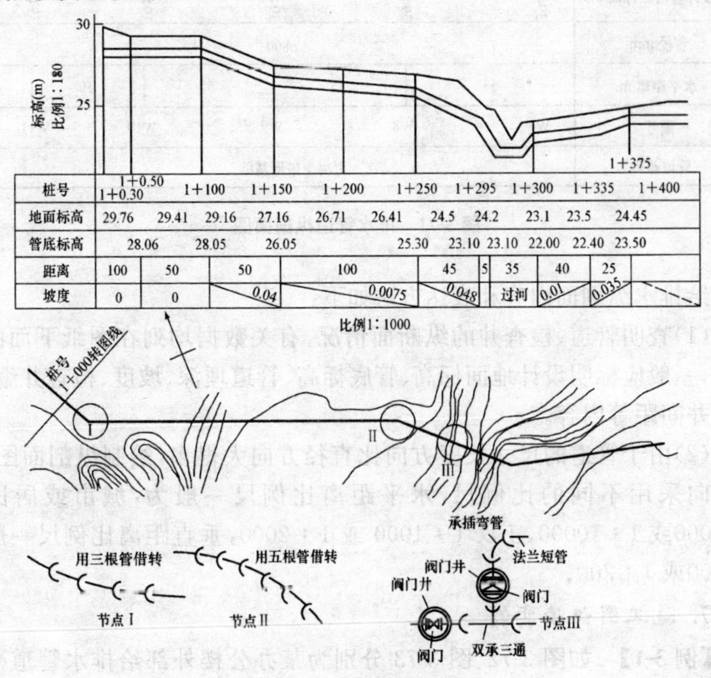

图 3-70　输水管纵断面施工图

6. 室外给排水管道纵剖面图

室外给排水平面图只能表达各种管道的平面位置，而管道的深度、交叉管道的上下位置以及地面的起伏情况等，需要一个纵剖面图来表达，尤其是排水管道，因为它有坡度要求。图 3-71 为一段排水管道的纵剖面图。

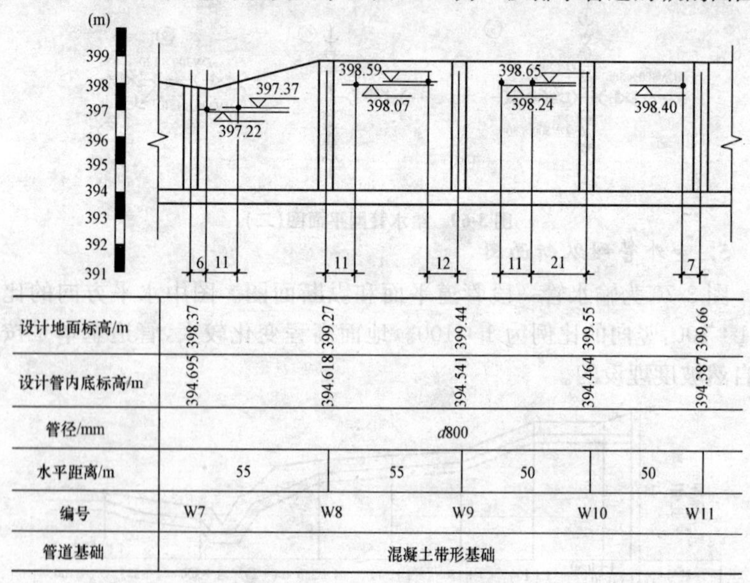

	W7	W8	W9	W10	W11
设计地面标高/m	398.37	399.27	399.44	399.55	399.66
设计管内底标高/m	394.695	394.618	394.541	394.464	394.387
管径/mm	d800				
水平距离/m	55	55	50	50	
编号	W7	W8	W9	W10	W11
管道基础	混凝土带形基础				

图 3-71 排水管道纵剖面图

给排水纵剖面内容和表达方法如下：

(1)查明管道、检查井的纵断面情况，有关数据均列在图纸下面的表格中，一般应标明设计地面标高、管底标高、管道埋深、坡度、检查井编号、检查井间距等内容。

(2)由于管道的尺寸长度方向比直径方向大得多，绘制纵剖面图时，纵横向采用不同的比例尺，水平距离比例尺一般为：城市或居民区 1∶5000或 1∶10000，工厂 1∶1000 或 1∶2000，垂直距离比例尺一般为 1∶100或 1∶200。

7. 施工图识读实例

【例 3-1】 如图 3-72、图 3-73 分别为某办公楼外部给排水管道平面图和纵剖面，试对其进行识读。

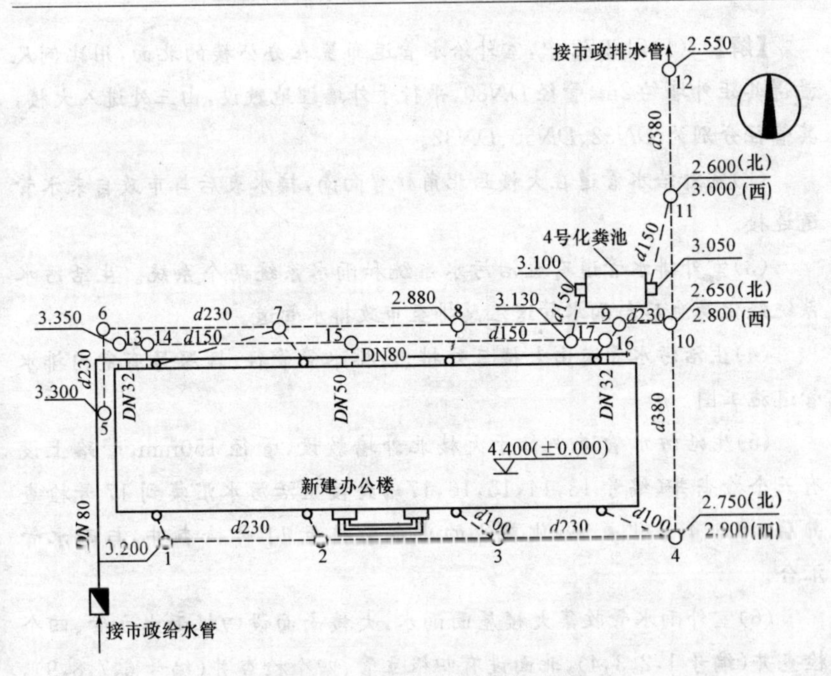

图 3-72　办公楼给水排水管道平面图

高程/m 4.00 3.00 2.00	○ d=230 2.90	○ d=230 2.80	○ d=150 3.00	
设计地面标高/m	4.10	4.10	4.10	4.10
管底标高/m	2.75	2.65	2.60	2.55
管道埋深/m	1.35	1.45	1.50	1.55
管径/mm	d=380	d=380	d=380	
坡度	0.002			
距离/m	18	12	12	
检查井编号	4	10	11	12
平面图				

图 3-73　办公楼室外排水管道纵剖面图

【解】 (1)图 3-72 中，室外给水管道布置在办公楼的北面，用比例尺量得其距外墙约 2m，管径 *DN*80，平行于外墙埋地敷设，由三处进入大楼，其管径分别为 *DN*32、*DN*50、*DN*32。

(2)室外给水管道在大楼西北角转弯向南，接水表后与市政自来水管道连接。

(3)室外排水管道有生活污水系统和雨水系统两个系统。生活污水系统经化粪池后与雨水管道汇总排至市政排水管道。

(4)生活污水管道由大楼三处排出，排水管管径、埋深另有室内排水管道施工图。

(5)生活污水管道平行于大楼北外墙敷设，管径 150mm，管路上设有五个检查井(编号 13,14,15,16,17)，大楼生活污水汇集到 17 号检查井后，排入 4 号化粪池，化粪池的出水管接至 11 号检查井，与雨水管汇合。

(6)室外雨水管收集大楼屋面雨水，大楼南面设四根雨水立管、四个检查井(编号 1,2,3,4)，北面设有四根立管、四个检查井(编号 6,7,8,9)，大楼西北设一个检查井(编号 5)，南北两条雨水管管径均为 230mm，雨水总管自 4 号检查井至 11 号检查井管径为 380mm，污水雨水汇合后管径仍为 380mm，雨水管起点检查井的管底标高分别为：1 号检查井 3.200m，5 号检查井 3.300m，总管出口 12 号检查井管底标高为 2.550m，其余各检查井底标高可查看平面图或纵剖面图。

8. 室外给排水详图

在建筑外部给排水工程中的检查井、雨水口、化粪池、沉砂池、隔油池、降温池、防水套管及各种污水处理设备等都需要详细的安装详图。

(1)检查井安装详图。如图 3-74 所示为收口式排水检查井示意图。该图采用平面图与剖面图，图中材料为砖砌与混凝土两种，图中标注了井径、管径及收口段等尺寸，标注详细、清楚。

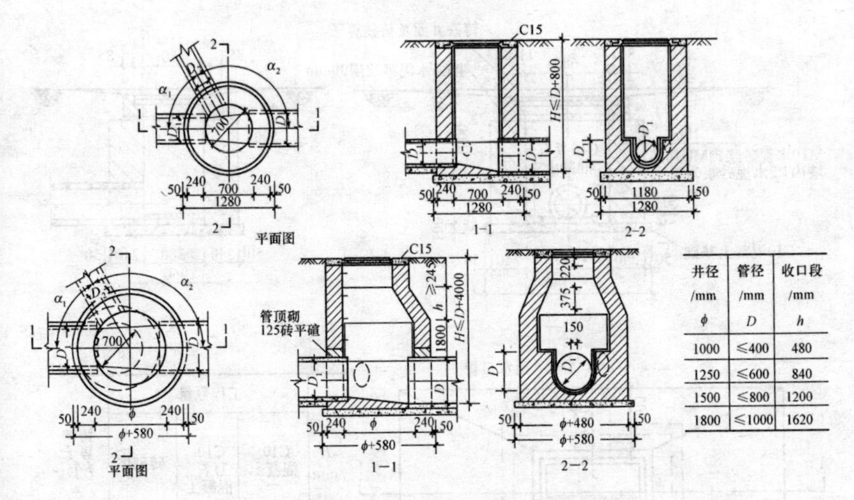

井径/mm φ	管径/mm D	收口段/mm h
1000	≤400	480
1250	≤600	840
1500	≤800	1200
1800	≤1000	1620

图 3-74　收口式排水检查井

(2)雨水口。图 3-75 为边沟式单箅雨水口示意图。该图采用平面图与剖面图，平箅雨水口的箅口宜低于道路路面 30～40mm，低于土地面 50～60mm。雨水口的深度不宜大于 1m。平箅式单箅雨水口如图 3-76 所示；偏沟式单箅雨水口如图 3-77 所示。雨水连接井如图 3-78 所示。

图中材料为砖砌与混凝土两种，图中标注了墙体厚度、管道内外直径、相对位置尺寸等。

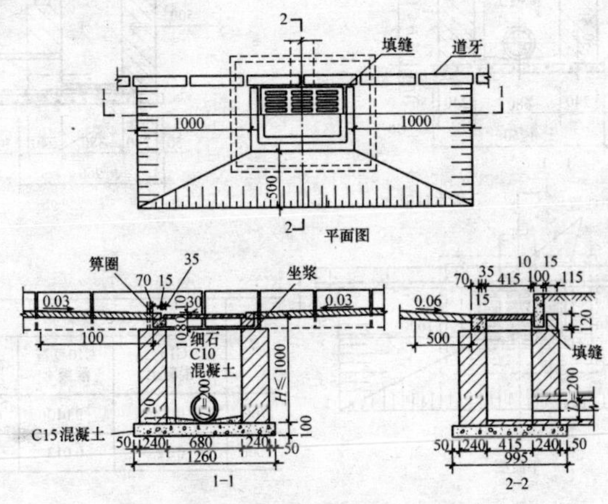

图 3-75　边沟式单箅雨水口

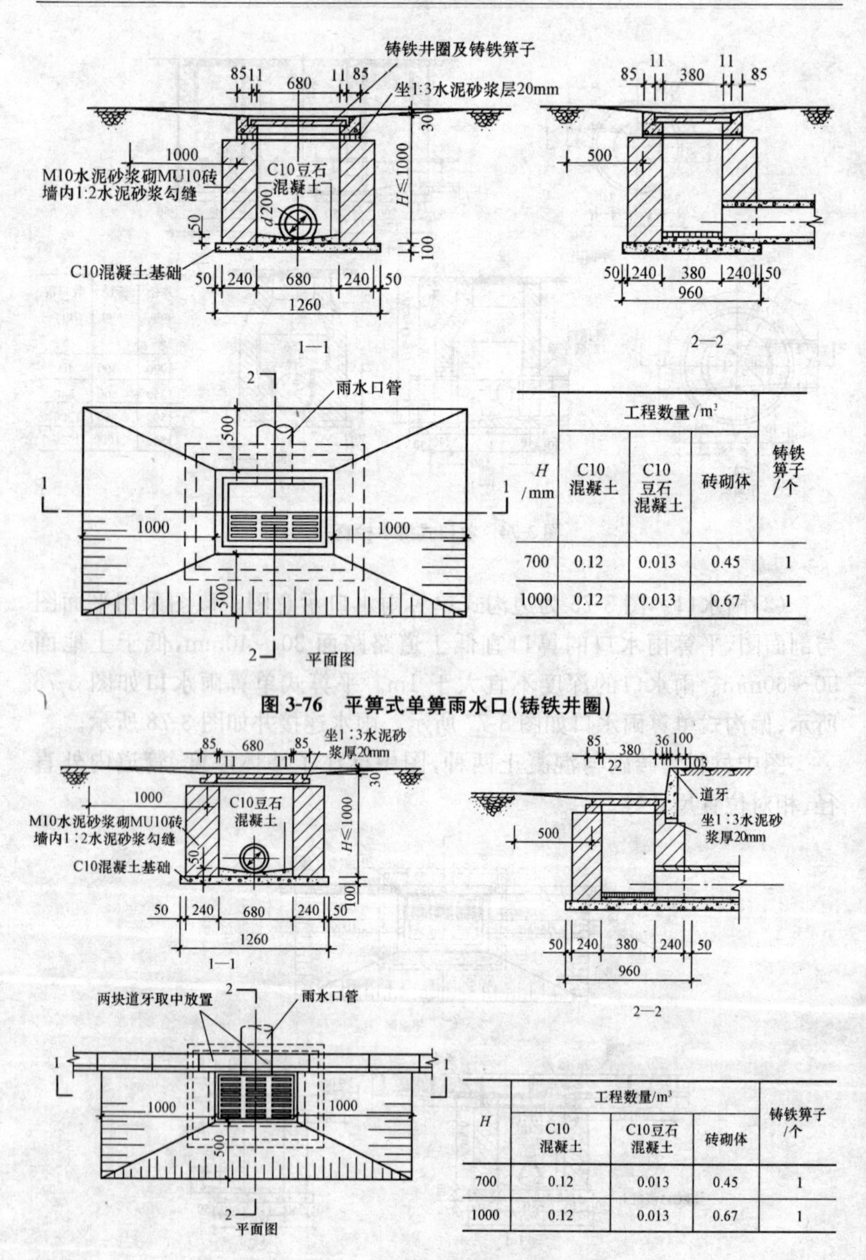

H /mm	工程数量 /m²			铸铁箅子 /个
	C10 混凝土	C10 豆石 混凝土	砖砌体	
700	0.12	0.013	0.45	1
1000	0.12	0.013	0.67	1

图 3-76　平箅式单箅雨水口(铸铁井圈)

H	工程数量/m³			铸铁箅子 /个
	C10 混凝土	C10豆石 混凝土	砖砌体	
700	0.12	0.013	0.45	1
1000	0.12	0.013	0.67	1

图 3-77　偏沟式单箅雨水口(铸铁井圈)

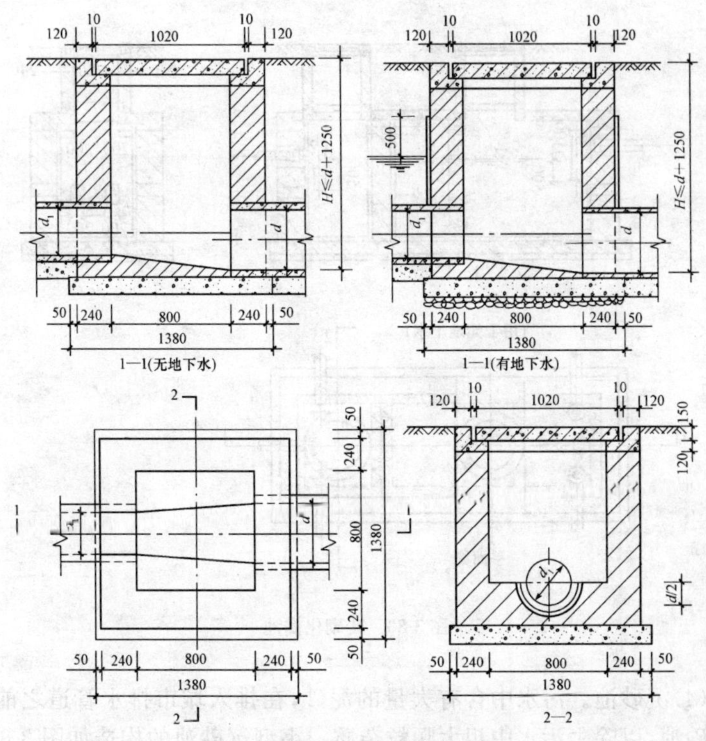

图 3-78　雨水连接井

(3)化粪池。化粪池有圆形与矩形两种，如图 3-79 所示。图中材料为砖砌和钢筋混凝土两种，图中标注了墙体的厚度、管道的内外直径等相关尺寸。其中砖砌化粪池的构造如图 3-80 所示。

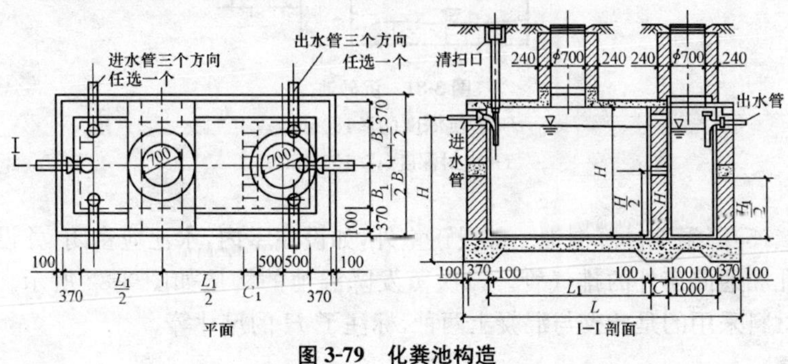

图 3-79　化粪池构造

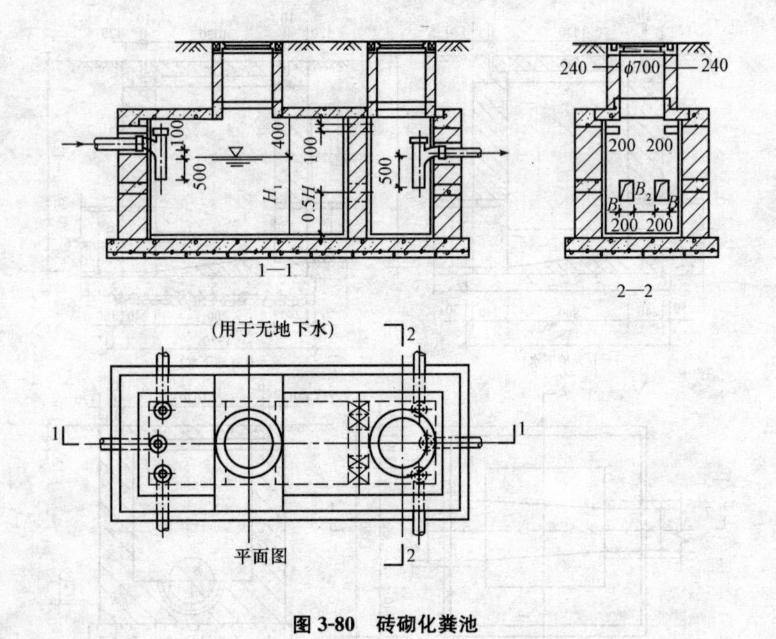

图 3-80 砖砌化粪池

(4)沉砂池。污水中含有大量的泥砂,在排入城市排水管道之前,应设沉砂池,以除去污水中粗大颗粒杂质。小型沉砂池的构造如图 3-81 所示。图中标注了砂坑的深度与水封的深度。

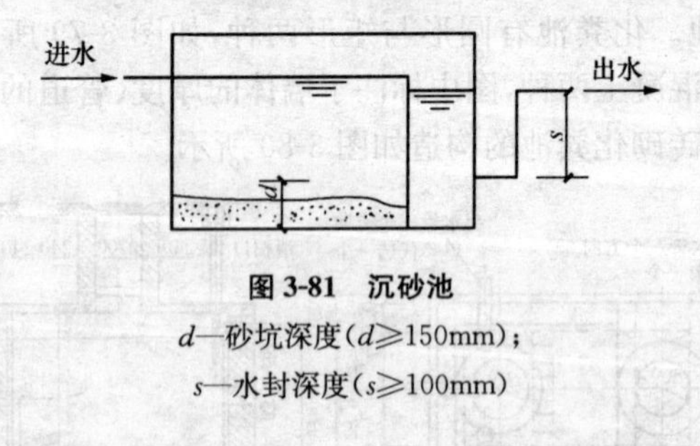

图 3-81 沉砂池

d—砂坑深度($d \geqslant 150$mm);

s—水封深度($s \geqslant 100$mm)

(5)降温池。降温池一般设于室外,如设在室内,水池应密闭,并设有入孔和通向窗外的排气管。二次蒸发降温池的构造如图 3-82 所示。图中材料采用的是砖砌与混凝土两种,标注了 H 的尺寸等。

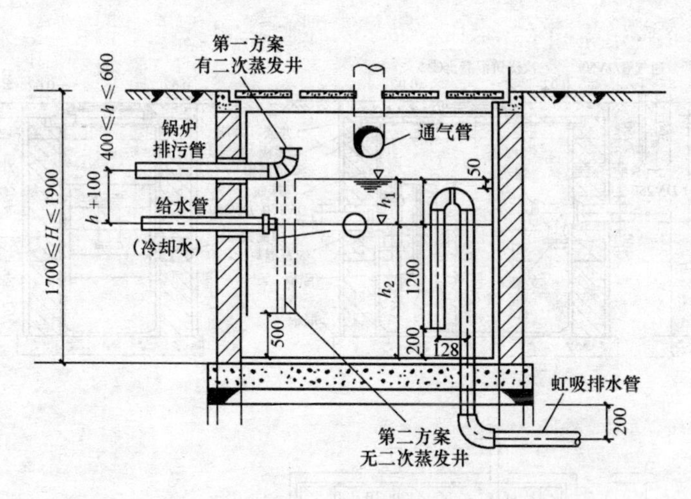

图 3-82　二次蒸发降温池

(6)隔油池。隔油池(井)采用上浮法除油,其构造如图 3-83 所示。对含乳化油的污水,可采用二级除油池处理,如图 3-84 所示。在该池的乳化油处理池底,通过管道注入压缩空气,可更有效地使油脂上浮。砖砌隔油池如图 3-85 所示。

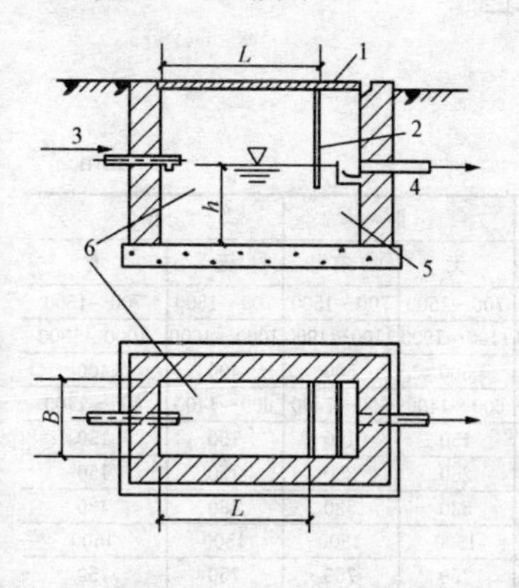

图 3-83　隔油池(井)

1—盖板;2—隔板;3—进水管;
4—出水管;5—出水间;6—撇油间

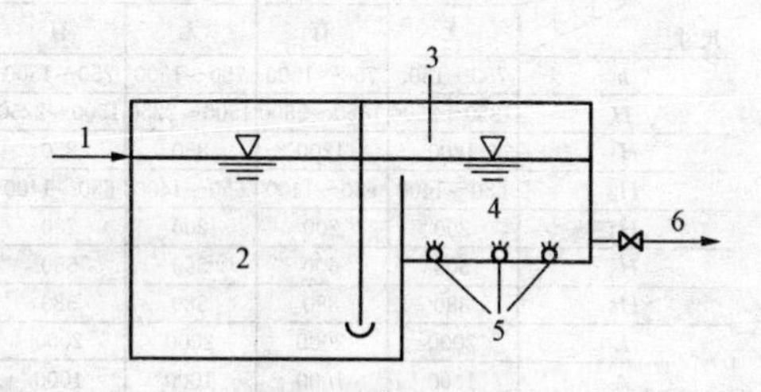

图 3-84　二级除油池

1—进水;2—自然分离池;3—破乳剂;
4—乳化油处理池;5—压缩空气;6—出水

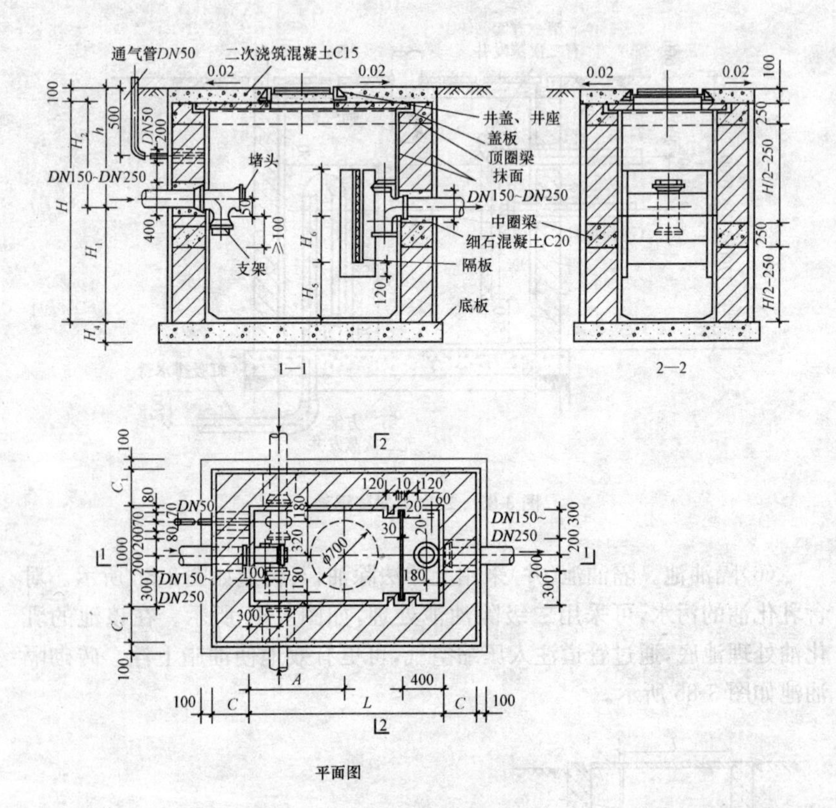

规格尺寸表　mm

尺寸 \ 地下水 \ 型号	Ⅰ 无	Ⅰ 有	Ⅱ 无	Ⅱ 有	Ⅲ 无	Ⅲ 有	Ⅳ 无	Ⅳ 有
h	750～1500	750～1500	750～1500	750～1500	700～1500	700～1500	700～1500	700～1500
H	1850～2600	1850～2600	1500～2250	1500～2250	1100～1900	1100～1900	1000～1800	1000～1800
H_1	1200	1200	850	850	500	500	400	400
H_2	650～1400	650～1400	650～1400	650～1400	600～1400	600～1400	600～1400	600～1400
H_4	200	200	200	200	150	150	150	150
H_5	600	600	550	550	250	250	150	150
H_6	880	880	580	580	530	530	430	430
L	2000	2000	2000	2000	1500	1500	1500	1500
A	1000	1000	1000	1000	750	750	750	750
C	370	370	370	370	240	370	240	370
C_1	490	370	490	370	370	490	370	370
有效容积/m³	2.30	2.30	1.60	1.60	0.68	0.68	0.53	0.53

图 3-85　砖砌隔油池

(7)防水套管。图 3-86 所示为防水套管安装详图。该图采用剖面图，沿管道的中心线剖切墙体套管和管道等。图中标注了墙体厚度、管道外径、套管的内外直径、翼环外径和厚度、翼环相对墙面的位置尺寸，同时采用引线标注了翼环、套管以及焊接符号、管套与管道间的填充材料的相关尺寸。

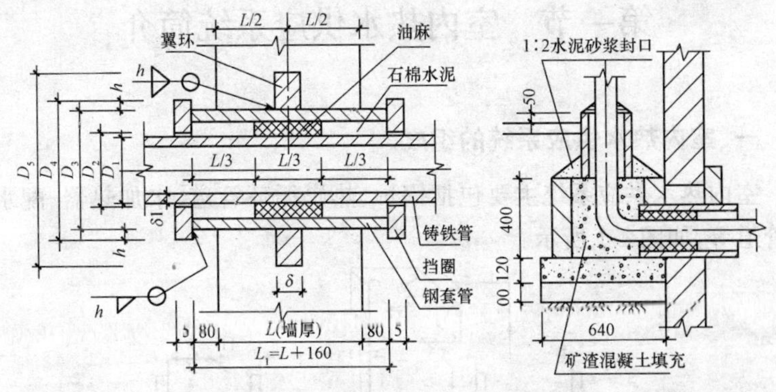

图 3-86　给水管道穿墙防漏套管安装详图

第四章　室内热水供应系统施工图识读

第一节　室内热水供应系统简介

一、室内热水供应系统的组成

室内热水供应系统主要包括锅炉、热媒循环管道、水加热器、配水循环管道等，如图 4-1 所示。

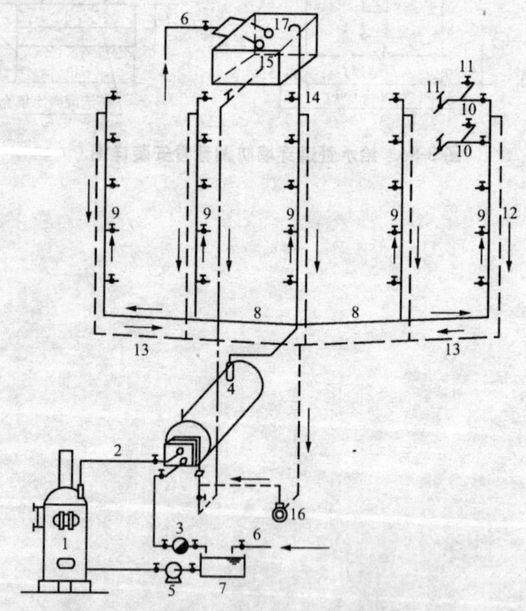

图 4-1　热水供应系统的组成

1—锅炉；2—热媒上升管(蒸汽管)；3—热媒下降管(凝结水管)；4—水加热器；5—给水泵(凝结水泵)；6—给水管；7—给水箱(凝结水箱)；8—配水干管；9—配水立管；10—配水支管；11—配水龙头；12—回水立管；13—回水干管；14—透气管；15—冷水箱；16—循环水泵；17—浮球阀

室内热水供应系统中锅炉生产的蒸汽经热媒管送入水加热器把冷水加热。蒸汽凝结水由热媒下降管排至凝结水池。锅炉用水由凝结水池旁的凝结水泵压入。水加热器中所需要的冷水由高位水箱供给,加热器中的热水由配水管送到各个用水点。

此外,为了保证热水温度,回水管和配水管中还循环流动着一定数量的循环流量,用来补偿配水管路的散热损失。

二、室内热水供应系统的分类

室内热水供应系统按照热水供应范围分为局部热水供应系统、集中热水供应系统和区域性热水供应系统三类,见表 4-1。

表 4-1　热水供应系统的分类

序号	分　类	说　明
1	局部热水供应系统	局部热水供应系统是采用各种小型加热设备在用水场所就地加热,供局部范围内的一个或几个用水点使用的热水系统。局部热水供应系统适用于热水用水点少、热水用水量较小且较分散的建筑。图 4-2(a)为局部热水供热系统示意图
2	集中热水供应系统	集中热水供应系统是利用加热设备集中加热冷水后通过输配系统送至一幢或多幢建筑中的热水配水点,为保证系统热水温度需设循环回水管,将暂时不用的部分热水再送回加热设备。图4-2(b)为集中热水供应系统
3	区域性热水供应系统	区域性热水供应系统以集中供热热力网中的热媒为热源,由热交换设备加热冷水,然后经过输配系统供给建筑群各热水用水点使用。这种系统热效率最高,但一次性投资大,有条件的应优先采用

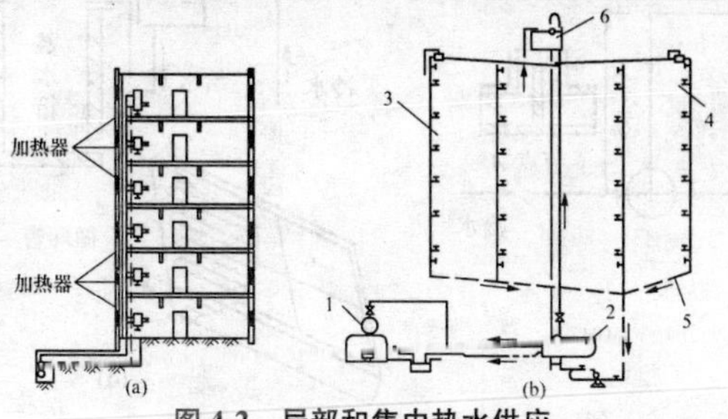

图 4-2　局部和集中热水供应

(a)局部热水供应;(b)集中热水供应

1—锅炉;2—热交换器;3—输配水管网;4—热水配水点;5—循环回水管;6—冷水箱

第二节 室内热水供应系统原理图识读

室内热水系统供应方式有局部热水供应方式、集中热水供应方式及区域性热水供应方式三种。

一、局部热水供应系统原理图

局部热水供应方式有炉灶加热、小型单管快速加热、汽一水直接混合加热、管式太阳能热水装置四种。

(1)炉灶加热方式。其是利用炉灶炉膛余热加热水的供应方式。它适用于单户或单个房间(如卫生所的手术室)需用热水的建筑，其基本组成有加热套管或盘管、储水箱及配水管等三部分，如图 4-3(a)所示。

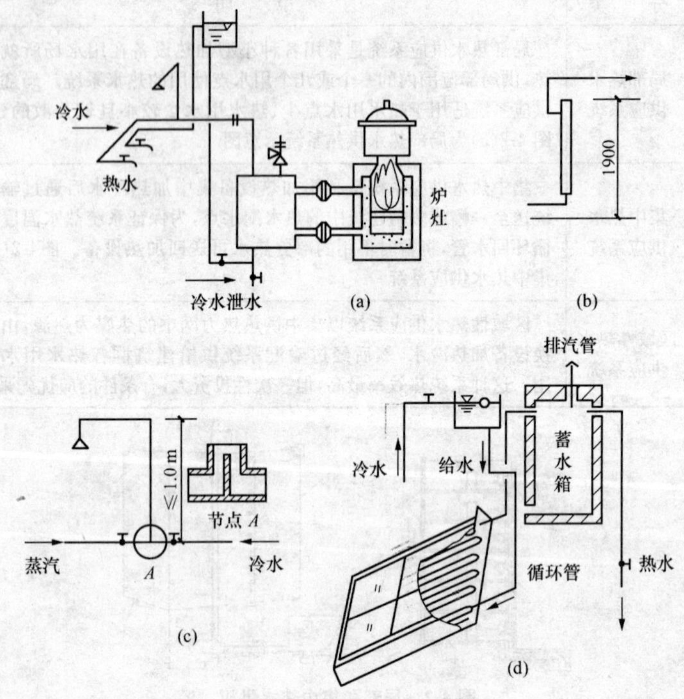

图 4-3 局部热水供应方式

(a)炉灶加热；(b)小型单管快速加热；(c)汽—水直接混合加热；(d)管式太阳能热水装置

(2)小型单管快速加热和汽一水直接混合加热加热方式。小型单管快速加热用的蒸汽可利用高压蒸汽也可利用低压蒸汽。采用高压蒸汽时,蒸汽的表压不宜超过0.25MPa,以避免发生意外的烫伤人体事故。混合加热一定要使用低于0.07MPa的低压锅炉。这两种局部热水供应方式的缺点是调节水温困难,如图4-3(b)、(c)所示。

(3)管式太阳能热水器的供应方式。它利用太阳照向地球表面的辐射热,将保温箱内盘管或排管中的冷水加热后,送到贮水箱或贮水罐以供使用。这是一种节约燃料且不污染环境的热水供应方式,但在冬季日照时间短或阴雨天气时效果较差,需要备有其他热源和设备使水加热,如图4-3(d)所示。

二、集中热水供应系统原理图

集中热水供应方式有下行上给全循环供水方式、上行下给式全循环管网方式、干管下行上给半循环管网方式、不设循环管道的上行下给管网方式四种方式。

1. 下行上给全循环供水方式

干管下行上给全循环供水方式,由两大循环系统组成,图4-4(a)为干管下行上给全循环供水方式。

(1)第一循环系统。锅炉、水加热器、凝结水箱、水泵及热媒管道等构成第一循环系统,其作用是制备热水。

(2)第二循环系统。主要由上部贮水箱、冷水管、热水管、循环管及水泵等构成,其作用是输配热水。锅炉生产的蒸汽,经蒸汽管进入容积式水加热器的盘管,把热量传给冷水后变为冷凝水,经疏水器与凝结水管流入凝结水池,然后用凝结水泵送入锅炉加热,继续产生蒸汽。冷水自给水箱经冷水管从下部进入水加热器,热水从上部流出,经敷设在系统下部的热水干管和立管、支管分送到各用水点。为了能经常保证所要求的热水温度,设置了循环干管和立管,以水泵为循环动力,使热水经常循环流动,不致因管道散热而降低水温。该系统适用于热水用水量大、要求较高的建筑。

2. 上行下给式全循环管网方式

把热水输配干管敷设在系统上部,此时循环立管是由每根热水立管下部延伸而成。这种方式，一般适用在五层以上，并且对热水温度的稳定性要求较高的建筑。因配水管与回水管之间的高差较大，往往可以采用不设循环水泵的自然循环系统。图 4-4(b)为上行下给式全循环管网方式示意图。这种系统的缺点是不便维护和检修管道。

3. 下行上给半循环管网方式

干管下行上给半循环管网方式，适用于对水温的稳定性要求不高的五层以下建筑物，比全循环方式节省管材。图 4-4(c)为下行上给半循环管网方式示意图。

4. 不设循环管道的上行下给管网方式

不设循环管道的上行下给管网方式，适用于浴室、生产车间等建筑物内。这种方式的优点是节省管材，缺点是每次供应热水前需排泄掉管中冷水。图 4-4(d)为不设循环管道的上行下给管网方式示意图。

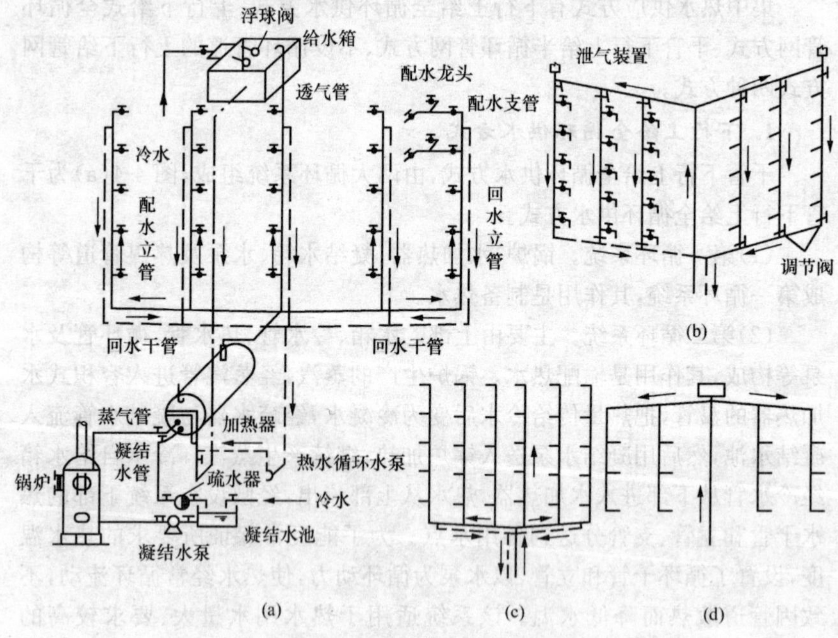

图 4-4 集中热水供应方式

(a)下行上给式全循环管网；(b)上行下给式全循环管网；

(c)下行上给式半循环管网；(d)上行下给式管网

三、区域热水供应系统原理图

区域热水供应方式如图 4-5 所示。水在区域性锅炉房或热交换站集中加热，通过市政热水管网输送至整个建筑群、城市街道或整个工业企业的热水供应系统。

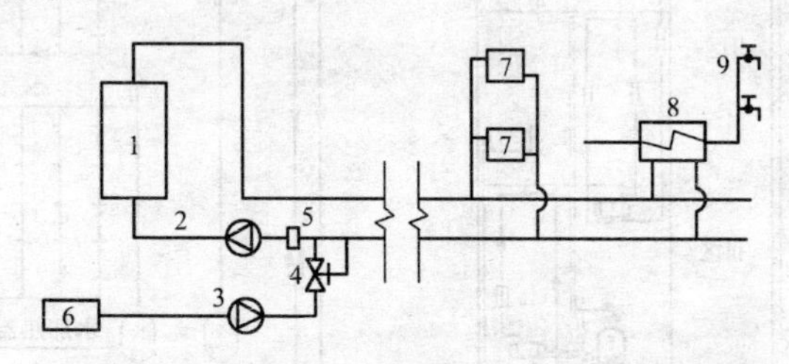

图 4-5　区域热水供应系统

1—热水锅炉；2—循环水泵；3—补给水泵；4—压力调节阀；5—除污器；6—补充水处理装置；7—供暖散热器；8—生活热水加热器；9—生活用热水

区域性热水供应方式，除热源形式不同外其他内容均与集中热水供应方式无异。室内热水供应系统与室外热力网路的连接方式同供暖系统与室外热网的连接方式。

四、高层建筑热水供应系统原理图

高层建筑热水系统同冷水系统一样应采用竖向分区供水，如图 4-6 所示。高层建筑热水系统主要有集中设置加热设备的供水系统、减压分区供水系统、分区设置加热设备的供水系统三种方式。

1. 集中设置加热设备的供水系统

图 4-7 为容积式水加热的供水系统。各区的加热设备集中设置在建筑底层或地下室。各供水区加热器的冷水来自各区技术层的冷水箱，以保持冷、热水压力的平衡。各区加热器所加热的热水通过热水配水管网供本区配水设备，各区的循环回水通过回水管回到本区的加热器内。

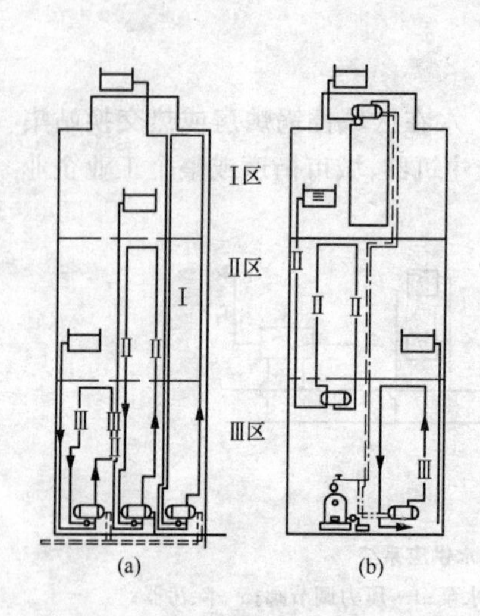

图 4-6 高层建筑热水集中供应方式

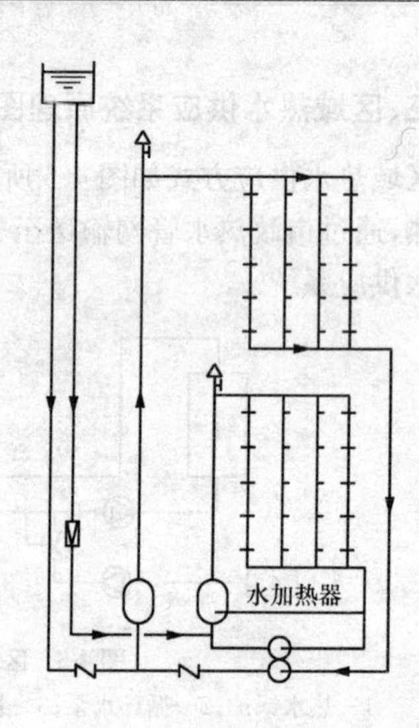

图 4-7 容积式水加热的供水系统原理图

2. 减压分区供水系统

图 4-8 为集中设置加热设备的各区减压的供水系统，图 4-9 为集中设备加热器，各用水支管减压的供水系统，各低区用户只能实现干管循环。

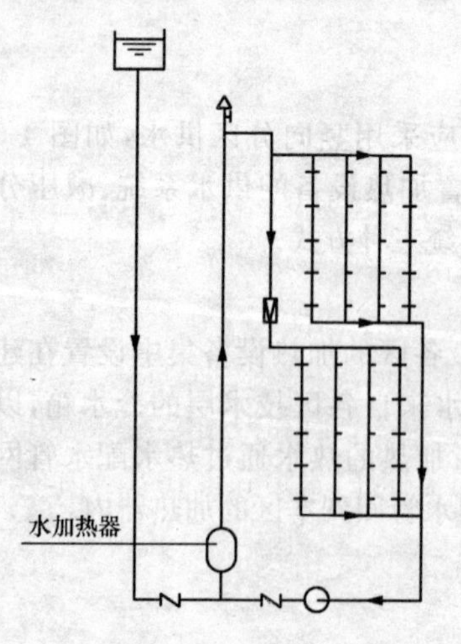

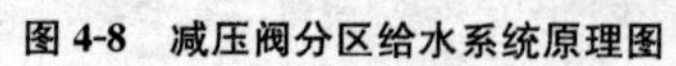
图 4-8 减压阀分区给水系统原理图

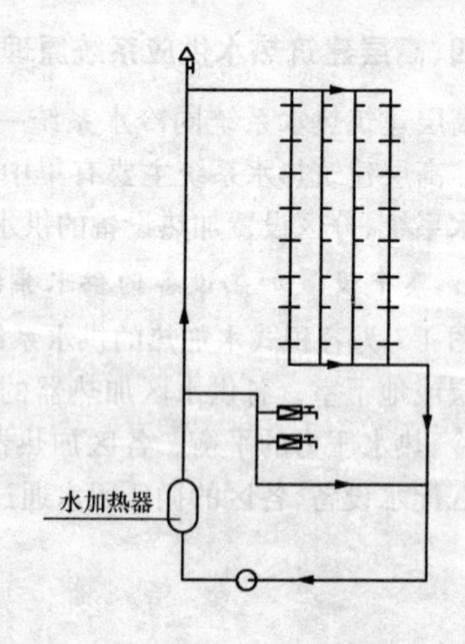

图 4-9 减压阀减压、干管循环系统示意图

第三节　室内热水供应系统施工图识读

一、室内热水供应系统施工图构成

室内热水供应系统主要包括热媒系统、热水系统及附件热水供应系统。工程图样可分为平面图、系统图和详图。

1. 平面图

热水平面图是反映热水管道及设备平面布置的图样。

(1)平面图的内容。

1)热水器具的平面位置、规格、数量及敷设方式。

2)热水管道系统的干管、立管、支管的平面位置、走向,立管编号。

3)热水管管上阀门、固定支架、补偿器等的平面位置。

4)与热水系统有关的设备的平面位置、规格、型号及设备连接管的平面布置。

5)热水引入管、入口地沟情况,热媒的来源、流向与室外热水管网的连接。

6)管道及设备安装所需的预留洞、预埋件、管沟等,搞清与土建施工的关系和要求。

(2)平面图的绘制。管道平面图是在管道系统之上水平剖切后的水平投影,通常按正投影进行绘制,一般情况下不考虑其可见性,管道系统用单线绘制。

若为多层房屋,其平面图原则上应分层绘制,热水管道系统相同的楼层平面可以绘制一个平面图,称其为标准层平面图。

房屋平面尺寸的底层平面图中标注有轴线、室内地面标高、室外地面的整平标高、各层地面标高。管道及设备以墙面和柱面为基准标注。管道的管径、坡度和标高一般不在平面图上标注,管道长度在安装时以实测尺寸为准,因此,图中也不用标注。

2. 系统图

热水的管道系统图反映了热水供应系统管道在空间的布置形式,清楚地表明了干管与立管,以及立管、支管与用水器具之间的连接方式。

(1)系统图的内容。

1)热水引入管的标高、管径及走向。

2)管道附件安装的位置、标高、数量、规格等。

3)热水管道的横干管、横支管的空间走向、管径、坡度等。

4)热水立管当超过1根时,应进行编号,并应与平面图编号相对应。

5)管道设备安装预留洞及管沟尺寸、规格等。

(2)系统图的绘制。热水系统图是以立管为主要表现对象,以平面图左端立管为起点,自左向右按编号依次顺序均匀排列。

1)热水横管以首根立管为起点,按平面图的连接顺序顺次连接,若水平布置成环网时,系统图也成环状形式。

2)立管上的引出管在该层水平绘出,如支管上的热水器具另有详图时,其支管在分户水表后断开,但要注明另见详图及详图编号。

3)当空间交叉的管道在图中相交时,在相交处将挡在后面或下面的管线断开。

4)当各层管网布置相同时,不必层层重复画出,而只需在管道省略符号(折断处)标注"同某层"即可。

5)当系统布置复杂,一部分管道和热水用水器具被另一部分管道和热水用水器具遮拦时,可以把被遮挡部分的立管断开,注上字母,然后再在一旁画出被断的部分,断端同样注出该字母以示为连接处。

6)应标注楼层地面线,楼地面线层高相同的应等距离绘制,夹层、跃层、同层升降部分应以楼层线表示,并注明楼层层数和建筑标高。

7)管道阀门、附件及管道连接的画法具有示意性,只需示意性绘出。

8)热水系统引入管应绘出穿墙轴线号。

9)立管、横管均应标注管径。

二、室内热水供应系统图识读

1. 热水供应系统图识读方法

(1)粗看图纸封面。了解热水供应建筑的名称、设计单位和设计日期。

(2)从图纸目录中了解施工图纸的设计张数、设计内容。

(3)了解设计说明上的内容,掌握建筑高度、层数、室外热源的位置和距离等内容，特别要了解图样中所选用的管材、管件、阀门等的质量要求和连接方式。

(4)识读平面图。在平面图中观察热水干管、循环回水干管的布置，热水用具和连接热水器的立管、横支管。然后从底层平面图上看热水的引入管位置，室外、室内地沟的位置与连接。

(5)识读系统图。一般和平面图对照看，从水加热器开始，到热水干管、立管、用水器具，对热水供应系统给水方式和循环方式，循环管网的空间走向，横干管、立管的位置走向及管道连接，热水附件的安装位置及标高、管径、坡度等进行了解。

(6)根据设计图样或标准图样，详查卫生器具的安装，管道穿墙、穿楼板的做法。查看设计图样上所表示的管道防腐绝热的施工方法和所选用的材料等。

2. 热水供应系统图识读实例

热水供应系统图识读时，首先要了解建筑的名称及房屋热水设备的布置情况，观察外墙轴线的编号，了解浴室在建筑物的位置，以便于浴室管道的定位。

【例 4-1】 图 4-10 为某学生公寓淋浴间热水供应平面图，试对其进行识读。

【解】 图 4-10 中淋浴间设在外墙轴线①和②之间。分设男女浴室和更衣室。淋浴间开间 13.2m，进深 11.8m，地面标高为 H—0.020，表示淋浴间比相应的楼层面低 0.02m。男女浴室各布置 5 个淋浴喷头和 2 个洗手盆，男女浴室的喷头对称布置，女浴室沿轴线①(墙)布置 3 个喷头，喷头间距为 900mm，喷头与墙的最小间距为 425mm，与柱的距离为 320mm，2 个洗手盆布置在女浴室右侧边墙，间距为 605mm，与外墙间距为 505mm。

淋浴间设有冷水和热水两条管道系统，冷水用符号 DJ 表示，热水用符号 R 表示，图中轴线©轴线②相交处的淋浴间外墙，设有冷水立管 RJL-2 和热水立管 RJL-1。热水立管的管径为 DN50，穿过轴线②(墙)布置一环形水平干管，分别与男女浴室布置的 10 个喷头及 4 个洗脸盆相连接。

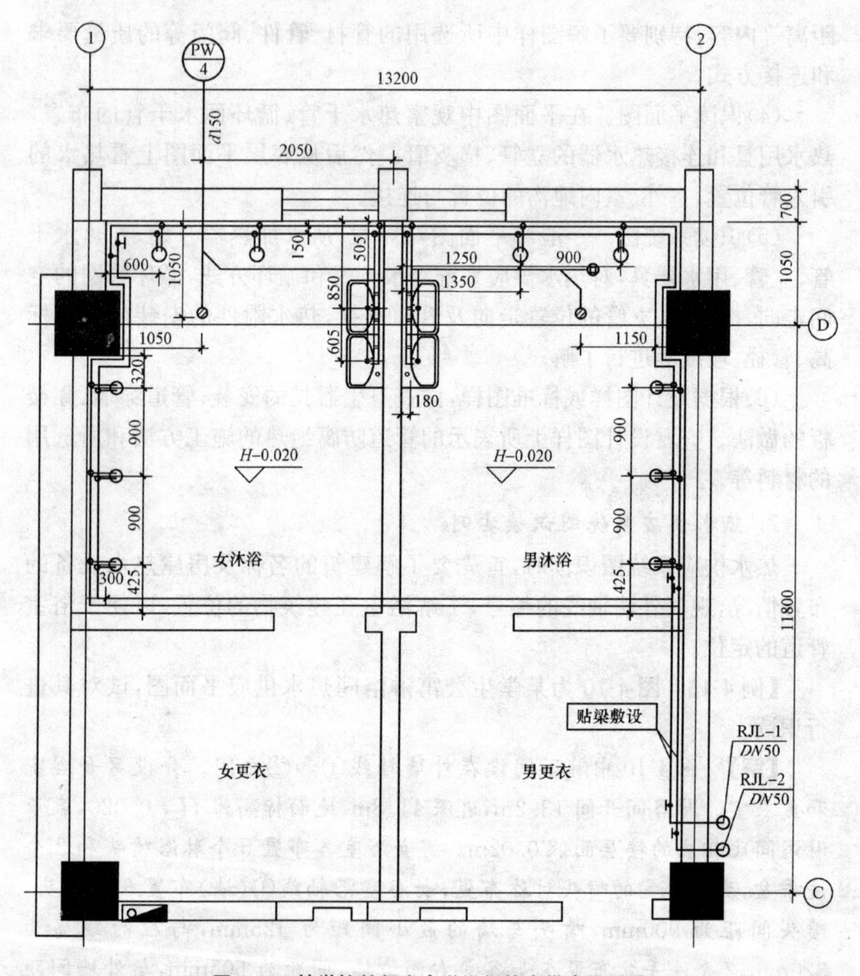

图 4-10　某学校教师宿舍淋浴间热水供应平面图

【例 4-2】 图 4-11 为某学校教师公寓淋浴间热水供应轴测图，试进行识读。

【解】 图中表示了热水横管的空间走向。热水给水管沿淋浴间内墙成环布置，表示出管径、标高等内容。比例为 1∶100，热水立管编号为 RJL-1，与平面图的编号一致。系统图热水横管管径为 DN50，横管标高 H+3.05，表示横管距楼面的安装高度为 3.05m。淋浴器的支管管径为

DN20，高为 H+1.15，表示淋浴器横支管距楼面的安装高度为 1.15m。每个淋浴器有调节水温、水量的阀门，系统图支管顶部的三角形图例表示淋浴喷头。洗手盆的支管管径分别为 DN25。洗手盆的横支管标高为 H+0.80，表示洗手盆的横支管距楼面的安装高度为 0.80m。

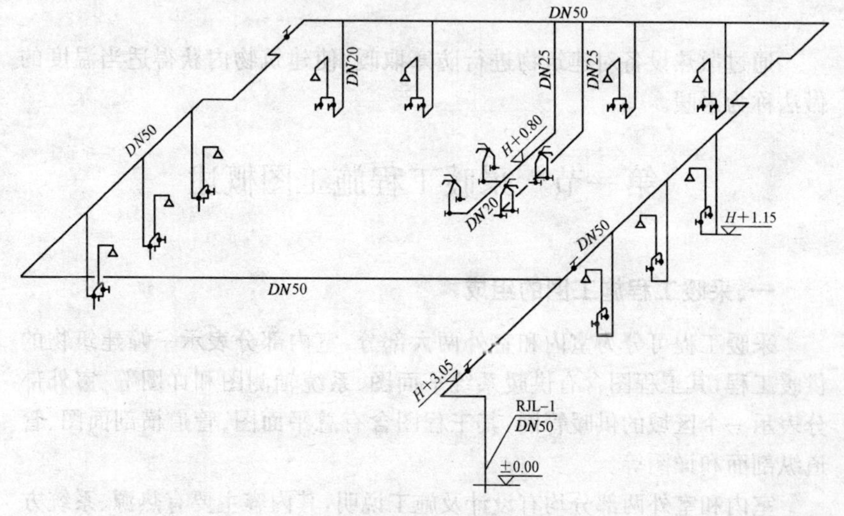

图 4-11　某学校教师宿舍淋浴间热水供应轴测图

第五章　采暖工程施工图识读

通过散热设备对建筑物进行防寒取暖，使建筑物内获得适当温度的做法称为采暖。

第一节　采暖工程施工图概述

一、采暖工程施工图的组成

采暖工程可分为室内和室外两大部分，室内部分表示一幢建筑物的供暖工程，其工程图含有供暖系统平面图、系统轴测图和详图等；室外部分表示一个区域的供暖管网，其工程图含有总平面图、管道横剖面图、管道纵剖面和详图等。

室内和室外两部分均有设计及施工说明，其内容主要有热源、系统方案及用户要求等设计依据，以及材料和施工等要求。

二、采暖工程施工图的分类

室内采暖施工图包括设计总说明、采暖工程平面图、系统图、详图，设备及主要材料表共五部分。

1. 设计总说明

设计总说明是用文字对在施工图样上无法表示出来而又非要施工人员知道不可的内容予以说明，如建筑物的采暖面积、热源种类、热媒参数、系统总热负荷、系统形式、进出口压力差、散热器形式和安装方式、管道敷设方式以及防腐、保温、水压试验的做法及要求等。

2. 采暖工程平面图

平面图主要表示建筑物各层供暖管道和采暖设备在平面上的分布以及管道的走向、排列和各部分的尺寸。视水平主管敷设位置的不同，采暖施工图应分层表示。平面图常用的比例有1∶100、1∶200和1∶50,在图中均有注明。

3. 采暖工程系统图

采暖系统图能反映出采暖系统的组成及管线的空间走向和实际位置。

4. 采暖详图

在采暖平面图和系统图难以表达清楚而又无法用文字加以说明问题的时候,便可以用详图表示。

5. 设备、材料表

设备、材料表是用表格的形式反映采暖工程所需的主要设备,各类管道、管件、阀门以及其他材料的名称、规格、型号和数量。

三、采暖工程施工图常用图例及表示方法

1. 采暖工程施工图常用图例

(1)采暖设备的常用图例符号(表5-1)。

表5-1 采暖设备图例

序号	名称	图　例	附　注
1	散热器及手动放气阀	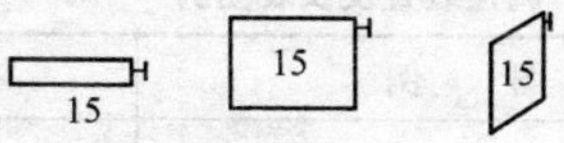 15　15　15	左为平面图画法,中为剖面图画法,右为系统图、Y轴测图画法
2	散热器及控制阀	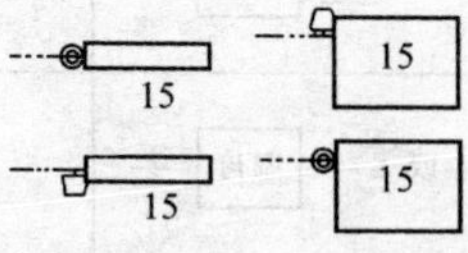 15　15 15　15	左为平面图画法,右为剖面图画法
3	轴流风机	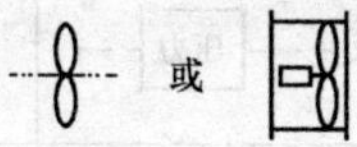 或	
4	离心风机		左为左式风机,右为右式风机

（续）

序号	名称	图　　例	附　　注
5	水泵		左侧为进水，右侧为出水
6	空气加热、冷却器		左、中分别为单加热、单冷却，右为双功能换热装置
7	板式换热器	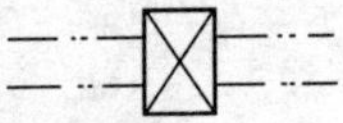	
8	空气过滤器	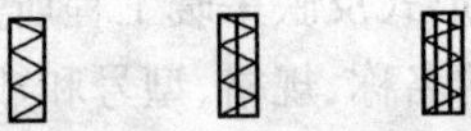	左为粗效，中为中效，右为高效
9	电加热器		
10	加湿器		
11	挡水板		

(2)调控装置及仪表的常用图例（表5-2）。

表5-2　调控装置及仪表图例

序号	名称	图　　例	附　　注
1	温度传感器	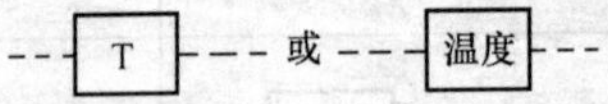 T　或　温度	
2	湿度传感器	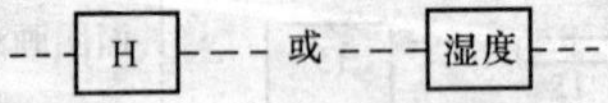 H　或　湿度	
3	压力传感器	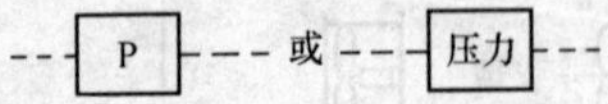 P　或　压力	
4	压差传感器	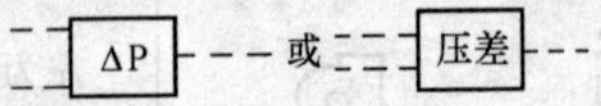 ΔP　或　压差	

（续一）

序号	名称	图　　例	附　　注
5	弹簧执行机构		如弹簧式安全阀
6	重力执行机构		
7	浮力执行机构		如浮球阀
8	活塞执行机构		
9	膜片执行机构		
10	电动执行机构	或	如电动调节阀
11	电磁（双位）执行机构	M 或	如电磁阀 M
12	记录仪		
13	温度计	T 或	左为圆盘式温度表，右为管式温度计
14	压力表	或	

（续二）

序号	名称	图例	附注
15	流量计	 F.M. 或	
16	能量计	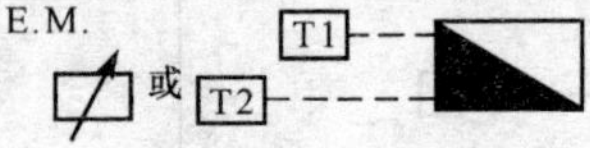 E.M. 或 T1 T2	
17	水流开关	 F	

2. 采暖工程施工图的表示方法

(1)管道转向、连接和交叉的表示方法(表 5-3)。

表 5-3 管道转向、连接和交叉的表示方法

序号	立面图	平面图	系统图	说明
1	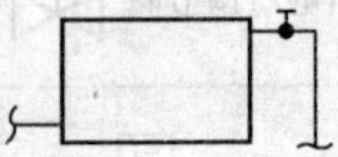		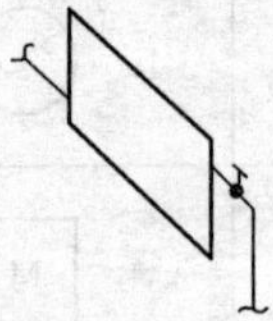	本层支管接立管向下转弯
2	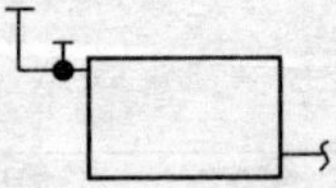		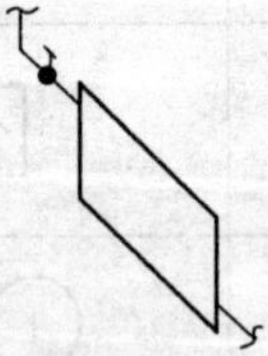	立管自上层来接支管
3	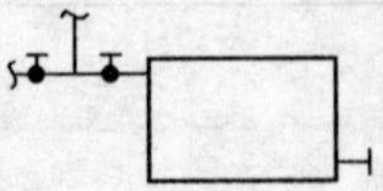		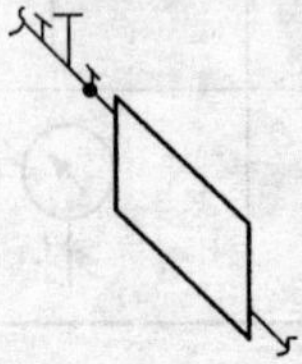	立管自上层来接支管

（续）

序号	立面图	平面图	系统图	说　明
4	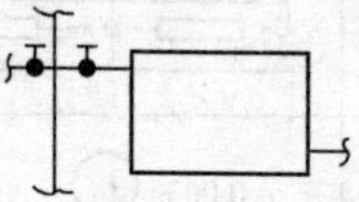		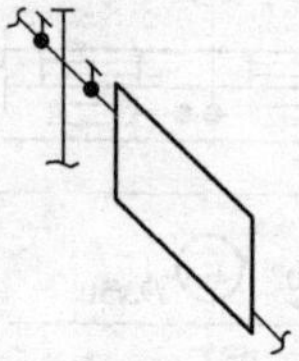	立管自上层来接支管所引往下层
5	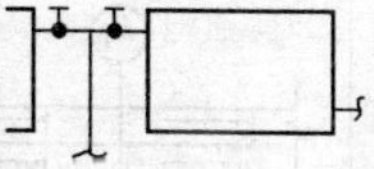		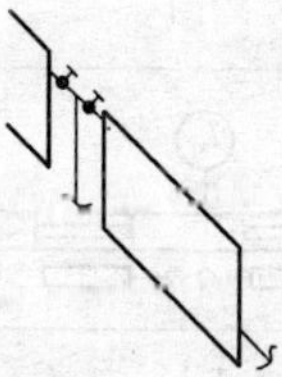	立管自本层引向下层
6	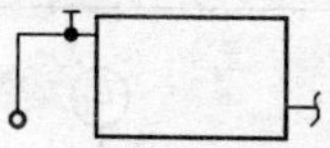		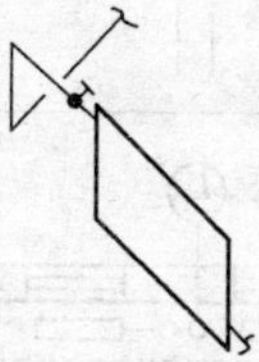	立面图上的圆弧是干管，平面图上的圆弧是立管
7	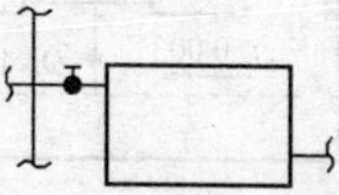	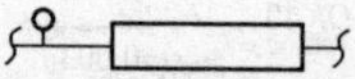	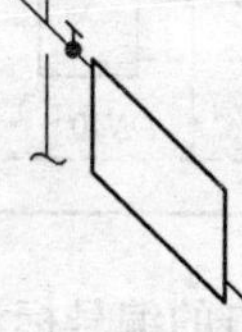	立管和支管不相交（错开）

（2）散热器及其连接的管道图示方法（表 5-4）。

表 5-4 散热器及其连接的管道图示方法

项目		双管上供下回式	双管下供下回式	单管垂直式
顶层	平面图	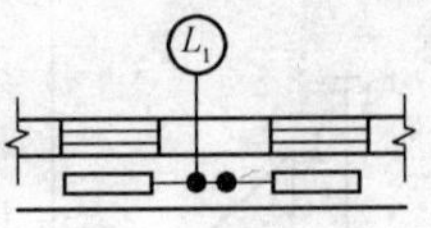 L_1	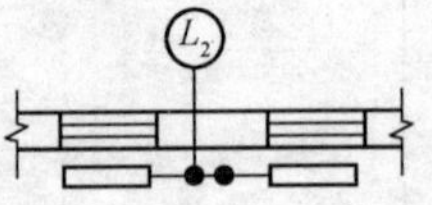 L_2	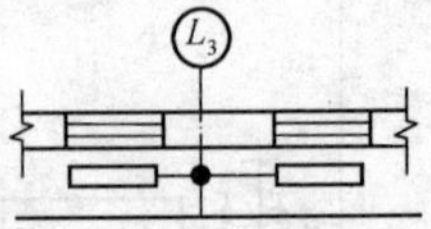 L_3
	系统图	i=0.003 L_1 DN50 DN20	L_2 DN20	i=0.003 L_1 DN50 DN20
标准层	平面图	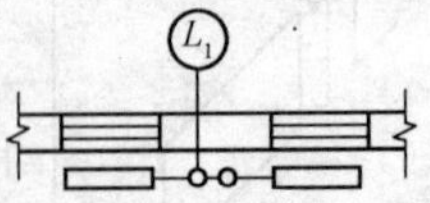 L_1	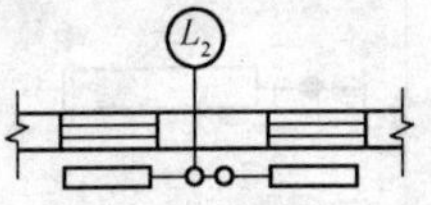 L_2	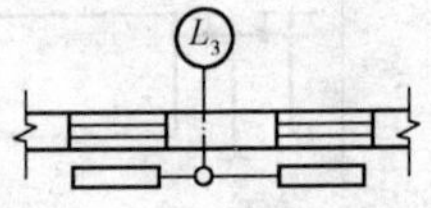 L_3
	系统图	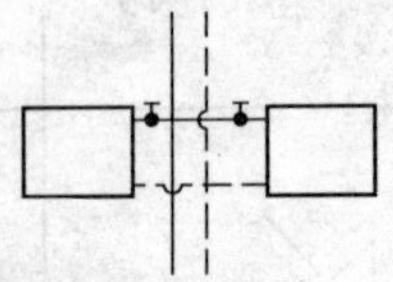	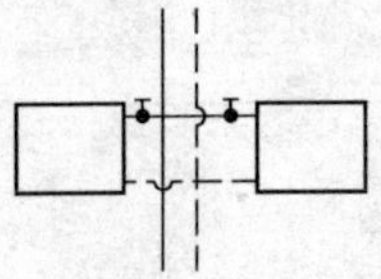	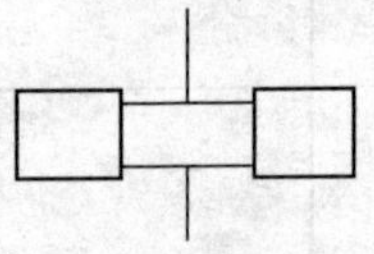
底层	平面图	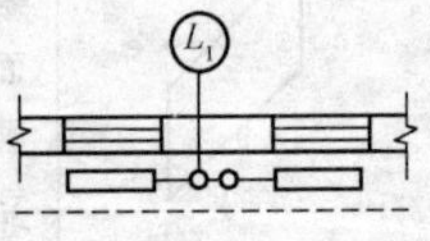 L_1	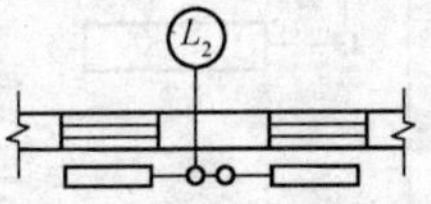 L_2	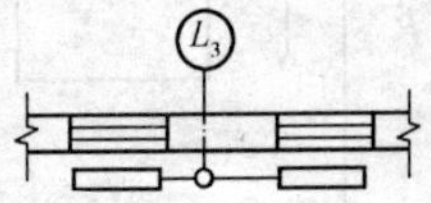 L_3
	系统图	DN20 DN20 i=0.003 DN40	i=0.003 DN20 DN20 DN40 DN40 i=0.003	DN20 i=0.003 DN40

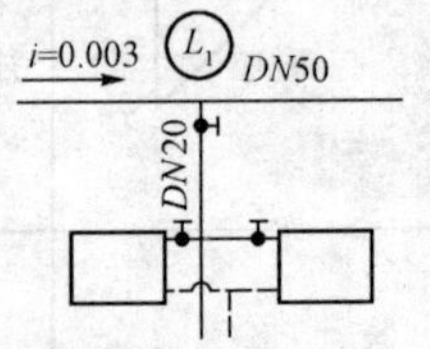

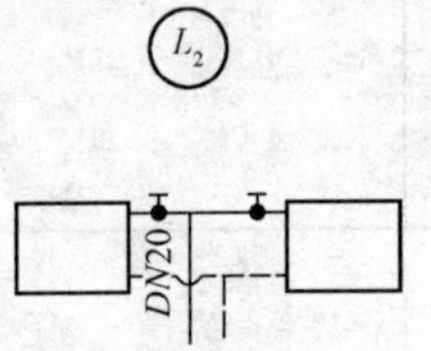

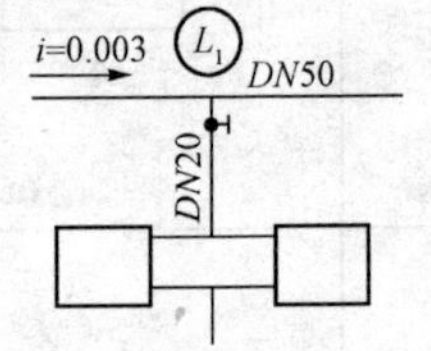

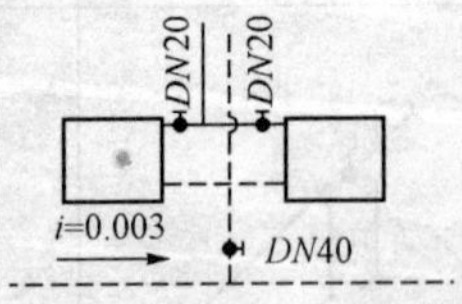

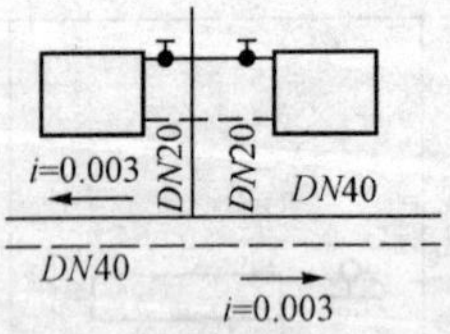

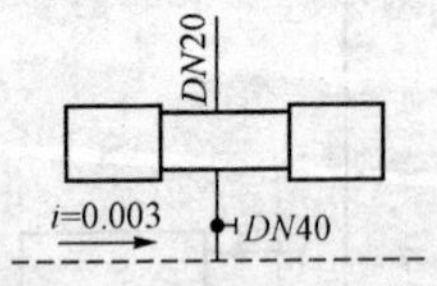

(3)采暖入口的编号标注方法(图 5-1)。采暖入口的编号标注方法如图 5-1(a)所示。采暖入口的符号为带圆圈的“R”,脚标为序号。采暖供水立管在平面图中的编号标注方法如图 5-1(b)、(c)所示,在系统图中的编号标注方法如图 5-1(d)所示。

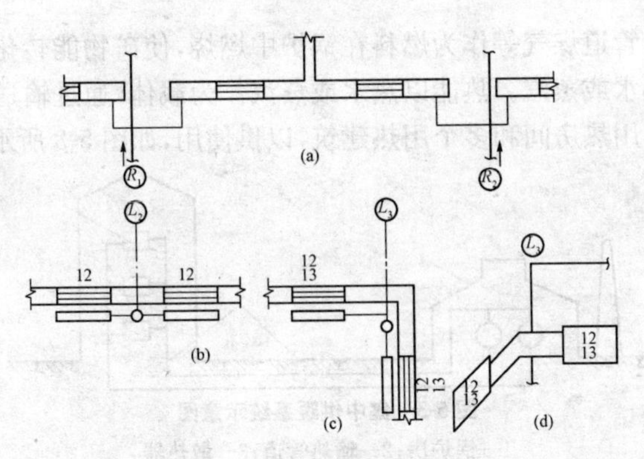

图 5-1　采暖立管编号标注方法

(4)散热器规格和数量的标注方法。散热器在平面图上一般用窄长的小长方形表示，无论由几片组成，每组散热器一般都画成图样人小。各种形式散热器的规格和数量按以下规定标注：

1)圆翼型散热器标注“根数×排数”，如图 5-2(a)所示。

2)光管散热器标注“管径×长度×排数”，如图 5-2(b)所示。

3)串片式散热器标注“长度×排数”，如图 5-2(c)所示。

4)柱式散热器只标注数量，如图 5-2(d)所示。

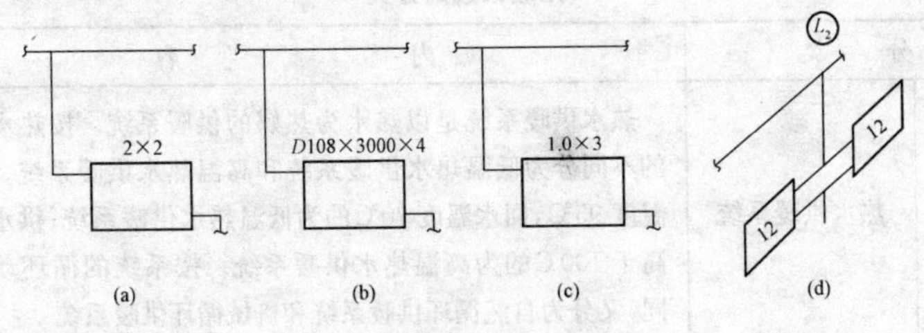

图 5-2　散热器标注方法

第二节　室内采暖系统简介

一、室内采暖系统的组成

室内采暖系统主要有热源、管道系统及散热设备三部分组成。

(1)热源。热源即热介质制备设备，它通常是以煤、重油、轻油、天然气、液化气、管道煤气等作为燃料在锅炉中燃烧，使矿物能转化为热能，将水加热成热水或蒸汽。热能以热水或蒸汽作为载体，通过输送管道、管网输送到各个用热房间和多个用热建筑，以供使用，如图 5-3 所示。

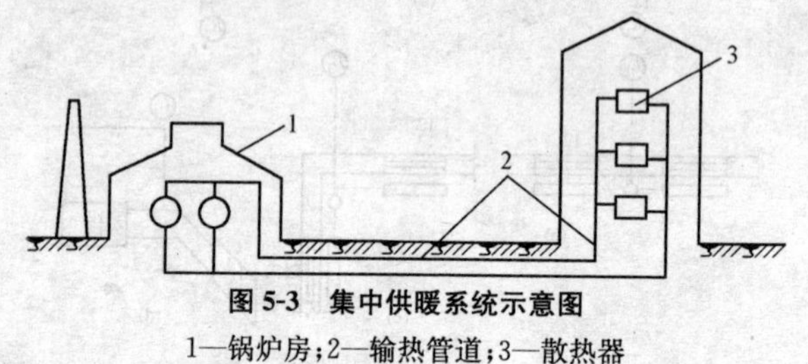

图 5-3 集中供暖系统示意图

1—锅炉房；2—输热管道；3—散热器

(2)管道系统。将热源提供的热量通过热媒输送到热用户，散热冷却后又返回热源的闭式循环网络。热源到热用户散热设备之间的连接管道称为供热管，经散热设备散热后返回热源的管道称为回水管。

(3)散热设备。散热设备是指供暖房间的各式散热器。

二、采暖系统的分类

采暖系统通常可按热媒与供热区域进行划分，见表 5-5。

表 5-5 采暖系统的分类

分类		内容
按热媒分类	热水供暖系统	热水供暖系统是以热水为热媒的供暖系统。按热水温度的不同分为低温热水供暖系统和高温热水供暖系统。供水温度 95℃，回水温度 70℃的为低温热水供暖系统；供水温度高于 100℃的为高温热水供暖系统。按系统的循环动力不同，又分为自然循环供暖系统和机械循环供暖系统
	蒸汽供暖系统	蒸汽供暖系统是以蒸汽为热媒的供暖系统。按热媒蒸汽压力的不同又分为低压蒸汽供暖系统和高压蒸汽供暖系统，蒸汽压力高于 70kPa 为高压蒸汽供暖系统，蒸汽压力低于 70kPa 为低压蒸汽供暖系统，蒸汽压力小于大气压的为真空蒸汽供暖系统
	热风供暖系统	热风供暖系统是以空气为热媒的供暖系统。又分为集中送风系统和暖风机系统

（续）

分类		内容
按供热区域划分	局部供暖系统	热源、管道、散热设备连成一整体。如火炉供暖、煤气供暖、电热供暖等
	集中供暖系统	锅炉单独设在锅炉房内或城市热网的换热站，通过管道同时向一幢或多幢建筑物供热的供暖系统
	区域供暖系统	由一个区域锅炉房或换热站向城镇的某个生活区、商业区或厂区集中供热的系统

三、采暖系统的形式

采暖系统主要有热水供暖系统、蒸汽供暖系统、热风供暖系统及高层建筑供暖系统四种形式。

1. 热水供暖系统

热水供暖系统主要有自然循环热水供暖系统、机械循环热水供暖系统两种。

(1)自然循环热水供暖系统。以水的不同温度差为动力而进行循环的系统，称为自然循环系统，自然循环热水供暖系统由加热中心（锅炉）、散热设备供水管道、回水管道和膨胀水箱等组成，如图 5-4 所示。

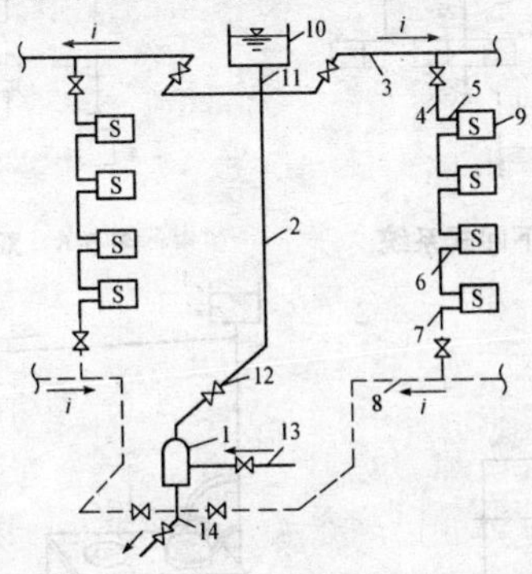

图 5-4　自然循环热水供暖系统图

1—热水锅炉；2—总立管；3—供水干管；4—供水立管；5—供水支管；6—回水支管；7—回水立管；8—回水干管；9—散热器；10—膨胀水箱；11—膨胀管；12—控制阀门；13—冷水管（接自来水）；14—泄水管（接下水道）

自然循环常用的形式有单管上供下回式、双管上供下回式、单户式和简易式，见表 5-6。

表 5-6 自然循环常用的形式

序号	形式	说明
1	单管上供下回式	单管上供下回式适用于作用半径不超过 50m 的多层建筑。图 5-5 为单管上供下回式系统示意图
2	双管上供下回式	双管上供下回式适用于作用半径不超过 50m 的 3 层(≤10m)以下的建筑。图 5-6 为双管上供下回式系统示意图
3	单户式	单户式适用于作用半径不超过 50m 的 3 层(≤10m)以下建筑。图 5-7 为单户式自然循环热水系统示意图
4	简易式	在没有设置集中采暖系统的住宅建筑，居民往往采用较为实用的简易散热器采暖系统。图 5-8 为简易散热器采暖系统。其中高于膨胀水箱的透气管解决了水平管排气问题；置于炉口的再加热器加大了循环动力

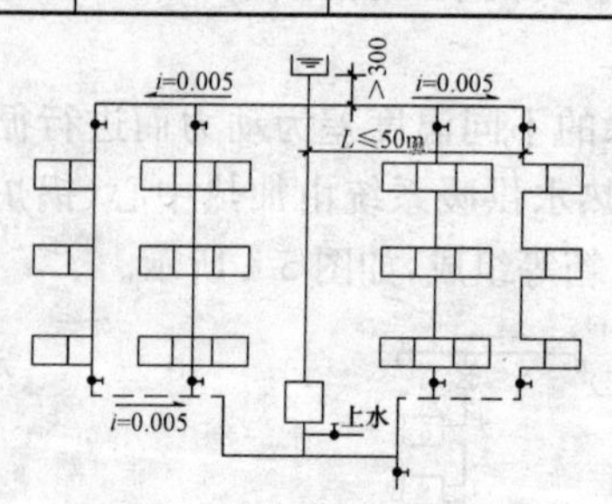

图 5-5 单管上供下回式系统

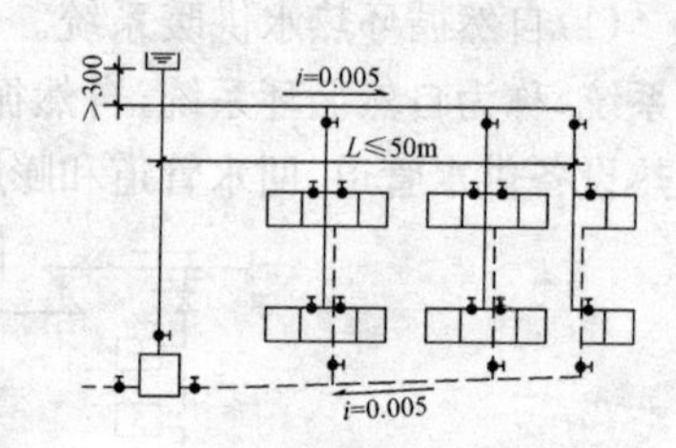

图 5-6 双管上供下回式系统

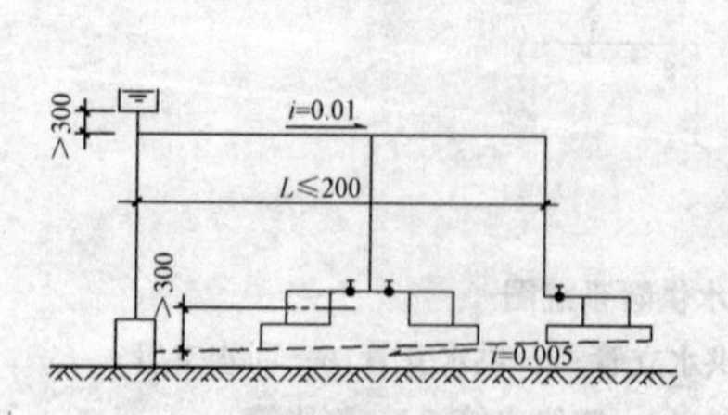

图 5-7 单户式自然循环热水系统

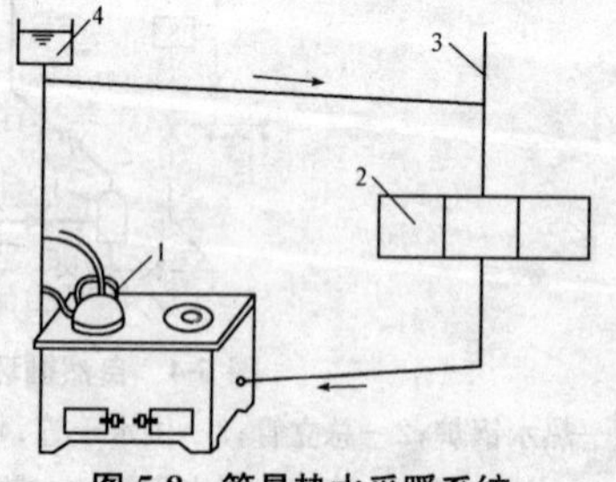

图 5-8 简易热水采暖系统

1—再加热器；2—散热器；3—暖气管；4—膨胀水箱

(2)机械循环热水供暖系统。机械循环热水供暖系统是依靠水泵提供的动力克服流动阻力使热水流动循环的系统,其主要由热水锅炉、供水管道、散热器、回水管道、循环水泵、膨胀水箱、排气装置、控制附件等组成,如图5-9所示为机械循环热水供暖系统示意图。

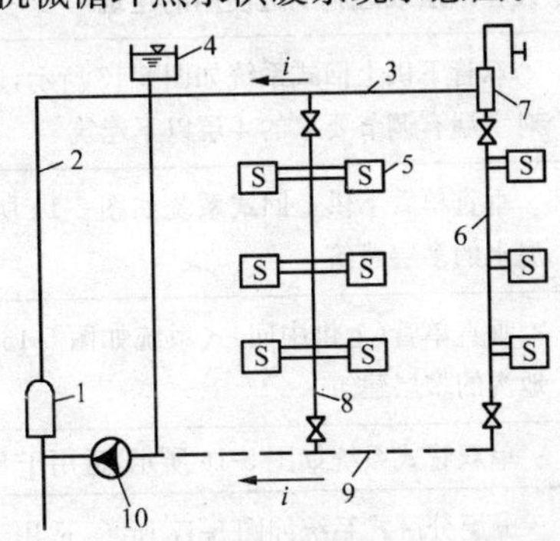

图 5-9　机械循环热水供暖系统示意图(单管式)

1—热水锅炉;2—供水总立管;3—供水干管;4—膨胀水箱;5—散热器;6—供水立管;7—集气罐;8—回水立管;9—回水干管;10—循环水泵(回水泵)

机械循环热水供暖系统常用的形式有双管上供下回式系统、双管下供下回式系统、双管中供式热水系统、双管下供上回式系统、垂直单管下供上回式系统、垂直单管上供中回式、单双管式系统、分层分区系统、双水箱分层式系统、低压双管上供下回式十种,见表5-7。

表 5-7　　机械循环常用的形式

序号	形　式	说　明
1	双管上供下回式	双管上供下回式如图5-10所示,适用于对室温有调节要求的4层以下建筑
2	双管下供下回式	双管下供下回式如图5-11所示,适用于对室温有调节要求且顶层不能铺设干管的4层以下建筑。 与上供下回式相比,优点是减少了主立管长度,热损失较小,上下层冷热不均的问题不太突出,可随楼层由下向上安装,施工进度快。缺点是排气较复杂,造价高,运行管理不方便

（续）

序号	形　式	说　明
3	双管中供式	双管中供式热水系统如图 5-12 所示，适用于供水干管无法铺设在顶层或边施工边使用的建筑
4	双管下供上回式	双管下供上回式系统如图 5-13 所示，适用于热介质为高温水，对室温有调节要求的 4 层以下建筑
5	垂直单管下供上回式	垂直单管下供上回式系统如图 5-14 所示，适用于热介质为高温水的多层建筑
6	垂直单管上供中回式	垂直单管(上供中回)式系统如图 5-15 所示，适用于不易设置地沟的多层建筑
7	单双管式	单双管式系统如图 5-16 所示，适用于 8 层以上建筑
8	分层分区式	分层分区式系统如图 5-17 所示，适用于高温热水源的多层建筑和高层建筑
9	双水箱分层式	双水箱分层式系统如图 5-18 所示，适用于低温热源的多层和高层建筑
10	低压双管上供下回式	低压双管上供下回式系统如图 5-19 所示，适用于室温需调节的多层建筑

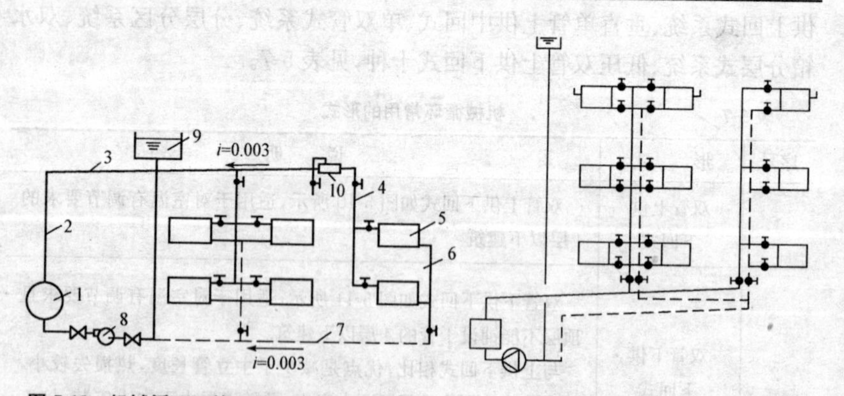

图 5-10　机械循环双管上供下回式热水供暖系统

1—锅炉；2—总立管；3—供水干管；4—供水立管；5—散热器；6—回水立管；7—回水干管；8—水泵；9—膨胀水箱；10—集气罐

图 5-11　双管(下供下回)式系统

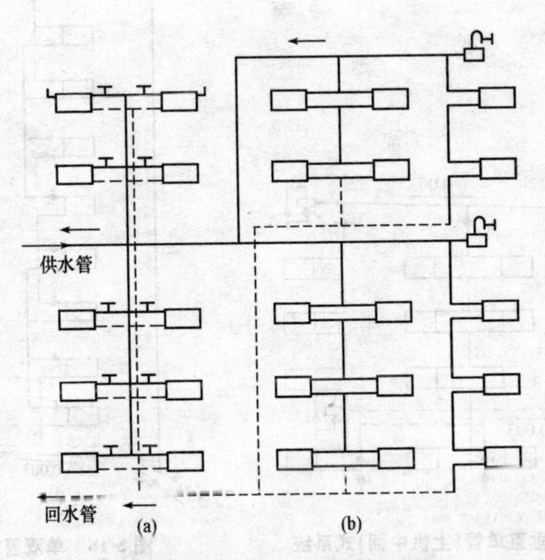

图 5-12　双管中供式热水供暖系统

(a)上部系统—下供下回式双管系统；(b)下部系统—上供下回式单管系统

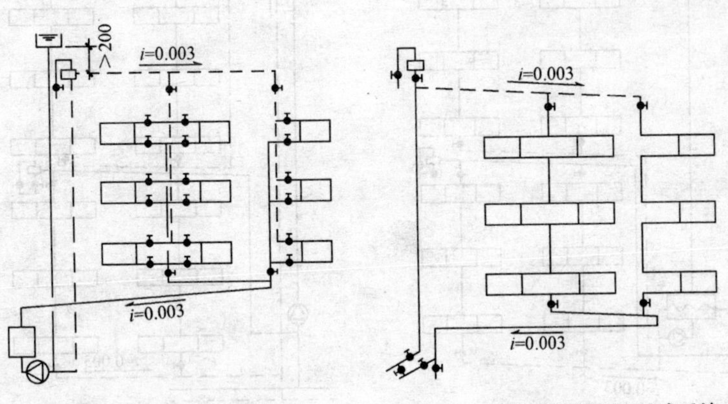

图 5-13　双管(下供上回)式系统　　图 5-14　垂直单管(下供上回)式系统

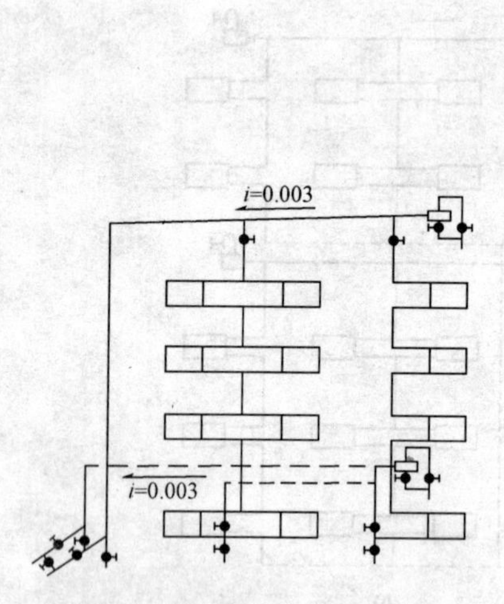

图 5-15　垂直单管(上供中回)式系统

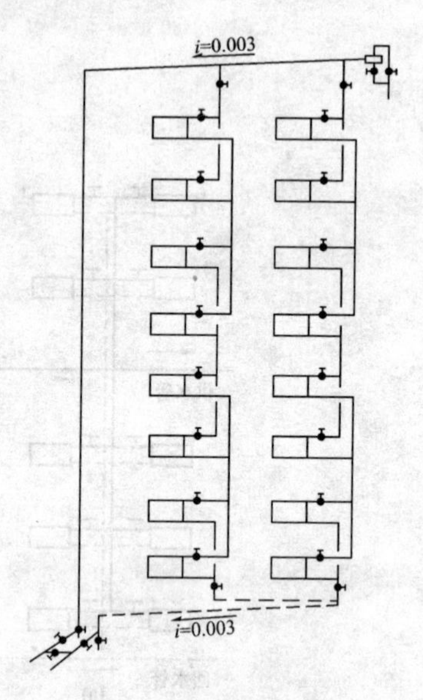

图 5-16　单双管式系统

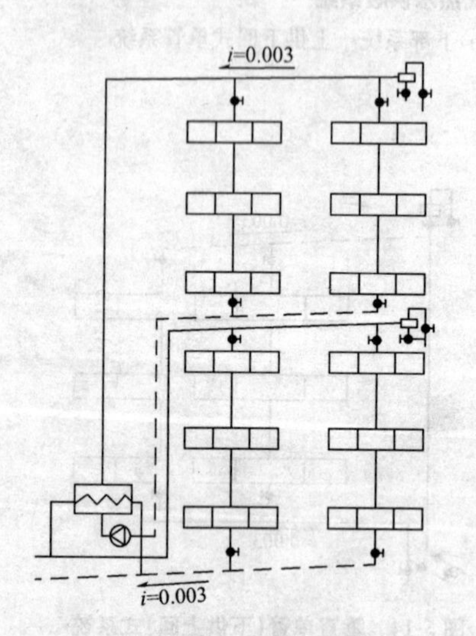

图 5-17　分层分区式系统

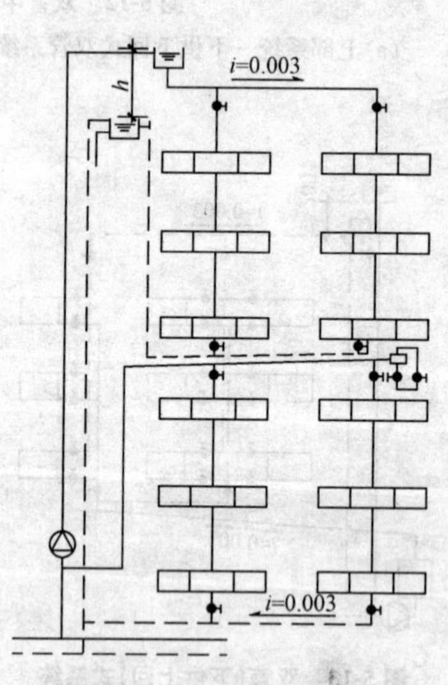

图 5-18　双水箱分层式系统

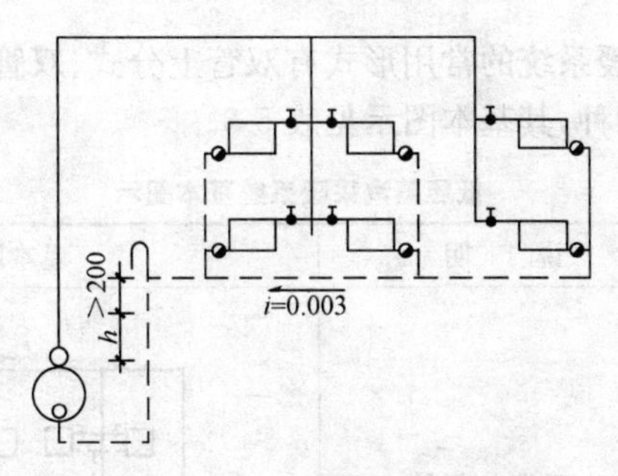

图 5-19　低压双管上供下回式系统

2. 蒸汽供暖系统

蒸汽采暖系统是以水蒸气作为热煤,饱和水蒸气凝结时,可以放出数量很大的汽化潜热,这个热量可通过散热器传给房间。

蒸汽供暖系统常用的形式有低压蒸汽供暖系统与高压蒸汽供暖系统两种。

(1)低压蒸汽供暖系统。图 5-20 为低压蒸汽供暖系统工作原理示意图。低压蒸汽系统的工作原理:锅炉产生的低压蒸汽经主立管、干管、立支管进入散热器,放出汽化潜热后,经装在散热器出口的回水盒与凝结水管连接,靠重力流入开式凝结水箱,然后再用水泵送入锅炉。为能顺利地排出凝结水,蒸汽与凝结水水平干管均应敷设有 3‰~5‰沿流向下降的坡度。而且在每组散热器出口装低压疏水器(亦称回水盒),如图 5-21 所示为回水盒示意图。

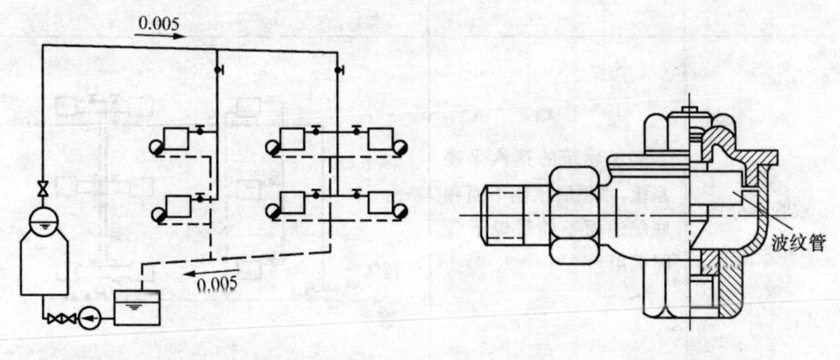

图 5-20　低压蒸汽供暖系统示意图　　　　图 5-21　回水盒示意图

低压蒸汽采暖系统的常用形式有双管上分式、双管下分式、双管中分式、重力回水式四种，其基本图示见表 5-8。

表 5-8 低压蒸汽采暖系统基本图示

类型	说　明	基本图示
双管上分式	蒸汽干管与凝结水管完全分开，蒸汽干管敷设在顶层房间的顶棚下或吊顶上	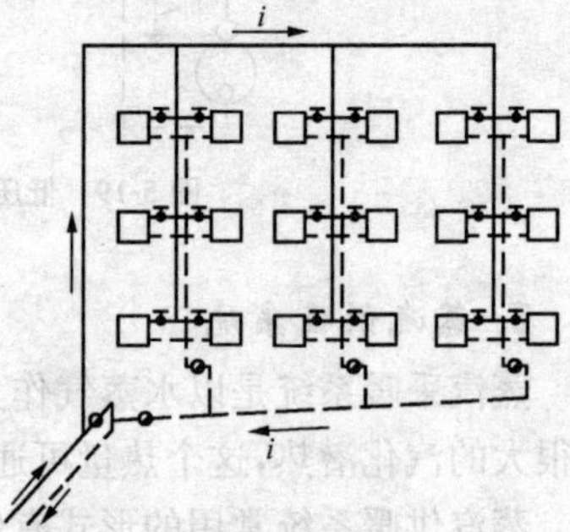
双管下分式	蒸汽干管和凝结水干管敷设在底层地面下专用的采暖地沟内。蒸汽通过立管向上供气	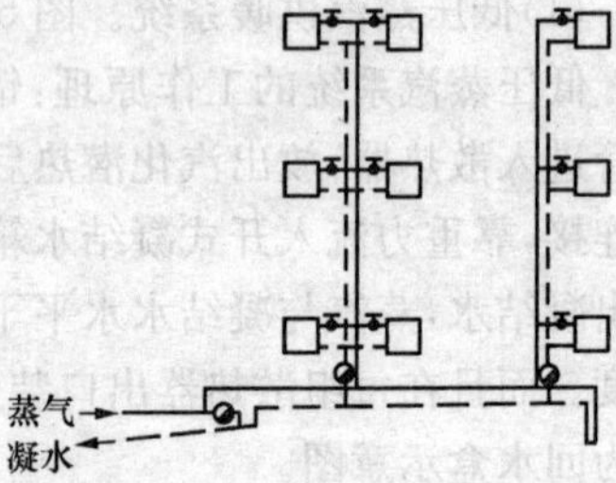 蒸气 凝水
双管中分式	多层建筑的蒸汽采暖系统，当顶层顶棚下面和底层地面不能敷设干管时采用	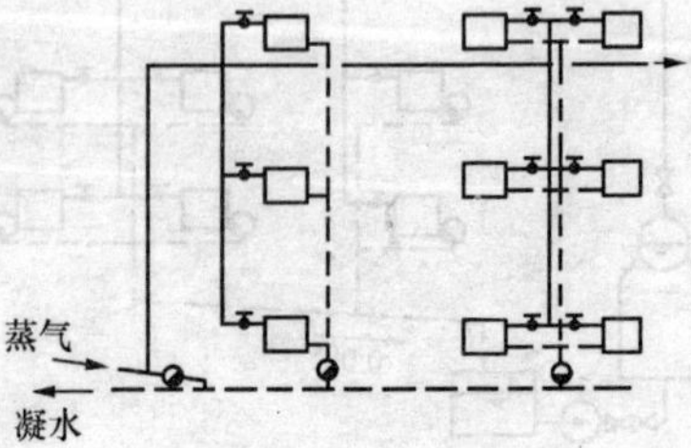 蒸气 凝水

（续）

类型	说　明	基本图示
重力回水式	这种系统要求锅炉房位置很低。锅炉内水面高度要比凝结水干管至少低 2.25m	空气管 II II 250 h I I

(2)高压蒸汽采暖系统。当系统热力入口处的工作压力大于 70kPa 时为高压蒸汽供暖系统，高压蒸汽系统具有较好的经济性，但由于温度高，易烫伤人，而且会使房间的卫生条件差。

图5-22为工业厂房引入口和高压蒸汽供暖系统工作原理示意图。其工作原理是：蒸汽首先进入第一分汽缸，由此分出管道供生产用蒸汽。然后经减压阀降到低压进入第二分汽缸，由此分出管道供暖用蒸汽。高压蒸汽疏水不同于低压蒸汽，不是在每组散热器上装回水盒，而是在凝结水干管末端集中装高压疏水器。凝结水流动是有压力的，经疏水器后还有一定的余压，靠余压可将凝结水通过室外管道输送回到锅炉房。而且在蒸汽管入口最低点和分汽缸下均应装疏水器，以便排除凝结水。

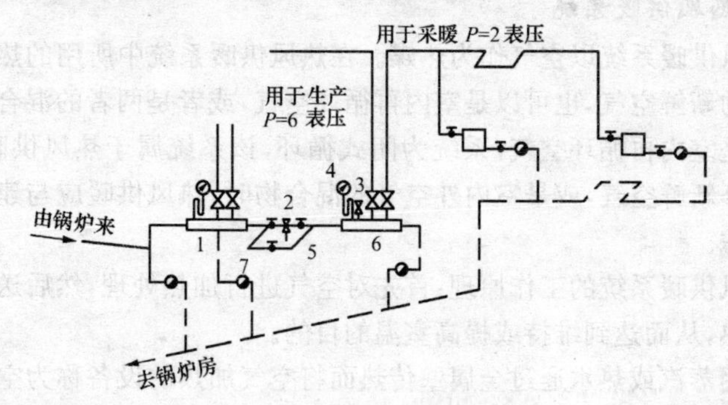

图 5-22　高压蒸汽供暖系统

1—第一分汽缸；2—减压阀；3—安全阀；

4—压力表；5—旁通管；6—第二分汽缸；7—疏水器

高压蒸汽供暖系统常用的疏水器有倒吊筒式和热动力式等，图 5-23 为热动力式疏水器。凝结水及空气可经阀孔 A、环形槽 B，从孔 C 排出。当蒸汽流入时，阀板将关闭，不能通过。

(3)蒸汽供暖与热水供暖系统的比较。蒸汽供暖和热水供暖各有其优缺点，主要分述如下：

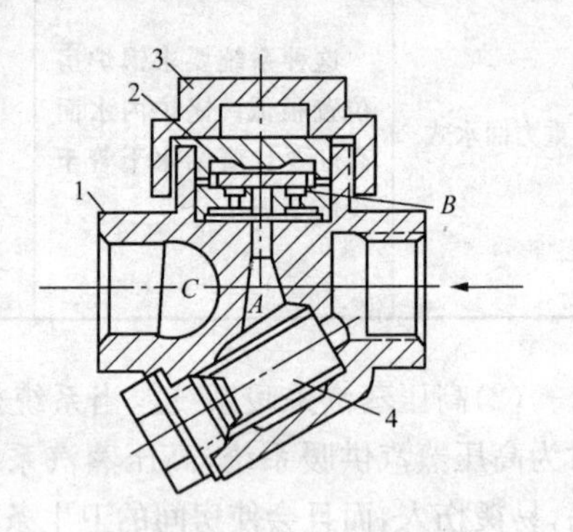

图 5-23　热动力式疏水器

1—阀体；2—阀板；3—阀盖；4—过滤器

1)蒸汽供暖系统的优点是热媒温度高，所需散热器数量少；

2)蒸汽供暖系统的蒸汽密度比水的密度小得多，产生的水静压力很小；蒸汽流速大，热惰性小，热得快冷得也快；

3)蒸汽供暖系统中蒸汽在输送过程中热损失很大，消耗燃料极多；

4)蒸汽供暖系统需经常管理维修，运行管理费用高；

5)在蒸汽供暖系统中，管道和散热器的表面温度高，易烫伤，卫生条件不好。因此，对卫生要求较高的建筑物，如住宅、学校、医院、幼儿园等宜采用热水供暖系统。

3. 热风供暖系统

热风供暖系统以空气作为热媒。在热风供暖系统中所用的热媒可以是室外的新鲜空气，也可以是室内再循环空气，或者是两者的混合体。若热媒仅是室内再循环空气，系统为闭式循环，该系统属于热风供暖；若热媒是室外新鲜空气，或是室内外空气的混合物时，热风供暖应与建筑通风统筹考虑。

热风供暖系统的工作原理：首先对空气进行加热处理，然后送入供胶房间放热，从而达到维持或提高室温的目的。

利用蒸汽或热水通过金属壁传热而将空气加热的设备称为空气加热器。常用的空气加热器有 SR2、SRL 两种型号，图 5-24 为 SRL 型空气加热器外形示意图。

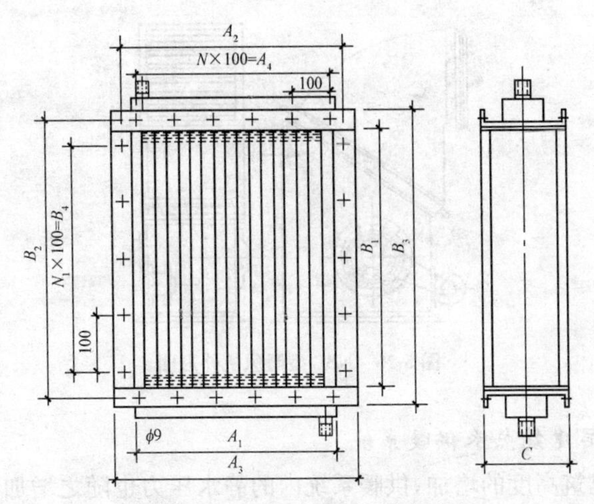

图 5-24　SRL 型空气加热器外形图

热风供暖有集中送风、管道送风、暖风机等多种形式。在采用室内空气再循环的热风供暖系统时，最常用的是暖风机供暖方式。暖风机是由通风电动机以及空气加热器组合而成的供暖机组。暖风机按构造可分为轴流式和离心式两种类型；按其使用热媒的不同又有蒸汽暖风机、热水暖风机、蒸汽热水两用暖风机、冷热水两用暖风机等多种形式。

图 5-25 所示为 NA 型暖风机外形图，这种暖风机是用蒸汽或热水来加热空气。图 5-26 所示为 NBL 型暖风机外形图，这种暖风机直接放在地上。

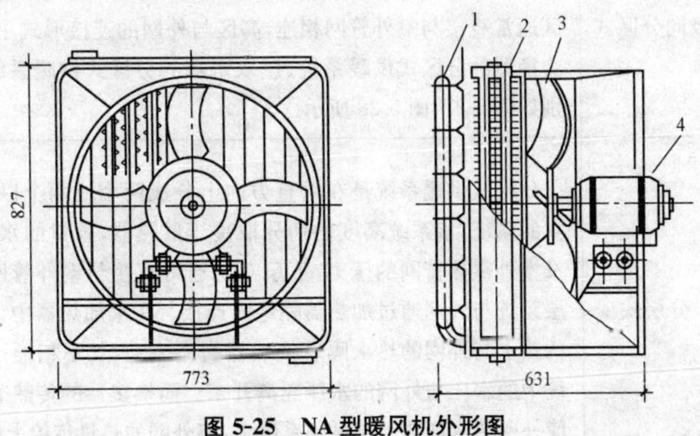

图 5-25　NA 型暖风机外形图

1—导向板；2—空气加热器；3—轴流风机；4—电动机

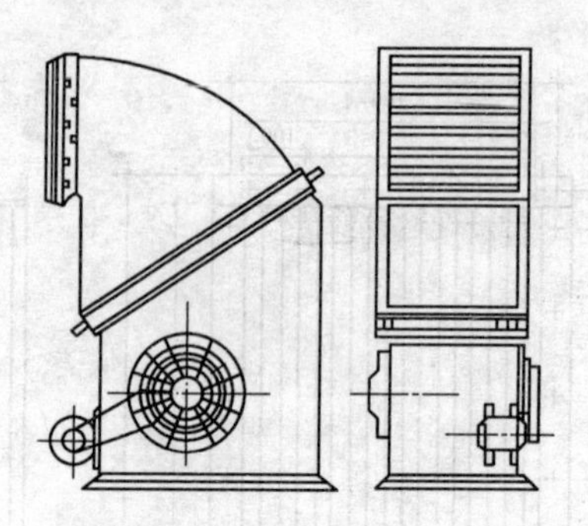

图 5-26 NBL 型暖风机外形图

4. 高层建筑热水供暖系统

随着建筑高度的增加，供暖系统内的静水压力也随之增加，而散热设备、管材的承受能力是有限的。此外，建筑物高度的增加，会使系统垂直失调的问题加剧。为减轻垂直失调，一个垂直单管供暖系统所供的层数不应大于 12 层，同时立管与散热器的连接可采用其他方式。高层建筑热水供暖系统的主要形式有竖向分区式供暖系统、分层式供暖系统、双线单管式供暖系统及单、双管混合式系统四种，见表 5-9。

表 5-9 高层建筑热水供暖系统的主要形式

序号	形式	说明
1	竖向分区式	高层建筑热水采暖系统在垂直方向上分成两个或两个以上的独立系统称为竖向分区式采暖系统图，竖向分区式采暖系统的低区通常直接与室外管网相连，高区与外网的连接形式主要有设热交换器的分区式供暖系统、设双水箱的分区式供暖系统两种，分别如图 5-27、图 5-28 所示
2	分层式	分层式供暖系统是在垂直方向上分成两个或两个以上相互独立的系统，该系统高度的切分取决于散热器，管材的水压能力以及室外供热管网的压力，下层系统通常直接与室外管网连接，上层系统与外网通过加热器隔绝式连接。在水加热器中，上层系统的热水与外网的热水隔着换热器表面流动，互不相通，使上层系统中的水压与外网的水压隔离开来。而换热器的传热表面，却能使外网热水加热上层循环系统水，将外网的热量传给上层系统

（续）

序号	形式	说　明
3	双线单管式	双线单管式采暖系统是由垂直或水平的“n”形单管连接而成的。散热设备通常采用承压能力较高的蛇形管或辐射板。高层建筑的双线式采暖系统有垂直双线单管式采暖系统和水平双线单管式采暖系统，分别如图 5-29、图 5-30 所示
4	单、双管混合式	单、双管混合式是将散热器在垂直方向上分为几组，每组内采用双管形式，组与组之间用单管相连。该系统避免了垂直失调现象，而且某些散热器能局部调节

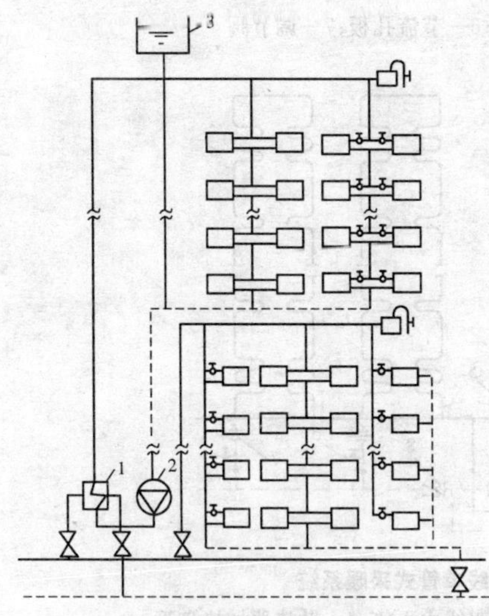

图 5-27　设热交换器的分区式供暖系统

1—热交换器；2—循环水泵；3—膨胀水箱

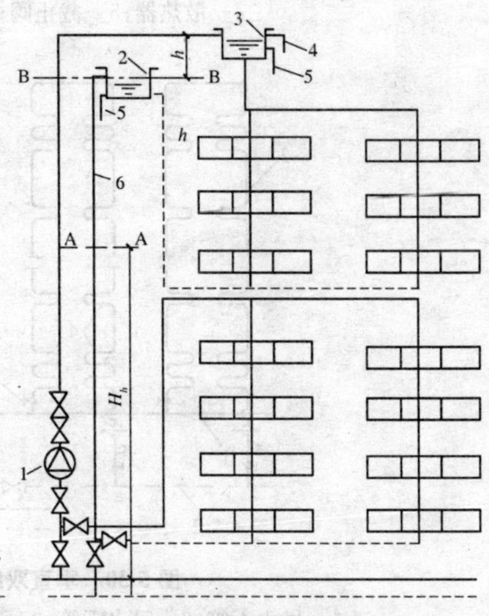

图 5-28　设双水箱的分区式供暖系统

1—加压水泵；2—回水箱；3—进水箱；4—进水箱溢流管；5—信号管；6—回水箱溢流管

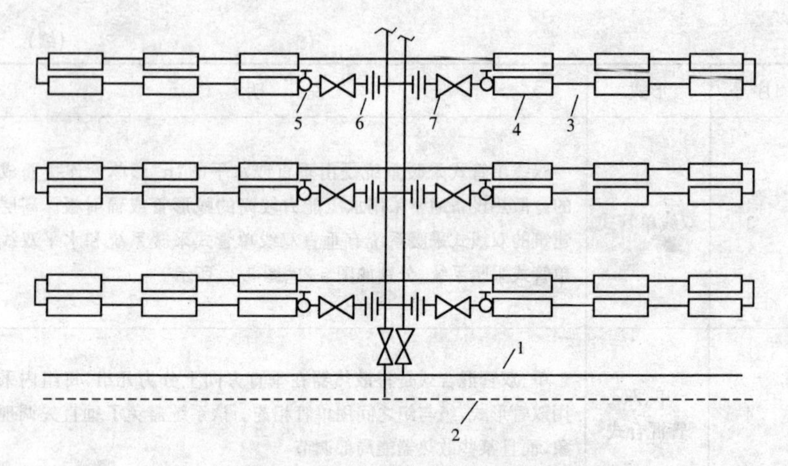

图 5-29　水平双线单管式供暖系统

1—供水干管；2—回水干管；3—双线水平管；
4—散热器；5—截止阀；6—节流孔板；7—调节阀

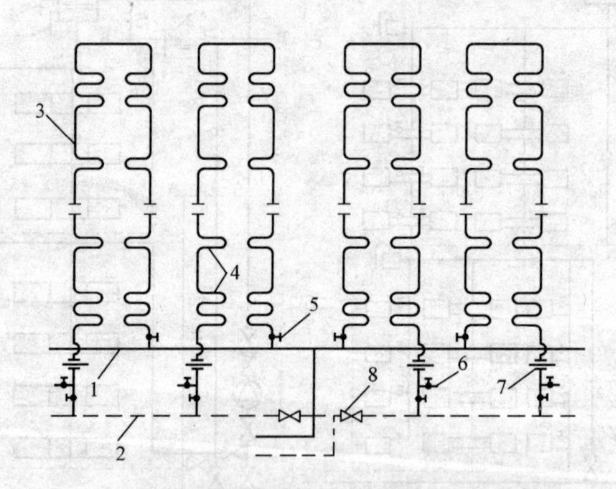

图 5-30　垂直双线单管式采暖系统

1—供水干管；2—回水干管；3—双线水平管；4—散热器加热盘管；
5—截止阀；6—排气阀；7—节流孔板；8—调节阀

四、供热系统热源及设备附件

1. 供热系统热源

(1)锅炉。锅炉是供热之源。锅炉是由锅炉本体、附件和仪表及附属设备三部分组成的。锅炉及锅炉房设备的任务，在于安全可靠，经济有效地把燃料的化学能转化为热能，将热能传递给水，以生产热水成蒸汽。图5-31为锅炉房设备简图。

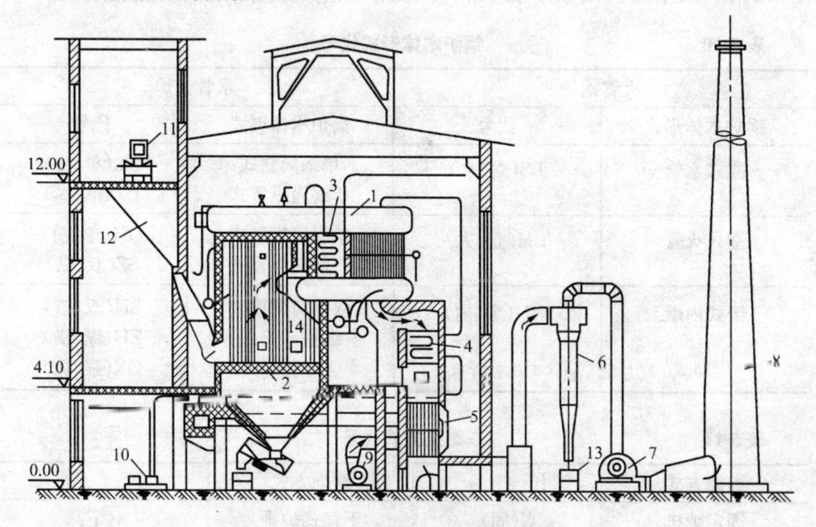

图 5-31　锅炉房设备简图

1—汽锅；2—翻转炉排；3—蒸汽过热器；4—省煤器；5—空气预热器；6—除尘器；7—引风机；8—烟囱；9—送风机；10—给水泵；11—皮带运输机；12—煤斗；13—灰车；14—水冷壁

1)锅炉的分类。锅炉主要分为动力锅炉与工业供热锅炉两种。用于动力、发电方面的锅炉，称为动力锅炉；用于工业、采暖方面的锅炉，称为工业供热锅炉。

2)锅炉的型号。供热锅炉型号由三部分组成，各部分间用短横线相连，如图5-32所示。

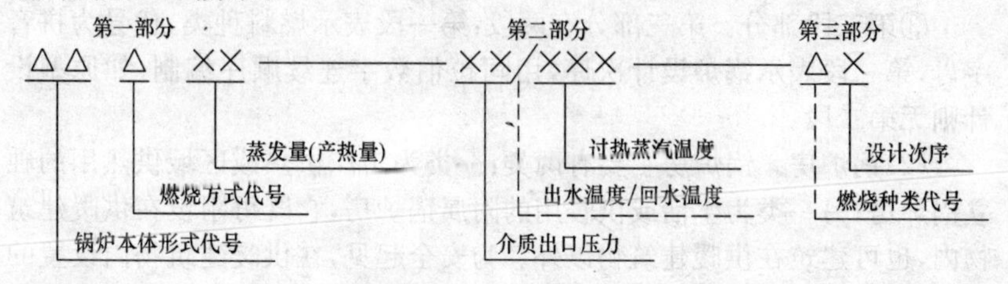

图 5-32　锅炉型号表示

①第一部分。第一部分有三段:第一段表示锅炉本体形式,代号为两个汉语拼音字母,见表 5-10;第二段表示燃烧方式,代号为一个拼音字母,见表 5-11;第三段用阿拉伯数字表示蒸发量或产热量或废热锅炉的受热面积。

表 5-10　锅炉本体形式代号

火管锅炉		水管锅炉	
锅炉本体形式	代号	锅炉本体型式	代号
立式水管	LS(立、水)	单锅筒立式 单锅筒纵置式	DL(单、立) DZ(单、纵)
立式火管	LH(立、火)	单锅筒横置式 双锅筒纵置式	DH(单、横) SZ(双、纵)
卧式内燃	WN(卧、内)	双锅筒横置式 纵横锅筒式 强制循环式	SH(双、横) ZH(纵、横) QX(强、循)

表 5-11　燃烧方式代号

燃烧方式	代　号	燃烧方式	代　号
固定炉排	G(固)	下饲式炉排	A(下)
活动手摇炉排	H(活)	往复推饲炉排	W(往)
链条炉排	L(链)	沸腾炉	F(沸)
抛煤机	P(抛)	半沸腾炉	B(半)
倒转炉排加抛煤机	D(倒)	室燃炉	S(室)
振动炉排	Z(振)	旋风炉	X(旋)

②第二段部分。第二部分有两段,中间用斜线分开。第一段用阿拉伯数字表示额定工作压力。第二段用阿拉伯数字表示过热蒸汽温度或热水温度。生产饱和蒸汽的锅炉无斜线与第二段。

③第三段部分。第三部分有两段:第一段表示燃料种类,代号为拼音字母,第二段表示锅炉设计次序,用阿拉伯数字连续顺序编制,如原型设计则无第二段。

(2)锅炉房。锅炉房主要有两类:一类为工厂供热或区域供热用的独立锅炉房;另一类为生活或供暖用的附属锅炉房,它既可附设在供暖建筑物内,也可建筑在供暖建筑物以外。为安全起见,在供暖建筑物内设置的锅炉只能是低压锅炉。这两类锅炉房并无本质差异,只是大小、繁简稍有差别而已，在本节中主要介绍一类锅炉房。

1)锅炉房的位置。

①锅炉房的位置应力求靠近供暖建筑物的中央，这样可减少供暖系统的作用半径，并有助于供暖系统各环路间的阻力平衡。

②应尽量减少烟灰对环境的影响，锅炉房一般应位于建筑物供暖季主导风向的下风方向。

③锅炉房的位置应便于运输和堆放燃料与灰渣。

④在锅炉房内除安放锅炉外，还应合理地布置储煤处、鼓风机、水处理设备、凝结水箱及冷凝水泵、循环水泵、厕所浴室及休息室等。

⑤锅炉房应有较好的自然采光，且锅炉的正面应尽量朝向窗户。

⑥锅炉房的位置应符合安全防火的规定。

⑦用建筑物的地下室作为锅炉房时，应有可靠的防止地面水和地下水侵入的措施。此外，地下室的地坪应具有向排水地漏倾斜的坡度。

⑧锅炉房应有两个单独通往室外的出口，分别设在相对的两侧。但当锅炉前端走道的总长度(包括锅炉之间的通道在内)不超过 12m 时，锅炉房可只设一个出入口。

⑨锅炉应安装在单独的基础上。

2)锅炉房主要尺寸的确定。在锅炉房中，要合理地配置和安装各种设备，以保证安装、运行及检修的方便和安全可靠。

①锅炉房平面尺寸应依据锅炉、其他设备烟道的位置、尺寸和数量而定：锅炉前部到锅炉房前墙的距离，一般不小于 3m。对于需要在炉前操作的锅炉，此距离应大于燃烧室总长 1.5m 以上。

②锅炉房的高度应依据锅炉高度而定，在一般情况下，锅炉房的顶棚或屋架下弦应比锅炉高 2.0m。但当锅炉房采用木屋架时，则屋架下弦要至少高于锅炉 3m。

(3)烟道。燃料燃烧所生成的烟气，一般由锅炉后部排入水平烟道。水平烟道有两种布置方法：一种是将它放到锅炉房的地面下；另一种是放在地面上。烟道的安置应注意几方面：

1)在砌筑地下烟道时，应注意防水并要保持烟道内壁光滑和严密。

2)在由锅炉引出的水平烟道上，应设闸板，以调节烟气的流量。为了消除烟道内的积灰，在水平烟道转弯、分叉及设闸板处，应设置专门的清扫口，清扫口应当用盖子盖严。

3)水平烟道的净截面，应根据该烟道内烟气的流量和流速来确定。

烟气量取决于燃料的消耗量、燃料的成分和燃烧条件。

(4)烟囱。为了使燃料在锅炉内安全、连续地燃烧，必须不间断地向锅炉内燃烧层供给空气，同时将所产生的烟气经烟道及烟囱排入大气。烟囱的主要作用是产生抽力，烟囱越高，抽力越大。当空气流过煤层及烟气流经各种受热面，烟道及烟囱的阻力较大时，除了重设烟囱外，还需要用鼓风机向煤层送风。

烟囱的高度要满足抽力及环境保护的要求。一般情况下，烟囱高度不应低于15m。

烟囱截面应根据烟囱内烟气的流量及流速来确定。烟囱内烟气流速一般为4～6m/s。

(5)煤灰场。在一般情况下，煤及灰渣均堆放在锅炉房主要出入口外的空地上，有时也可在锅炉间旁边设置单独的煤仓。

露天煤场和煤仓的贮煤量应根据煤供应的均衡以及运输条件来确定，煤仓中煤应能直接流入锅炉内。

灰渣场宜在锅炉房供暖季主导风向的下方，煤灰渣贮存量取决于运输条件。

(6)太阳能集热器。收集太阳能最简单的设备是平板太阳能集热器，如图5-33所示。图5-34所示为太阳能供暖系统示意图。

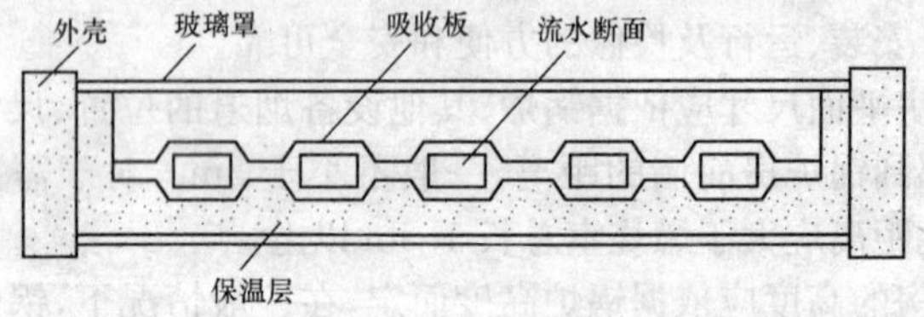

图5-33　平板太阳能集热器

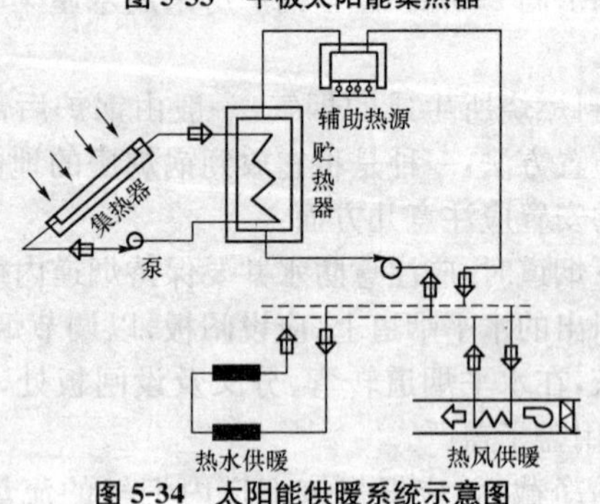

图5-34　太阳能供暖系统示意图

2. 供热系统设备附件

(1)散热器。散热器是安装在房间内的放热设备,它把热媒的部分热量通过器壁以传导、对流、辐射等方式传给室内空气,以补偿建筑物的热量损失,从而维持室内正常工作和学习所需的温度,达到供暖的目的。散热器的种类很多,常用的有铸铁散热器、钢制散热器和铝合金散热器三种,其分类见表 5-12。

表 5-12 散热器的种类

序号	种类		说明
1	铸铁散热器(图 5-35)	柱形散热器	柱形散热器是柱状,主要有二柱、四柱、五柱三种类型。柱形散热器传热系数高、外形美观,不易积灰,表面光滑易清扫,易于组成所需的散热面积,广泛应用于住宅和公共建筑面积中
		翼型散热器	翼型散热器有圆翼和长翼型两种,外表面上有许多肋片,称为翼。它的承压能力低,表面易积灰、难清扫、外形不美观,但散热面积大,加工制造容易,造价低
2	钢制散热器	闭式钢串片	闭式钢串片散热器如图 5-36 所示。闭式钢串片散热器是由钢管、钢片、联箱、放气阀及管接头组成。其散热量随热媒参数、流量和其构造特征(如串片竖放、平放、长度、片距等参数)的改变而改变。这种散热器的优点是承压高、体积小、重量轻、容易加工、安装简单和维修方便;缺点是薄钢片间距密、不宜清扫、耐腐蚀性差,压紧在钢管上的串片因热胀冷缩容易松动,长期使用会导致传热性能下降
		钢制柱形	钢制柱形散热器如图 5-37 所示。由图可见其构造与铸铁散热器相似,每片也有几个中空的立柱,用 1.25～1.5mm 厚冷轧钢板压制成单片然后焊接而成
		扁管式	扁管式散热器如图 5-38 所示。它由数根扁管焊接而成,扁管规格为 52mm×11mm×1.5mm(宽×高×厚),两端为 35mm×40mm 断面的联箱。分单板、双板,带与不带对流片四种结构形式,其高度有 416mm(8 根)、520mm(10 根)、624mm(12 根)等三种,长度为 600mm、800mm、1000mm、1200m、1400mm、1600mm、1800mm、2000mm 等八种
		板式	板式散热器由面板、背板、对流片和水管接头及支架等部件组成,如图 5-39所示。它外形美观,散热效果好,节省材料,但承压能力低。其型号为 BS60、BS48,高度为 600mm、480mm,长度有 400mm、600mm、800mm、1000mm、1200mm、1400mm、1600mm、1800mm 等多种。
3	铝合金散热器		铝合金散热器主要有翼型(图 5-40)和闭合式(图 5-41)等形式。

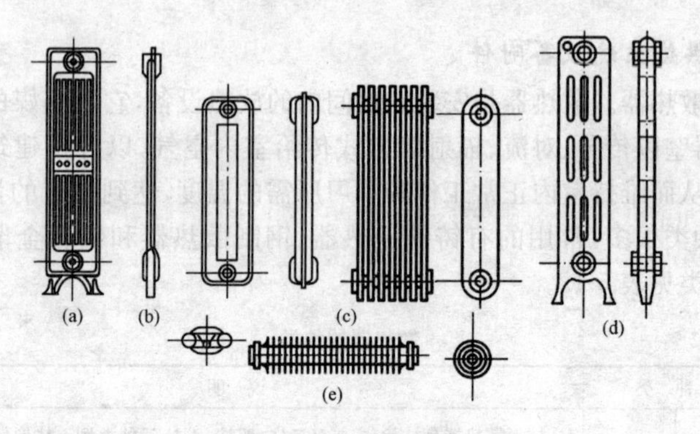

图 5-35 铸铁散热器

(a)四柱型;(b)132 型;(c)翼型管;(d)五柱型;(e)圆翼型

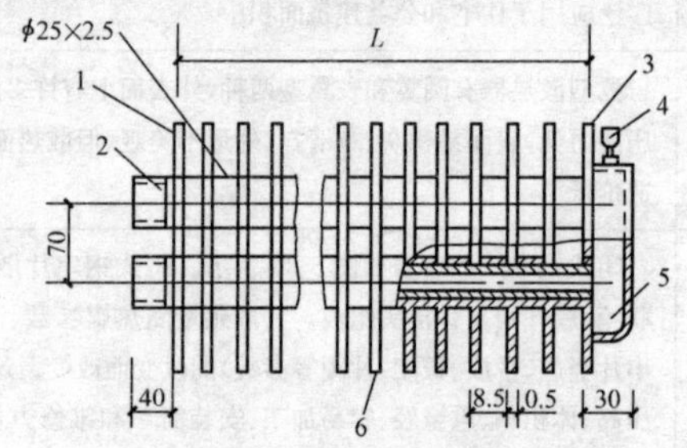

图 5-36 钢串片散热器(单位:mm)

1—首片;2—管接头;3—末片;

4—放气阀;5—联箱;6—翅片

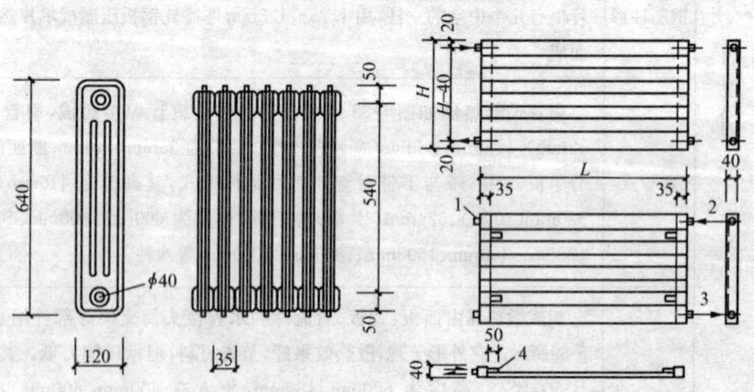

图 5-37 钢制柱式散热器(单位:mm)

图 5-38 扁管散热器

1—放气丝堵;2—供水;

3—回水;4—安装挂钩

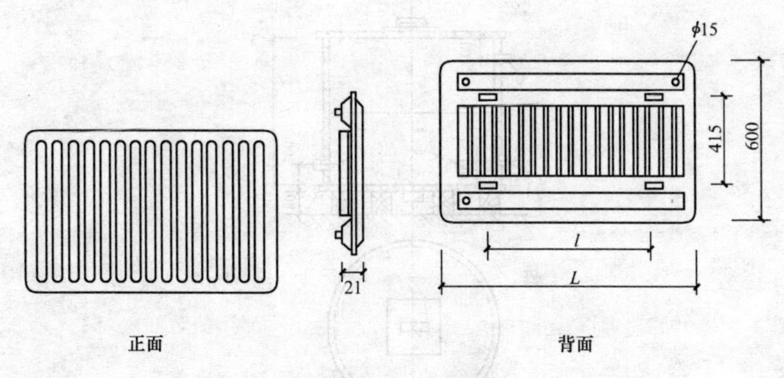

图 5-39　板式散热器

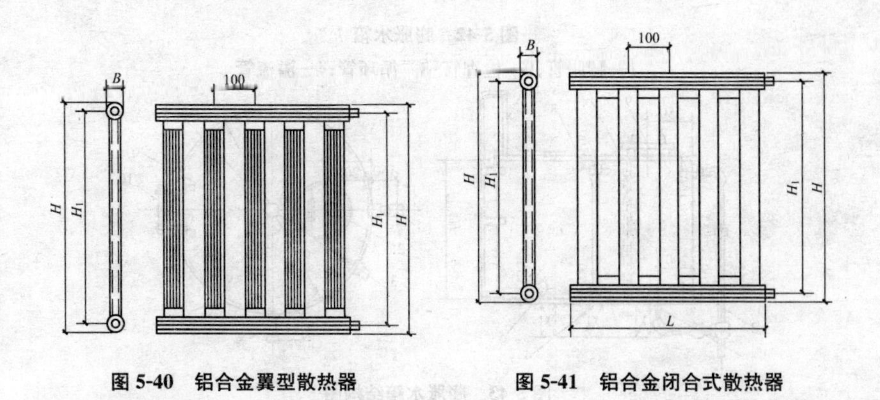

图 5-40　铝合金翼型散热器　　图 5-41　铝合金闭合式散热器

(2)膨胀水箱。膨胀水箱是用钢板焊接而成,有圆形和矩形两种,其构造与配管如图 5-42 所示,其结构如图 5-43 所示。膨胀管与系统连接,自然循环系统接在主立管上部,机械循环系统一般接在水泵吸水口处的回水干管上,检查管通常引到锅炉房内,末端装阀门,以便司炉人员检查系统充水情况。循环管与系统回水干管的连接在水泵与膨胀水管之间,距膨胀管 2m 左右处。膨胀管、循环管与溢流管上不得装设阀门。

(3)集气罐和排气阀。集气罐和排气阀是热水供暖系统中常用的空气排出装置,有自动和手动两种。图 5-44 为手动集气罐,图 5-45 为自动排气罐(阀),图 5-46 为手动排气阀,图 5-47 为 ZPT-C 型自动排气阀的构造图。

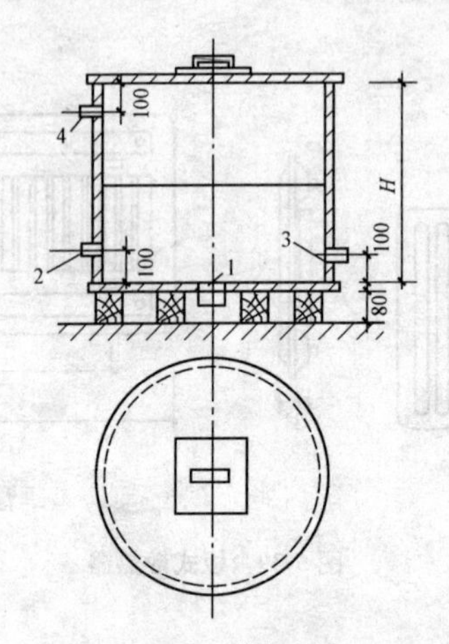

图 5-42 膨胀水箱

1—膨胀管；2—检查管；3—循环管；4—溢流管

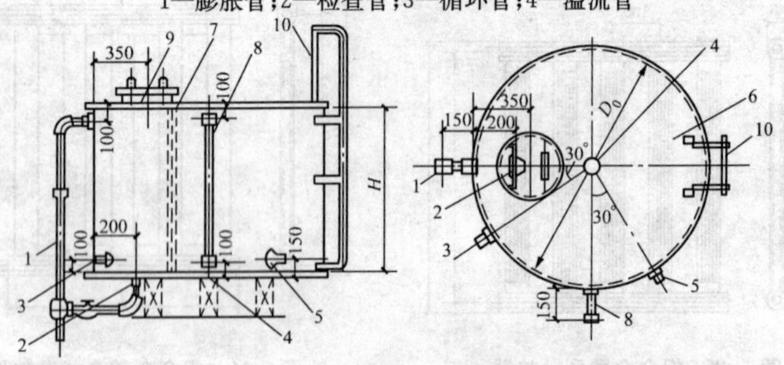

图 5-43 膨胀水箱结构图

1—溢流管；2—排水管；3—循环管；4—膨胀管；5—检查管；6—箱体；7—人梯；8—水位计；9—人孔；10—外人梯

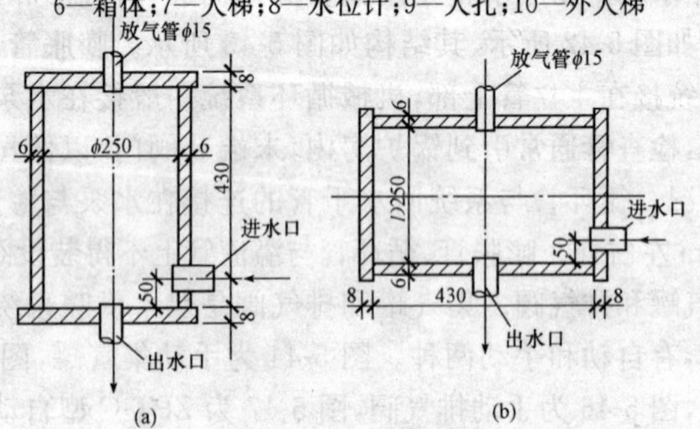

图 5-44 手动集气罐

(a)立式集气罐；(b)卧式集气罐

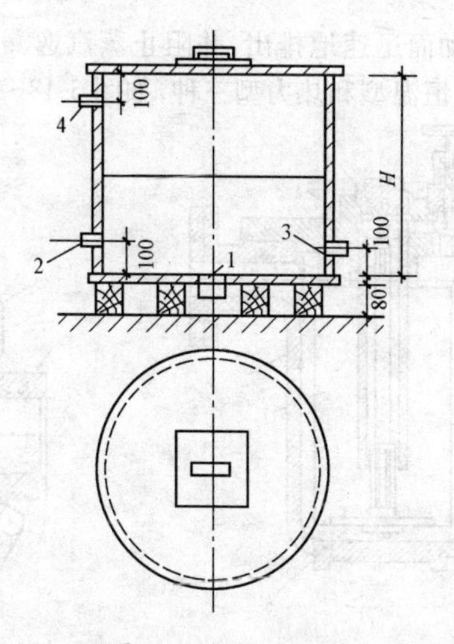

图 5-45　自动排气罐(阀)

1—排气口;2—橡胶石棉垫;3—罐盖;4—螺栓;

5—橡胶石棉垫;6—浮体;7—罐体;8—耐热橡胶

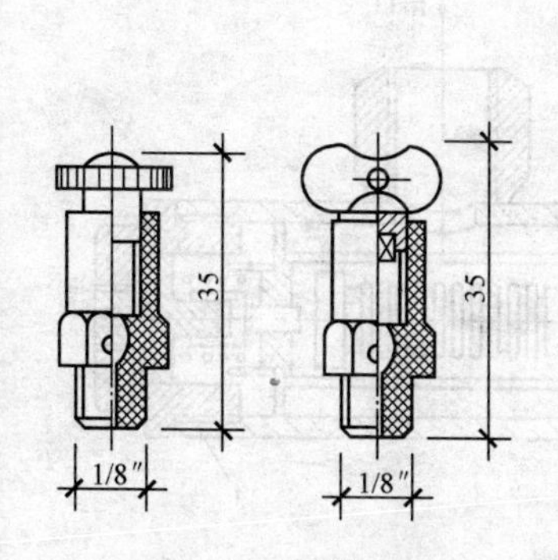

图 5-46　手动排气阀

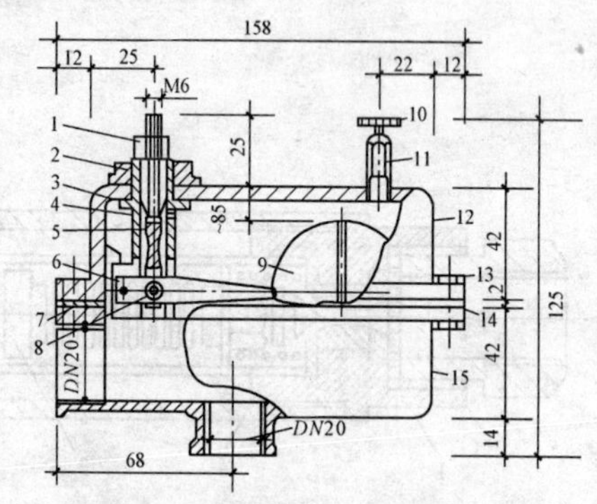

图 5-47　ZPT-C 型自动排气阀构造图

1—排气芯;2—六角锁紧螺母;3—阀芯;4—橡胶封头;

5—滑动杆;6—浮球杆;7—铜锁钉;8—铆钉;

9—浮球;10—手拧顶针;11—手动排气座;12—上半壳;

13—螺栓螺母;14—垫片;15—下半壳

(4)疏水器。疏水器多用于蒸汽供暖系统中,使散热设备及管网中的凝结水和空气能自动而迅速地排出，并阻止蒸汽逸漏。疏水器按其工作原理可分为机械型、恒温型和热力型三种，如图 5-48～图 5-50 所示。

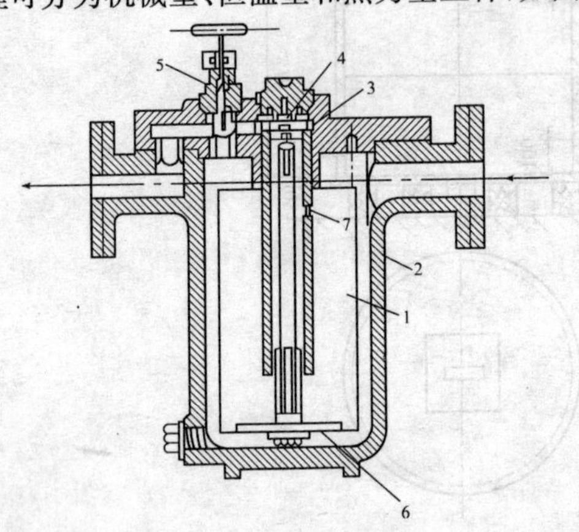

图 5-48　机械浮筒式疏水器

1—浮筒；2—外壳；3—顶针；4—阀孔；5—放气阀；6—可换重块；7—水封套筒上的排气孔

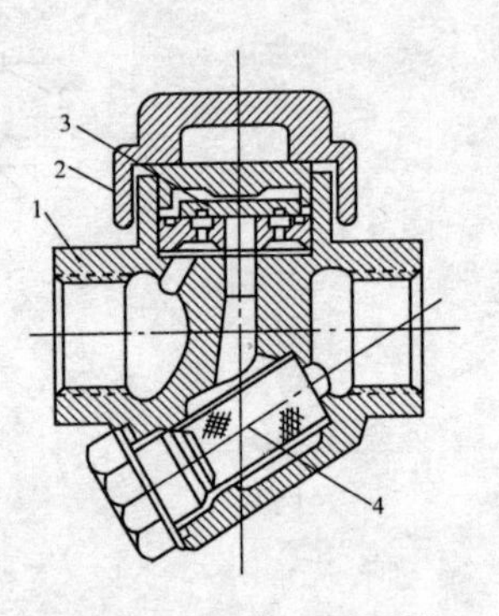

图 5-49　热动力式疏水器

1—阀体；2—阀片；3—阀盖；4—过滤器

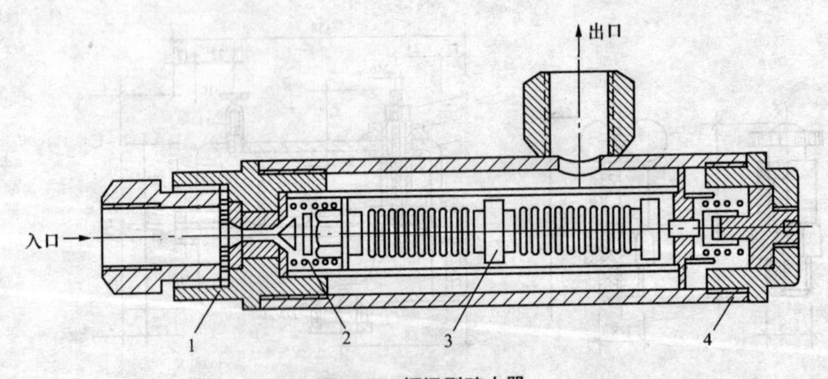

图 5-50　恒温型疏水器

1—过滤网；2—锥形阀；3—波纹管；4—校正螺钉

(5)补偿器。热媒在输送中管道会产生热伸长，为了消除因热伸长而使管道产生的热应力影响而设置的抵消热应力的设备称为补偿器。

1)套管式补偿器结构如图 5-51 所示。

2)波纹管补偿器如图 5-52 所示。适用于工作温度在 350℃以下、公称压力为 0.5～25MPa、公称通径为 *DN*100～*DN*1200 的弱腐蚀性介质的管路中。

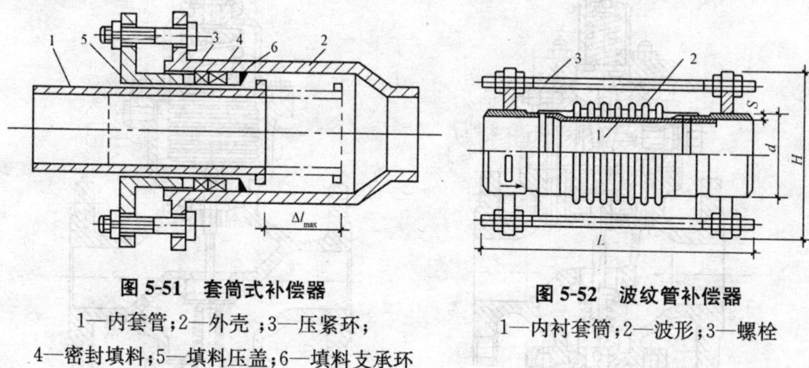

图 5-51　套筒式补偿器

1—内套管；2—外壳；3—压紧环；4—密封填料；5—填料压盖；6—填料支承环

图 5-52　波纹管补偿器

1—内衬套筒；2—波形；3—螺栓

3)弯管补偿器有⎍形(方形)和∩形，通常采用方形补偿器较多。方形补偿器的类型如图 5-53 所示。

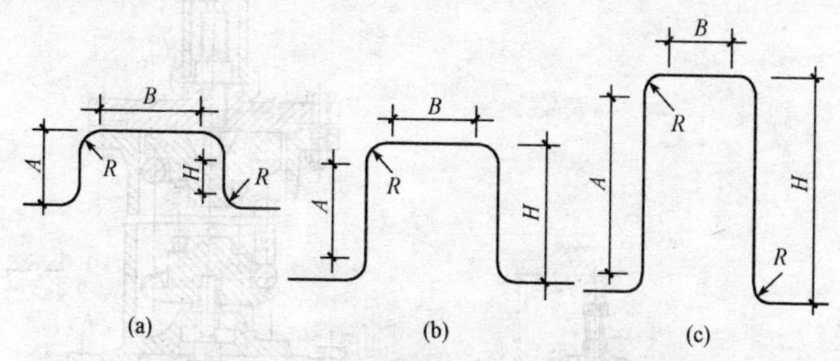

图 5-53　方形补偿器类型($R=4D$, D 为管径)

(a)Ⅰ型短臂型($B=2A$)；(b)Ⅱ型等臂型($B=A$)；(c)Ⅲ型长臂型($B=0.5A$)

(6)减压阀。减压阀是为了满足生活供暖和生产工艺用汽所需压力的调节。它的规格是根据介质的流量、节流前压力和所需减压后的压力来确定的，施工中不得任意变更型号及规格。

常用的减压阀有活塞式、波纹式和薄膜式，如图 5-54～图 5-56 所示。

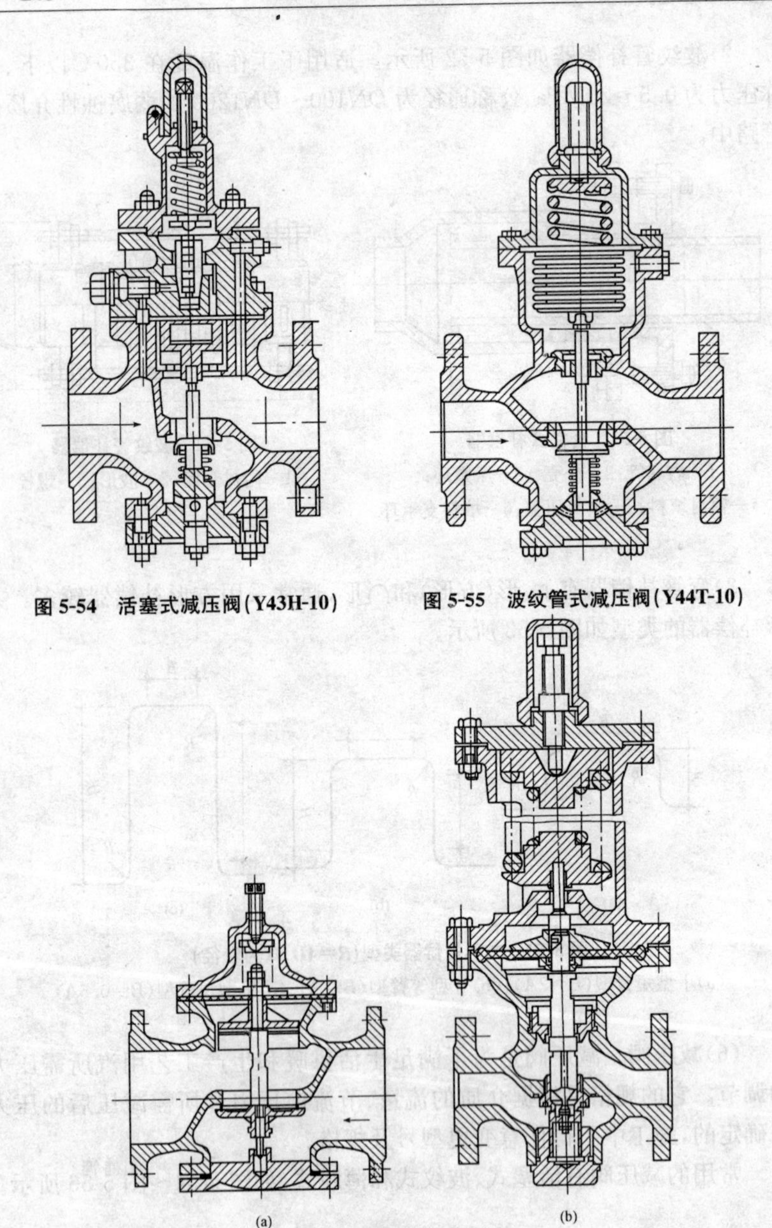

图 5-54　活塞式减压阀(Y43H-10)

图 5-55　波纹管式减压阀(Y44T-10)

图 5-56　薄膜式减压阀

(a)薄膜式减压阀；(b)弹簧薄膜式减压阀

第三节　室外供热工程简介

一、室外供热管道的布置

1. 室外供热管道的布置形式

室外供热管道的布置有枝状和环状两种形式，见表5-13。

表5-13　室外供热管道的布置形式

序号	布置形式	说　明
1	枝状	枝状管网布置形式下管线较短，阀件少，因此，造价较低，但缺乏供热的后备能力。一般工厂区、建筑小区和庭院多采用枝状管网。对于用汽量大而且任何时间都不允许间断供热的工业区或车间，可以采用复线枝状管网，用以提高其供热的可靠性，图5-57为枝状管网示意图
2	环状	环状管网的主干线为环状，而通信各用户的管网为枝状，因此，对于城市集中供热的大型热水供热管网，而且有两个以上热源时，可以采用环状管网，以提高供热的后备能力。但造价和钢材耗量都比枝状管网大得多，图5-58为环状管网示意图

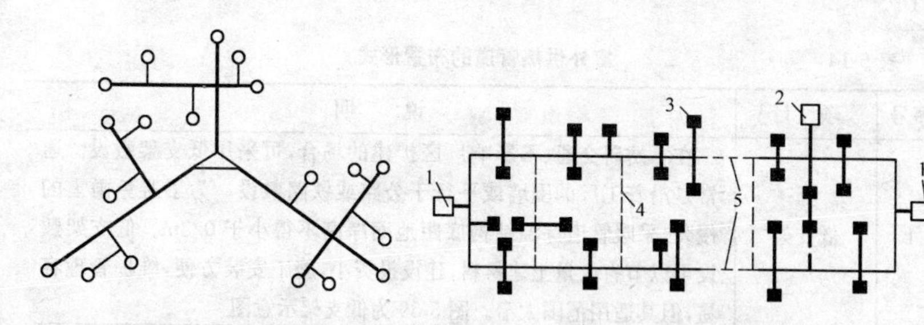

图5-57　枝状管网

图5-58　环状管网

1—热源；2—后备热源；3—热力点；
4—热网后备旁通管；5—热源后备旁通管

2. 室外供热管道的布置原则

供热管网的管道走向，要根据厂区或城市街区规划，热源的布局，地上、地下建筑物与构筑物，气象、水文、地质、地形条件等因素，通过技术经济比较来确定。供热管线在布置时应遵守以下基本原则：

(1)经济上合理。主干线力求短直，主干线尽量走热负荷集中区；要注意管线上的阀门、伸缩器和某些管道附件（如放气、放水、疏水等装置）的合理布置。

(2)技术上可靠。供热管线应尽量避开土质松软地区、地震断裂带、滑坡危险地带以及高地下水位等不利地段。

(3)对周围环境影响少而协调。供热管线应少穿主要交通线，一般平行于道路中心线并应尽量敷设在车行道以外的地方，通常情况下管线应只沿街道的一侧敷设。架空敷设的管道，不应影响城市环境美观，不妨碍交通。供热管道与各种管道、构筑物应协调安排，相互之间的距离，应能保证运行安全、施工及检修方便。

二、室外供热管道的敷设

室外供热管道的敷设有架空敷设和地下敷设两种。

1. 架空敷设

架空敷设是指供热管道敷设在地面上或附墙支架上的敷设方式。按支架的高度不同，可分为低支架、中支架、高支架三种架空敷设形式，见表5-14。

表 5-14　　室外供热管道的布置形式

序号	项　目	说　　明
1	低支架	在不妨碍交通、不影响厂区扩建的场合，可采用低支架敷设。通常是沿着工厂的围墙或平行于公路或铁路敷设。为了避免雨雪的侵袭，采暖管道保温结构底距地面净高不得小于0.3m。低支架敷设可以节省大量土建材料，建设投资小，施工安装方便，维护管理容易，但其适用范围太窄。图5-59为低支架示意图
2	中支架	在人行频繁和非机动车辆通行地段，可采用中支架敷设。管道保温结构底距地面净高为2.0～4.0m。图5-60为中支架示意图
3	高支架	管道保温结构底距地面净高为4m以上，一般为4.0～6.0m。其在跨越公路、铁路或其他障碍物时采用高支架，如图5-60所示

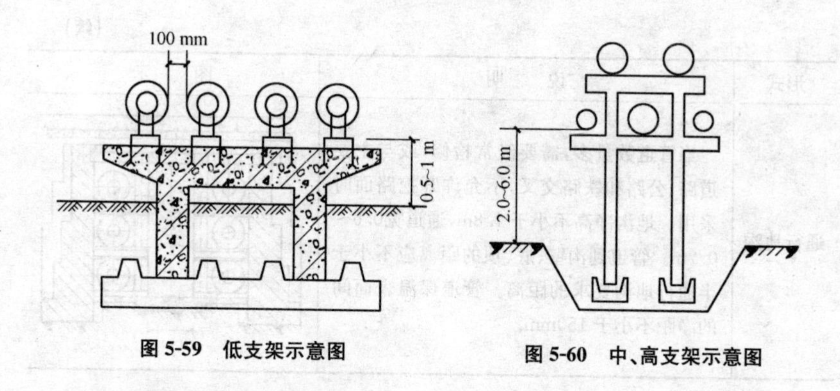

图 5-59　低支架示意图

图 5-60　中、高支架示意图

2. 地下敷设

地下敷设有地沟敷设与埋地敷设两种形式。

(1)地沟敷设。地沟敷设的形式见表5-15。

表 5-15　地沟敷设形式

形式	说　明	图　示
不通行地沟	适于管径小、数量少时采用。地沟断面尺寸能满足施工安装要求即可，净高不超过1m，沟宽一般不超过1.5m。沟内管道或保温层外表面到沟壁表面距离为100～150mm，到沟底距离为100～200mm，到沟顶距离为50～100mm；管道或保温层外表面间距为100～150mm。因地沟断面尺寸较小，为便于操作起见，应在地沟底垫层作完后就安装管道，然后砌墙。只有管道水压试验合格，保温工程完毕，才能加盖顶板并覆土	
半通行地沟	在半通行管沟内，留有高度约1.2～1.4m，宽度不小于0.5m的人行通道。操作人员可以在半通行管沟内检查管道和进行小型修理工作，但更换管道等大修工作仍需挖开地面进行。当无条件采用通行管沟时，可用半通行管沟代替，以利于管道维修和判断故障地点，缩小大修时的开挖范围	

（续）

形式	说　明	图　示
通行地沟	当管道数量多，需要经常检修，或与主要道路、公路和铁路交叉，不允许开挖路面时采用。地沟净高不小于 1.8m，通道宽0.6～0.7m。管道到沟壁、底、顶的距离应不小于半通行地沟要求的距离。管道保温表面间的净距不小于 150mm。	

(2)埋地敷设。埋地敷设是将供热管道直接埋设于土壤中的敷设方式。目前采用最多的结构型式为整体式预制保温管，即将采暖管道、保温层和保护外壳三者紧密地粘结在一起，形成一个整体，如图 5-61 所示。

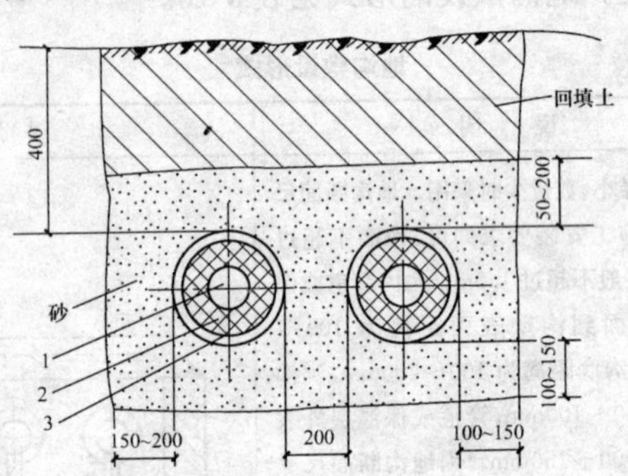

图 5-61　预制保温管直埋敷设示意图(单位:mm)

1—钢管；2—硬质聚氨酯泡沫塑料保温层；3—高密度聚乙烯保温外壳

第四节　采暖工程施工图要点

一、室内采暖管道施工图识读

1. 室内采暖管道施工图内容及图样画法

(1)管道平面图。

1)平面图的内容。室内采暖管道平面图表明管道、附件及散热器在建筑物内的平面位置及相互关系。可分为底层平面图、楼层平面图及顶层平面图。其主要内容是：

①散热器或热风机的平面位置、散热器种类、片数及安装方式，即散热器是明装、暗装或半暗装。

②立管的位置及编号，立管与支管和散热器的连接方式。

③蒸汽采暖系统表明疏水器的类型、规格及平面布置。

④顶层平面图表明上分式系统干管位置、管径、坡度、阀门位置、固定支架及其他构件的位置。热水采暖系统还要表明膨胀水箱、集气罐等设备的位置及其接管的布置、规格。

⑤底层平面图要表明热力入口的位置及管道布置。

2)平面图的画法。室内采暖管道、设备及附件等均画在建筑平面图上，建筑平面图分层画出，除底层和顶层外，各楼层内采暖管道、设备如布置完全一样时，不必分层绘制，只要绘制一张楼层平面图即可。采暖管道平面图常用比例为1∶100或1∶50，绘图的方法与步骤如下：

①根据需要绘制建筑平面图。

②在建筑平面图上画出各房间内的散热器，散热器用图例表示画法如图5-62所示。

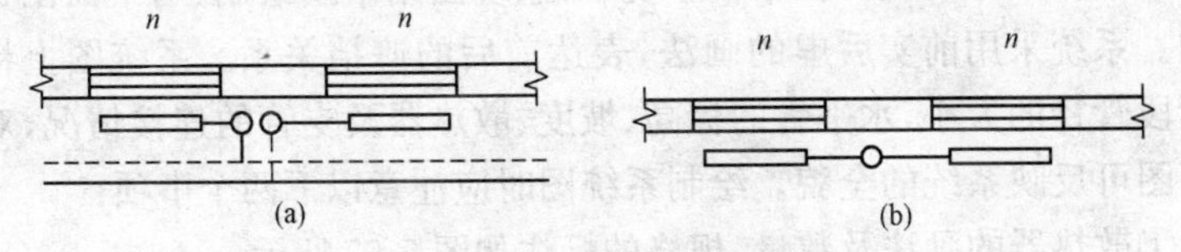

图5-62　散热器画法

(a)双管系统画法；(b)单管系统画法；

n—散热器数量

③画出各立管的位置，一般用实心圆表示供热立管，用空心圆表示回水立管。

④顶层平面图用粗实线画出上分式供水干管和总立管的位置，用中实线画出热水采暖系统的膨胀水箱、集气罐，画出固定支架、补偿器的位置。

⑤底层平面图用粗虚线画出回水干管和供热总管、回水总管的位置，如果是下分式系统还要画出供水干管的位置，画出固定支架、补偿器的位

置，如有过门装置、放水装置等要画出这些装置的位置及阀门、附件等。底层的热力入口比较简单时，将热力入口装置上的控制阀门、仪表、附件等按设置要求画出来。

⑥管道要注明管径、坡度，每根立管都标注立管编号，立管编号用直径 8～10mm 的圆圈内注阿拉伯数字表示。采暖热力入口较多时也应编号，用 8～10mm 小圆圈内标注 R_1、R_2、R_3、…来表示。

(2)管道系统图。

1)管道系统图的内容。系统图是表示采暖系统空间布置情况和散热器连接形式的立体轴测图，反映系统的空间形式。其主要内容是：

①从热力入口至系统出口的管道总立管、供水(汽)干管、立管、散热器支管、回(凝结)水干管之间的连接方式、管径，水平管道的标高、坡度及坡向。

②散热器、膨胀水箱、集气罐等设备的位置、规格、型号及接管的管径、阀门的设置。

③与管道安装相关的建筑物的尺寸，如各楼层的标高、地沟位置及标高等也要表示出来。

2)系统图的画法。在采暖系统中，系统图用单线绘制，与平面图比例相同。系统采用前实后虚的画法，表达前后的遮挡关系。系统图上标注各管段管径的大小，水平管的标高、坡度、散热器及支管的连接情况，对照平面图可反映系统的全貌。绘制系统图时应注意以下两个事项：

①散热器的画法及数量、规格的标注如图 5-63 所示。

②系统图中的重叠、密集处可断开引入绘制，如图 5-63 所示。

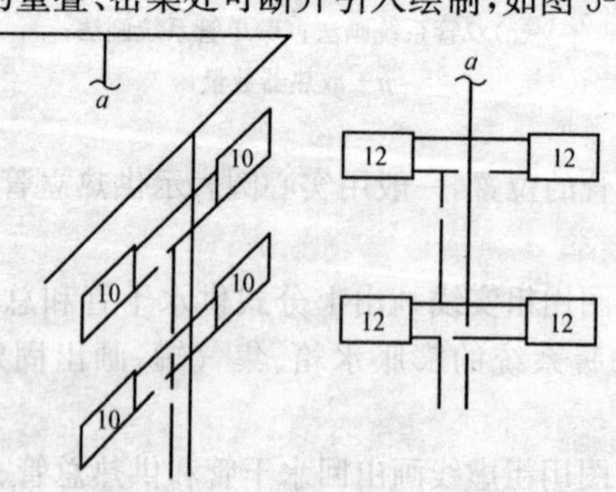

图 5-63 系统图中散热器画法及标注

(3)详图。采暖的详图包括有关标准图和绘制的节点详图。

1)标准图。在设计中,有的设备、器具的制作和安装,某些节点的结构做法和施工要求是通用的、标准的,因此,设计时直接选用国家和地区的标准图集和设计院的重复使用图集,不再绘制这些详细图样,只在设计图纸上注出选用的图号,即通常使用的标准图。有些图是施工中通用的,但非标准图集中使用的,因此,习惯上人们把这些图与标准图集中的图一并称为重复使用图。

2)节点详图。用放大的比例尺,画出复杂节点的详细结构,一般包括用户入口、设备安装、分支管大样、过门地沟等。

3)安装详图。图5-64所示为一组散热器的安装详图,图中表明散热器支管与散热器和立管之间的连接形式,散热器与地面、墙面之间的安装尺寸、结合方式及结合件本身的构造等。

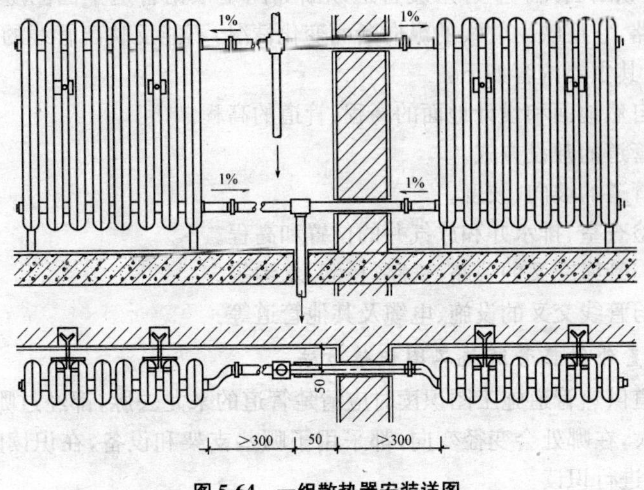

图5-64　一组散热器安装详图

2. 室内采暖工程施工图识读方法

室内采暖管道施工图的识读方法和步骤与室内给水排水管道施工图的识读方法和步骤基本相同,识读时必须将平面图与管道系统图对照起来看,主要识读方法与步骤如下:

(1)看建筑物的朝向、分间、楼梯、出入口等情况。

(2)搞清楚管道的空间走向、组成以及散热器、辅助设备等的基本情况。

(3)看图时热力入口开始,沿介质流向一点一点地看下去。

二、室外供热工程施工图识读

1. 室外供热工程施工图内容

(1)平面图。室外供热管道平面图是在城市或厂区地形测量平面图的基础上,将采暖管道的线路表示出来的平面布置图,其主要内容如下:

1)管网上所有的阀门、补偿器、固定支架,检查室等与管线的标注;

2)采暖管道的布置形式、敷设方式及规模;

3)管道的规格和平面尺寸,管道上附件和设备的规格、型号和数量,检查室的位置和数量等。

(2)纵断面图。室外采暖管道纵断面图是依据管道平面图所确定的管道线路,它反映出管线的纵向断面变化情况,不能反映出管线的平面变化情况,其主要内容如下:

1)自然地面和设计地面的高程、管道的高程。

2)管道的敷设方式。

3)管道的坡向、坡度。

4)检查室、排水井和放气井的位置和高程。

5)与管线交叉的公路、铁路、桥涵、水沟等。

6)与管线交叉的设施、电缆及其他管道等。

2. 室外供热管道施工图识读方法

管道供热管道施工图识读时应清楚管道的来龙去脉,都经过哪处,管径有多大,在哪处会变径变向,都采用了哪些支架和设备,在识读时应结合图样,进行识读。

3. 室外供热管道施工图的识读实例

【例 5-1】 图 5-65 是某厂室外供热管道平面图,图 5-66 是该供热管道的纵剖面图,试对这套室外供热管道图进行识读。

【解】 (1)由图中可以看出该厂的供汽管道有两条:一条是空调供热管道,管径为 $D57\times3.5$;另一条是生活用汽供热管道,管径为 $D45\times3.5$。两条管道自锅炉房相对标高 4.200m 出外墙,经过走道空间沿一车间外墙并列敷设,至一车间尽头。空调供热管道转弯送入一车间,生活用汽管道

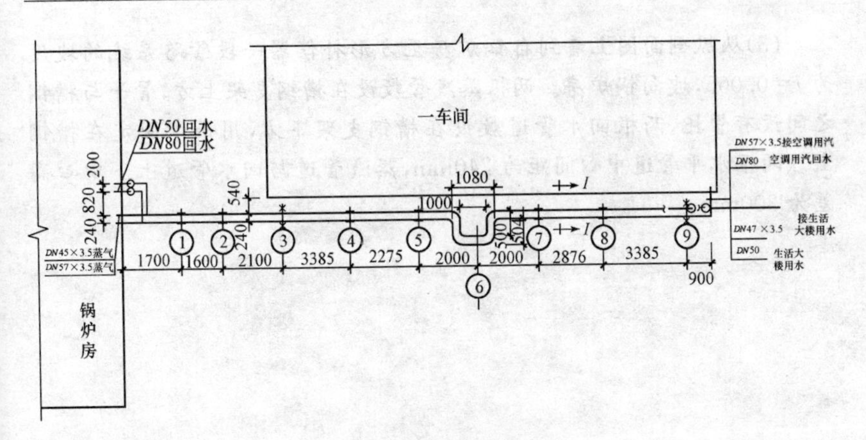

图 5-65　室外供热管道平面图

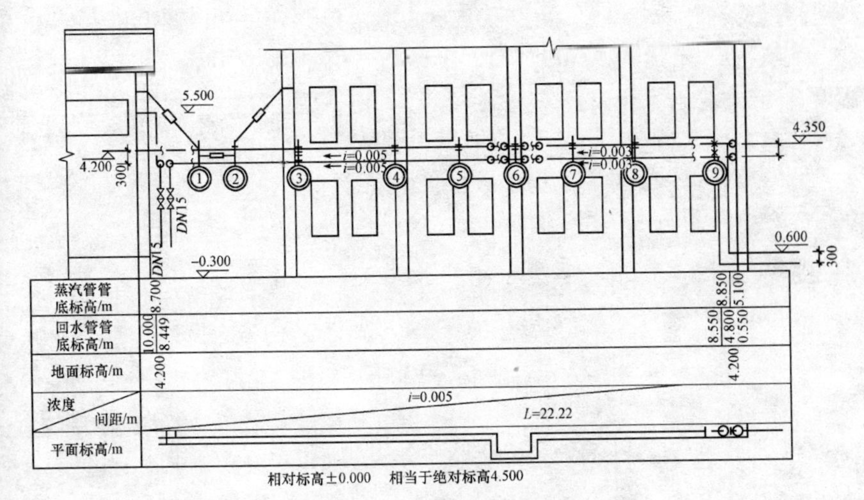

图 5-66　室外供热管道纵剖面图

则从相对标高 4.350m 返下至标高 0.600m，沿地面敷设送往生活大楼。

(2)由图中可以看出回水管道也有两条：一条从一车间自相对标高 4.050m 处接出；另一条是从生活大楼送来至一车间墙边，由相对标高 0.300m 上升至标高 4.050m，然后两根回水管沿一车间外墙并列敷设，到锅炉房外墙转弯，再登高自相对标高 5.500m 处进入锅炉房。

(3)从纵剖面图上看到自锅炉房至方形补偿器一段管路系统的坡度为 $i=0.005$,坡向锅炉房。两根蒸汽管敷设在槽钢支架上方,管子与槽钢之间设有管托,两根回水管道敷设在槽钢支架下方,用吊卡固定在槽钢上。两根水平管道中心间距为 240mm,蒸汽管道与回水管道上下中心高差为 300mm。

第六章　燃气工程施工图识读

第一节　燃气工程概述

一、燃气的种类

燃气是指所有的天然和人工的气体燃料。其主要有人工煤气、天然气及液化石油气三种。

1. 人工煤气

人工煤气可通过煤/重油加热分解得到。其主要成分为氢、一氧化碳及甲烷(CH_4)。煤制气的热值较低,均低于 20000kJ/m^3。

2. 天然气

天然气是指从钻井中开采出来的可燃性气体,其主要成分是甲烷,它的热值比人工煤气高,一般为 40000～50000kJ/m^3。

3. 液化石油气

液化石油气是在对石油进行处理的过程中所获得的副产品,其主要成分是多种氮氢化合物,热值最高,一般在 110000～120000kJ/m^3 范围内。

二、燃气管道系统的分类与组成

1. 室内燃气管道系统的组成

室内燃气管道系统主要由用户引入管、燃气管网、管件、附属设备、用户支管、燃气表和燃气用具组成。

2. 室内燃气管道系统的分类

室内燃气管道系统主要有长输管道系统与燃气压送储存系统两类。

(1)燃气长输管道系统。燃气长输管道系统通常由集输管网,气体净化设备、起始站，输气干线，输气支线，中间调压计量站，压气站、分配站、电保护装置等组成，如图 6-1 所示。

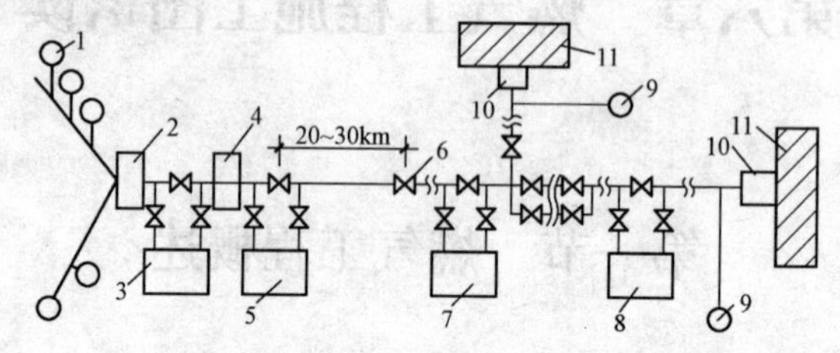

图 6-1 燃气长输管道系统

1—井场装置；2—集气站；3—矿场装置；4—天然气处理厂；
5—起点站或起点区气站；6—管线上阀门；7—中间压气站；
8—终点压气站；9—储气设备；10—燃气分配站；11—城镇或工业区

(2)燃气压送储存系统。燃气压送储存系统主要由压送设备和储存装置共同组成。燃气压送储存系统的工艺如图 6-2 所示，有低压储存、中压输送，低压储存、中低压分路输送等方式。

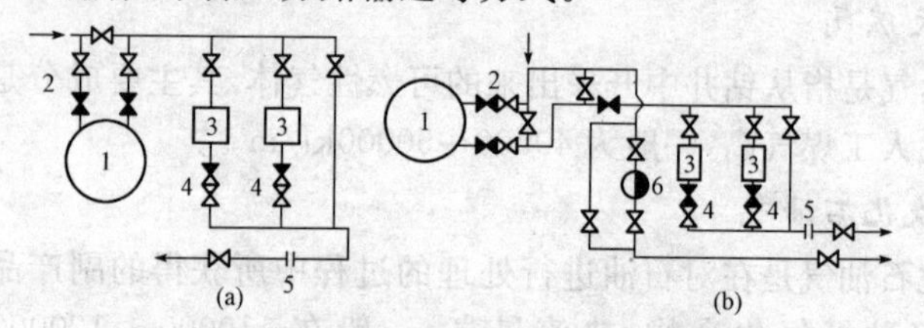

图 6-2 燃气压送储存系统工艺流程

(a)低压储存、中压输送；(b)低压储存、中低压分路输送
1—低压湿式储气柜；2—电动阀门；3—压送机；
4—逆止阀；5—出口计量器；6—调压器

三、燃气管网的布置形式

根据用气建筑物的分布情况和用气特点，室外燃气管网的布置形式可分为树枝式、双干线式、辐射式、形状式四种。为便于在初次通入燃气之前排除干管中的空气，或在修理管道之前排除剩余的燃气，以下四种布置形式都设有放散管。

1. 树枝式

树枝式工程造价较低，便于集中控制和管理，但当干线上某处发生故障时，其他用户的供气会受影响，如图 6-3(a)所示。

2. 双干线式

采用双管布置干线，为保证居民或重要用户的基本用气，平时两根干管均投入使用，而当一根干管出现故障需要修理时，另一根干管仍能使用，如图 6-3(b)所示。

3. 辐射式

辐射式适合于区域面积不大且用户比较集中时采用。从干管上接出各支管，形成辐射状，由于支管较长而干管较短，因此干管的可靠性增加，其他用户的用气不会因某个支管的故障或修理而受影响，如图 6-3(c)所示。

4. 形状式

环状管网的供气可靠。应尽可能将城市管网或用气点较分散的工矿企业设计成环状式，或逐步形成环状管网，如图 6-3(d)所示。

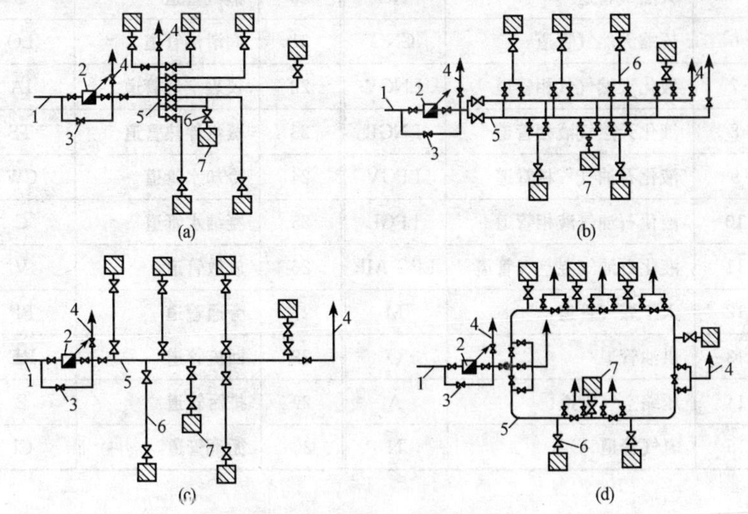

图 6-3　室外管网的布置形式

(a)树枝式；(b)双干线式；(c)辐射式；(d)环状式

1—燃气源；2—气表；3—旁通管；4—放散管；5—主干管；6—支管；7—用气点

第二节　燃气工程施工图识读要点

一、燃气工程常用代号与图形符号

1. 燃气工程常用管道代号

燃气工程常用管道代号宜符合表 6-1 的规定，自定义的管道代号不应与表中的示例重复，并应在图面中说明。

表 6-1　　燃气工程常用管道代号

序号	管道名称	管道代号	序号	管道名称	管道代号
1	燃气管道(通用)	G	16	给水管道	W
2	高压燃气管道	HG	17	排水管道	D
3	中压燃气管道	MG	18	雨水管道	R
4	低压燃气管道	LG	19	热水管道	H
5	天然气管道	NG	20	蒸汽管道	S
6	压缩天然气管道	CNG	21	润滑油管道	LO
7	液化天然气气相管道	LNGV	22	仪表空气管道	IA
8	液化天然气液相管道	LNGL	23	蒸汽伴热管道	TS
9	液化石油气气相管道	LPGV	24	冷却水管道	CW
10	液化石油气液相管道	LPGL	25	凝结水管道	C
11	液化石油气混空气管道	LPG-AIR	26	放散管道	V
12	人工煤气管道	M	27	旁通管道	BP
13	供油管道	O	28	回流管道	RE
14	压缩空气管道	A	29	排污管道	B
15	氮气管道	N	30	循环管道	CI

2. 燃气工程常用图形符号

(1)区域规划图、布置图中燃气厂站的常用图形符号应符合表 6-2 的规定。

表 6-2　　燃气厂站常用图形符号

序号	名　　称	图形符号	序号	名　　称	图形符号
1	气源厂		8	专用调压站	
2	门站		9	汽车加油站	
3	储配站、储存站		10	汽车加气站	
4	液化石油气储配站		11	汽车加油加气站	
5	液化天然气储配站		12	燃气发电站	
6	天然气、压缩大然气储配站		13	阀室	
7	区域调区站		14	阀井	

(2)常用管线、道路等图形符号应符合表 6-3 的规定。

表 6-3　　常用管线、道路等图形符号

序号	名　　称	图形符号	序号	名　　称	图形符号
1	燃气管道	—— G ——	9	电力线缆	—— DL ——
2	给水管道	—— W ——	10	电信线缆	—— DX ——
3	消防管道	—— FW ——	11	仪表控制线缆	—— K ——
4	污水管道	—— DS ——	12	压缩空气管道	—— A ——
5	雨水管道	—— R ——	13	氮气管道	—— N ——
6	热水供水管线	—— H ——	14	供油管道	—— O ——
7	热水回水管线	—— HR ——	15	架空电力线	—<○>—DL—<○>—
8	蒸汽管道	—— S ——	16	架空通信线	•—○—•—DX—•—○—•

（续）

序号	名　称	图形符号	序号	名　称	图形符号
17	块石护底		21	管道固定墩	
18	石笼稳管		22	管道穿墙	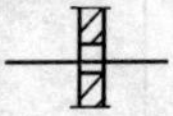
19	混凝土压块稳管	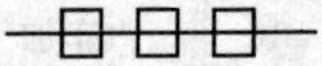	23	管道穿楼板	
20	桁架跨越	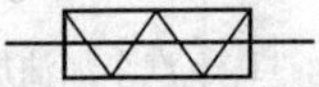			

(3)流程图或系统图中常用设备图形符号应符合表 6-4 的规定。

表 6-4　燃气工程常用设备图形符号

序号	名　称	图形符号	序号	名　称	图形符号
1	低压干式气体储罐	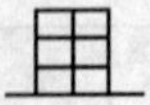	9	调压器	
2	低压湿式气体储罐		10	Y 形过滤器	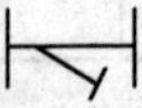
3	球形储罐		11	网状过滤器	
4	卧式储罐	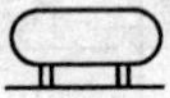	12	旋网分离器	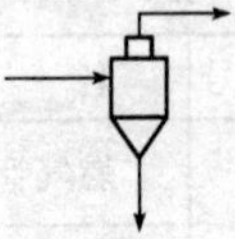
5	压缩机		13	分离器	
6	烃泵	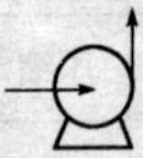	14	安全水封	
7	潜液泵	 M	15	防雨罩	
8	鼓风机		16	阻火器	

（续）

序号	名　称	图形符号	序号	名　称	图形符号
17	凝水缸		26	消声器	
18	消火栓		27	火炬	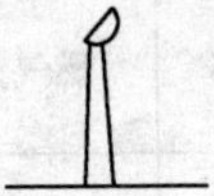
19	补偿器	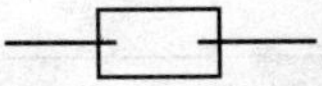	28	管式换热器	
20	波纹管补偿器	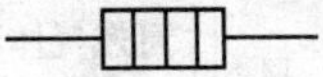	29	板式换热器	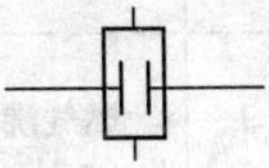
21	方形补偿器	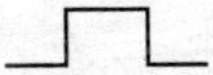	30	收发球筒	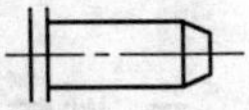
22	测试桩	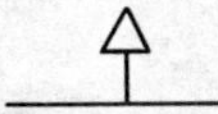	31	通风管	
23	牺牲阳极		32	灌瓶嘴	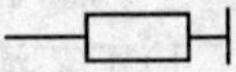
24	放散管		33	加气机	
25	调压箱		34	视镜	

(4)用户工程常用设备图形符号应符合表 6-5 的规定。

表 6-5　用户工程的常用设备图形符号

序号	名　称	图形符号	序号	名　称	图形符号
1	用户调压器		3	燃气热水器	
2	皮膜燃气表		4	壁挂炉、两用炉	

（续）

序号	名　　称	图形符号	序号	名　　称	图形符号
5	家用燃气双眼灶		10	燃气烤箱	
6	燃气多眼灶		11	燃气直燃机	Z
7	大锅灶		12	燃气锅炉	G
8	炒菜灶		13	可燃气体泄漏探测器	
9	燃气沸水器		14	可燃气体泄漏报警控制器	И

二、燃气工程图样内容及画法

1. 燃气厂站施工图

(1)燃气厂站工艺流程图绘制。

1)工艺流程图应采用单线绘制，可不按比例绘制。其中燃气管线应采用粗实线，其他管线采用中线(实线、虚线、点画线)，设备轮廓线应采用细实线。

2)工艺流程图应绘出燃气厂站内的工艺装置、设备与管道间的相对关系，以及工艺过程进行的先后顺序。当绘制带控制点的工艺流程图时，应同时符合自控专业制图的规定。

3)工艺流程图应绘出全部工艺设备，并标注设备编号或名称。工艺设备应按设备形状以细实线绘制或用图形符号表示。

4)工艺流程图应绘出全部工艺管线及必要的公用管线，按照各设计阶段的不同深度要求，工艺管线应注明管道编号、管道规格、介质流向，公用管线应注明介质名称、流向和必要的参数等。

5)应绘出管线上的阀门等管道附件，但不包括管道的连接件。

6)管道与设备的接口方位宜与实际情况相符。

7)管线应采用水平和垂直绘制，不宜用斜线绘制。管线不应穿越设备图形，并应减少管线交叉；当有交叉时，主要管路应连通，次要管路可断开。

8)当有两套及以上相同系统时，可只绘制一套系统的工艺流程图，其余系统的相同设备及相应阀件等可省略，但应表示出相连支管，并标明设备编号。

(2)燃气厂站总平面布置图绘制。

1)应绘出厂站围墙内的建(构)筑物轮廓、装置区范围、处于室外及装置区外的设备轮廓。工程设计阶段的总平面布置图应在现状实测地形图的基础上绘制，对于邻近燃气厂站的建(构)筑物及地形、地貌应表示清楚。应绘出指北针或风玫瑰图。

2)图中的建(构)筑物应标注编号或设计子项分号。对应编号或设计子项分号应给出建(构)筑物一览表；表中应注明各建(构)筑物的层数、占地面积、建筑面积、结构形式等。

3)图中应标出有爆炸危险的建(构)筑物与厂站内外其他建(构)筑物的水平净距。

4)图中应标出厂站围墙、建(构)筑物、装置区范围、征地红线范围等的四角坐标；对处于室外及装置区外的设备，应标出其中心坐标。

5)图中应用粗实线表示新建的建(构)筑物，用粗虚线表示预留建设的建(构)筑物，用细实线表示原有的建(构)筑物。

6)图中应给出厂站的占地面积、建筑物的占地面积、建筑面积、建筑系数、绿化系数、围墙长度、道路及回车场地面积等主要技术指标。

2. 小区和庭院燃气管道施工图

(1)小区和庭院燃气管道施工图应绘制燃气管道平面布置图，可不绘制管道纵断面图。当小区较大时，应绘制区位示意图对燃气管道的区域进行标识。

(2)燃气管道平面图应在小区和庭院的平面施工图、竣工图或实际测绘地形图的基础上绘制。图中的地形、地貌、道路及所有建(构)筑物等均应采用细线绘制。应标注出建(构)筑物和道路的名称，多层建筑应注明层数，并应绘出指北针。

(3)平面图中应绘出中、低压燃气管道和调压站、调压箱、阀门、凝水缸、放水管等，燃气管道应采用粗实线绘制。

(4)平面图中应给出燃气管道的定位尺寸。

(5)平面图中应注明燃气管道的规格、长度、坡度、标高等。

(6)燃气管道平面图中应注明调压站、调压箱、阀门、凝水缸、放水管及管道附件的规格和编号,并给出定位尺寸。

(7)平面图中不能表示清楚的地方,应绘制局部大样图。局部大样图可不按比例绘制。

(8)平面图中宜绘出与燃气管道相邻或交叉的其他管道,并注明燃气管道与其他管道的相对位置。

3. 室内燃气管道施工图

(1)室内燃气管道施工图应绘制平面图和系统图。当管道、设备布置较为复杂,系统图不能表示清楚时,宜辅以剖面图。

(2)室内燃气管道平面图应在建筑物的平面施工图、竣工图或实际测绘平面图的基础上绘制。平面图应按直接正投影法绘制。明敷的燃气管道应采用粗实线绘制;墙内暗埋或埋地的燃气管道应采用粗虚线绘制;图中的建筑物应采用细线绘制。平面图中应绘出燃气管道、燃气表、调压器、阀门、燃具等。平面图中燃气管道的相对位置和管径应标注清楚。

(3)系统图应按45°正面斜轴测法绘制。系统图的布图方向应与平面图一致,并应按比例绘制;当局部管道按比例不能表示清楚时,可不按比例。系统图中应绘出燃气管道、燃气表、调压器、阀门、管件等,并应注明规格。系统图中应标出室内燃气管道的标高、坡度等。

(4)室内燃气设备、入户管道等处的连接做法,宜绘制大样图。

4. 燃气输配管道施工图

(1)高压输配管道走向图,中低压输配管网布置图绘制。

1)高压输配管道、中低压输配管网布置图应在现有地形图、道路图、规划图的基础上绘制。图中的地形、地貌、道路及所有建(构)筑物等均应采用细线绘制,并应绘出指北针。

2)图中应表示出各厂站的位置和管道的走向,并标注管径。按照设计阶段的不同深度要求,应表示出管道上阀门的位置。

3)燃气管道应采用粗线(实线、虚线、点画线)绘制,当绘制彩图时,可采用同一种线型的不同颜色来区分不同压力级制或不同建设分期的燃气管道。

4)图中应标注主要道路、河流、街区、村镇等的名称。

(2)高压、中低压燃气输配管道平面施工图绘制。

1)高压、中低压燃气输配管道平面施工图应在沿燃气管道路由实际测绘的带状地形图或道路平面施工图、竣工图的基础上绘制。图中的地形、地貌、道路及所有建(构)筑物等均应采用细线绘制,并应绘出指北针。

2)宜采用幅面代号为 A2 或 A2 加长尺寸的图幅。

3)图中应绘出燃气管道及与之相邻、相交的其他管线。燃气管道应采用粗实线单线绘制,其他管线应采用细实线、细虚线或细点画线绘制。

4)图中应注明燃气管道的定位尺寸,在管道起点、止点、转点等重要控制点应标注坐标;管道平面弹性敷设时,应给出弹性敷设曲线的相关参数。

5)图中应注明燃气管道的规格,其他管线宜标注名称及规格。

6)图中应绘出凝水缸、放水管、阀门和管道附件等,并注明规格、编号及防腐等级、做法。

7)当图中三通、弯头等处不能表示清楚时,应绘制局部大样图。

8)图中应绘出管道里程桩,标明里程数。里程桩宜采用长度为 3mm 垂直于燃气管道的细实线表示。

9)图中管道平面转点处,应标注转角度数。

10)应绘出管道配重稳管、管道锚固、管道水工保护等的位置、范围,并给出做法说明。

11)对于采用定向钻方式的管道穿越工程,宜绘出管道入土、出土处的工作场地范围;对于架空敷设的管道,应绘出管道支架,并应给出支架、支座的形式、编号。

12)当平面图的内容较少时,可作为管道平面示意图并入到燃气输配管道纵断面图中。

13)当两条燃气管道同沟并行敷设时,应分别进行设计。设计的燃气管道应用粗实线表示,并行燃气管道应用中虚线表示。

(3)高压、中低压燃气输配管道纵断面施工图绘制。

1)高压、中低压燃气输配管道纵断面施工图,应在沿燃气管道路由实际测绘的地形纵断面图或道路纵断面施工图、竣工图的基础上绘制。

2)宜采用幅面代号为 A2 或 A2 加长尺寸的图幅。

3)对应标高标尺,应绘出管道路由处的现状地面线、设计地面线、燃气管道及与之交叉的其他管线。穿越有水的河流、沟渠、水塘等处应绘出水位线。燃气管道应采用中粗实线双线绘制。现状地面线、其他管线应采用细实线绘制;设计地面线应采用细虚线绘制。

4)应绘出燃气管道的平面示意图。

5)对应平面图中的里程桩,应分别标明管道里程数、原地面高程、设计地面高程、设计管底高程、管沟挖深、管道坡度等。

6)管道纵向弹性敷设时,图面应标注出弹性敷设曲线的相关参数。

7)图中应绘出凝水缸、放水管、阀门、三通等,并注明规格和编号。

8)应绘出管道配重稳管、管道锚固、管道水工保护、套管保护等的位置、范围,并给出做法说明及相关的大样图。

9)对于采用定向钻方式的管道穿越工程,应在管道纵断图中绘出穿越段的土壤地质状况。对地架空敷设的管道,应绘出管道支架,并给出支架、支座的形式、编号、做法。

10)应注明管道的材质、规格及防腐等级、做法。

11)宜注明管道沿线的土壤电阻率状况和管道施工的土石方量。

12)图中管道竖向或空间转角处,应标注转角度数及弯头规格。

13)对于顶管穿越或加设套管敷设的管道,应标注出套管的管底标高。

14)应标出与燃气管道交叉的其他管线及障碍物的位置及相关参数。

三、燃气工程施工图组成

燃气工程施工图包括设计总说明、庭院燃气管道平面布置图、室内燃气管道平面布置图、室内燃气管道系统图和详图、设备及主要材料表等部分。

1. 设计总说明

设计总说明是用文字对施工图上无法表示出来而又非要施工人员知道不可的内容予以说明,如工程规模、燃气种类、燃气用具情况、管道压力、管道材料、管道气密性检验方法、管道防腐方式和敷设方式、管道之间安全净距等,以及设计上对施工的特殊要求等。

2. 平面图

燃气平面图分为室内燃气管道平面图和庭院燃气管道平面布置图。

庭院燃气管道平面图主要表示室外燃气管道的平面分布、管道的走向。室内燃气管道平面布置图主要表示燃气引入管、立管和下垂管的位置。根据引入管的引入位置的不同，施工图应分层表示。

3. 系统图

燃气系统图表示燃气管道的立体走向，所用比例通常为1∶100或1∶50，也可以不按比例绘制。系统图应标注立管管径、支管的管径、水平管道坡度、管道标高，及活接位置、套管位置等。

四、燃气工程施工图内容

1. 庭院燃气管道平面图

(1)现状道路或规划道路的中心线及折点坐标。

(2)燃气主管与市政燃气管道的连接位置和管径。

(3)庭院管道的分布、管径、坡度，分支管道变径等。

(4)凝水缸的位置。

(5)阀门井位置。

(6)楼前管道的管径、管材，燃气管道与建筑物和其他主要管道、设备的间距。

(7)调压设施的布置。

2. 室内燃气管道布置平面图

(1)单元燃气管道引入管的位置、引入方法。

(2)室内立管、下垂管的管径、位置和坡向等。

(3)燃气表的安装位置及方式。

(4)室内燃气具的安装位置。

五、燃气工程施工图识读方法

(1)查看图样目录、设计说明、图例符号，查对全套图样是否缺页。

(2)详细阅读设计说明，掌握设计要领、技术要求和技术规范。

(3)阅读平面图和或工艺流程图。平面图表示管道、设备的互相位置，管道敷设方法，是架空、埋地还是地沟敷设，是沿墙还是沿柱敷设。工艺流程图反映了设备与管道的连接，各种设备的相互关系，工艺生产的全过程。

(4)阅读系统图。系统图反映管道的标高、走向和管道之间的上下、左右位置以及管径、变径、坡度、坡向和附件安装位置。

(5)阅读纵断面图。纵断面图为室外埋地管道必备的施工图，它反映了埋地管道与地下各种管道、建筑物之间的立体交叉关系。

(6)阅读大样图、节点详图和标准图。反映管道进入室内入口，确定仪表安装位置和设备附件安装位置。

第七章　建筑消防给水系统施工图识读

建筑消防给水系统是将室内设有的消防给水系统提供的水力用于扑灭建筑物中与水接触不能引起燃烧、爆炸而设置的固定灭火设备。以水为灭火剂的消防给水系统主要有消火栓给水系统和自动喷水灭火系统。

第一节　建筑消防给水系统简介

一、消火栓给水系统

1. 消火栓给水系统的组成

消火栓给水系统在建筑物内广泛使用，主要用于扑灭初期火灾。它主要由消火栓设备、消防水源、消防给水管道、消火栓及消防箱组成，如图7-1所示。

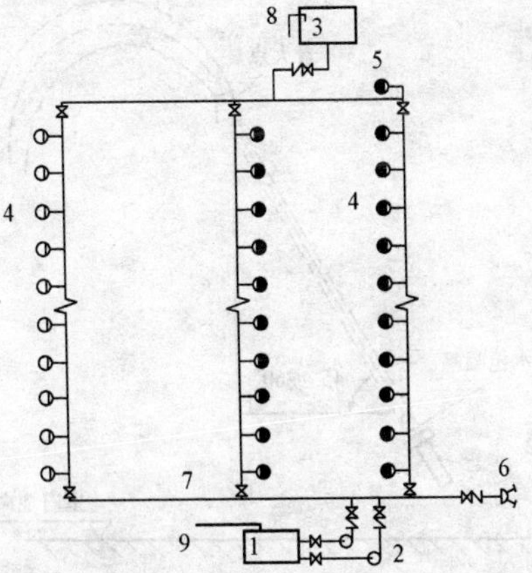

图7-1　消火栓系统的组成

1—水池；2—水泵；3—水箱；4—消火栓；5—试验消火栓；6—水泵接合器；7—消防干管；8—给水管；9—引入管

(1)消火栓设备。消火栓设备是消火栓给水系统中重要的灭火装置，是消火栓系统终端用水的控制装置，其主要由水枪、水带、消火栓组成。

1)水枪。水枪是重要的灭火工具，用铜、铝合金或塑料组成，作用是产生灭火需要的充实水柱，图 7-2 为直流水枪的形式，图 7-3 为水枪充实水柱示意图。

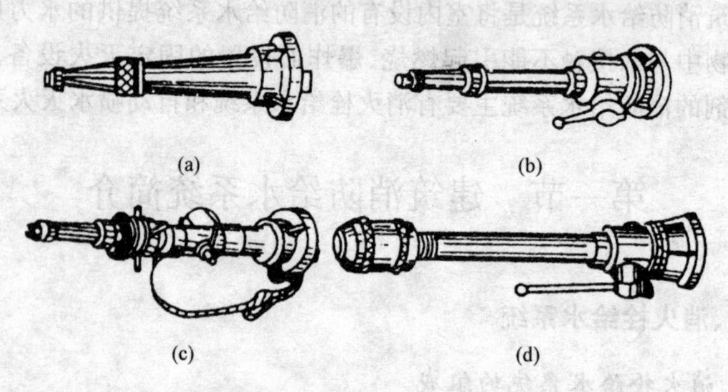

图 7-2　直流水枪的形式

(a)直流水枪；(b)直流开关水枪；(c)直流开花水枪；(d)直流喷雾水枪

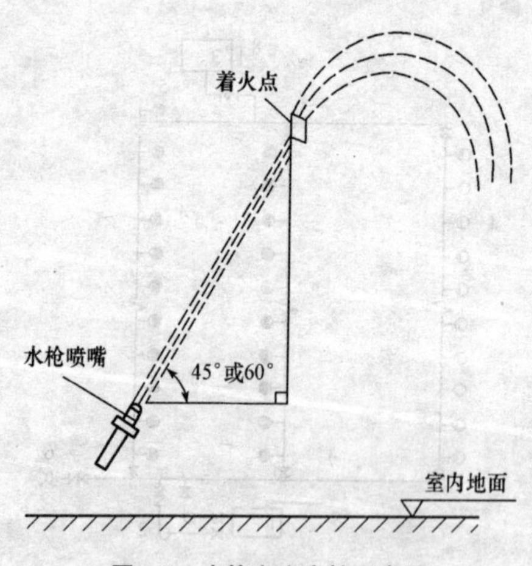

图 7-3　水枪充实水柱示意图

2)消火栓是具有内扣式接头的角形截止阀，它的进水口端与消防立管相连，出水口端与水带相连，图 7-4 为单出口室内消火栓。

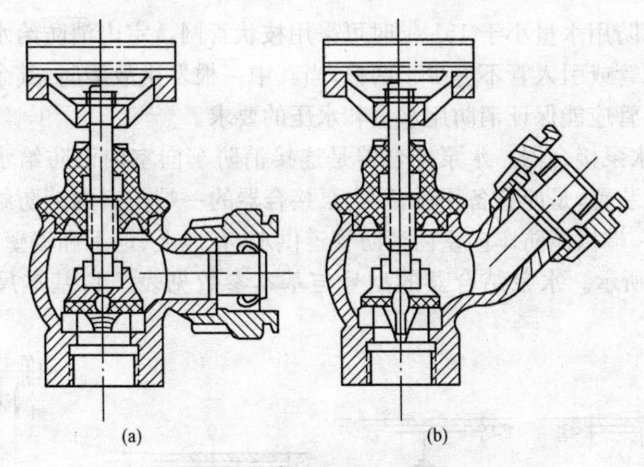

图 7-4　单出口室内消火栓

(a)直角单出口式；(b)45°单出口式

(2)消防水箱。消防水箱的作用是满足扑救初期火灾时的用水量和水压要求。消防水箱一般设置在建筑物顶部，采用重力自流的供水方式以确保消防水箱在任何情况下都能自流供水。消防水箱宜与生活或生产高位水箱合用，目的在于保证水箱内水的流动。消防水池与生活水箱合用时，应采取消防用水不被动用的措施，见图 7-5。

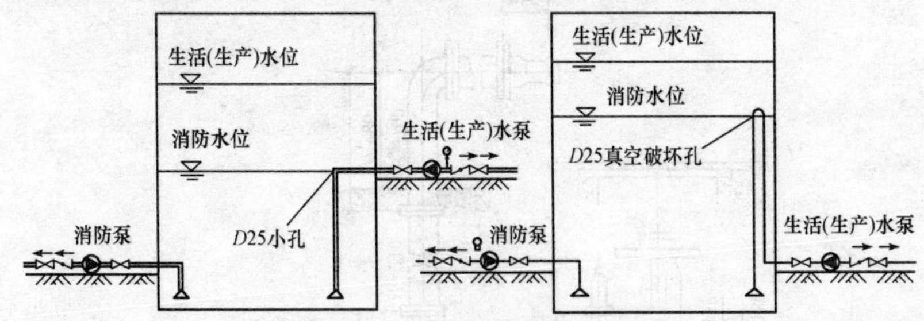

图 7-5　消防与生活合用水箱时消防用水不被动用的措施

1—消防泵；2—生活(生产)水位；3—消防水位；4—生活(生产)水泵；5—*D*25 真空破坏孔

(3)消防管道。消防管道主要包括引入管、消防干管、消防立管以及相应阀门等的管道配件。引入管与室外给水管连接，将水引至室内消防系统。室内消防给水管道应布置成环状，当室内消火栓数量少于 10 个，且室内消防用水量小于 15L/s 时可采用枝状管网。室内消防给水环状管网的进水管或引入管不应少于两根，当其中一根发生故障时，其余的进水管或引入管应能保证消防用水量和水压的要求。

(4)水泵接合器。水泵接合器是连接消防车向室内消防给水系统加压供水的装置，是应急备用设备，水泵接合器的一端与室内消防给水管道连接，另一端供消防车向室内消防管道供水，有地上、地下和墙壁式三种，如图 7-6 所示。水泵结合器的型号与基本参数见表 7-1，基本尺长见表 7-2。

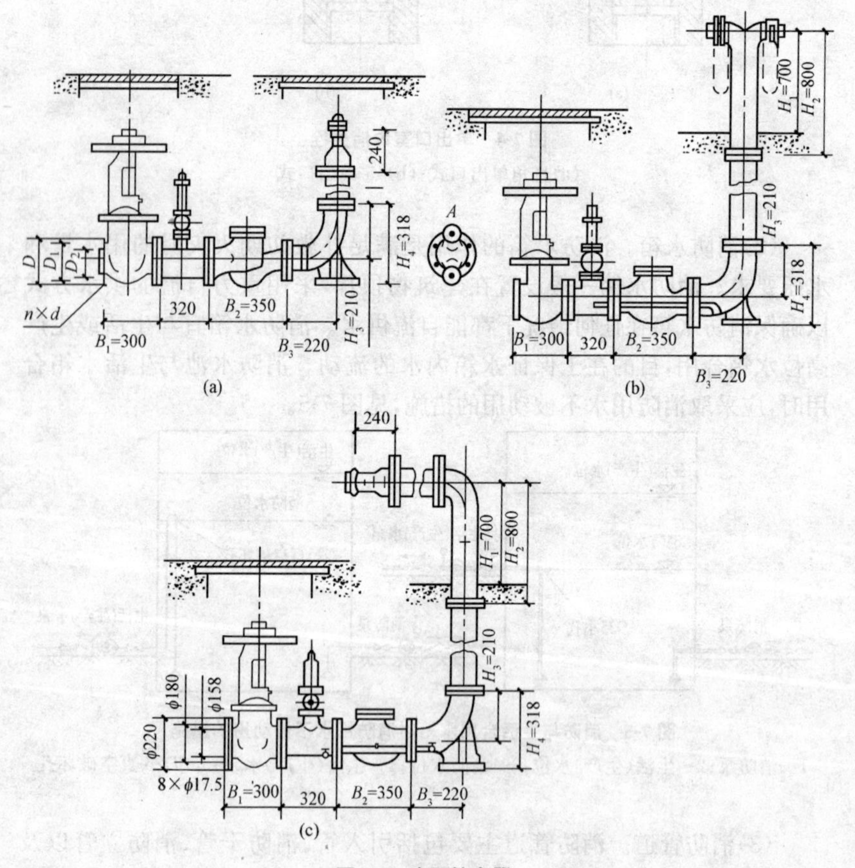

图 7-6 水泵接合器

(a)地下式水泵接合器；(b)地上式水泵接合器；(c)墙壁式水泵接合器

表 7-1　　水泵接合器型号和基本参数

型号规格	形式	公称直径/mm	公称压力/MPa	进水口	
				形式	口径/mm
SQ100	地上	100	1.6	内扣式	65×65
SQX100	地下				
SQB100	墙壁				
SQ150	地上	150			80×80
SQX	地下				
SQB150	墙壁				

表 7-2　　水泵接合器的基本尺寸

公称管径/mm	结构尺寸							法　兰						消防接口
	B_1	B_2	B_3	H_1	H_2	H_3	H_4	l	D	D_1	D_2	d	n	
100	300	350	220	700	800	210	318	130	220	180	158	17.5	8	KWS_{65}
150	350	480	310	700	800	325	465	160	285	240	212	22	8	KWS_{80}

(5)消防水喉。在设有空气调节系统的旅馆、办公大楼内，通常在室内消火栓旁还应配备一支自救式的小口径消火栓(消防水喉)，这种水喉设备对扑灭初期火星非常有效。消防水喉设备如图 7-7 所示。

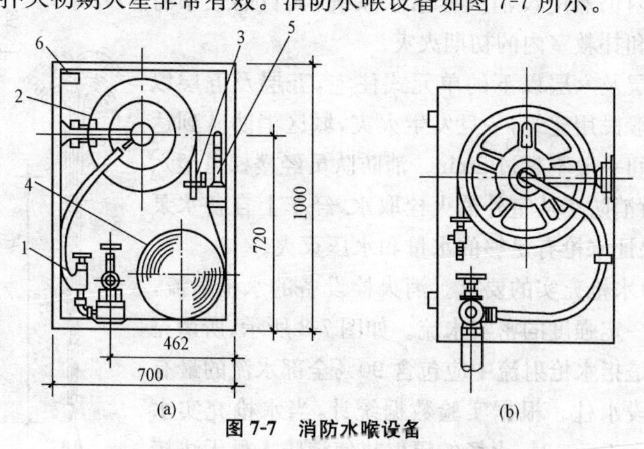

图 7-7　消防水喉设备

(a)自救式小口径消火栓设备；(b)消防软管卷盘

1—小口径消火栓；2—卷盘；3—小口径直流开关水枪；

4—ϕ65 输水衬胶水带；5—大口径直流水枪；6—控制按钮

(6)增压设备。消火栓给水系统的加压设备采用水泵,消防系统中设置的水泵称为消防泵。消防水泵用于满足消防给水所需的水量和水压。

(7)屋顶消火栓。屋顶消火栓即试验用消火栓,供消火栓给水系统检查和试验之用,以确保消火栓系统随时能正常运行。

2. 消火栓给水系统的布置

(1)消火栓给水系统的设置。下列建筑应设消火栓给水系统:

1)高度不超过 24m 的单层厂房、库房和高度不超过 24m 的科研楼(存有与水接触能引起燃烧爆炸或助长火势蔓延的物品除外)。

2)超过 800 个座位的剧院、电影院、俱乐部和超过 1200 个座位的礼堂、体育馆。

3)体积超过 $5000m^3$ 的火车站、码头、展览馆、商店、医院、学校、图书馆等。

4)超过七层的单元式住宅,超过六层的塔式、通廊式、底层设有商业网点的单元式住宅和超过五层或体积超过 $10000m^3$ 的其他民用建筑。

5)国家级文物保护单位的重点木结构的古建筑。

上述低层建筑物,一旦发生火灾,虽然能利用消防车从室外消防给水系统取水加压,能够有效地直接扑救建筑物室内任何角落的火灾,但是,建筑物内仍然应设消火栓给水系统,其目的在于有效控制和扑救室内的初期火灾。

六层及六层以下的单元式住宅,五层及五层以下的一般民用建筑;一旦发生火灾,城区消防队到达火场时间一般不超过 5min。消防队员经楼梯可至六层,同时消防车从室外消火栓取水,经车上自备水泵加压,保证水枪有足够的水量和水压灭火。

(2)水枪充实的要求。消火栓设备的水枪射流,要求有一定强度的密实水流。如图 7-8 所示,所谓充实水柱是指水枪射流中应包含 90%全部水流的最有效的一段水柱。根据实验数据统计,当水枪充实水柱长度小于 7m 时,火场的辐射热使消防人员无法接近着火点;当水枪的充实水柱长度大于 15m 时,因射流的反作用力而使消防人员无法把握水枪灭火,影

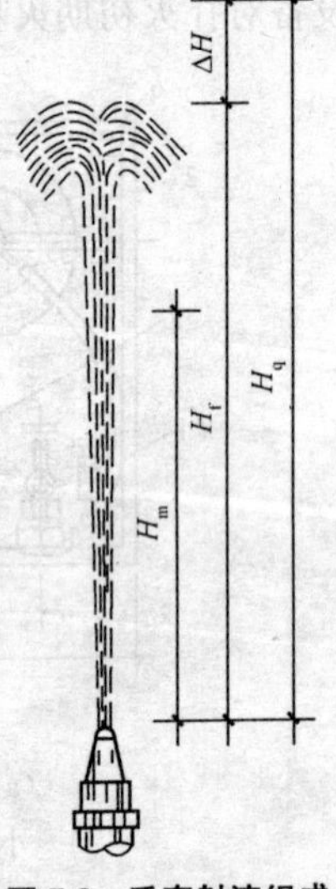

图 7-8 垂直射流组成

响灭火。表 7-3 为为各类建筑要求水枪充实水柱长度。

表 7-3　各类建筑要求水枪充实水柱长度

建筑物类别		充实水柱长度/m
低层建筑	一般建筑 甲、乙厂房，大于 6 层民用建筑，大于 4 层厂房、库房 高架库房	≥7 ≥10 ≥13
高层建筑	民用建筑高度≥100m 民用建筑高度≤100m 高层工业建筑	≥13 ≥10 ≥13
人防工程内		≥10
停车库、修车库内		≥10

(3)消火栓的布置间距。根据防火规范要求，在设有消火栓消防给水系统的建筑内，应每层设置消火栓。消火栓的间距布置应满足下列要求：

1)对建筑高≤24m，体积≤5000m³ 的库房，可采用一支水枪的充实水柱达到同层内任何部位，如图 7-9(a)、(c)所示，其布置间距按下列公式计算：

$$S_1 \leqslant \sqrt{R^2 - b^2}$$

$$R = CL_d + h$$

式中　S_1——消火栓间距(m)；

R——消火栓保护半径(m)；

C——水带展开时的弯曲折减系数，一般取 0.8～0.9；

L_d——水带长度(m)；

h——水枪充实水柱倾斜 45°时的水平投影距离，对一般建筑(层高为 3～3.5m)，由于两楼板间的限制，一般取 h=3.0m；对于工业厂房和层高大于 3.5m 的民用建筑，应按 $h = H_m \sin 45°$计算；

H_m——水枪充实水柱长度(m)；

b——消火栓的最大保护宽度，应为一个房间的长度加走廊的宽度，m。

2)对于民用建筑应保证有两支水枪的充实水柱达到同层内任何部位,如图 7-9(b)、(d)所示。

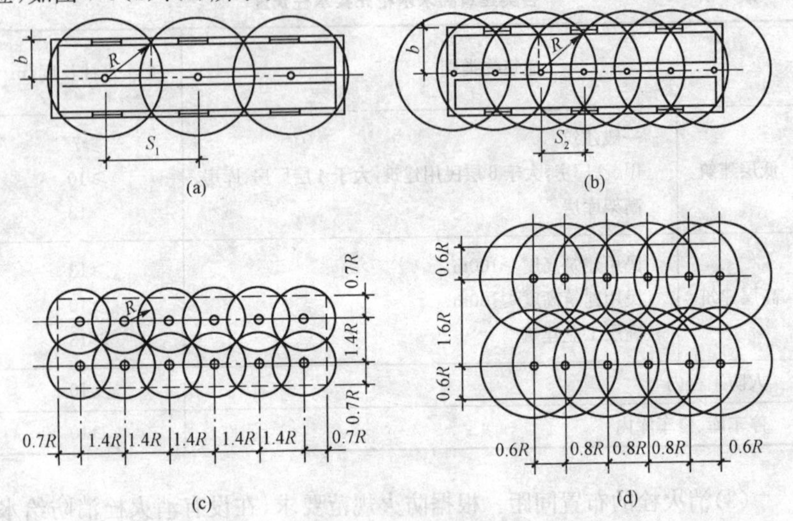

图 7-9　消火栓布置间距

(a)单排 1 股水柱到达室内任何部位;(b)单排 2 股水柱到达室内任何部位;
(c)多排 1 股水柱到达室内任何部位;(d)多排 2 股水柱到达室内任何部位

(4)消防给水管道的布置。在进行建筑内消火栓给水管道布置时,应满足下列要求:

1)室内消火栓超过 10 个且室内消防用水量大于 15L/s 时,室内消防给水管道中至少应有两条进水管与室外环状管网连接,并将室内管道连成环状或与室外管道连成环状。

2)对超过 6 层的塔式和通廊式住宅、超过 5 层或体积大于 10000m^3 的其他民用建筑、多于 4 层的库房和厂房,如室内消防立管不少于 2 条时,应至少每两根竖管相连组成环状管道。

3)消火栓给水管网应与自动喷水灭火管网分开设置。若布置有困难时,应在报警阀前分开设置。

4)闸门的设置应便于管网维修和使用安全,检修关闭阀门后,停止使用的消防立管不应多于一根,在同一层中停止使用的消火栓不应多于 5 个。

5)水泵接合器应设在消防车易于到达的地点，同时还应考虑在其附近15～40m范围内有供消防车取水的室外消火栓或贮水池。水泵接合器的数量应按室内消防用水量计算确定；每个水泵接合器进水流量可达到10～15L/s，一般不少于2个。

二、自动喷水灭火系统

自动喷水灭火系统是一种在发生火灾时能自动喷水灭火，并同时发出火警信号的消防灭火设施。工程中通常根据系统中喷头开闭形式不同，分为闭式和开式喷水灭火系统两种形式。

1. 闭式自动喷水系统

(1)闭式自动喷水系统的组成。闭式自动喷水灭火系统主要由闭式喷头、报警阀、水流指示器、水力警铃、延迟器组成。

1)闭式喷头。在自动喷水灭火系统中担负着探测火灾、启动系统和喷水灭火的任务，它是系统中的关键组件，如图7-10所示。

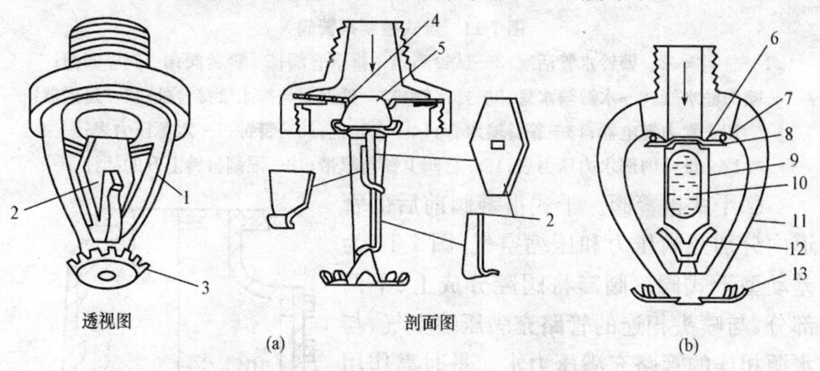

图7-10　闭式喷头

(a)易熔合金闭式喷头；(b)玻璃球闭式喷头

1—支架；2—锁片；3—溅水盘；4—弹性隔板；5—玻璃阀堵；6—阀座；7—填圈；8—阀片；9—玻璃球；10—色液；11—支架；12—锥套；13—溅水盘

2)报警阀。自动喷水灭火系统中报警阀的作用是开启和关闭管道系统中的水流，同时传递控制信号到控制系统，驱动水力警铃直接报警，主要有湿式报警阀、干式报警阀、干湿两用报警阀及雨淋报警阀。

①湿式报警阀。湿式报警阀如图7-11所示，其作用是接通或切断水

源；输送报警信号，启动水力警铃，防止水倒流等。

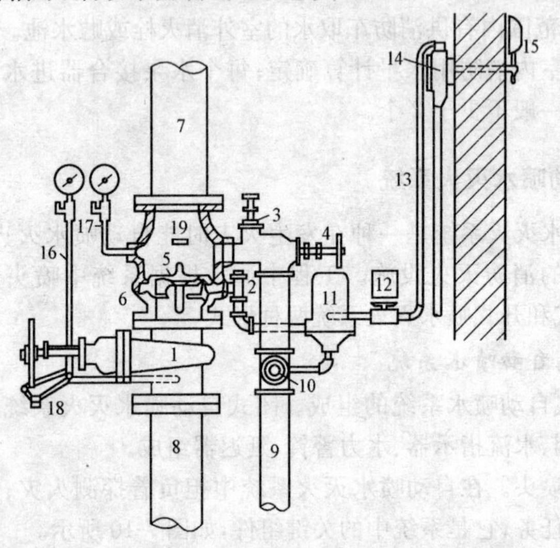

图 7-11　湿式控制报警阀

1—总闸阀；2—警铃水管活塞；3—试铃阀；4—排水管阀；5—警铃阀；6—阀座凹槽；7—喷头输水管；8—水源输水管；9—排水管；10—延迟器与排水管接合处；11—延迟器；12—水力继电器；13—警铃输水管；14—水轮机；15—警钟；1—水源压力表；17—设计内部水力压力表；18—总阀上锁与草带；19—限制警铃上升的挡柱

②干式报警阀。干式报警阀前后的管道内分别充满压力和压缩空气，图 7-12 为差动型干式阀。阀瓣将阀腔分成上、下两部分，与喷头相连的管路充满压缩空气，与水源相连的管路充满压力水。平时靠作用于阀瓣两侧的气压与水压的力矩差使阀瓣封闭，发生火灾时，气体一侧的压力下降，作用于水体一侧的力矩使阀瓣开启，向喷头供水灭火。

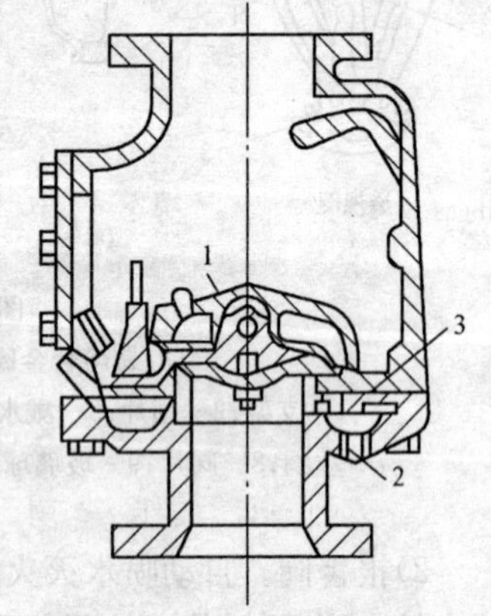

图 7-12　差动型干式阀

1—阀瓣；2—水力警铃接口；3—弹性隔膜

③干湿两用报警阀。干湿两用报警阀由干式报警阀、湿式报警阀上下叠加而成，如图 7-13 所示。

干湿两用报警的干式阀在上，湿式阀

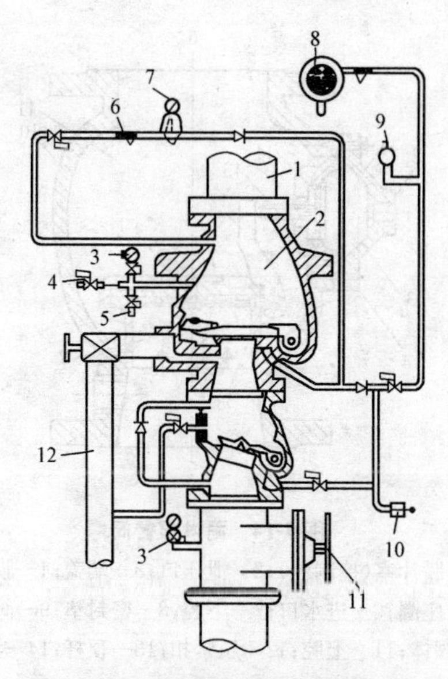

图 7-13　干湿两用报警阀

1—系统；2—干式阀；3—压力表；4—供气阀；5—湿式测试阀；6—Y 型过滤器；7—加速器；8—水力警铃；9—压力开关；10—滴水球阀；11—主供水管；12—主排水管

在下。当系统为干式系统时，干式报警阀起作用。干式报警阀室注水口上方及喷水管网充满压缩空气，阀瓣下方及湿式报警阀全部充满压力水。当有喷头开启时，空气从打开的喷头泄出，管道系统的气压下降，直至干式报警阀的阀瓣被下方的压力水开启，水流进入喷水管网。部分水流同时通过环形隔离室进入报警信号管，启动压力开关和水力警铃。系统进入工作状态，喷头喷水灭火。

④雨淋报警阀。雨淋报警阀如图 7-14 所示。雨淋报警阀内设有阀瓣组件、阀瓣锁定杆、驱动杆、弹簧或膜片等。阀腔分成上腔、下腔和控制腔三部分，上腔为空气，下腔为压力水，控制腔与供水主管道和启动管路连通，供水管道中的压力水推动控制腔中的膜片，进而推动驱动杆顶紧阀瓣锁定杆，锁定杆产生力矩，把阀瓣锁定在阀座上，使下腔的压力水不进入上腔。当失火时，启动管路自动泄压，控制腔压力迅速降低，使驱动杆作用在阀瓣锁定杆上的力矩低于供水压力作用在阀瓣上的力矩，于是阀瓣开启，压力水进入配水管网。

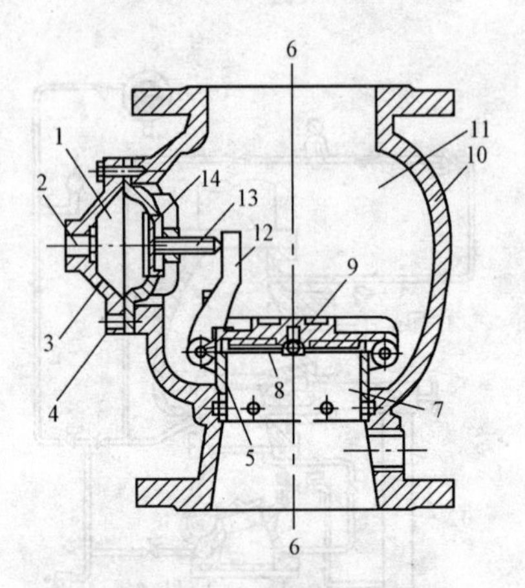

图 7-14　雨淋报警阀

1—膜片室(控制腔);2—泄压口;3—端盖;4—膜片;
5—座圈;6—进水口;7—下腔;8—密封垫;9—阀瓣;
10—阀体;11—上腔;12—压紧扣;13—顶杆;14—活动座

3)水流指示器。水流指示器的作用是当火灾发生,喷头开启喷水时或管道发生泄漏时,有水流通过,则水流指示器发出区域水流信号,起辅助电动报警的作用。

4)水力警铃。水力警铃如图 7-15 所示。水力警铃安装在报警阀的报警管路上,是一种水力驱动的机械装置。当自动喷水灭火系统启动灭火,消防用水的流量等于或大于一个喷头的流量时,压力水流沿报警支管进入水力警铃驱动叶轮,带动铃锤敲击铃盖,发出报警声响。水力警铃不得由电动报警器取代。

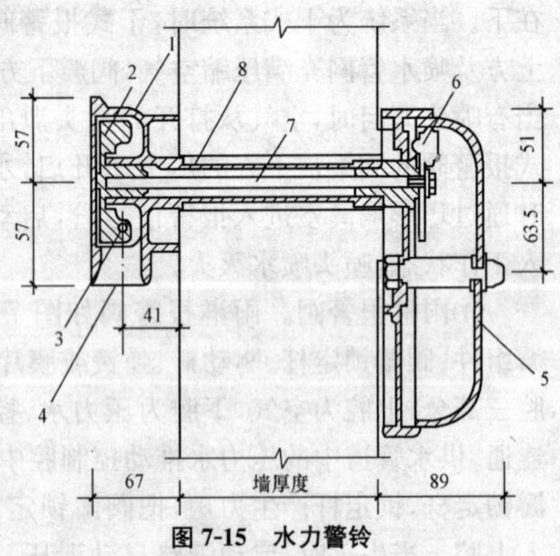

图 7-15　水力警铃

1—水马达外壳;2—传动轮;3—入水口;
4—排水口;5—铃身;6—警报臂;7—传动杆;
8—*DN*20 支持管(镀锌)

5)延迟器。延迟器的作用是防止湿式报警阀因水压不稳引起的误动作，而造成误报警。

（2）闭式自动喷水灭火系统的分类。闭式自动喷水灭火系统包括湿式系统、干式系统、干湿两用系统及预作用系统等。

1）湿式自动喷水灭火系统。湿式自动喷水灭火系统，主要由闭式喷头，管道系统，湿式报警阀、水流指示器、报警装置和供水设施等组成。图7-16为湿式自动喷水灭火系统图。湿式自动喷水灭火系统的主要系统部件见表7-4。

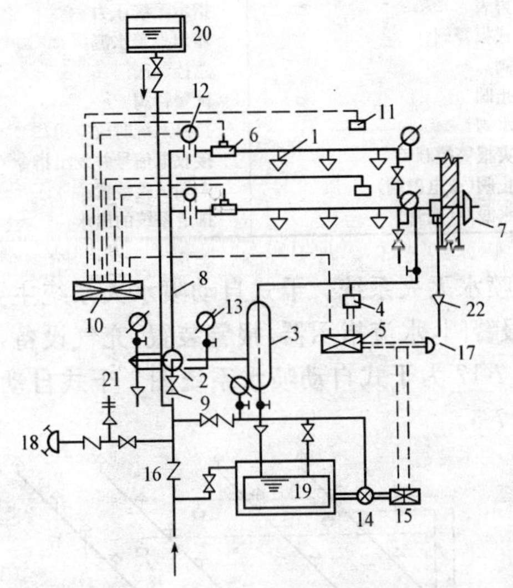

图7-16　湿式自动喷水灭火系统

1—闭式喷头；2—湿式报警阀；3—延迟器；4—压力继电器；5—电气自控箱；6—水流指示器；7—水力警铃；8—配水管；9—阀门；10—火灾收信机；11—感烟、感温火灾探测器；12—火灾报警装置；13—压力表；14—消防水泵；15—电动机；16—止回阀；17—按钮；18—水泵接合器；19—水池；20—高位水箱；21—安全阀；22—排水漏斗

由图7-16可以看出，火灾发生时，在火场温度作用下，闭式喷头的感温元件温度达到预定的动作温度后，喷头开启喷水灭火，阀后压力下降，湿式阀瓣打开，水经延时器后通向水力警铃，发出声响报警信号，与此同时，压力开关及水流指示器也将信号传送至消防控制中心，经判断确认火警后启动消防水泵向管网加压供水，实现持续自动喷水灭火。

表 7-4　湿式喷水灭火系统主要部件

编　号	名　称	用　途
1	闭式喷头	感知火灾，出水灭火
2	火灾探测器	感知火灾，自动报警
3	水流指示器	输出电信号，指示火灾区域
4	水力警铃	发生音响报警信号
5	压力开关	自动报警或自动控制
6	延迟器	克服水压波动引起的误报警
7	过滤器	过滤水中杂质
8	压力表	指示系统压力
9	湿式报警阀	输出报警水流
10	闸阀	总控制阀门
11	截止阀	试警铃阀
12	放水阀	检修系统时放空用
13	火灾报警控制箱	接收电信号并发出指令
14	截止阀(或电磁阀)	末端试验装置
15	排水漏斗(或管)	排走系统的出水

2)干式自动喷水灭火系统。干式自动喷水灭系统主要由闭式喷头，管道系统，干式报警阀，水流指示器，报警装置，充气设备，排气设备和供水设备组成。图 7-17 为干式自动喷水系统图。干式自动喷水灭火系统的主要部件见表 7-5。

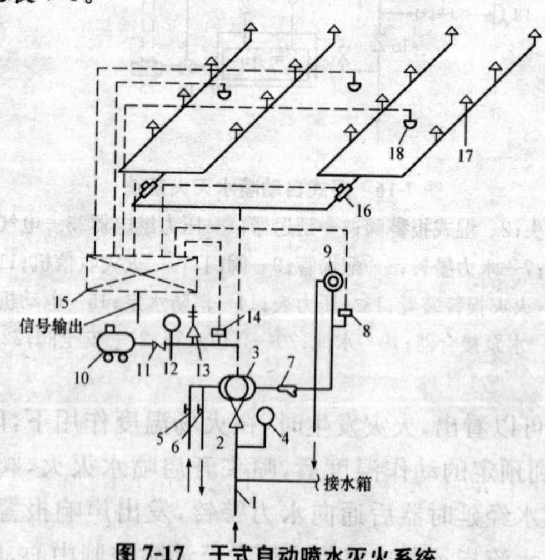

图 7-17　干式自动喷水灭火系统

1—供水管；2—闸阀；3—干式报警阀；4—压力表；5，6—截止阀；7—过滤器；8—压力开关；9—水力警铃；10—空压机；11—止回阀；12—压力表；13—安全阀；14—压力开关；15—火灾报警控制箱；16—水流指示器；17—闭式喷头；18—火灾探测器

由图 7-17 可看出，发生火灾时闭式喷头打开，首先喷出压缩空气，管道内气压降低，压力差达到一定值时，报警阀打开，水流入管道中，并从喷头喷出。同时水流到达压力开关令报警装置发出火警信号。在大型系统中，还可以设置快开器，以加快打开报警阀的速度。

表 7-5　干式喷水灭火系统主要部件

编号	名称	用途
1	供水管	进水
2	闸阀	总控制阀
3	干湿两用阀、干湿阀	系统控制阀，输出报警水流
4	压力表	提供供水系统压力
5	截止阀	试警铃阀
6	截止阀	系统检修时放空用
7	过滤器	过滤水中杂质
8	压力开关	自动报警或自动控制
9	水力警铃	发出音响报警信号
10	空压机	供给系统压缩空气
11	止回阀	维持系统气压
12	压力表	测量系统气压
13	安全阀	防止系统超压
14	压力开关	控制空压机启停
15	火灾报警控制箱	接收电信号、并发出指令
16	水流指示器	输出电信号、指示火灾区域
17	闭式喷头	感知火灾，出水灭火
18	火灾探测器	感知火灾，自动报警

3)干湿两用自动喷水灭火系统。干湿两用自动喷水灭火系统是干式自动喷水灭火系统与湿式自动喷水灭火系统交替使用的系统。其组成包括闭式喷头、管网系统、干湿两用报警阀、水流指示器、信号阀、末端试水装置、充气设备和供水设施等。干湿两用系统在使用场所环境温度高于70℃或低于 4℃时，系统呈干式；环境温度在 4℃至 70℃之间时，可将系统

转换成湿式系统。

4)预作用自动喷水灭火系统。预作用自动喷水灭火系统主要由闭式喷头,管道系统,雨淋阀,火灾探测器,报警控制装置,充气设备,控制组件和供水设施等部件组成。图 7-18 为预作用自动喷水灭火系统图。预作用自动喷水灭火系统的主要部件见表 7-6。

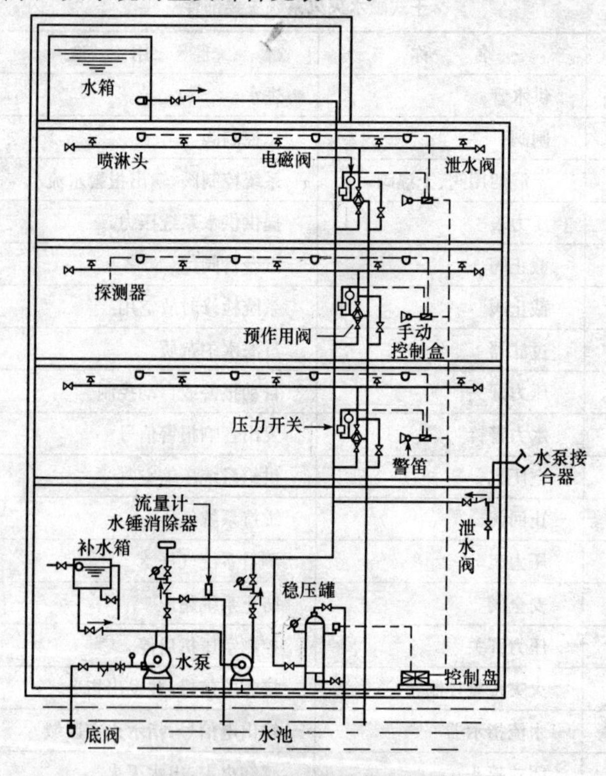

图 7-18　预作用自动喷水灭火系统

由图 7-18 可见,该系统将火灾自动探测报警技术和自动喷水灭火系统有机地结合在一起,雨淋阀后的管道平时呈干式,充满低压气体,在火灾发生时,安装在保护区的感温、感烟火灾探测器首先发出火警信号,同时开启雨淋阀,使水进入管路,在很短时间内将系统转变为湿式,以后的动作与湿式系统相同。

这种系统适用于平坦不允许有水渍损失的高级重要的建筑物内或干

式喷水灭火系统适用的建筑物内。

表 7-6　　预作用喷水灭火系统主要部件

编号	名称	用途
1	闸阀	总控制阀
2	预作用阀	控制系统进水,先于喷头开启
3	闸阀	检修系统用
4	压力表	指示供水压力
5	过滤器	过滤水中杂质
6	截止阀	试验出水量
7	手动开启截止阀	手动开启预作用阀
8	电磁阀	电动开启预作用阀
9	压力开关	自动报警或自动控制
10	水力警铃	发出音响报警信号
11	压力开关	控制空压机启停
12	压力开关	低气压报警开关
13	止回阀	维持系统气压
14	压力表	指示系统气压
15	空压机	供给系统压缩空气
16	火灾报警控制箱	接收电信号并发出指令
17	水流指示器	输出电信号,指示火灾区域
18	火灾探测器	感知火灾
19	闭式喷头	出水灭火

2. 开式自动喷水灭火系统

(1)开式自动喷水灭火系统的组成。开式自动喷水灭火系统主要由喷头、报警阀、水流指示器、水力警铃、延迟器组成。在开式自动喷水灭火系统中采用的喷头是开式喷头。开式喷头主要有洒水喷头、水幕喷头和喷雾喷头三种形式,见表 7-7。

表 7-7 开式喷头的主要形式

序号	形 式	说 明
1	洒水喷头	开式洒水喷头如图 7-19 所示，有双臂下垂、双臂直立、双臂边墙和单臂下垂式四种。雨淋开式喷头既可以用于雨淋系统，也可以用于设置防火阻火型水幕带，起到控制
2	水幕喷头	水幕喷头如图 7-20 所示，水幕喷头将压力水分布成一定的幕帘状，起到阻隔火焰穿透、吸热及隔热的防火分隔作用。适用于大型厂房、车间、厅堂、戏剧院、舞台及建筑物门、窗洞口部位或相邻建筑之间的防火隔断及降温
3	喷雾喷头	喷雾喷头的形式有离心式高速水雾喷头、撞击式中速水雾喷头两种。 (1)离心式高速水雾喷头。如图 7-21 所示，离心式高速水雾喷头水进入喷头后，一部分沿内壁的流道高速旋转形成旋转水流，另一部分仍沿喷头轴向直流，两部分水流从喷口喷出后成为细水雾。离心式水雾喷头体积小，喷射速度高，雾化均匀，雾滴直径细，贯穿力强，适用于扑救电气设备的火灾和闪点高于60℃的可燃液体火灾。 (2)撞击式中速水雾喷头。如图 7-22 所示，撞击式中速水雾喷头由射水口和溅水盘组成，从渐缩口喷出的细水柱喷射到溅水盘上，溅散成小粒径的雾滴，由于惯性作用沿锥形面射出，形成水雾锥。溅水盘锥角的不同，雾化角也不同

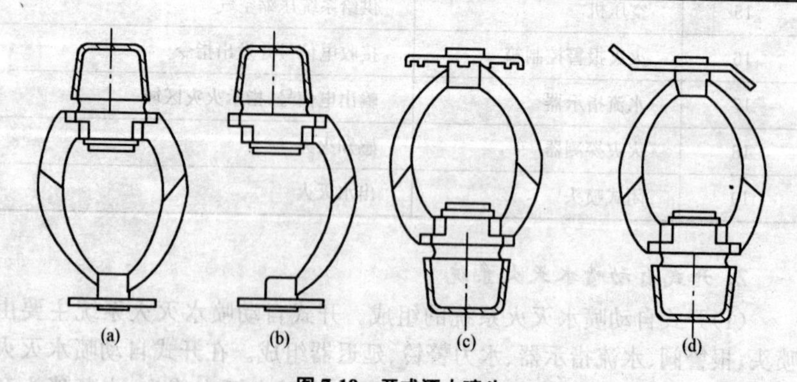

图 7-19 开式洒水喷头

(a)双臂下垂型；(b)单臂下垂型；(c)双臂直立型；(d)双臂边墙型

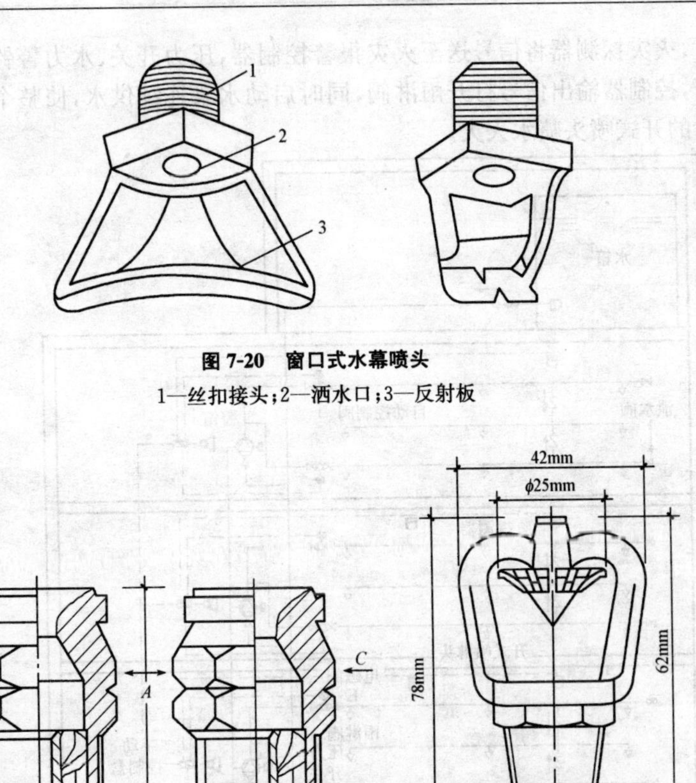

图 7-20　窗口式水幕喷头

1—丝扣接头;2—洒水口;3—反射板

图 7-21　离心式高速水雾喷头

图 7-22　撞击式中速水雾喷头

(2)开式自动喷水灭火系统的分类。开式自动喷水灭火系统根据喷头形式及使用目的不同,可分为雨淋系统、水幕系统、水喷雾系统等。

1)雨淋喷水灭火系统。雨淋喷水灭火系统主要由火灾探测系统,开式喷头、雨淋阀、报警装置、管道系统和供水装置组成,如图 7-23 所示。用于扑灭大面积火灾及需要快速阻止火蔓延的场合。雨淋喷水系统的主要部件见表 7-8。

雨淋系统采用开式洒水喷头,由雨淋阀控制喷水范围,利用配套的火灾自动报警系统或传动管系统监测火灾并自动启动系统灭火。发生火灾时，火灾探测器将信号送至火灾报警控制器，压力开关、水力警铃一起报警，控制器输出信号打开雨淋阀，同时启动水泵连续供水，使整个保护区内的开式喷头喷水灭火。

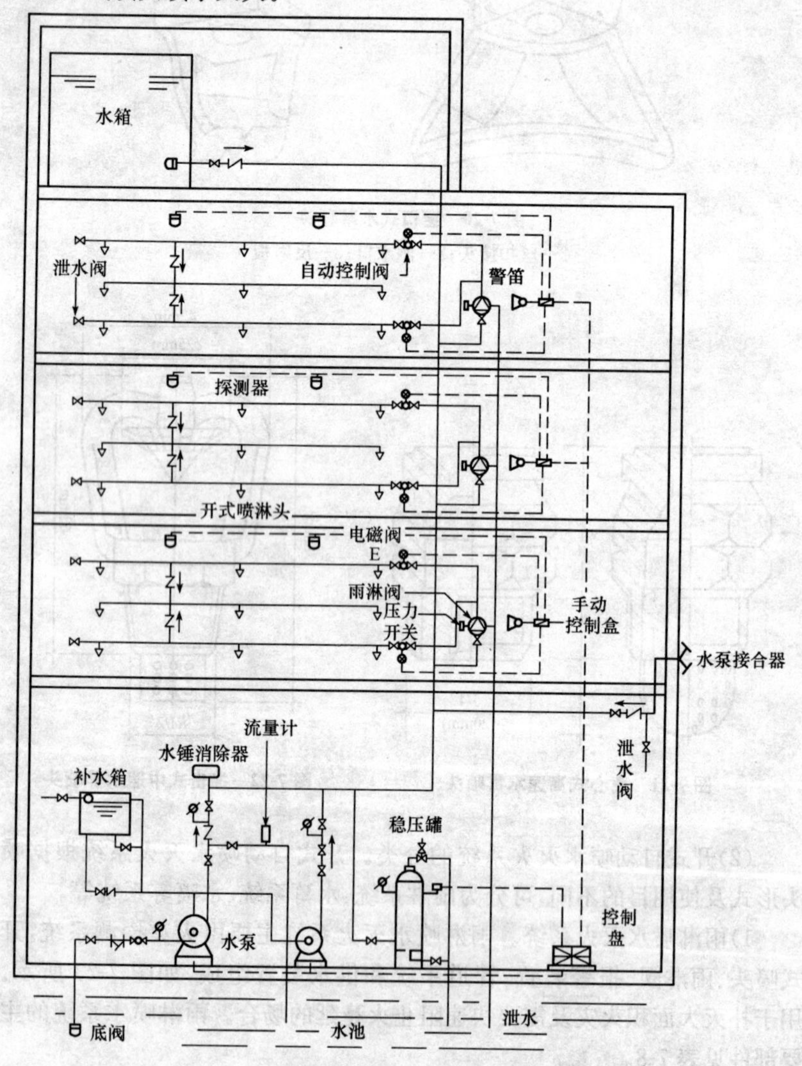

图 7-23　雨淋灭火系统图

表 7-8　　预作用喷水灭火系统主要部件

编　号	名　称	用　途
1	水池	贮水
2	消防水泵	消防水加压
3	水泵接合器	与系统外部连接
4	控制箱	检修用以接电信号并发出指令
5	报警器	电信号报警
6	湿式报警阀	开、阀水流，同时报警
7	开式喷头	雨淋灭火(平时不出水，失火时喷水灭火)
8	手动阀	手动开启阀门
9	雨淋阀	自动控制消防供水(平时常闭、失火时自动开启)
10	水力警铃	机械报警
11	探测器	烟、温感报警
12	高位水箱	保证系统常压

2)水幕喷水灭火系统。如图 7-24 所示为水幕系统图，其由雨淋阀、水幕喷头(包括窗口、檐口、台口等)供水设施、管网及探测系统和报警系统等组成，水幕系统主要部件见表 7-9。

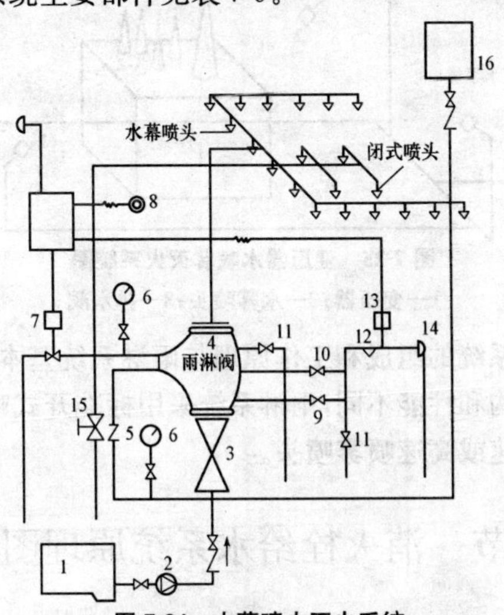

图 7-24　水幕喷水灭火系统

1—水池；2—水泵；3—供水闸阀；4—雨淋阀；5—止回阀；6—压力表；7—电磁阀；8—按钮；9—试警铃阀 10—警铃管阀；11—放水阀；12—滤阀；13—压力开关；14—警铃；15—手动快开阀；16—水箱

表 7-9　　水幕系统主要部件

编　号	名　称	用　途
1	水池	贮水
2	水泵	消防水加压
3	水泵接合器	与系统外部连接
4	总控制阀	检修用
5	雨淋阀	自动控制消防供水(平时常闭、失火时自动开启)
6	水幕喷头	出水,隔火,阻火
7	开式喷头	自动控制消防供水(平时常闭、失火时自动开启)
8	手动阀	手动开启阀门
9	电磁阀	电动控制系统动作
10	控制箱	接收电信号,并发出指令

3)水喷雾灭火系统。水喷雾系统利用喷雾喷头在一定压力下将水流分解成粒径在 100～700μm 之间的细小雾滴,通过表面冷却、窒息、乳化、稀释的共同作用实现灭火和防护,保护的对象主要是火灾危险大、扑救困难的专用设施或设备,如图 7-25 所示。

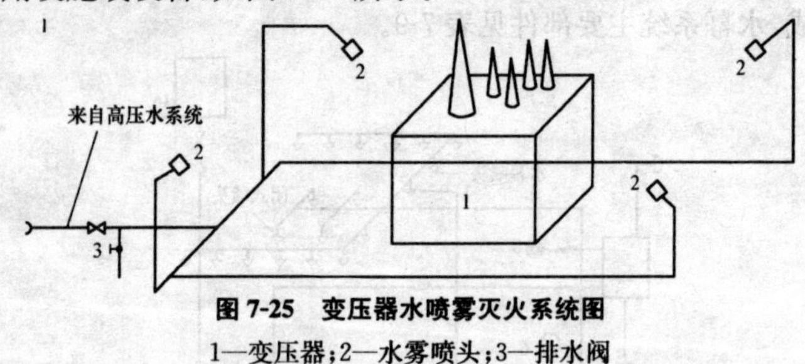

图 7-25　变压器水喷雾灭火系统图

1—变压器;2—水雾喷头;3—排水阀

水喷雾灭火系统的组成和工作原理与雨淋系统基本一致。其区别主要在于喷头的结构和性能不同,雨淋系统采用标准开式喷头,而水喷雾灭火系统则采用中速或高速喷雾喷头。

第二节　消火栓给水系统原理图识读

消火栓给水系统的给水方式有直接供水的消火栓给水方式、设有水箱的消火栓给水方式、设有消防泵和消防水箱的消火栓给水方式三种。其主要方式见表 7-10。

表 7-10　　消火栓给水系统给水方式及原理图

给水方式	适用范围	原理图
直接供水的消火栓给水方式	适用于室外管网所提供的水量、水压，在任何时候均能满足室内消火栓给水系统所需水量、水压的情况	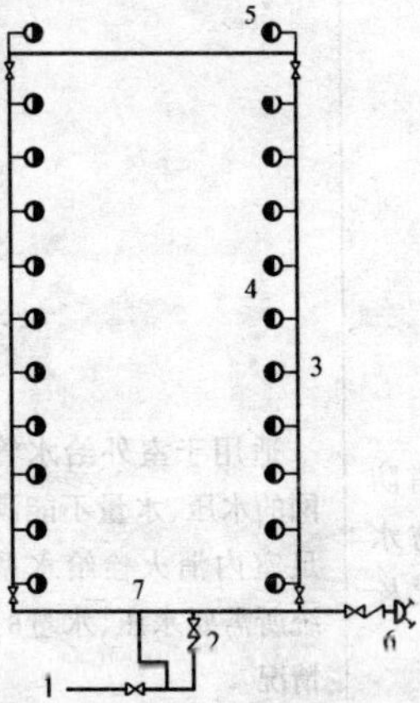 图 1　直接供水的消火栓给水原理图 1—引入管；2—阀门；3—给水立管；4—消火栓；5—试验消火栓；6—水泵接合器；7—消防干管
设有水箱的消火栓给水方式	适用于室外给水管网一日内有绝大部分时间能保证消防水量、水压时的低层建筑	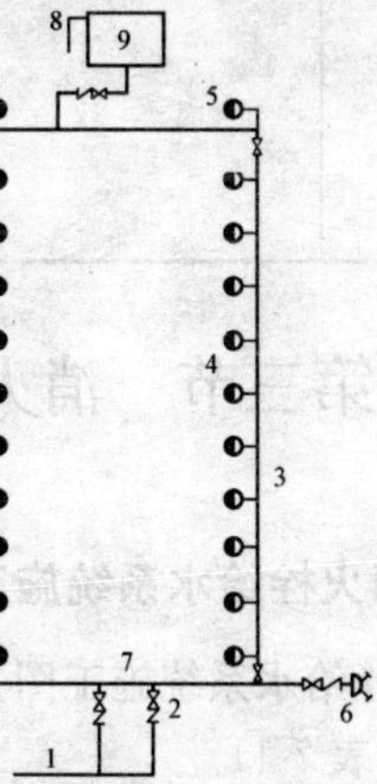 图 2　设水箱的消火栓给水原理图 1—引入管；2—阀门；3—给水立管；4—消火栓；5—试验消火栓；6—水泵接合器；7—消防干管；8—给水管；9—水箱

（续）

给水方式	适用范围	原理图
设有消防泵和消防水箱的消火栓给水方式	适用于室外给水管网的水压、水量不能满足室内消火栓给水系统所需要水压、水量的情况	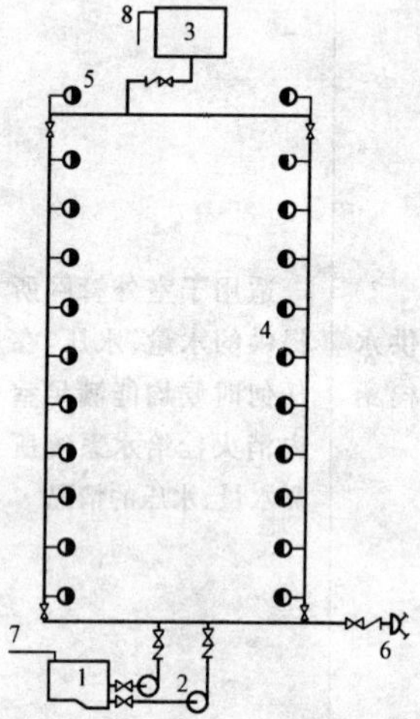 图3 设有消防泵和消防水箱的室内消火栓给水原理图 1—水池；2—水泵；3—水箱；4—消火栓；5—试验消火栓；6—水泵接合器；7—引入管；8—水箱进水管

第三节 消火栓给水系统施工图识读

一、消火栓给水系统施工图的构成

消火栓给水系统施工图主要由图纸封面、目录、设计说明、设计图样等组成，见表7-11。

表7-11 消火栓给水系统施工图的构成

目　录	主要内容
图纸封面	图纸封面标有图名、设计单位和设计时间
目录	标有各图纸名称、设计内容和图纸张数的顺序

（续）

目　　录	主要内容
设计说明	设计说明包括工程概况、设计参数、设计用途、水池、水箱、水泵规格与材质、管路形式、阀门设置要求、稳压装置型号与安装、减压装置设置、水泵接合器、所用管材连接、施工安装要求，注明标准图选择，列有主材设备表，注明图样的图形符号
设计图样	(1)设计图样主要包括有平面图、系统图、详图等。平面图表达消防管道、消火栓、水池、水泵等设备与建筑平面的关系，以及设备型号、管径、坡度等。 (2)系统图(轴测图)采用正面斜等测，用单线表示消防管道及消防设施在空间的连接情况，应标注坡度、管径、标高，是消防图中重要的图样。它与消防平面图一一对应。 (3)详图反映消防设施的安装尺寸与施工方法，专用设施详图可选用消防设施标准图

二、消火栓给水系统施工图图示特点

一般而言，消火栓给水系统施工图的特点主要体现在以下几方面：

(1)消火栓给水施工图中的平面图、详图等图样均采用正投影绘制。消火栓管道采用单线画法，以粗点画线或粗实线绘制。

(2)消火栓给水系统图采用正面斜等轴测图绘制，采用的比例同建筑平面图，当局部管道按比例不清楚时，纵向和横向采用不同比例或局部不采用比例。

(3)消火栓系统图中的附件均采用统一图例表示，管道连接配件在图中不予表示。

(4)消防施工图中管道设备的安装应与土建施工图相互配合，特别是在留洞、预埋件、管沟等方面对土建的要求，必须在图纸上予以说明。

三、消火栓给水施工图识读方法

建筑消火栓给水平面图是表明消火栓管道系统及室内消防设备平面布置的图样。

看平面图时，先按水流方向粗看（水池→水泵→水箱→横干管→立管→消火栓），再细看沿水流方向的管道中其他附件装置。详细了解所用管材、管径、规格，水池、水泵、水箱的规格型号及消火栓、水龙带、水枪的规格尺寸。对与建筑交叉的管线、消防设施应细看。即先粗后细，先全面后局部。

第四节　自动喷水灭火系统施工图识读

一、自动喷水灭火系统施工图图示特点

1. 自动喷水灭火系统平面图图示特点

(1)系统图中，建筑物轮廓线、轴线号、房间名称、绘图比例等均应用细线绘制且应与建筑专业一致。

(2)消防管道、喷头、立管位置按图例以正投影法绘制在平面图上。

(3)安装在下层空间或埋设在地面下面为本层使用的管道，可绘制在本层平面图上。

(4)自动喷水灭火系统管道应标注管径、立管的类别与代号。立管编号一般自左至右进行编排，且各楼层相一致。

(5)引入管应注明与建筑轴线的定位尺寸、穿建筑外墙的标高、防水套管形式。

(6)±0.000 标高层平面图的右上方绘制指北针。

2. 自动喷水灭火系统系统图图示特点

(1)多层及高层建筑的管道以立管为主要表示对象绘制系统原理图。

(2)以平面图左端为起点，顺时针自左向右按编号依次顺序均匀排列。

(3)横管以首根立管为起点按平面图的连接顺序水平方向在所在层与立管相连接。

(4)当自动喷水灭火系统在平面图中,已将管道管径、标高、喷头间距和位置标注清楚时,可简化表示从水流指示器至末端试水装置等阀件之间的管道和喷头。

(5)自动喷水灭火系统给水立管上的引出线在该层水平绘出,如支管上自动喷水灭火系统设备另有详图时,在支管阀门后断掉,并注明详图图号。

(6)楼面线层高相同应等距离绘制,夹层同层的升降部分以楼面线表示,在图的左端注明楼的层数和建筑标高。

(7)管道阀门及附件等各种设备及构筑物均应示意绘出。

(8)系统的引入管应绘出穿墙轴线号。

(9)立管横管均应标注管径,立管上的消火栓设备应注明。

二、自动喷水灭火系统施工图识读举例

图 7-26 为地下一层自动喷水灭火系统平面图,建筑面积是 50300mm×15300mm,楼层标高为－5.700m。中间为走廊,走廊宽为 2.7m,房间开间为 6.6m,进深为 5.9m。房间左侧设有消防水池、楼梯间和电梯间,走廊两侧设有库房、排风机房、送风机房等。

自喷系统接自水施 A-9,自喷管道采用端中布置方式,横干管布置在走廊中间,起始端设有水流指示器,末端设有试水装置,横支管布置在干管两侧。

喷头间间距小于 3600mm。平面布置了 53 个喷头。喷头按房间分布采用矩形布置。

各支管管径分别为 *DN*25、*DN*32。横干管管径分别为 *DN*125、*DN*100、*DN*80、*DN*65、*DN*50,管径顺水流方向依次递减。电梯前室自喷支管标高为－0.75m。

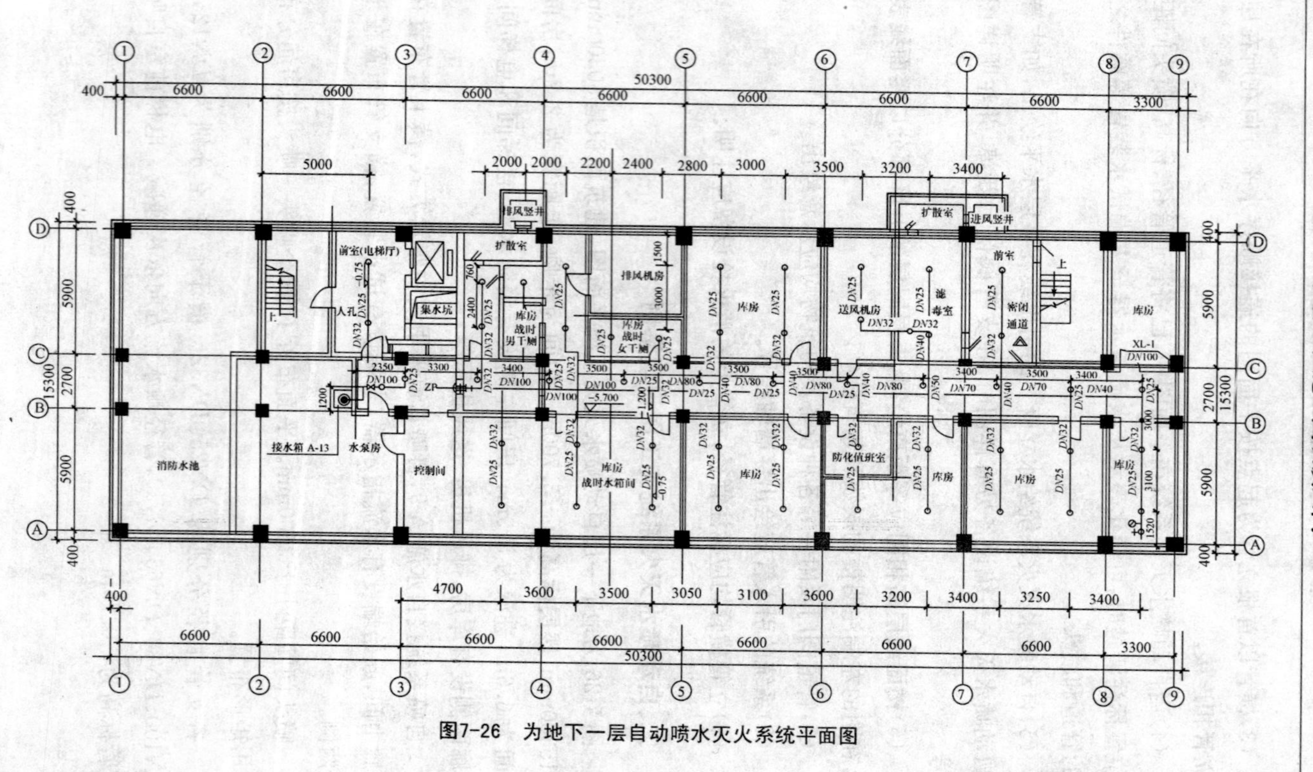

图7-26 为地下一层自动喷水灭火系统平面图

第八章　小区给排水工程施工图识读

居住小区是指含有教育、医疗、文体、经济、商业服务及其他公共建筑的城镇居民住宅建筑区。

我国现行的《城市居住区规划设计规范》[GB 50180—1993(2002 年版)]按照人口数将城市居住区划分为三类：

(1)居住组团。人口 1000～3000 人的称为居住组团；

(2)居住小区。人口 10000～15000 人的称为居住小区；

(3)居住区。人口达到 30000～50000 人的称为居住区。

《建筑给水排水设计规范》[GB 50015—2003(2009 年版)]将 15000 人以下的居住小区和居住组团统称为居住小区。本章所指的"小区"概念与《建筑给水排水设计规范》[GB 50015—2003(2009 年版)]中"居住小区"定义相同，即居住人口在 15000 人以下的居民住宅建筑区。

第一节　小区给水工程简介

小区给水工程是指城镇中居住小区、住宅团组、街坊和庭院范围内的室外给水工程。

一、小区给水系统组成

小区给水系统一般是由水源、水处理构筑物、小区给水管网，调蓄调压设备等组成，见图 8-1。

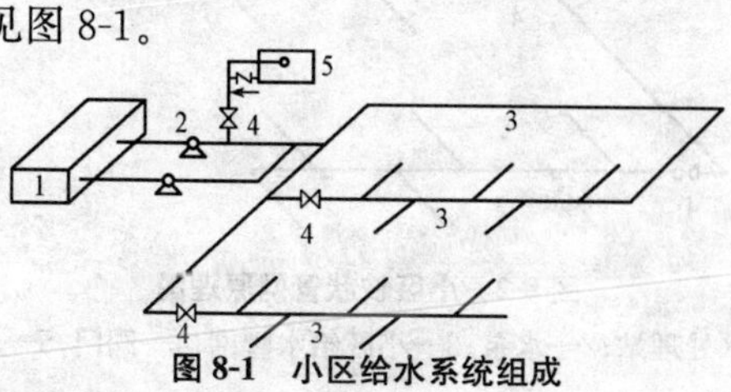

图 8-1　小区给水系统组成

1—水处理站；2—水泵站；3—小区给水管网；4—阀门；5—水塔

(1)小区给水水源。水源可分为江、河、湖、水库等地表水源和地下潜水、承压水和泉水等的地下水源及市政管网给水。城镇中的居住小区,给水水源取自城镇给水管网,远离城镇工厂的居住小区采用其他水源,其给水一般由厂矿供给。采用其他水源的水质应满足国家《生活饮用水卫生标准》(GB 5749—2006)。严重缺水地区亦可采用中水作为杂用水水源,作为冲厕及浇洒道路、绿化等用水。

(2)小区给水管网。小区给水系统管道按规划设计要求常埋于地下,沿道路和平行于建筑而敷设,按其管网的布置方式,小区给水管网布置见表 8-1。

表 8-1 小区给水管网布置

序号	项 目	说 明
1	枝状网	枝状网的布置是由水源至用水点管网形成树枝状,适用于小区规模较小,用水安全程度要求较低的系统,如图 8-2 所示
2	环状网	环状网的布置是将整个小区给水管网连接成环形网格,这种布置形式,适用于小区规模较大,对用水安全程度要求较高的系统,如图 8-3 所示
3	枝环组合式	枝环组合式网,是将小区的部分用水管网布置成环状网(中心区),小区的边远部分给水管网布置成枝状,如图 8-4 所示

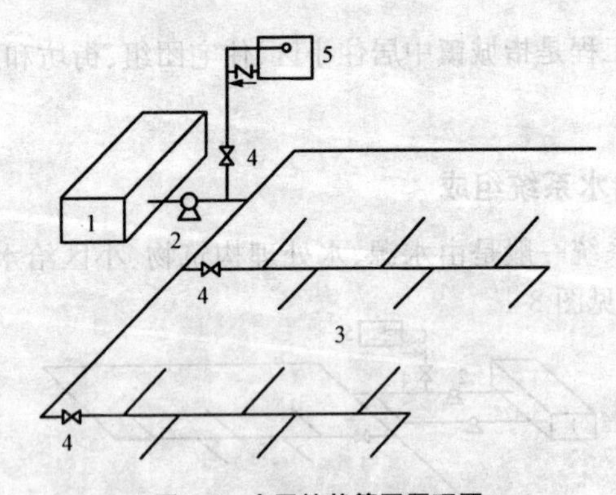

图 8-2 小区枝状管网原理图

1—水处理站;2—水泵;3—小区给水管网;4—阀门;5—水塔

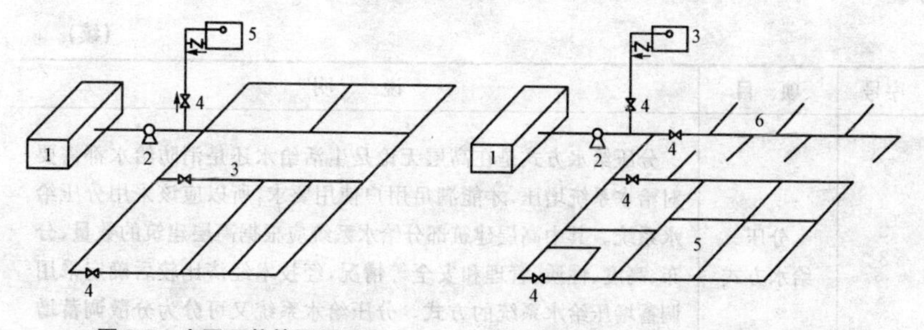

图 8-3 小区环状管网原理图

1—水处理站；2—水泵；
3—小区给水管网；4—阀门；5—水塔

图 8-4 小区混合状管网原理图

1—水处理站；2—水泵；3—水塔；4—阀门
5—小区给水管网；6—枝状给水管网

(3)水处理设施。根据水源情况所选择的处理工艺，有物理处理设施，如混凝、沉淀池，过滤池；生化处理设施如厌氧池、好氧池、接触氧化池；深度处理设施如砂滤罐、活性炭过滤罐、膜过滤器；消毒设备如臭氧消毒装置、氯气消毒装置、二氧化氯消毒装置、紫外线消毒等。

(4)调蓄加压设施。调蓄加压设施有水池、水塔、水泵、气压水罐等，用于储水加压用。

二、小区管网给水方式

居住小区给水方式是根据居住小区内各建筑物的用水量、水压和水质的不同使用要求，以及建筑规划管理要求，划分小区的给水系统。按照小区管网运行方式分为直接给水、分质给水、分压给水等方式，见表 8-2。

表 8-2 小区管网给水方式

序号	项 目	说 明
1	直接给水方式	直接给水方式是从城镇供水管网直接供水的方式，即当供水水压、水量能满足小区用水点用水要求时，利用水塔或屋顶水箱调蓄调压供水可满足小区用水点高峰用水要求时，可直接利用市政管网的水量、水压的供水方式，见图 8-5
2	分质给水方式	分质给水方式就是将饮用水系统作为小区主体供水系统，供给小区居民生活用水，而另设管网供应低品质水作为非饮用水的系统，作为主体供水系统的补充。分质供水的水质一般可分为杂用水、生活用水和直饮水三种

（续）

序号	项　目	说　　明
3	分压给水方式	分压给水方式是在高层无论是生活给水还是消防给水都需要对给水系统增压，才能满足用户使用要求，所以应该采用分压给水系统。其中高层建筑部分给水系统应根据高层建筑的数量、分布、高度、性质、管理和安全等情况，经技术经济比较后确定采用调蓄增压给水系统的方式。分压给水系统又可分为分散调蓄增压，分片集中调蓄增压，如图 8-7 所示

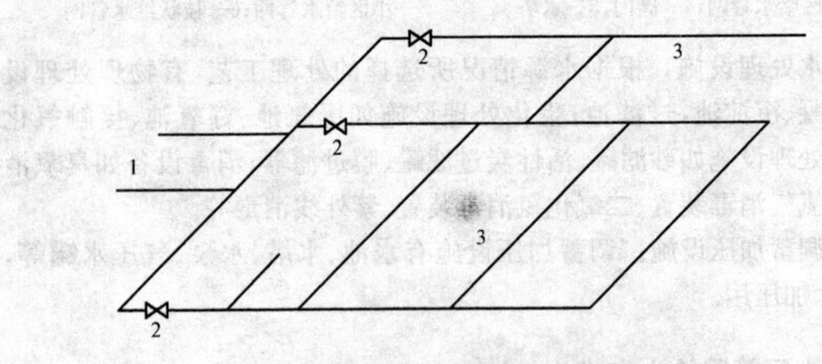

图 8-5　直接给水方式图

1—引入管；2—阀门；3—小区给水管网

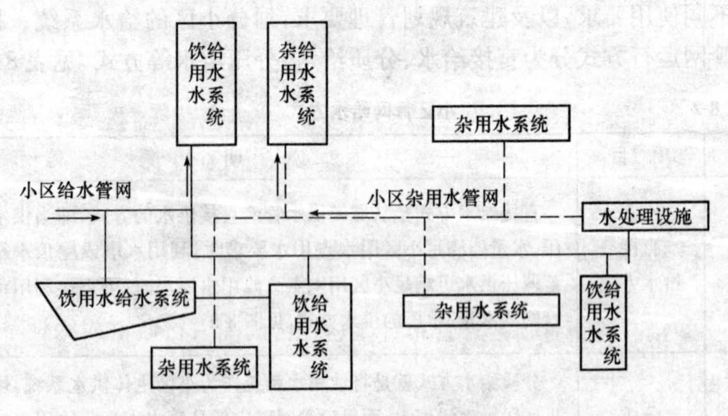

图 8-6　分质给水方式图

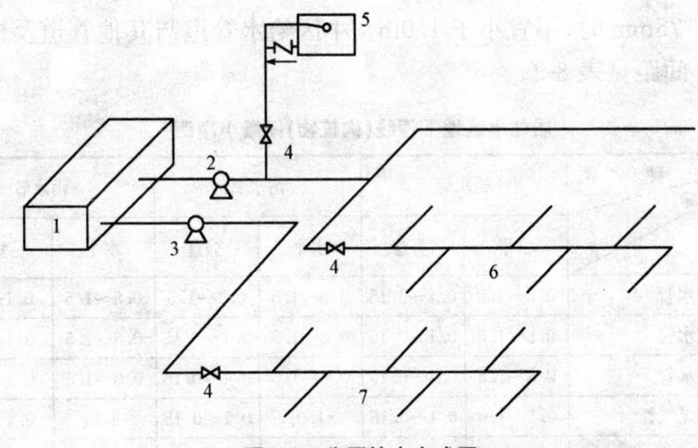

图 8-7　分压给水方式图

1—水池；2—高区水泵；3—低区水泵；4—阀门；
5—高区水箱；6—高区给水管网；7—低区给水管网

三、小区给水管道布置与敷设

1. 小区给水管道布置

居住小区给水管道有小区干管、小区支管和接户管三类，在布置小区给水管网时，应按干管、支管、接户管的顺序进行。

(1)小区干管布置。小区干管布置在小区道路或城市道路下，与城市管网连接。小区干管应沿用水量大的地段布置，以最短的距离向大用户供水。为提高小区供水安全可靠程度，小区干管宜布置成环状或与城市管网连成环状。小区环状给水管网与市政给水管的连接管不宜少于两条，当其中一条发生故障时，其余连接管应能通过不小于 70% 的设计流量。

(2)小区支管布置。小区支管布置在居住组团的道路下，与小区干管连接，一般为树状。

(3)接户管布置。接户管布置在建筑物周围人行便道或绿地下，与小区支管连接，向建筑物内供水。

2. 小区给水管道敷设

(1)给水管道宜与道路中心线或与主要建筑物的周边呈平行敷设；给水管道与建筑物基础的水平净距，管径 100～150mm 时，不宜小于 1.5m，管径 50～75mm 时，不宜小于 1.0m。小区给水管道与其他管道及构筑物间的最小间距见表 8-3。

表 8-3 居住小区地下管线(构筑物)间最小净距 m

种类 \ 净距 \ 种类	给水管		污水管		雨水管	
	水平	垂直	水平	垂直	水平	垂直
给水管	0.5～1.0	0.1～0.15	0.8～1.5	0.1～1.5	0.8～1.5	0.1～0.15
污水管	0.8～1.5	0.1～0.15	0.8～1.5	0.1～0.15	0.8～1.5	0.1～0.15
雨水管	0.8～1.5	0.1～0.15	0.8～1.5	0.1～0.15	0.8～1.5	0.1～0.15
低压煤气管	0.5～1.0	0.1～0.15	1.0	0.1～0.15	1.0	0.1～0.15
直埋式热水管	1.0	0.1～0.15	1.0	0.1～0.15	1.0	0.1～0.15
热力管沟	0.5～1.0		1.0		1.0	
乔木中心	1.0		1.5		1.5	
电力电缆	1.0	直埋 0.50 穿管 0.25	1.0	直埋 0.50 穿管 0.25	1.0	直埋 0.50 穿管 0.25
通信电缆	1.0	直埋 0.50 穿管 0.15	1.0	直埋 0.50 穿管 0.15	1.0	直埋 0.50 穿管 0.15
通信及照明电缆	0.5		1.0		1.0	

(2)给水管道与其他管道平行或交叉的敷设净距，应根据两种管道的类型、埋深、施工检修的相互影响，以及管道上附属构筑物的大小和当地有关规定等条件确定。

第二节 小区排水工程简介

一、小区排水体制

小区排水主要有生活污水、生活废水和雨水，其所采用的排除方式称为排水体制。小区的排水区的排水体制可分为分流制和合流制两种。

1. 分流制

分流制是只有一种污(废)水排放的排水管道系统，如单独排放雨水的雨水排水系统、单独排放生活污水的生活污水排水系统，单独排放工业废水的工业废水排水系统。由于生活污(废)水和工业污(废)水中又有不同水质的水,还可细分为许多排水系统,如便溺排水系统、淋浴排水系统、电镀排水系统、锅炉排污系统等。

2. 合流制

合流制是混合两种或两种以上的污废水进行排放的排水管道系统。如生活污水—雨水合流排水系统、生活污水—工业污废水—雨水合流排水系统、生活污水—工业污废水合流排水系统、工业污废水—雨水合流排水系统等。

无论采用哪种排水体制,主要取决于城市排水体制和环境保护要求,也与小区是新区建设还是旧区改造以及室内排水体制有关。

二、小区排水系统组成

居住小区排水系统由排水管道、检查井、雨水口、污废水处理构筑物、排水泵站等组成。

1. 排水管道

排水管道是集流小区的各种污废水和雨水的管道。

2. 雨水口、检查井

雨水排水管道系统中设有雨水口、雨水井,主要用于收集屋面或地面上的雨水。生活污水、工业污废水排水管道系统上设有检查井,用于管道变向、变径、坡度变化、管道清洗及检查。

3. 污废水处理构筑物

居住区排水系统污废水处理构筑物主要如下:

(1)在与城镇排水连接处有化粪池。

(2)在食堂排出管处有隔油池。

(3)在锅炉排污管处有降温池等简单处理构筑物。

(4)如若污水回用,则应根据水质采用相应的中水处理设备、设施构筑物等。

4. 排水泵站

如果小区地势低洼,排水困难,应视具体情况设置排水泵站和排水压力管等。

三、小区排水管道布置

(1)小区排水管道的布置应根据小区规划、地形标高、排水流向，按管线短、埋深小、尽可能自流排出的原则确定。一般应沿道路或建筑物平行敷设，尽量减少与其他管线的交叉。

(2)小区排水管道最小覆土深度应根据道路的行车等级、管材受压强度、地基承载力等因素经计算确定。小区干道和小区组团道路下的管道，覆土深度不宜小于0.7m。

(3)生活污水接户管埋设深度不得高于土壤冰冻线以上0.15m，且覆土深度不宜小于0.3m。管道的基础和接口应根据地质条件、布置位置、施工条件、地下水位、排水性质等因素确定。

(4)小区排水管采用检查井连接，除有水流跌落差以外，各种不同直径的排水管道检查井的连接宜采用管顶平接。连接处的水流偏转角不得大于90。当跌落差大于0.3m时，可不受角度限制。

(5)排水管道的管顶最小覆土厚度应根据外部荷载、管材强度和土层冰冻因素，结合当地实际经验确定。

(6)排水管道在车行道下，不宜小于0.7m，如小于0.7m则应采取保护管道防止受压破损的措施。不受冰冻和外部荷载影响时，管顶最小覆土厚度不小于0.3m。

(7)冰冻层内排水管道的埋设深度应满足现行《室外排水设计规范》(GB 50014)的要求。

(8)排水管道的基础和接口应根据地质条件、布管位置、施工条件、地下水位、排水性质等确定。

第三节　小区水景及游泳池给排水简介

一、小区水景给排水系统

随着人居环境的不断改善，水景已不再仅是园林建筑的一部分，也成为建筑与建筑小区的重要组成部分。建筑水系在建筑环境中，运用各种水流形式、姿态、声音组成千姿百态的水流景色，可以起到美化庭院、增加生气、改进建筑环境、装饰厅堂、提高艺术效果的作用。

1. 水景的类型及选择

(1)水景的类型。水景的类型见表 8-4。

表 8-4　水景的类型

类　型	说　明
池水式或湖水式	在广场、庭院及公园中建成池(湖),微波荡漾,群鱼戏水,湖光倒影,相映成趣,分外增添优美景色。特点是水面开阔且不流动,用水量少,耗能不大,又无噪声,是一种较好的观赏水池。常见形式有镜池(湖)与浪池(湖)
喷水(喷泉)	喷水(喷泉)是水景的主要形式。在水压作用下,利用各种喷头喷射不同形态的水流,组成千姿百态的形式,构成美丽的图景,再配以彩灯,造成五光十色的景观效果。近几年来有使用音乐控制的喷泉,喷射水柱随音乐声音的大小而跳动起落,使人耳目一新,给人以美的享受,还有与各种雕塑相配合,组成各种不同形式的喷泉。适用于各种场合,室内外均可采用,如在广场、公园、庭院、餐厅、门厅及屋顶花园等
流水	使水流沿小溪流行,形成涓涓细流,穿桥绕石,潺潺流水,引人入胜,可使建筑环境生动活泼,一般耗能不大。它可用于公园、庭院及厅堂之内。常见形式有溪流、渠流、漫流、旋流
涌水	水流自低处向上涌出,带起串串闪亮如珍珠般的气泡,或制造静水涟漪的景观,别有一番情趣。大流量涌水令人赏心悦目,可用于多种场合。常见形式有涌泉、珠泉
跌水	水从高处空然跌落,飞流而下,哗哗流水,击起滚滚浪花,形成雄伟景观。或水幕悬吊,飘飘下垂。若使水流平稳、边界平滑,会给人以晶莹透明、视若水晶的感觉。近年来在有些城市的中心广场,将宏大的水幕作为银幕放映电影,可谓是景中生景。如果建在建筑大厅内,效果也不错。缺点是运行噪声较大,能耗高

(2)水景造型的选择。水景形态种类繁多,应根据置景环境、艺术要求与功能选择适当的水流形态、水景形式和运行方式。大致原则如下:

1)服从建筑总体规划,与周围建筑相协调。以水景为主景观的要选择超高型喷泉、音乐喷泉、水幕、瀑布、叠流、壁流、湖水等以及组合水景。陪衬功能的水景要选择溪流、涌泉、池水、叠流、小型喷泉等。安静环境要选择以静为主题的水景，热闹环境要选择以动为主题的水景。还要做到主次结合，粗细、刚柔并进。

2)充分利用地形、地貌和自然景色做到顺应自然、巧借自然、使水景与周围环境融为一体。

3)考虑建成后对周围环境的影响，对噪声有要求时尽量选择以静水为主的水景，喷洒水雾对周围建筑有影响时尽量不要选超高喷泉等。

4)组合水景水流密度要适当，幽静淡雅主题，水流适当稀疏一些；壮观主题，水流适当丰满粗壮一些；活泼快乐主题，水柱数量与变化多一点。

2. 水景的给排水系统

(1)水景给水系统的分类。水景常见的给水系统有直流系统和循环系统两种，见表 8-5。

表 8-5　水景给水系统的分类

序号	分　类	说　明
1	直流系统	为了节省能量、简化装备，如果水景用水量小，其水源的供水可满足使用要求，可采用直流方式，如图 8-8 所示。水源一般采用城市给水管网供水，也可采用再生水作为景观水源，使用后由水池溢流排入雨水或排水管中
2	循环系统	对于大型水景观或喷泉，由于用水量较大，喷水所需压力较高，城市供水不能满足需要。为了节省用水，可以采用循环用水系统，即喷射后的水流回集水池，然后由水泵加压供喷水管网循环使用，平时只需补充少量的损失水量，如图 8-9 所示。

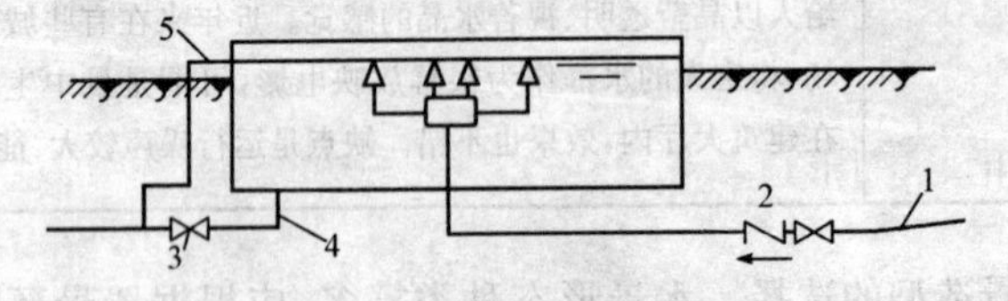

图 8-8　直流给水系统原理图

1—进水管；2—水泵；3—阀门；

4—排出管；5—溢流管

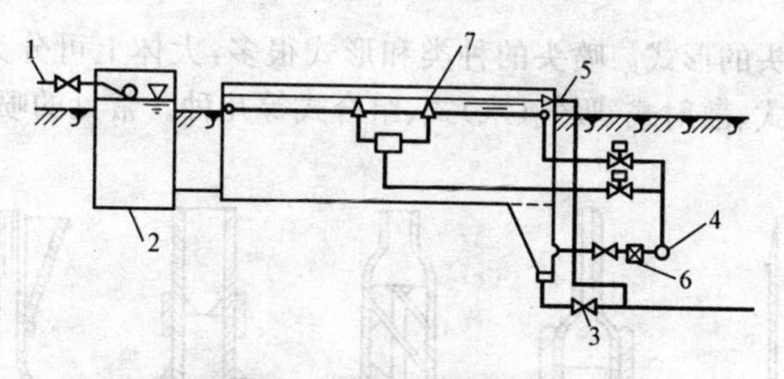

图 8-9　循环系统原理图

1—进水管；2—集水井；3—排水管控制阀；4—排出管；
5—溢流管；6—循环水泵；7—喷头

(2)喷泉的种类与形式。

1)喷泉的种类。喷泉的种类大体上可分为普通装饰性喷泉、与雕塑结合的喷泉、水雕塑及自控喷泉四类。

①普通装饰性喷泉。由各种普通的水花图案组成的固定喷水型喷泉。

②与雕塑结合的喷泉。喷泉的各种喷水花型与雕塑、水盘、观赏柱等共同组成景观。

③水雕塑。用人工或机械塑造出各种抽象的或具象的喷水水形，其水形呈某种艺术性"形体"的造型。

④自控喷泉。是利用各种电子技术，按设计程序来控制水、光、音、色的变化，从而形成变幻多姿的奇异水景。

2)喷泉的形式。常见喷泉的形式如图 8-10 所示。

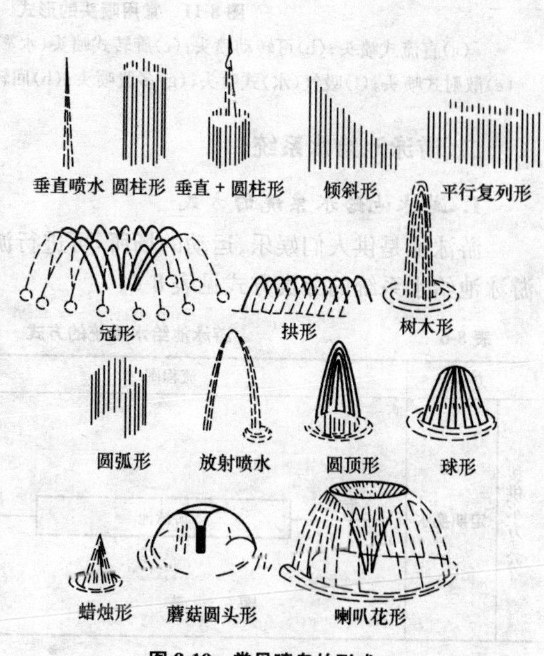

图 8-10　常见喷泉的形式

(3)喷头的形式。喷头的种类和形式很多,大体上可分为直流式、旋流式、环隙式、散射式、吸气(水)式、组合式等几种。常见的喷头形式如图 8-11 所示。

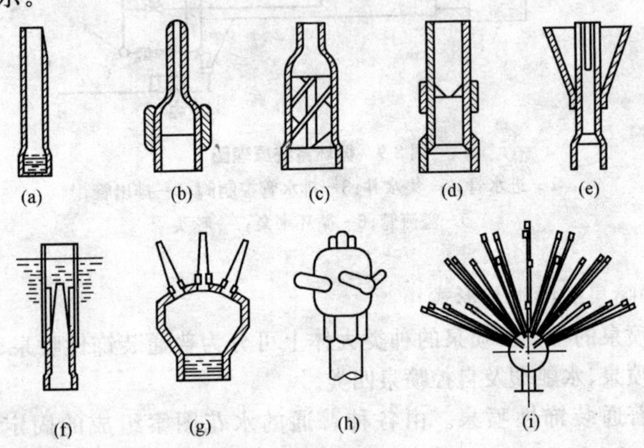

图 8-11　常用喷头的形式

(a)直流式喷头;(b)可转动喷头;(c)旋转式喷头(水雾喷头);(d)环隙式喷头;(e)散射式喷头;(f)吸气(水)式喷头;(g)多股喷头;(h)回转喷头;(i)多层多股球形喷头

二、游泳池给水系统

1. 游泳池给水系统的方式

游泳池是供人们娱乐、运动的场所,可进行游泳、跳水等项目的场地。游泳池给水系统的分类方式见表 8-6。

表 8-6　游泳池给水系统的方式

方式		流程图	说　明
按供水方式分	定期换水	进水 → 游泳池 → 排水	定期换水方式是每隔一定时间将池水放空再换新水,一般 2～3d 换一次,每天清除池底和池表面的脏物并加以消毒

（续一）

方式		流程图	说　明
按供水方式分	直流供水	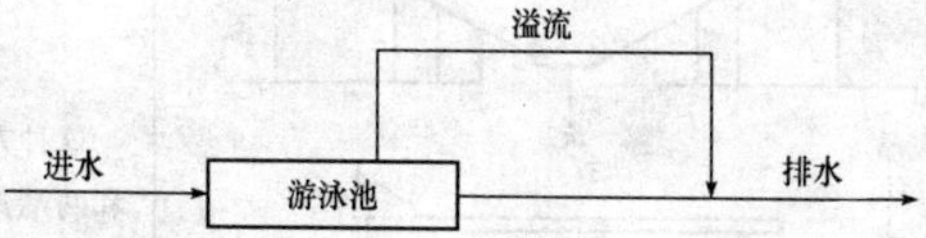溢流 进水 游泳池 排水	直流供水方式是连续地向池内补水，一般补水量为池内容积的15%～20%。使用过的水从溢流口和泄水口排出。每天应清除池底和池面的污物并消毒
	循环供水	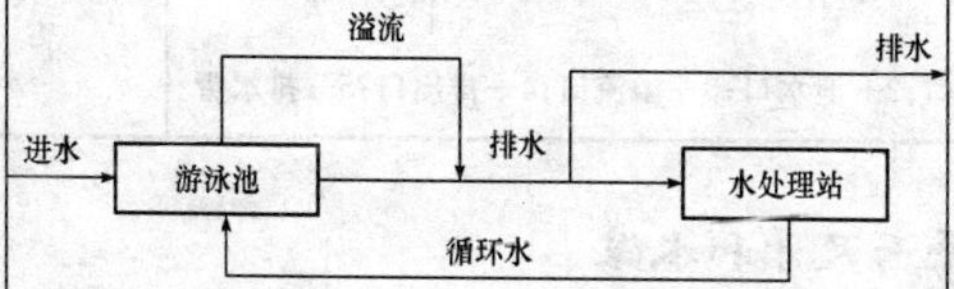溢流 排水 进水 游泳池 排水 水处理站 循环水	循环供水方式，此系统专设净化设备，池内水循环使用，并可进行加热、消毒等，因此系统较复杂
循环方式分	顺流循环方式	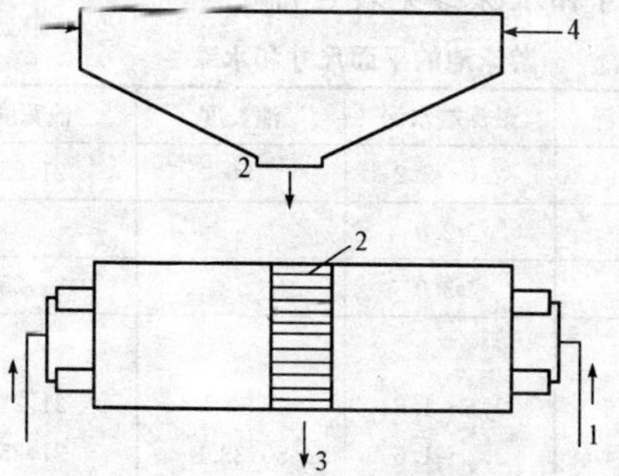4 2 2 3 1 1—给水口；2—排水口；3—排水管；4—泳池	这种方式一般是从水池上部两端对称进水，底部回水
	逆流式循环方式	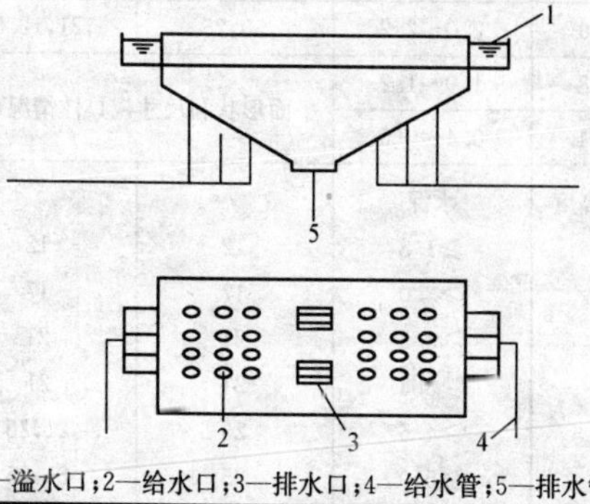1 5 2 3 4 1—溢水口；2—给水口；3—排水口；4—给水管；5—排水管	逆流式循环方式在池底均匀布置给水口循环系统从池底向上供水，周边溢流回水。这种方式配水均匀，利于表面除污，具有池底不积污的优点

（续二）

方式		流程图	说 明
循环方式分	混合式循环方式	1—给水口；2—泄水口；3—溢流口；4—排出口；5—排水管	这种方式是水从底部和两端进水，从两侧溢流回水

2. 游泳池的平面尺寸和水深

游泳池的平面尺寸和水深参见表8-7。

表8-7 游泳池的平面尺寸和水深 m

游泳池类别	最浅端水深	最深端水深	池长度	池宽度	备 注
比赛游泳池	1.8～2.0	2.0～2.2	50	21,25	
水球游泳池	≥2.0	≥2.0			
花样游泳池	≥3.0	≥3.0		21,25	
训练游泳池					
运动员用	1.4～1.6	1.6～1.8	50	21,25	
成人用	1.2～1.4	1.4～1.6	50,33.3	21,25	含大学生
中学生用	≤1.2	≤1.4	50,33.0	21,25	
公用游泳池	1.8～2.0	2.0～2.2	50,25	25,21,12.5,10	
儿童游泳池	0.6～0.8	1.0～1.2	平面形状和尺寸视具体情况而定		含小学生
幼儿嬉水池	0.3～0.4	0.4～0.6			
跳水游泳池	跳板(台)高度	水深			
	0.5	≥1.8	12	12	
	1.0	≥3.0	17	17	
	3.0	≥3.5	21	21	
	5.0	≥3.8	21	21	
	7.5	≥4.5	25	21,25	
	10.0	≥5.0	25	21,25	

3. 游泳池的水质净化与消毒

(1)预净化。当游泳池的水进入循环系统时,应先进行预净化处理。否则,既会损坏水泵叶轮,又影响滤层的正常工作。因此,在循环回水进入水泵之前、吸水管阀门之后,必须设置毛发聚集器。毛发聚集器一般用铸铁或不锈钢制造,过滤筒应用不锈钢或紫铜制造,滤孔直径宜采用3mm。

(2)过滤。由于游泳池回水的浊度不高,且水质比较稳定,一般可采用接触过滤处理。为保持过滤设备的稳定高效运行,过滤设备宜按24h连续运行状况设计。每座游泳池的过滤器数量应按照规模大小、运行条件等经济比较确定,一般不宜少于两个。过滤设备宜采用压力式过滤器。

(3)加药及其装置。水进入过滤器前,应投加混凝剂,使水中的微小污物吸附在絮凝体上。滤后水回流入池前,应投加消毒剂消灭水中的细菌。同时,为使进入游泳池的滤后水pH值保持在6.5～8.5之间,需投药调节pH值。投药方式采用电动计量泵,当需要变更投药量时,可按需调整,使用方便。投药应用耐腐蚀的塑料给水管,或夹钢丝的透明软塑料管作为投药管。投药容器应耐腐蚀,并装有搅拌器。

(4)消毒。由于游泳池水直接与人体接触,而游泳的人员较复杂,入泳池前设置严格的净水设备,但是游泳者在游泳过程中,分泌的汗和其他物质不断污染池水,因此,必须对游泳池进行严格的杀菌处理,以防止疾病传播,保证游泳者健康。

(5)加热。加热是保证游泳池水温的恒定,延长使用时间提高泳池利用率的主要措施。游泳池的补给水和循环水均需加热。池水加热时,可在循环回水总管上串联加热器,把水升温之后再流入游泳池,即循环过滤与加热一次完成。加热器应接旁通管,以备调节通过加热器的流量,以及夏季无需加热时,水由旁通管进入游泳池。串联加热器之后,循环水泵的扬程,应把加热器的阻力计算在内。

4. 池水过滤系统及过滤设备的选择

(1)游泳池水过滤系统。池水过滤系统有循环过滤系统、过滤罐过滤系统两种方式。

1)循环过滤系统。循环过滤池系统是由水泵将池水从池底抽出送入消毒药品的混合井,经过消力墙、浮子进水装置流入过滤池,经过滤进入清水池，再将水送回游泳池使用。循环过滤池系统如图 8-12 所示。

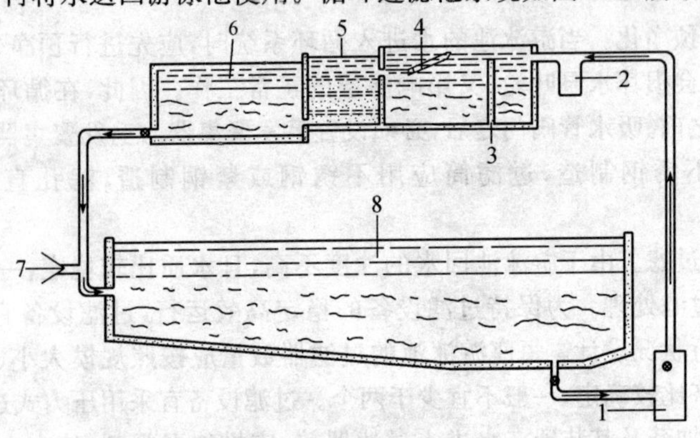

图 8-12 循环过滤系统

1—水泵；2—消毒药品混合井；3—消力墙；4—浮子进水装置；
5—过滤池；6—消水池；7—自来水；8—游泳池

2)过滤罐过滤系统。过滤罐过滤系统是由游泳池、毛发捕捉器、消毒剂施放器、电机水泵、过滤罐、加热器、加氯器等设备组成。过滤罐过滤系统如图 8-13 所示。过滤罐过滤系统具有占地面积小、机械化程度高、过滤效果好等特点，适合于场地狭窄的室内游泳馆安装使用。过滤罐过滤系统，基本上同过滤池过滤系统。不同的是过滤池是钢筋水泥结构，过滤罐全部是钢结构，附设加热设备。游泳池过滤设备的选择如图 8-14 所示。

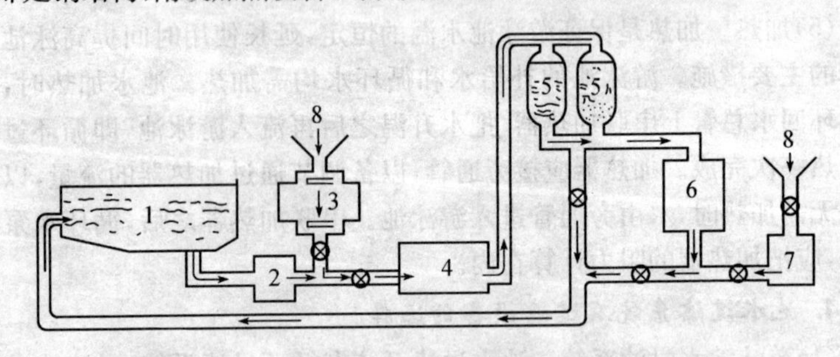

图 8-13 过滤罐过滤系统

1—游泳池；2—毛发捕捉器；3—消毒剂；4—水泵；
5—过滤罐；6—加热器；7—加氯器；8—自来水

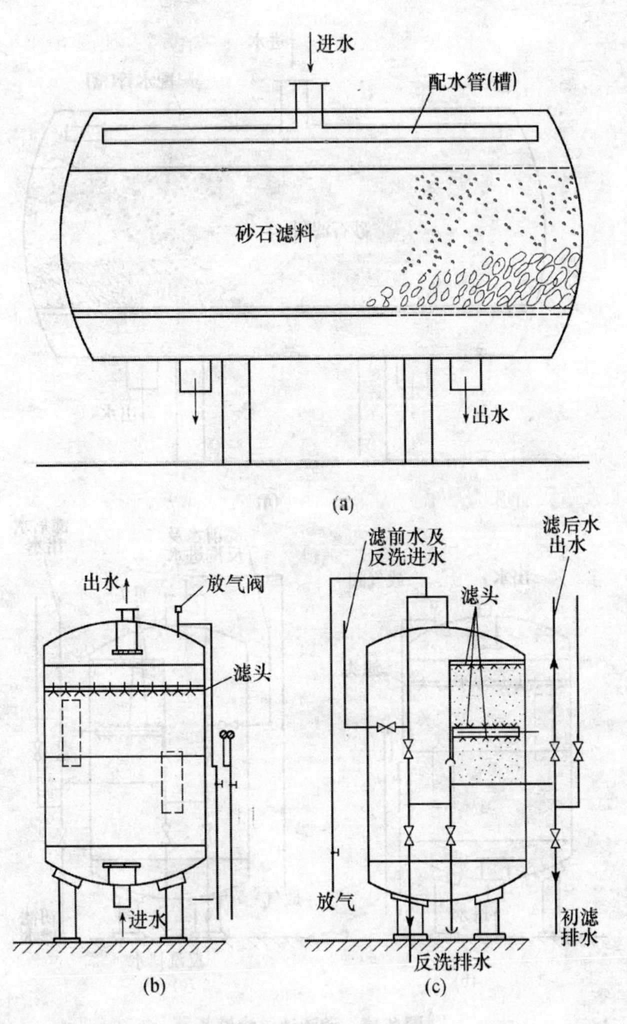

图 8-14　游泳池过滤设备

(a)砂石滤料卧式压力过滤罐；

(b)轻质滤料单向压力过滤罐；

(c)轻质滤料双向压力过滤罐

(2)过滤设备的选择。游泳池过滤设备如图 8-15 所示。

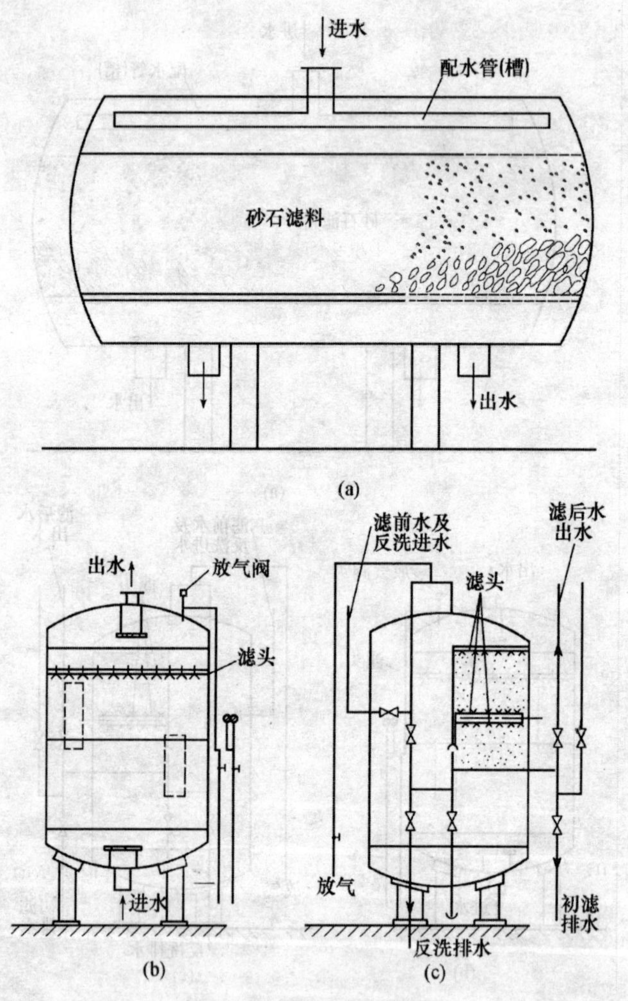

图 8-15 游泳池过滤设备

(a)砂石滤料卧式压力过滤罐；(b)轻质滤料单向压力过滤罐；

(c)轻质滤料双向压力过滤罐

5. 游泳池排污系统

(1)半自动机械化吸尘排污系统。半自动机械化吸尘排污系统工作情况示意如图 8-16 所示，吸尘排污设备包括潜水泵及水管、吸污盘和托动部分。

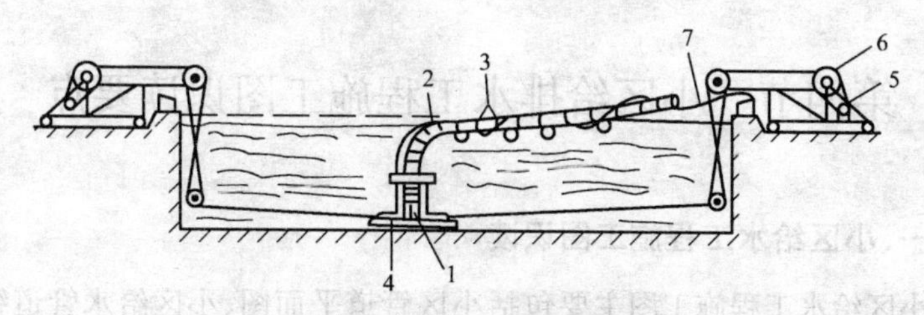

图 8-16　半自动机械化吸尘排污系统

1—潜水泵；2—出水管；3—漂浮物；

4—吸污盘；5—托动电机；6—绞车；7—电源线

1)潜水电泵及排污水管。潜水电泵分为电机和水泵两大部分。水泵安装在电机上部，进水导壳固定在机座上。电泵接上 380V 电源后，转子转动带动叶轮，叶轮对水产生压力后通过进水导壳、导向器、出水管而流出。潜水电泵流量一般应为 25～60t/h。潜水电泵的规格应与吸污盘的尺寸配套。使用离心水泵需要灌引水，而使用潜水电泵则不需要灌引水，较为方便，而且水管为压力出水管，可采用钢丝胶皮管或消防用的帆布软管。

2)吸污盘。吸污盘结构的大小与其排水量的速度有关。

3)托动架。电动机托动架是半自动机械化吸尘排污设备中主要部分之一。电动机托动架托动吸污盘的速度与排水量有密切的关系，在其结构制造方面应考虑到操作方便和稳定性。

(2)游泳池吸尘排污装置。带有过滤袋的吸尘排污装置，如图 8-17 所示。它的设备、操作顺序、操作注意事项基本上同半自动机械化吸尘排污法。不同的是在出水口增加了一个过滤袋。吸尘排污时，混凝后的沉淀物通过吸污盘、胶管直接排入过滤袋过滤后，自动流回游泳池内。

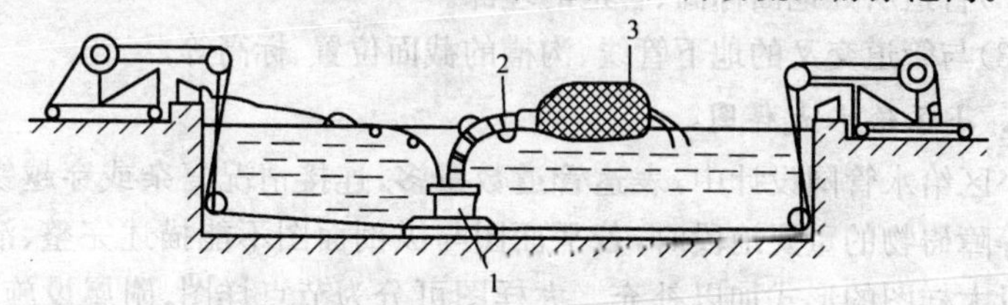

图 8-17　带有过滤袋的吸尘排污装置

1—吸污盘；2—出水管；3—过滤袋

第四节　小区给排水工程施工图识读要点

一、小区给水工程施工图识读

小区给水工程施工图主要包括小区管道平面图、小区给水管道纵剖面图及小区给水大样图。

1. 小区管道平面图

管道平面图是小区给水管道系统最基本的图形，通常采用1∶500～1∶1000比例绘制。在给水管道平面图上应能表达出如下内容：

(1)现状道路或规划道路的中心线及折点坐标。

(2)管道代号、管道与道路中心线，或永久性固定物间的距离、节点号、间距、管径、管道转角处坐标及管道中心线的方位角，穿越障碍物的坐标等。

(3)与管道相交或相近平行的其他管道的状况及相对关系。

(4)主要材料明细表及图样说明。

2. 小区给水管道纵剖面图

小区给水管道纵剖面图表明小区给水管道的纵向(地面线)管道的坡度、管道的技术井等构筑物的连接和埋设深度，以及与给水管道相关的各种地下管道、地沟等相对位置和标高。

小区给水管道纵剖面图是反映管道埋设情况的主要技术资料，一般管道纵剖面图主要表达以下内容。

(1)管道的管径、管材、管长和坡度、管道代号。

(2)管道所处地面标高、管道的埋深。

(3)与管道交叉的地下管线、沟槽的截面位置、标高等。

3. 小区给水大样图

小区给水管网设计中，表达管道数量多，连接情况复杂或穿越铁路、河流等障碍物的重要地段时，若平面图与纵剖面图不能描述完整、清晰，则应以大样图的形式加以补充。大样图可分为节点详图、附属设施大样图、特殊管段布置大样图。

(1)节点详图。节点详图是用标准符号绘出节点上各种配件(三通、四通、弯管、异径管等）和附件（阀门、消火栓、排气阀等）的组合情况，见图8-18。

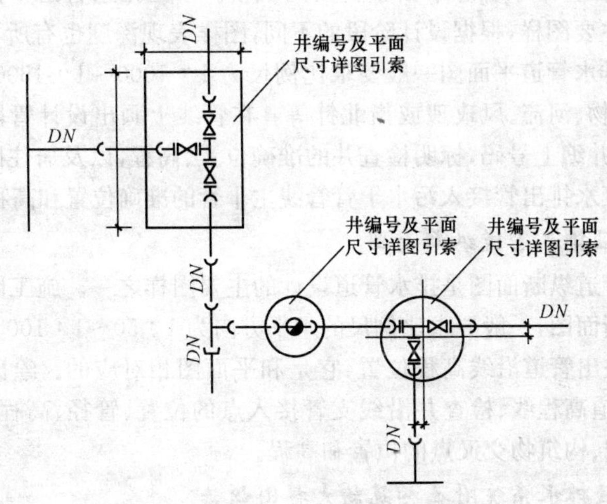

图 8-18　管道节点详图

(2)附属设施大样图。附属设施详图中管道以双线绘制，如阀门井、水表井、消火栓等附属构筑物，一般设施详图往往有统一的标准图，无须另行绘制。

二、小区排水系统图识读

小区排水系统图主要包括排水系统总平面图、小区排水管道平面布置图、管道纵断面图和详图。排水管道平面布置图和纵断面图是排水管道设计的主要图样。

1. 小区排水系统总平面布置图

(1)小区排水系统总平面图的图示内容。小区排水系统总平面布置图，主要表示小区排水系统的组成和管道布置情况，其主要图示内容如下：

1)小区建筑总平面。图中应标明室外地形标高，道路、桥梁及建筑物底层室内地坪标高等。

2)小区排水管网干管布置位置等。

3)各段排水管道的管径、管长、检查井编号及标高、化粪池位置等。

(2)小区排水系统总平面布置图的识读。小区排水管道平面图是管道设计的主要图样,根据设计阶段的不同,图样表现深度也有所不同。施工图阶段排水管道平面图一般要求比例尺为1∶1000～1∶1500,图上标明地形、地物、河流、风玫瑰或指北针等。在管线上画出设计管段起终点的检查井,并编上号码,标明检查井的准确位置、高程,以及居住区街坊连管或工厂废水排出管接入污水干管管线主干管的准确位置和高程。

2. 小区排水管道纵断面图

排水管道纵断面图是排水管道设计的主要图样之一。施工图阶段排水管道纵断面图,一般要求比例尺的水平方向为1∶50～1∶100。纵断面图上应反映出管道沿线高程位置,它是和平面图相对应的。绘出其地面高程线、管道高程线、检查井沿线支管接入点的位置、管径、高程,以及其他地下管线、构筑物交叉点的位置和高程。

3. 小区排水系统附属构筑物大样图识读

由于排水管道平面图、纵断面图所用比例较小,排水管道上的附属构筑物均用符号画出,附属构筑物本身的构造及施工安装要求都不能表示清楚。因此,在排水管道设计中,用较大的比例画出附属构筑物施工大样图。大样图比例通常采用1∶5、1∶10或1∶20。

排水附属构筑物大样图包括化粪池、隔油池检查井、跌水井、排水口、雨水口等。

第九章　中水系统施工图识读

第一节　中水系统简介

中水是指生活污废水经处理后，达到规定的水质标准，可在一定范围内重复使用的非饮用水。中水主要用于厕所冲洗，园林灌溉，道路保洁，洗车冲刷以及喷水池，冷却设备补充用水，采暖系统补充用水等。

一、中水系统的组成

中水系统主要由中水原水、中水处理设施和中水供水三部分组成。

1. 中水原水

中水原水水质和建筑物排水体系有关，一般选用优质杂用水和杂排水作为中水原水，建筑排水体制多采用分流制。

2. 中水处理设施

中水处理设施的设置应根据中水原水的水量、水质和使用要求等因素，经过技术经济比较后确定。中水处理过程可分为预处理、主处理和后处理三个阶段。

(1)预处理阶段。预处理是用来截留大的漂浮物、悬浮物和杂物，其工艺主要包括格栅或滤网截留、毛发截留、调节水量、调整 pH 值。如图 9-1 所示为物化处理工艺流程示意图。

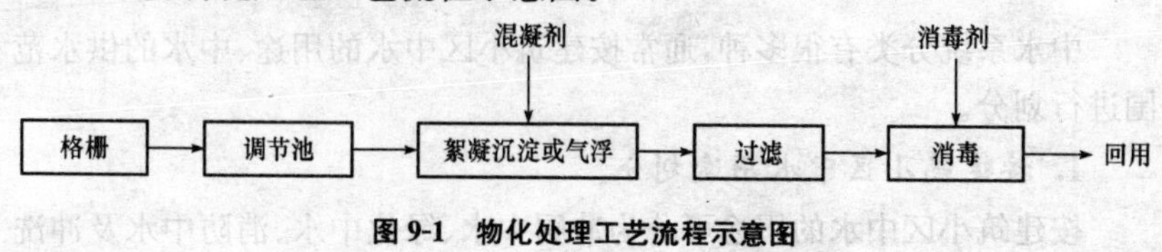

图 9-1　物化处理工艺流程示意图

(2)主处理。主处理是指去除水中的有机物、无机物等。常用的处理构筑物有沉淀池、混凝池、生物处理设施、消毒设施等。如图 9-2 所示为生物及物化处理相结合的工艺流程示意图。

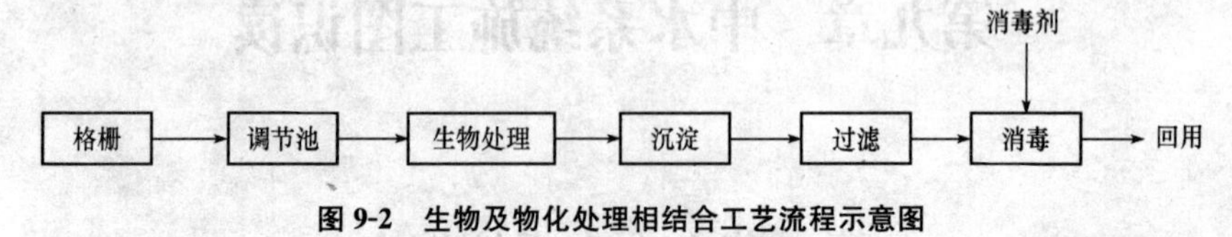

图 9-2 生物及物化处理相结合工艺流程示意图

(3)后处理。后处理是对中水供水水质要求很高时进行的深度处理，常用的工艺有过滤、膜分离、活性炭吸附等。如图 9-3 所示为膜生物反应器处理工艺流程示意图。

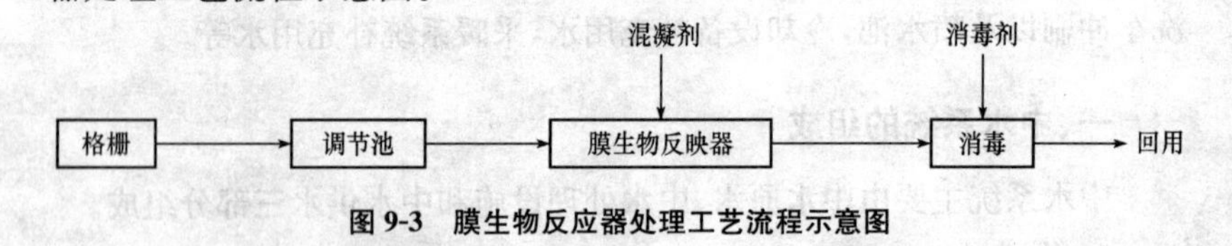

图 9-3 膜生物反应器处理工艺流程示意图

3. 中水供水系统

与给水系统相似，包括中水配水管网和升压贮水设备，如水泵、气压给水设备、高位中水箱和中水贮水池等。中水配水管网按供水用途可分为生活杂用管网和消防管网两类。前者可供冲洗便器、浇灌园林、绿地和冲洗汽车、道路等生活杂用；后者主要供建筑小区和大型公共建筑独立消防系统的消防用水。也可将以上不同用途的中水合流，组成生活杂用—消防共用的中水供水系统。

二、中水系统的分类

中水系统分类有很多种，通常按建筑小区中水的用途、中水的供水范围进行划分。

1. 按建筑小区中水用途划分

按建筑小区中水的用途可分为冲厕中水、绿化中水、消防中水及冲洗汽车中水四种。

(1)冲厕中水。主要用于小区及建筑内部的中水用水，如冲洗厕所的大便器、小便器等。

(2)绿化中水。主要用于小区的浇洒绿地和树木等的绿化用水。

(3)消防中水。主要用于小区及建筑内部消火栓系统及自动喷水灭火系统等消防用水。

(4)冲洗汽车中水。主要用于汽车冲洗用水。

2. 按中水的供水范围分类

按中水的供水范围可分为城市中水系统、小区中水系统、建筑中水系统,见表 9-1。

表 9-1　　中水系统的分类

类型	系统图	特　点	适用范围
城市中水系统	上水管道 → 城市 → 下水管道 → 污水处理厂 / 中水处理站 → 中水管道 → 城市	工程规模大,投资大,处理水量大,处理工艺复杂,一般短时期内难以实现	严重缺水城市,无可开辟地面和地下淡水资源时
小区中水系统	上水管道、中水管道 → 建筑物、建筑物、建筑物 → 中水处理站;下水管道	可结合城市小区规划,在小区污水处理厂、部分潜水深度处理回用,可节水 30%,工程规模较大,水质较复杂,管道复杂,但集中处理的处理费用较低	缺水城市的小区建筑物分布较集中的新建住宅小区和集中高层建筑群
建筑中水系统	上水管道 → 建筑物 → 下水管道;建筑物 → 中水处理站 → 中水管道 → 建筑物	采用优质排水为水源,处理方便,流程简单,投资少,占地小,在建筑物内便于与其他设备机房统一考虑,管道短,施工方便,处理水量容易平衡	大型公共建筑、公寓和旅馆、办公楼等

三、中水水源及水质标准

1. 中水水源

中水水源的选用应根据原排水的水质、水量、排水状况和中水所需的水质、水量确定。中水水源一般为生活污水、冷却水、雨水等。医院污水不宜作为中水水源。根据所需中水水量应按污染程度的不同优先选用优质杂排水，可以下列顺序进行取舍：

(1)冷却水；

(2)淋浴排水；

(3)盥洗排水；

(4)洗衣排水；

(5)厨房排水；

(6)厕所排水。

2. 中水水质标准

中水水质标准应按照现行的《城市污水再生利用　城市杂用水水质》(GB/T 18920)执行，见表 9-2。

表 9-2　　生活杂用水水质标准

序号	项　目		冲厕	道路清扫、消防	城市绿化	车辆冲洗	建筑施工
1	pH		6.0～9.0				
2	色(度)	≤	30				
3	嗅		无不快感				
4	浊度(NTU)	≤	5	10	10	5	20
5	溶解性总固体/(mg/L)	≤	1500	1500	1000	1000	—
6	五日生化需氧量(BOD_5)/(mg/L)	≤	10	15	20	10	15
7	氨氮/(mg/L)	≤	10	10	20	10	20
8	阴离子表面活性剂/(mg/L)	≤	1.0	1.0	1.0	0.5	1.0
9	铁/(mg/L)	≤	0.3	—	—	0.3—	
10	锰/(mg/L)	≤	0.1	—	—	0.1	—
11	溶解氧/(mg/L)	≥	1.0				
12	总余氯/(mg/L)		接触 30min 后≥1.0，管网末端≥0.2				
13	总大肠菌群/(个/L)	≤	3				

第二节　中水供水系统原理图识读

一、中水系统的设计

中水工程设计工作的主要内容包括工艺流程的选定、有关设备的计算和选择及有关施工图样的绘制等。

1. 工艺流程的选定

工艺流程的选定与以下因素有关：

(1)建筑小区的类型、规模、给水排水系统、卫生器具的种类及分布、小区公共设施的用水及位置分布。

(2)小区中水原水量、水质及其变化规律。小区中水原水量可通过使用单位(人数、床位数、卫生器具数等)和相应的用水量标准求得。中水原水水质可根据有关资料或化验确定。

(3)小区中水的用途和要求。中水用水量、水质、小区中水用途和目的可由设计任务书中确认或查询建设单位。

(4)中水原水。小区中水原水有优质杂排水、杂排水、生活污水三种。中水原水优先选择优质杂排水，其次是杂排水，再次是生活污水。

2. 设备的计算和选择

中水工程工艺流程确定后，根据处理的水量、水质和用水的水量、水质以及各规定的设计处理单元规定的参数和公式来计算设备的容量、尺寸，并进行设计和选型。

3. 绘制有关施工图样

中水处理站施工图样除建筑施工图外，还有各设备平面布置图、剖面图、轴测图、各设备安装详图、设备详图等。地下构筑物有平面图、剖面图、安装节点详图等。工艺图有平面图、各设备流程高程图等。在绘制有关施工图样时，应对各专业图进行编号，编写图纸目录和设计说明。

二、中水管道设计的特殊要求

中水系统在供给范围、水质、使用等方面都有限定和特殊要求。

(1)中水管道和设备要求：中水供水系统必须独立设置。为防止引起误用，中水管道、设备及受水器具应按规定着浅绿色。

(2)中水管道必须具有耐腐蚀性，由于中水含有余氯和多种盐类，会产生多种生物和电化学腐蚀，应采用塑料管、衬逆复合管和设备，并做好防腐蚀处理，使其表面光滑，易于清洗结垢。

(3)中水管道不得装设取水龙头，便器冲洗宜采用密闭型设备和器具。绿化、浇洒、汽车冲洗宜采用壁式或地下式的给水栓。

(4)中水管道根据使用要求应安装计量装置。

三、小区中水给水方式及原理图

小区中水的给水方式有单设水泵中水给水方式、气压供水方式、水泵一水塔中水供水方式、中水消防用水与其他中水用水合用的中水供水方式等几种，见表 9-3。

表 9-3　　小区中水给水方式

给水方式		说　明	原理图
单设水泵中水给水方式	恒速泵给水方式	恒速泵给水方式常为人工控制水泵启闭，水泵运行时，中水管网内有水，水泵停止时则管网内无水，常为定时供水，这种给水方式可用于小区绿化、汽车冲洗等。 因绿化、汽车冲洗为定时用水，在用水时启动水泵即可	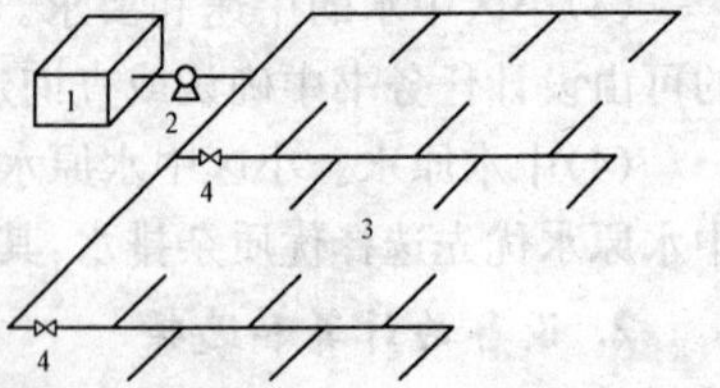 **图 1　恒速泵小区中水给水方式原理图** 1—中水池；2—恒速泵； 3—小区中水管网；4—阀门
	变频调速泵给水方式	变频调速泵给水方式通过水泵转速的变化来调节管网的输配水量，满足用户用水量要求，它适应于定时用水和不定时用水，如冲厕、绿化、消防、汽车冲洗等，是较好而适用的给水方式。变频调速泵给水方式原理见图 2	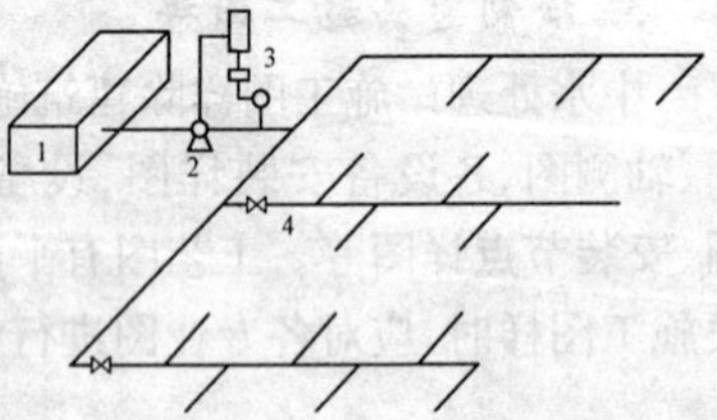 **图 2　变频调速泵小区中水给水方式原理图** 1—中水池；2—水泵； 3—变频控制装置；4—小区中水管网

（续一）

给水方式	说　明	原理图
气压供水方式	采用气压给水设备的供水方式称气压供水方式。恒速水泵由气压给水设备的压力继电器控制。当气压水罐内气压达到高压时，水泵自动停止，由气压水罐供水；当气压水罐内气压达到底压时，水泵重新启动向管网和气压水罐供水，如此往复运行。这种中水供水方式适应于冲厕、消防、汽车冲洗、绿化等。气压供水方式原理见图 3	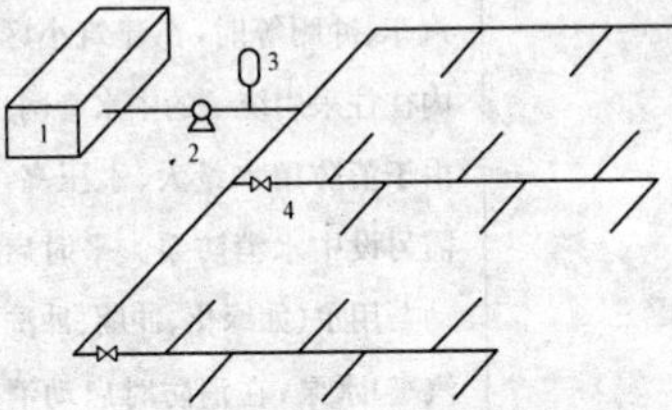 **图 3　气压供水小区中水系统方式原理图** 1—中水池；2—水泵； 3—气压水罐；4—小区中水管网
水泵—水塔中水供水方式	在有条件的建筑小区可以建高位水塔或利用地形建高地水池或在建筑屋顶上设置水箱，既可储存水量，又可安装水位继电器，自动控制水泵的启动运行和停止，以满足小区中水用水要求。修建水箱、水塔或高位水池会增加建造费用，管理上也不方便，但水箱、水塔或高位水池储水量多，适用于设有消防系统或供电不可靠的小区的中水供水系统。水泵—水箱（水塔）供水方式原理见图 4	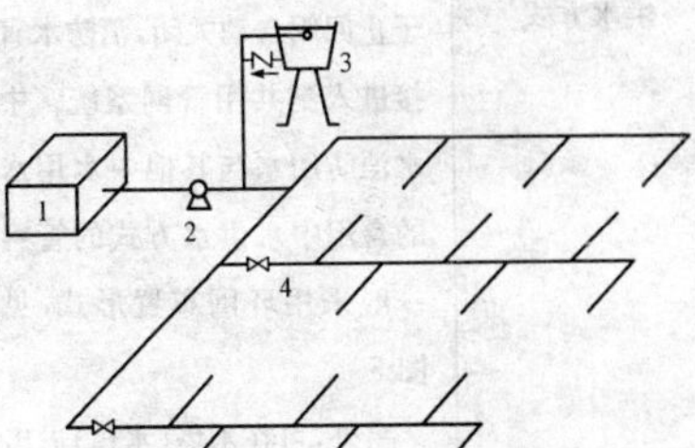 **图 4　水泵—水塔中水供水方式原理图** 1—中水池；2—水泵；3—水塔； 4—小区中水管网

（续二）

给水方式	说　明	原理图
中水消防用水与其他中水用水合用的中水供水方式	中水用于消防、绿化、冲洗汽车、冲厕等时，在建筑小区内往往采用统一的中水管网。由于消防用水量大、水压高，需另设中水消防泵。平时启动杂用水（如绿化、冲厕、冲洗汽车）水泵，在消防时启动消防水泵。根据消防规范要求，中水水池内需储存 2～3h 的消防用水量，水箱或水塔内需储存 10min 的消防用中水量，且要求消防泵启动后，水泵消防水应直接进入消防管道系统。消防泵启动前，由水塔或水箱供水，消防泵启动后，由于止回阀自动关闭，消防水直接进入到共用管网系统。中水消防用水与其他中水用水的合用中水供水方式的管网一般采用环网布置形式，见图 5 另外，可在水塔（水箱）进出水管道上安装快速切断阀，它的控制与消防泵连锁，消防泵启动后，快速切断阀自动关闭，使消防泵输出的消防水迅速进入消防与其他杂用水共用的管网系统，见图 6	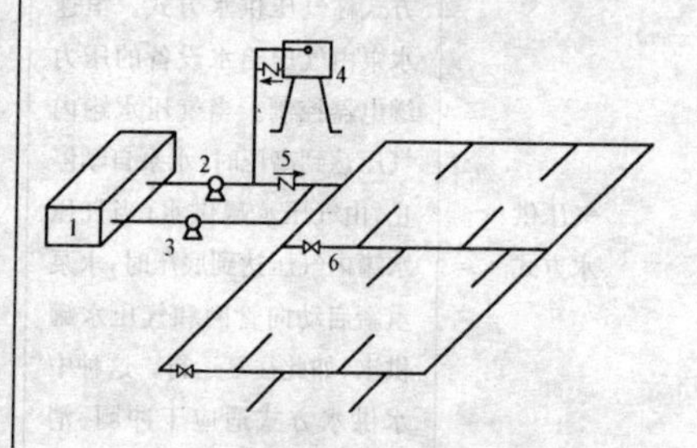 **图 5　中水消防用水与其他中水用水合用的中水供水方式原理图** 1—中水池；2—其他杂用水水泵；3—消防泵 4—水塔（或水箱）；5—上回阀； 6—小区中水管（消防与其他杂用水共用） 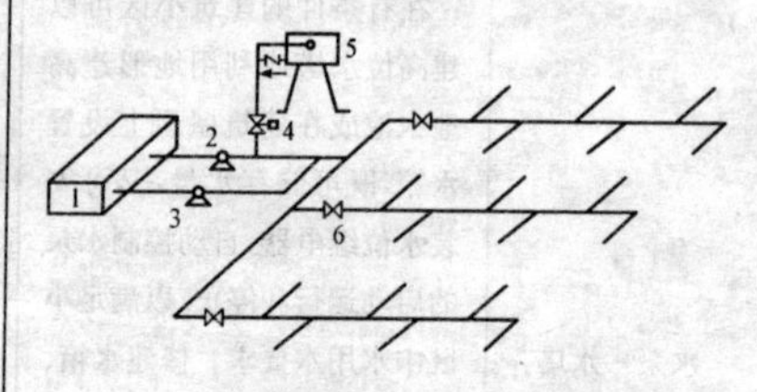 **图 6　安装有快速切断阀的消防与其他杂用水的共用给水方式原理** 1—中水池；2—其他杂用水水泵；3—消防泵； 4—快速切断阀；5—水塔（或水箱）； 6—小区中水管网（消防与其他杂用水共用）

第三节　水量平衡图识读

水量平衡即中水原水量、中水处理量、给水补水量等通过计算、调整，使其达到总量和时序上的稳定和一致。

一、水量平衡调节的方式

为使中水原水量及处理量、中水产出量及中水用量之间保持均衡，使中水供水量与中水用水量在一日中逐时不均匀变化，以及一年内各季的变化得到调节，就必须采取水量平衡措施。调节水量平衡主要有前储存式、中储存式、后储存式、自动调节式、前储存后储存并用五种方式，见表9-4。

表 9-4　调节水量平衡的方式

序号	方式	说　明
1	前储存式	前储存式，即将污水或废水在处理前存储，将不均匀的排水集中起来再经处理设备进行连续稳定的处理。此种方式调节简便，在不掌握排水量变化规律的情况下，只要满足污废水的最大停留时间和处理设备最大连续工作时间的要求即可确定池容。但污废水在前储池的沉淀和厌氧腐败等问题需予以解决。适用于中水集中用量较大的情况
2	中储存式	预处理后储存（中储存式）是指将不均匀的排水经预处理后储存起来，再经深度处理后使用。这种方式适用于预处理设备为批量式初处理设备或耐冲击负荷的设备，以及深度处理与供水联动的设备，中水储存池也常与处理构筑物相结合
3	后储存式	后储存式即储存中水。这种方式适用于间断式处理设备。收集一定量的污废水就进行处理，处理后的水储存于较大的水池（水箱）内供使用。处理设备的处理量一般按最大时排水量设计
4	自动调节式	调节池（箱）均做得不很大，利用水位控制处理设备运行，按照随处理随使用的原则进行，不够用时由自来水补充。这种方式适用于排水量比较充足且中水用量比较均匀的情况，但会使部分原水溢流
5	前储存后储存并用	通常稳妥的方法是设置原水调节池，用来调节原水量与处理量的不均衡；处理后设中水调节池，调节中水量与中水用水量的不均衡。这种水量平衡方式是《建筑中水设计规范》（GB 50336—2002）明确推荐的方式

二、水量平衡图的内容

为使中水系统水量平衡规划更明显直观，应绘制水量平衡图。该图是用图线和数字表示出中水原水的收集、贮存、处理、使用之间量的关系。主要内容应包括如下要素：

(1)中水原水的产生部位及原水量、建筑的原排水量、存储量、排放量。

(2)中水处理量及处理消耗量。

(3)中水各用水点的用量及总用量。

(4)自来水用量，对中水系统的补给量。

(5)规划范围内的污水排放量、回用量、给水量及其所占比率。

计算并表示出以上各量之间的关系，不仅可以借此协调水量平衡，还可明显看出节水效果。如图 9-4 所示为某大厦水量平衡图。

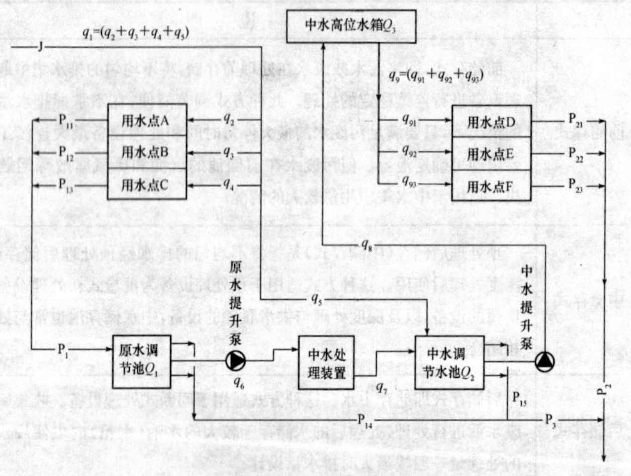

图 9-4 某大厦水量平衡图

三、水量平衡图的绘制步骤

一般而言，水量平衡图的绘制步骤如下：

(1)根据所定中水用户的用水时间及计算用量拟定出中水用量逐时变化曲线，或参照已用的同类建筑用水情况拟定。

(2)画出中水生产量变化线。它是根据处理设备工作状况决定的，处理量按下式计算：

$$q=(1.10\sim1.15)\frac{Q}{t}$$

式中　q——设施处理能力(m^3/h)；

Q——最大日中水用量(m^3/d)；

t——处理设施每日设计运行时间(h)。

(3)根据两条线之间所围面积最大者确定为中水供用之间的调节量，方法同前述。

(4)如中水最大用量是连续发生在几小时内，可以将这连续几小时的最大用量之和，作为中水调节池容积，一般连续最大小时数不会超过6。

(5)中水调节量应包括地面中水贮存池及高水箱贮量之和。大部分贮量应贮存在地面或地下中水池(箱)内，高位水池(水箱)应起调节、控制水泵运行及稳压作用。

四、中水系统施工图识读实例

图9-5为某卫生间给水(中水)平面图，左侧为厕所，右侧为男女浴室。卫生设备有洗脸盆、大便器、小便器、淋浴喷头等。管道系统有中水管道、给水管道、热水管道，试进行施工图识读。

(1)中水立管布置在轴线Ⓑ与轴线⑫交汇处，自中水立管引一水平向左的横管，在女厕所中间的位置经三通分成上下两支路，上支路设一水平横支管，接入女厕所6个大便器冲洗水箱，下支路沿Ⓑ轴线方向布置了三条水平横支管，分别供给女厕所的大便器、男厕所的大便器和小便器冲洗水箱。

(2)给水立管(1JL′-3)布置在清洁间右边墙上角位置，给水自立管引出，经三通分上下两路，下支路接男厕所6个洗手盆水龙头，上支路在女厕所下边墙布置一条水平横管，左侧横管接女厕所6个洗手盆水龙头，右侧支管穿过女厕所进入男女浴室，支管沿浴室四周布置成封闭环形，分别与设置在男女更衣室的洗手盆水龙头及男女浴室的淋浴喷头连接。

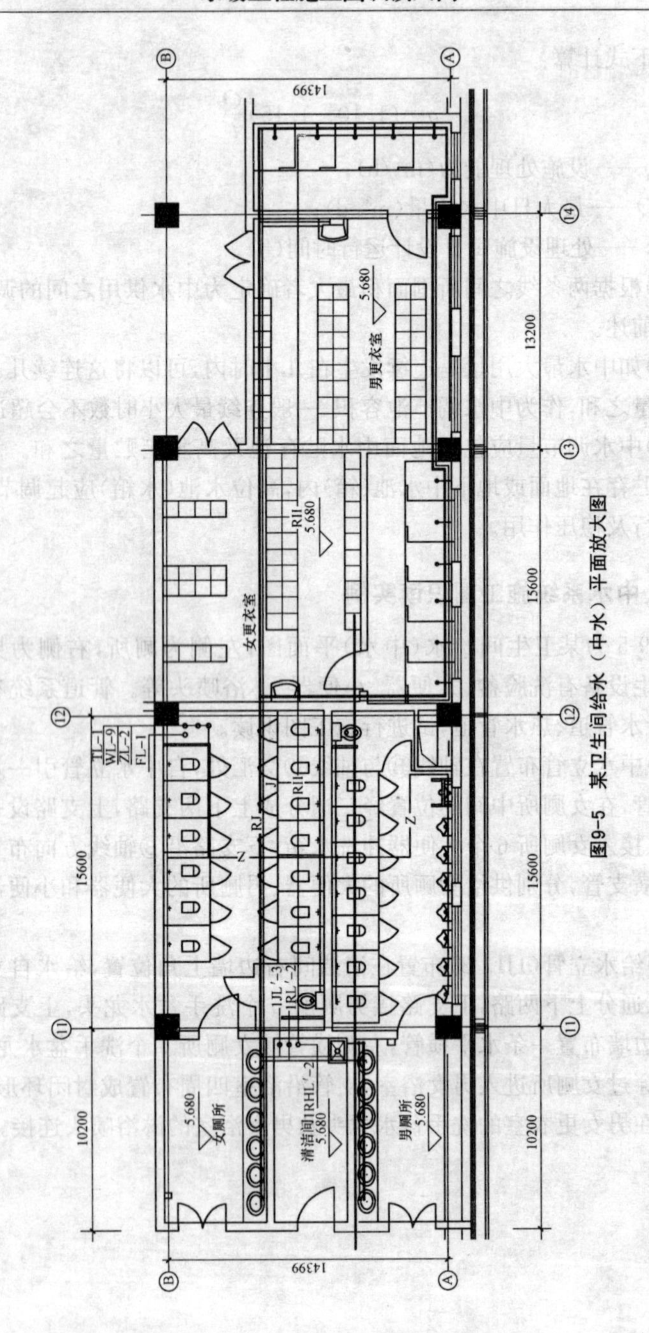

图9-5 某卫生间给水（中水）平面放大图

第十章　计算机绘图简介

计算机绘图是近年来发展十分迅速的技术之一。随着计算机技术的迅速发展，计算机的绘图技术也被广泛地运用到了机械、建筑、土木工程等多个领域，发挥着越来越大的作用。

第一节　计算机绘图软件简介

计算机绘图软件是指将计算机作为绘图工具的软件，目前应用较多的有 AutoCAD，PhotoShop，3ds Max 等。

一、AutoCAD 简介

由 Autodesk 公司开发的 AutoCAD 是当今最为流行的计算机绘图软件之一，其具有使用方便、易掌握、体系结构开放的特点，受到了工程设计人员的欢迎。

1. AutoCAD 的特点

作为一款被普遍使用的计算机绘图软件，AutoCAD 的设计功能十分完备，其主要具有以下特点：

(1)强大的绘图能力。主要包括二维平面图形的绘制和三维实体的创建。

(2)强大的图形编辑能力。利用编辑修改命令生成需要的图形和实体，也可以根据需要快速地修改它们。

(3)强大、快捷的设计中心资源。通过设计中心，可以对图形、块、图案填充和其他图形内容进行访问。可以随时将源图形拖动到当前图形中。也可以将图形、块和填充拖动到工具选项板上。

(4)实时调整功能。在设计的过程中可起到实时调整的功能，简单方便。

(5)强大的数据交换能力。在数据交换方面，AutoCAD 提供了多种图形图像数据交换格式和相应的命令，充分利用了 Windows 环境的剪贴板和对象动态连接技术(OLE)。

(6)完善的打印输出功能。可以用 AutoCAD 对需要打印输出的图形进行规范的布局和适当的打印样式的设置，从而得到令人满意的图纸输出。

(7)支持多种硬件设备和操作平台。

2. AutoCAD 常用命令键

AutoCAD 常用命令键及用途见表 10-1。

表 10-1 AutoCAD 常用命令键及用途

名称	用途
F1	寻求帮助
F2	调出命令输入窗口，用于查看前面输入过的命令的历史记录
F3	对象捕捉开关，Object Snap
F6	坐标显示开关
F7	栅格显示开关，Grid
F8	正交开关，Ortho Mode
F9	栅格捕捉开关，Snap Mode
F10	极轴捕捉开关，Polar
F11	对象追踪开关，Object Snap Tracking
Bhatch	图案填充，如墙体的填充
Multiline Text	书写多行文本
Erase	删除，也可直接用键盘上的 Delete
Copy	复制，一个物体复制到多处时，选择 m(Multiplc)，即可用于多重复制
Mirror	镜像，用于绘制对称图形，文字镜像时一般需要 MIRRTEXT 设置为 0
Offset	偏移，在指定的距离或通过指定的点进行平行复制
Array	陈列，当间距相等时，可排出圆形或矩形的阵列，右上角为正向，左下角为负向移动，通常要与捕捉配合
Move	使一个或一组对绕一个指定的点进行旋转，默认逆时针方向为正向
Rotate	绕基点旋转对象

二、PhotoShop 简介

PhotoShop 是 Adobe 公司旗下最为出名的图像处理软件之一，集图像扫描、编辑修改、图像制作、广告创意、图像输入与输出于一体的图形图像处理软件，深受广大平面设计人员和电脑美术爱好者的喜爱。

1. PhotoShop 软件的特点

PhotoShop 集设计、图像处理和图像输出于一体，主要具有以下特点：

(1)可以为美术设计人员的作品添加艺术魅力；

(2)为摄影师提供颜色校正和润饰、瑕疵修复以及颜色浓度调整等；

(3)为建筑及装饰装潢等行业的设计人员提供绘图、通道、路径和滤镜等多种图像处理手段。

2. PhotoShop 软件常用命令键

PhotoShop 软件常用命令键见表 10-2。

表 10-2 Photoshop 软件常用快捷键

操 作	快捷键
启动帮助	【F1】
剪切	【F2】
拷贝	【F3】
粘贴	【F4】
显示/隐藏“画笔”面板	【F5】
显示/隐藏“颜色”面板	【F6】
显示/隐藏“图层”面板	【F7】
显示/隐藏“信息”面板	【F8】
显示/隐藏“动作”面板	【F9】
恢复	【F12】
填充	【Shift】+【F5】
羽化选区	【Shift】+【F6】
反转选区	【Shift】+【F7】
移动工具	【V】

（续一）

操　作	快捷键
矩形选框工具	【M】
套索工具	【L】
魔棒工具	【W】
裁剪工具	【C】
吸管工具	【I】
污点修复画笔工具	【J】
画笔工具	【B】
仿制图章工具	【S】
历史记录画笔工具	【Y】
橡皮擦工具	【E】
渐变工具	【G】
减淡工具	【O】
钢笔工具	【P】
横排文字工具	【T】
路径选择工具	【A】
自定形状工具	【U】
3D旋转工具	【K】
3D环绕工具	【N】
抓手工具	【H】
旋转视图工具	【R】
缩放工具	【Z】
选择时重新定位选框	任何选框工具（单列和单行除外）＋空格键并拖移
添加到选区	任何选择工具＋【Shift】键并拖移
从选区中减去	任何选择工具＋【Alt】键并拖移
与选区交叉	任何选择工具（快速选择工具除外）＋【Shift】＋【Alt】并拖移

（续二）

操　作	快捷键
将选框限制为方形或圆形（如果没有任何其他选区处于现用状态）	按住【Shift】键拖移
从中心绘制选框（如果没有任何其他选区处于现用状态）	按住【Alt】键拖移
限制形状并从中心绘制选框	拖住【Shift】+【Alt】组合键拖移
切换到移动工具	【Ctrl】（选定抓手、切片、路径、形状或任何钢笔工具时除外）
从磁性套索工具切换到套索工具	按住【Alt】键拖移
从磁性套索工具切换到多边形套索工具	按住【Alt】键拖移
移动选区的拷贝	移动工具+【Alt】键并拖移选区
将所选区域移动1个像素	任何选区+向右箭头键、向左键头键、向上箭头键或向下箭头键
将选区移动1个像素	移动工具+向右箭头键、向左箭头键、向上箭头键或向下箭头键
当未选择图层上的任何内容时，将图层移动1个像素	【Ctrl】+向右箭头键、向左箭头键、向下箭头键
接受裁剪或退出裁剪	裁剪工具+【Enter】或【Esc】
将参考线与标尺记号对齐（未选中“视图”>“对齐”时除外）	按住【Shift】键拖移参考线
从中心交换或对称	【Alt】
限制	【Shift】
扭曲	【Ctrl】
应用	【Enter】
取消	【Ctrl】+【.】（句号）或【Esc】
使用重复数据自由变换	【Ctrl】+【Alt】+【T】
再次使用重复数据进行变换	【Ctrl】+【Shift】+【Alt】+【T】

(续三)

操　作	快捷键
循环切换混合模式	【Shift】+【+】(加号)或【-】(减号)
正常	【Shift】+【Alt】+【N】
溶解	【Shift】+【Alt】+【I】
背后(仅限画笔工具)	【Shift】+【Alt】+【Q】
清除(仅限画笔工具)	【Shift】+【Alt】+【R】
变暗	【Shift】+【Alt】+【K】
正片叠底	【Shift】+【Alt】+【M】
颜色加深	【Shift】+【Alt】+【B】
线性加深	【Shift】+【Alt】+【A】
变亮	【Shift】+【Alt】+【G】
滤色	【Shift】+【Alt】+【S】
颜色减淡	【Shift】+【Alt】+【D】
线性减淡	【Shift】+【Alt】+【W】
叠加	【Shift】+【Alt】+【O】
柔光	【Shift】+【Alt】+【F】
强光	【Shift】+【Alt】+【H】
亮光	【Shift】+【Alt】+【V】
线性光	【Shift】+【Alt】+【J】
点光	【Shift】+【Alt】+【Z】
实色混合	【Shift】+【Alt】+【L】
差值	【Shift】+【Alt】+【E】
排除	【Shift】+【Alt】+【X】
色相	【Shift】+【Alt】+【U】
饱和度	【Shift】+【Alt】+【T】
颜色	【Shift】+【Alt】+【C】
明度	【Shift】+【Alt】+【Y】
去色	按住

（续四）

操　　作	快捷键
饱和	按住【Shift】+【Alt】+【S】并单击海绵工具
减淡/加深影	按住【Shift】+【Alt】+【S】并单击减淡工具/加深工具
减淡/加深中间调	按住【Shift】+【Alt】+【S】并单击减淡工具/加深工具
减淡/加深高光	按住【Shift】+【Alt】+【S】并单击减淡工具/加深工具
将位图图像的混合模式设置为“阈值”,将	【Shift】+【Alt】+【N】
选择多个错点	方向选择工具+【Shift】键并单击
选择整个路径	方向选择工具+【Alt】键并单击
复制路径	钢笔(任何铅笔工具)、路径选择工具或直接选择工具+【Ctrl】+【Alt】并拖移
当指针位于错点或方向点上时从钢筋工具或自由钢笔工具切换到转换点工具	【Alt】
关闭路径	磁性钢笔工具+双击
关闭含有直线段的路径	磁性钢笔工具+【Alt】键并双击
当指针位于锚点或方向点上时从铅笔工具或自由铅笔工具切换到转换点工具	【Alt】
在所选对象的顶部应用新滤镜	按住【Alt】键并单击滤镜
打开/关闭所有展开三角形	按住【Alt】键并单击展开三角形
将“取消”按钮更改为“默认”	【Ctrl】
将“取消”按钮更改为“复位”	【Alt】
还原/重做	【Ctrl】+【Z】
向前一步	【Ctrl】+【Shift】+【Z】
向后一步	【Ctrl】+【Alt】+【Z】

三、3ds Max 软件简介

3D Studio Max,常简称为 3ds Max 或 MAX,是 Autodesk 公司开发的基于 PC 系统的三维动画渲染和制作软件。

1. 3ds Max 软件特点

(1)功能强大,扩展性好。建模功能强大,在角色动画方面具备很强的优势,另外丰富的插件也是其一大亮点。

(2)操作简单,容易上手。与强大的功能相比,3ds Max 可以说是最容易上手的 3D 软件。

(3)和其他相关软件配合流畅。

(4)做出来的效果非常逼真。

2. 3ds Max 软件常用快捷键

3ds Max 软件常用快捷键见表 10-3。

表 10-3 3ds Max 软件常用快捷键

类别	Max 命令	释义或用途	快捷键
视图切换	Back View	后视图	K
	BottomView	底视图	B
	Front View	前视图	F
	Right View	右视图	R
	Left View	左视图	L
	Top View	顶视图	T
	Isometric User View	用户视图	U
	Camera View	摄像机视图	C
	Spot/Directional Light View	灯光视图	Shift+4
视图控制	Wireframe/Smooth Shading Toggle	线框/光滑着色开关	Shift+S
	Wireframe/Smooth+Highlights Toggle	线框/光滑+高光着色开关	F3
	Redraw All Views	刷新全部视图	1
	Show Safeframes Toggle	显示线框开关	Shift+F
	Adaptive Degradation Toggle	适配降级显示开关	O
	View Edged Faces Toggle	显示边面	F4
	Hide Grids Toggle	隐藏网格	G

（续一）

类别	Max 命令	释义或用途	快捷键
视图控制	Show All Grids Toggle	显示全部网格	Shift+G
	Show Selection Bracket Toggle	显示被选择对象的边界盒	J
	Redo Viewport Operation	重做视窗操作	Shift+A
	Undo Viewport Operation	撤销视窗操作	Shift+Z
	ZoomExtents Selected	把选择的对象最大化显示	Alt+Z
	ZoomExtents	把场景最大化显示	Alt+Ctrl+Z
	ZoomMode	缩放模式（放大镜）	Z
	ZoomRegion Mode	区域放大	Ctrl+W，Alt+W
	ZoomViewport In	视窗放大	[
	ZoomViewport Out	视窗缩小	]
	Maximize/max Viewport Toggle	最大化/最小化视窗开关	W
	Pan View	平移视图	Ctrl+P
	Pan Viewport	平移视窗	I
	Rotate View Mode	旋转视图	V，Ctrl+R
渲染	Show Last Rendering	显示最后一次的渲染结果	Ctrl+I
	Render Last	最后一次渲染的视图	Shift+E，F9
	Render Scene	调出渲染场景对话框	Shift+R，F10
	Quick Render	快速渲染	Shift+Q
变换操作	Rotate Mode	旋转模式	Alt+R
	Move Mode	移动模式	M
	Align	对齐	Alt+Ctrl+A
	Mirror Tool	镜像	Alt+1
	Restrict Plane Cycle	约束平面转换	F8
	Restrict to X	约束到 X 轴	F5
	Restrict to Y	约束到 Y 轴	F6
	Restrict to Z	约束到 Z 轴	F7
	TransformGizmo Size Down	变换线框（坐标架）缩小	−
	TransformGizmo Size Up	变换线框（坐标架）放大	+
	TransformGizmo Toggle	变换线框（坐标架）按彩色显示	X
	TransformType−In Dialog	调出键盘输入变换数值对话框	Alt+T

（续二）

类别	Max 命令	释义或用途	快捷键
主工具栏	Normal Align	法线对齐	Alt+N
	Place Highlight	放置高光	Ctrl+H
	Material Editor	材质编辑器	F2
	Redo Scene Operation	重做场景操作	Ctrl+A
	Undo Scene Operation	撤销场景操作	Ctrl+z
	Snap Toggle	打开/关闭捕捉	S
对象选择	Select By Color	按颜色选择	Alt+C
	Select Invert	反转选择	Alt+I
	Select—by—Name Dialog	调出按名称选择对话框	H
	Selection Lock Toggle	锁定/解锁选择集	Space(空格)
	Select All	全选	Alt+A
	Window/Crossing Toggle	窗口/交叉选择切换	Shift+W
隐藏冻结	Hide Cameras Toggle	隐藏摄像机	Shift+C
	Hide Frozen Objects Toggle	显示/隐藏冻结对象	2
	Hide Geometry Toggle	显示/隐藏几何体	Shift+o
	Hide Lights Toggle	显示/隐藏灯光	Shift+L
	Hide Selection	隐藏被选择的对象	3
	Hide Unselected	隐藏未选择的对象	Alt+3
	Unhide All	全部隐藏	4
	Freeze Selection	冻结被选择的对象	Alt+F
	Freeze Unselected	冻结未选择的对象	Alt+Ctrl+F
	Unfreeze All	全部解冻	Alt+D
编组	Group Close	关闭组	Alt+;
	Group Open	打开组	'
	Group	编组(成组)	;
	Ungroup	解开当前组	Alt+U
	Explode	展开所有的组	
界面控制	Show Main Toolbar Toggle	显示/隐藏主工具栏	Alt+6
	Expert Mode Toggle	专家模式	Ctrl+X
	Modify Command Mode	修改面板	Shift+2
	Create Command Mode	创建面板	Shift+1
	Show Tab Panel Toggle	显示/隐藏标签面板	Y

（续三）

类别	Max 命令	释义或用途	快捷键
其他命令	Clone	克隆（复制）	Ctrl+D
	Merge File	合并文件	Alt+M
	Import File	导入文件	Shift+I
	Viewport Background	视图背景	Alt+B
	Save File	保存文件	Ctrl+S
	Summary Info	概要信息	5
	Match Camera to View	匹配摄像机到视图	Ctrl+C

第二节　计算机制图文件

计算机制图文件可分为工程图库文件和工程图纸文件。工程图库文件可在一个以上的工程中重复使用；工程图纸文件只能在一个工程中使用。建立合理的文件目录结构，可对计算机制图文件进行有效的管理和利用。

一、工程图纸编号

1. 工程图纸编号的一般规定

工程图纸编号应符合下列规定：

(1)工程图纸根据不同的子项（区段）、专业、阶段等进行编排，宜按照设计总说明、平面图、立面图、剖面图、详图、清单、简图等的顺序编号。

(2)工程图纸编号应使用汉字、数字和连字符“－”的组合。

(3)在同一工程中，应使用统一的工程图纸编号格式，工程图纸编号应自始至终保持不变。

2. 工程图纸编号格式

工程图纸编号格式应符合下列规定：

(1)工程图纸编号可由区段代码、专业缩写代码、阶段代码、类型代码、序列号、更改代码和更改版本序列号等组成，图 10-1 为工程图纸编号格式示意图。其中区段代码、类型代码、更改代码和更改版本序列号可根据需要设置。区段代码与专业缩写代码、阶段代码与类型代码、序列号与更改代码之间用连字符"－"分隔开。

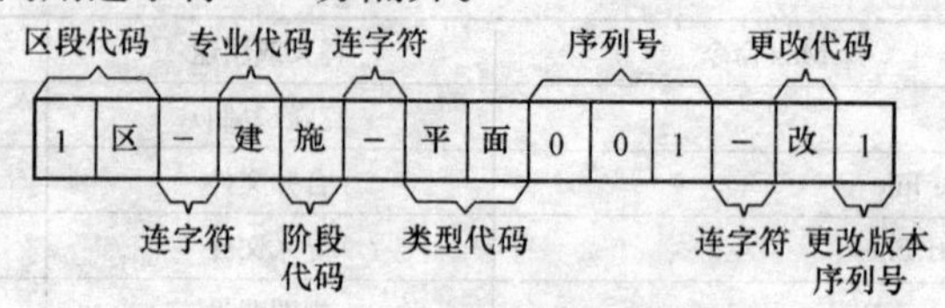

图 10-1　工程图纸编号格式

(2)区段代码用于工程规模较大、需要划分子项或分区段时,区别不同的子项或分区,由 2～4 个汉字和数字组成。

(3)专业缩写代码用于说明专业类别,由 1 个汉字组成,常用的专业缩写代码见表 10-4。

表 10-4　常用专业代码列表

专业	专业代码名称	英文专业代码名称	备　注
总图	总	G	含总图、景观、测量/地图、土建
建筑	建	A	含建筑、室内设计
结构	结	S	含结构
给水排水	水	P	含给水、排水、管道、消防
暖通空调	暖	M	含采暖、通风、空调、机械
电气	电	E	含电气(强电)、通信(弱电)、消防

(4)阶段代码用于区别不同的设计阶段,由 1 个汉字组成,常用的阶段代码见表 10-5。

表 10-5　常用阶段代码列表

设计阶段	阶段代码名称	英文阶段代码名称	备　注
可行性研究	可	S	含预可行性研究阶段
方案设计	方	C	—
初步设计	初	P	含扩大初步设计阶段
施工图设计	施	W	—

(5)类型代码用于说明工程图纸的类型,由 2 个字符组成,常用的类型代码见表 10-6。

表 10-6 常用类型代码列表

工程图纸文件类型	类型代码名称	英文类型代码名称
图纸目录	目录	CL
设计总说明	说明	NT
楼层平面图	平面	FP
场区平面图	场区	SP
拆除平面图	拆除	DP
设备平面图	设备	QP
现有平面图	现有	XP
立面图	立面	EL
剖面图	剖面	SC
大样图(大比例视图)	大样	LS
详图	详图	DT
三维视图	三维	3D
清单	清单	SH
简图	简图	DG

(6)序列号用于标识同一类图纸的顺序,由 001～999 之间的任意 3 位数字组成。

(7)更改代码用于标识某张图纸的变更图,用汉字“改”表示。

(8)更改版本序列号用于标识变更图的版次,由 1～9 之间的任意 1 位数字组成。

二、计算机制图文件命名

1. 工程图纸文件命名的一般规定

工程图纸文件命名应符合下列规定:

(1)工程图纸文件可根据不同的工程、子项或分区、专业、图纸类型等进行组织,命名规则应具有一定的逻辑关系,便于识别、记忆、操作和检索。

(2)工程图纸文件名称应使用拉丁字母、数字、连字符“—”和井字符“#”的组合。

(3)在同一工程中,应使用统一的工程图纸文件名称格式,工程图纸文件名称应自始至终保持不变。

2. 工程图纸文件命名格式

工程图纸文件命名格式应符合下列规定:

(1)工程图纸文件名称可由工程代码、专业代码、类型代码、用户定义代码和文件扩展名组成,图 10-2 为工程图纸文件命名格式示意图,其中工程代码和用户定义代码可根据需要设置。专业代码与类型代码之间用连字符“—”分隔开;用户定义代码与文件扩展名之间用小数点“·”分隔开。

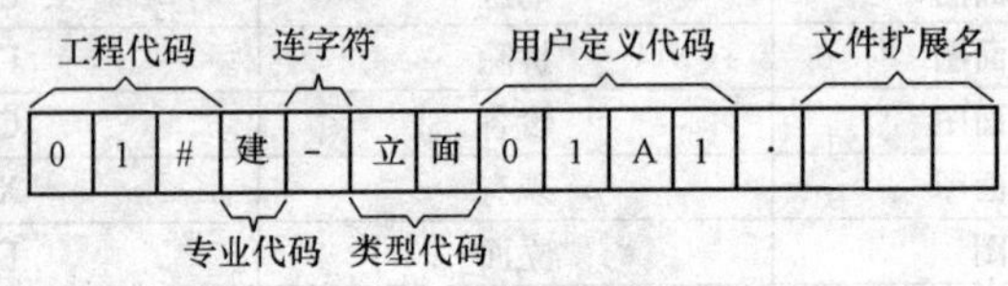

图 10-2　工程图纸文件命名格式

(2)工程代码用于说明工程、子项或区段,可由 2～5 个字符和数字组成。

(3)专业代码用于说明专业类别,由 1 个字符组成。

(4)类型代码用于说明工程图纸文件的类型,由 2 个字符组成,见表 10-6。

(5)用户定义代码用于说明工程图纸文件的类型,宜由 2～5 个字符和数字组成,其中前两个字符为标识同一类图纸文件的序列号,后两位字符表示工程图纸文件变更的范围与版次,图 10-3 为工程图纸文件变更范围与版次表示示意图。

(6)小数点后的文件扩展名由创建工程图纸文件的计算机制图软件定义,由 3 个字符组成。

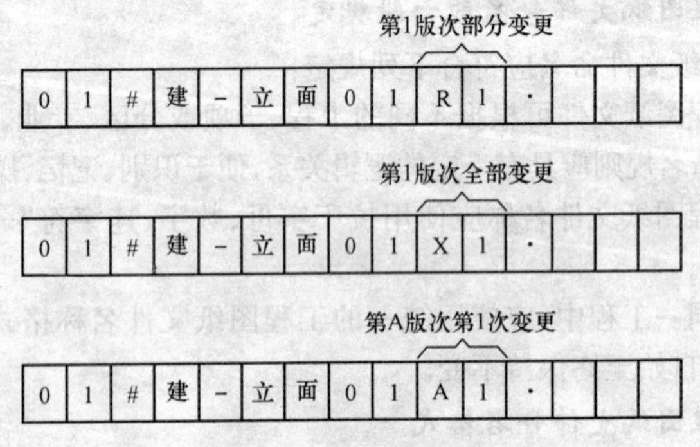

图 10-3　工程图纸文件变更范围与版次表示

3. 工程图库文件命名

工程图库文件命名应符合下列规定：

(1)工程图库文件应根据建筑体系、组装需要或用法等进行分类，并应便于识别、记忆、操作和检索；

(2)工程图库文件名称应使用拉丁字母和数字的组合；

(3)在特定工程中使用工程图库文件，应将该工程图库文件复制到特定工程的文件夹中，并应更名为与特定工程相适合的工程图纸文件名。

三、计算机制图文件与文件夹

1. 计算机制图文件夹

(1)计算机制图文件夹宜根据工程、设计阶段、专业、使用人和文件类型等进行组织。计算机制图文件夹的名称可由用户或计算机制图软件定义，并应在工程上具有明确的逻辑关系，便于识别、记忆、管理和检索。

(2)计算机制图文件夹名称可使用汉字、拉丁字母、数字和连字符"—"的组合，但汉字与拉丁字母不得混用。

(3)在同一工程中，应使用统一的计算机制图文件夹命名格式，计算机制图文件夹名称应自始至终保持不变，且不得同时使用中文和英文的命名格式。

(4)为满足协同设计的需要，可分别创建工程、专业内部的共享与交换文件夹。

2. 计算机制图文件的使用与管理

(1)工程图纸文件应与工程图纸一一对应，以保证存档时工程图纸与计算机制图文件的一致性。

(2)计算机制图文件宜使用标准化的工程图库文件。

(3)文件备份。文件备份应符合下列规定：

1)计算机制图文件应及时备份，避免文件及数据的意外损坏、丢失等；

2)计算机制图文件备份的时间和份数可根据具体情况自行确定，宜每日或每周备份一次。

(4)应采取定期备份、预防计算机病毒、在安全的设备中保存文件的副本、设置相应的文件访问与操作权限、文件加密，以及使用不间断电源(UPS)等保护措施，对计算机制图文件进行有效保护。

(5)计算机制图文件应及时归档。

(6)不同系统间图形文件交换应符合现行国家标准《工业自动化系统与集成 产品数据表达与交换》(GB/T 16656)的规定。

四、协同设计与计算机制图文件

1. 协同设计的计算机制图文件组织

协同设计的计算机制图文件组织应符合下列规定：

(1)采用协同设计方式，应根据工程的性质、规模、复杂程度和专业需要，合理、有序地组织计算机制图文件，并应据此确定设计团队成员的任务分工。

(2)采用协同设计方式组织计算机制图文件，应以减少或避免设计内容的重复创建和编辑为原则，条件许可时，宜使用计算机制图文件参照方式。

(3)为满足专业之间协同设计的需要，可将计算机制图文件划分为各专业共用的公共图纸文件、向其他专业提供的资料文件和仅供本专业使用的图纸文件。

(4)为满足专业内部协同设计的需要，可将本专业的一个计算机制图文件分解为若干零件图文件，并建立零件图文件与组装图文件之间的联系。

2. 协同设计的计算机制图文件

协同设计的计算机制图文件应符合下列规定：

(1)在主体计算机制图文件中，可引用具有多级引用关系的参照文件，并允许对引用的参照文件进行编辑、剪裁、拆离、覆盖、更新、永久合并的操作；

(2)为避免参照文件的修改引起主体计算机制图文件的变动，主体计算机制图文件归档时，应将被引用的参照文件与主体计算机制图文件永久合并(绑定)。

第三节 计算机制图文件图层与制图规则

一、图层命名

图层命名应符合下列规定：

(1)图层可根据不同用途、设计阶段、属性和使用对象等进行组织，在工程上应具有明确的逻辑关系，便于识别、记忆、软件操作和检索。

(2)图层名称可使用汉字、拉丁字母、数字和连字符“—”的组合，但汉字与拉丁字母不得混用。

(3)在同一工程中，应使用统一的图层命名格式，图层名称应自始至终保持不变，且不得同时使用中文和英文的命名格式。

二、图层命名格式

图层命名格式应符合下列规定：

(1)图层命名应采用分级形式，每个图层名称由 2～5 个数据字段(代码)组成，第一级为专业代码，第二级为主代码，第三、四级分别为次代码 1 和次代码 2，第五级为状态代码；其中第三级～第五级可根据需要设置；每个相邻的数据字段用连字符“—”分隔开。

(2)专业代码用于说明专业类别，宜选用《房屋建筑制图统一标准》(GB/T 50001—2010)附录 B 所列出的常用专业代码。

(3)主代码用于详细说明专业特征，主代码可以和任意的专业代码组合。

(4)次代码 1 和次代码 2 用于进一步区分主代码的数据特征，次代码可以和任意的主代码组合。

(5)状态代码用于区分图层中所包含的工程性质或阶段；状态代码不能同时表示工程状态和阶段，常用状态代码见表 10-7。

表 10-7　常用状态代码列表

工程性质或阶段	状态代码名称	英文状态代码名称	备　注
新建	新建	N	—
保留	保留	E	—
拆除	拆除	D	—
拟建	拟建	F	—
临时	临时	T	—
搬迁	搬迁	M	—
改建	改建	R	—
合同外	合同外	X	—
阶段编号	—	1～9	—
可行性研究	可研	S	阶段名称
方案设计	方案	C	阶段名称
初步设计	初步	P	阶段名称
施工图设计	施工图	W	阶段名称

(6)中文图层名称宜采用图 10-4 的格式，每个图层名称由 2～5 个数据字段组成，每个数据字段为 1～3 个汉字，每个相邻的数据字段用连字符“—”分隔开。

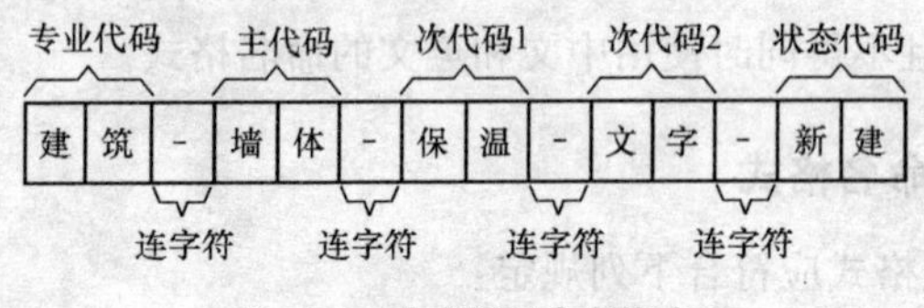

图 10-4　中文图层命名格式

(7)英文图层名称宜采用图 10-5 的格式，每个图层名称由 2～5 个数据字段组成，每个数据字段为 1～4 个字符，每个相邻的数据字段用连字符“—”分隔开；其中专业代码为 1 个字符，主代码、次代码 1 和次代码 2 为 4 个字符，状态代码为 1 个字符。

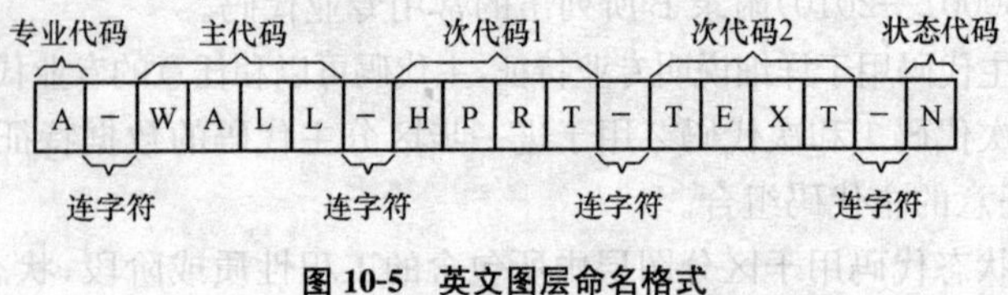

图 10-5　英文图层命名格式

(8)图层名称。常用建筑专业图层名称见表 10-8，常用给水排水专业图层名称见表 10-9。

表 10-8　常用建筑专业图层名称列表

图层	中文名称	英文名称	备　注
轴线	建筑—轴线	A—AXIS	—
轴网	建筑—轴线—轴网	A-AXIS-GRID	平面轴网、中心线
轴线标注	建筑—轴线—标注	A-AXIS-DIMS	轴线尺寸标注及文字标注
轴线编号	建筑—轴线—编号	A-AXIS-TEXT	—
墙	建筑—墙	A-WALL	墙轮廓线，通常指混凝土墙
砖墙	建筑—墙—砖墙	A-WALL-MSNW	—

（续一）

图层	中文名称	英文名称	备　注
轻质隔墙	建筑—墙—隔墙	A-WALL-PRTN	—
玻璃幕墙	建筑—墙—幕墙	A-WALL-GLAZ	—
矮墙	建筑—墙—矮墙	A-WALL-PRHT	半截墙
单线墙	建筑—墙—单线	A-WALL-CNTR	—
墙填充	建筑—墙—填充	A-WALL-PATT	—
墙保温层	建筑—墙—保温	A-WALL-HPRT	内、外墙保温完成线
柱	建筑—柱	A-COLS	柱轮廓线
柱填充	建筑—柱—填充	A-COLS-PATT	—
门窗	建筑—门窗	A-DRWD	门、窗
门窗编号	建筑—门窗—编号	A-DRWD-IDEN	门、窗编号
楼面	建筑—楼面	A-FLOR	楼面边界及标高变化处
地面	建筑—楼面—地面	A-FLOR-GRND	地面边界及标高变化处，室外台阶、散水轮廓
屋面	建筑—楼面—屋面	A-FLOR-ROOF	屋面边界及标高变化处、排水坡脊或坡谷线、坡向箭头及数字、排水口
阳台	建筑—楼面—阳台	A-FLOR-BALC	阳台边界线
楼梯	建筑—楼面—楼梯	A-FLOR-STRS	楼梯踏步、自动扶梯
电梯	建筑—楼面—电梯	A-FLOR-EVTR	电梯间
卫生洁具	建筑—楼面—洁具	A-FLOR-SPCL	卫生洁具投影线
房间名称、编号	建筑—楼面—房间	A-FLOR-IDEN	—
栏杆	建筑—楼面—栏杆	A-FLOR-HRAL	楼梯扶手、阳台防护栏
停车库	建筑—停车场	A-PRKG	—

（续二）

图层	中文名称	英文名称	备　注
停车道	建筑—停车场—道牙	A-PRKG-CURB	停车场道牙、车行方向、转弯半径
停车位	建筑—停车场—车位	A-PRKG-SIGN	停车位标线、编号及标识
区域	建筑—区域	A-AREA	—
区域边界	建筑—区域—边界	A-AREA-OTLN	区域边界及标高变化处
区域标注	建筑—区域—标注	A-AREA-TEXT	面积标注
家具	建筑—家具	A-FURN	—
固定家具	建筑—家具—固定	A-FURN-FIXD	固定家具投影线
活动家具	建筑—家具—活动	A-FURN-MOVE	活动家具投影线
吊顶	建筑—吊顶	A-CLNG	—
吊顶网格	建筑—吊顶—网格	A-CLNG-GRID	吊顶网格线、主龙骨
吊顶图案	建筑—吊顶—图案	A-CLNG-PATT	吊顶图案线
吊顶构件	建筑—吊顶—构件	A-CLNG-SUSP	吊顶构件，吊顶上的灯具、风口
立面	建筑—立面	A-ELEV	—
立面线 1	建筑—立面—线一	A-ELEV-LIN1	—
立面线 2	建筑—立面—线二	A-ELEV-LIN2	—
立面线 3	建筑—立面—线三	A-ELEV-LIN3	—
立面线 4	建筑—立面—线四	A-ELEV-LIN4	—
立面填充	建筑—立面—填充	A-ELEV-PATT	—
剖面	建筑—剖面	A-SECT	—
剖面线 1	建筑—剖面—线一	A-SECT-L1N1	—
剖面线 2	建筑—剖面—线二	A-SECT-LIN2	—
剖面线 3	建筑—剖面—线三	A-SECT-LIN3	—
剖面线 4	建筑—剖面—线四	A-SECT-LIN4	—

（续三）

图层	中文名称	英文名称	备　注
详图	建筑—详图	A-DETL	—
详图线 1	建筑—详图—线一	A-DETL-LIN1	—
详图线 2	建筑—详图—线二	A-DETL-LIN2	—
详图线 3	建筑—详图—线三	A-DETL-LIN3	—
详图线 4	建筑—详图—线四	A-DETL-LIN4	—
三维	建筑—三维	A-3DMS	—
三维线 1	建筑—三维—线一	A-3DMS-LIN1	—
三维线 2	建筑—三维—线二	A-3DMS-LIN2	—
三维线 3	建筑—三维—线三	A-3DMS-LIN3	—
三维线 4	建筑—三维—线四	A-3DMS-LIN4	—
注释	建筑—注释	A-ANNO	—
图框	建筑—注释—图框	A-ANNO-TTLB	图框及图框文字
图例	建筑—注释—图例	A-ANNO-LEGN	图例与符号
尺寸标注	建筑—注释—标注	A-ANNO-DIMS	尺寸标注及文字标注
文字说明	建筑—注释—文字	A-ANNO-TEXT	建筑专业文字说明
公共标注	建筑—注释—公共	A-ANNO-IDEN	—
标高标注	建筑—注释—标高	A-ANNO-ELVT	标高符号及文字标注
索引符号	建筑—注释—索引	A-ANNO-CRSR	—
引出标注	建筑—注释—引出	A-ANNO-DRVT	—
表格	建筑—注释—表格	A-ANNO-TABL	—
填充	建筑—注释—填充	A-ANNO-PATT	图案填充
指北针	建筑—注释—指北针	A-ANNO-NARW	—

表 10-9　　常用给水排水专业图层名称列表

图层	中文名称	英文名称	备　注
轴线	给排水—轴线	P-AXIS	—
轴网	给排水—轴线—轴网	P-AXIS-GRID	平面轴网、中心线

（续一）

图层	中文名称	英文名称	备　注
轴线标注	给排水—轴线—标注	P-AXIS-DIMS	轴线尺寸标注及文字标注
轴线编号	给排水—轴线—编号	P-AXIS-TEXT	—
给水	给排水—给水	P-DOMW	生活给水
给水平面	给排水—给水—平面	P-DOMW-PLAN	—
给水立管	给排水—给水—立管	P-DOMW-VPIP	—
给水设备	给排水—给水—设备	P-DOMW-EQPM	给水管阀门及其他配件
给水管道井	给排水—给水—管道井	P-DOMW-PWEL	—
给水标高	给排水—给水—标高	P-DOMW-ELVT	给水管标高
给水管径	给排水—给水—管径	P-DOMW-PDMT	给水管管径
给水标注	给排水—给水—标注	P-DOMW-IDEN	给水管文字标注
给水尺寸	给排水—给水—尺寸	P-DOMW-DIMS	给水管尺寸标注及文字标注
直接饮用水	给排水—饮用	P-PTBW	—
直饮水平面	给排水—饮用—平面	P-PTBW-PLAN	—
直饮水立管	给排水—饮用—立管	P-PTBW-VPIP	—
直饮水设备	给排水—饮用—设备	P-PTBW-EQPM	直接饮用水管阀门及其他配件
直饮水管道井	给排水—饮用—管道井	P-PTBW-PWEL	—
直饮水标高	给排水—饮用—标高	P-PTBW-ELVT	直接饮用水管标高
直饮水管径	给排水—饮用—管径	P-PTBW-PDMT	直接饮用水管管径
直饮水标注	给排水—饮用—标注	P-PTBW-IDEN	直接饮用水管文字标注
直饮水尺寸	给排水—饮用—尺寸	P-PTBW-DIMS	直接饮用水管尺寸标注及文字标注
热水	给排水—热水	P-HPIP	热水

（续二）

图层	中文名称	英文名称	备 注
热水平面	给排水—热水—平面	P-HPIP-PLAN	—
热水立管	给排水—热水—立管	P-HPIP-VPIP	—
热水设备	给排水—热水—设备	P-HPIP-EQPM	热水管阀门及其他配件
热水管道井	给排水—热水—管道井	P-HPIP-PWEL	—
热水标高	给排水—热水—标高	P-HPIP-ELVT	热水管标高
热水管径	给排水—热水—管径	P-HPIP-PDMT	热水管管径
热水标注	给排水—热水—标注	P-HPIP-IDEN	热水管文字标注
热水尺寸	给排水—热水—尺寸	P-HPIP-DIMS	热水管尺寸标注及文字标注
回水	给排水—回水	P-RPIP	热水回水
回水平面	给排水—回水—平面	P-RPIP-PLAN	—
回水立管	给排水—回水—立管	P-RPIP-VPIP	—
回水设备	给排水—回水—设备	P-RPIP-EQPM	回水管阀门及其他配件
回水管道井	给排水—回水—管道井	P-RPIP-PWEL	—
回水标高	给排水—回水—标高	P-RPIP-ELVT	回水管标高
回水管径	给排水—回水—管径	P-RPIP-PDMT	回水管管径
回水标注	给排水—回水—标注	P-RPIP-IDEN	回水管文字标注
回水尺寸	给排水—回水—尺寸	P-RPIP-DIMS	回水管尺寸标注及文字标注
排水	给排水—排水	P-PDRN	生活污水排水
排水平面	给排水—排水—平面	P-PDRN-PLAN	—
排水立管	给排水—排水—立管	P-PDRN-VPIP	—
排水设备	给排水—排水—设备	P-PDRN-EQPM	排水管阀门及其他配件
排水管道井	给排水—排水—管道井	P-PDRN-PWEL	—
排水标高	给排水—排水—标高	P-PDRN-ELVT	排水管标高
排水管径	给排水—排水—管径	P-PDRN-PDMT	排水管管径

（续三）

图层	中文名称	英文名称	备　注
排水标注	给排水—排水—标注	P-PDRN-IDEN	排水管文字标注
排水尺寸	给排水—排水—尺寸	P-PDRN-DIMS	排水管尺寸标注及文字标注
压力排水管	给排水—排水—压力	P-PDRN-PRES	—
雨水	给排水—雨水	P-STRM	—
雨水平面	给排水—雨水—平面	P-STRM-PLAN	—
雨水立管	给排水—雨水—立管	P-STRM-VPIP	—
雨水设备	给排水—雨水—设备	P-STRM-EQPM	雨水管阀门及其他配件
雨水管道井	给排水—雨水—管道井	P-STRM-PWEL	—
雨水标高	给排水—雨水—标高	P-STRM-ELVT	雨水管标高
雨水管径	给排水—雨水—管径	P-STRM-PDMT	雨水管管径
雨水标注	给排水—雨水—标注	P-STRM-IDEN	雨水管文字标注
雨水尺寸	给排水—雨水—尺寸	P-STRM-DIMS	雨水管尺寸标注及文字标注
消防	给排水—消防	P-FIRE	消防给水
消防平面	给排水—消防—平面	P-FIRE-PLAN	—
消防立管	给排水—消防—立管	P-FIRE-VPIP	—
消防设备	给排水—消防—设备	P-FIRE-EQPM	消防给水管阀门及其他配件、消火栓
消防管道井	给排水—消防—管道井	P-FIRE-PWEL	—
消防标高	给排水—消防—标高	P-FIRE-ELVT	消防给水管标高
消防管径	给排水—消防—管径	P-FIRE-PDMT	消防给水管管径
消防标注	给排水—消防—标注	P-FIRE-IDEN	消防给水管文字标注
消防尺寸	给排水—消防—尺寸	P-FIRE-DIMS	消防给水管尺寸标注及文字标注
喷淋	给排水—喷淋	P-SPRN	自动喷淋

（续四）

图层	中文名称	英文名称	备　注
喷淋平面	给排水—喷淋—平面	P-SPRN-PLAN	—
喷淋立管	给排水—喷淋—立管	P-SPRN-VPIP	—
喷淋设备	给排水—喷淋—设备	P-SPRN-EQPM	喷淋管阀门及其他配件、喷头
喷淋管道井	给排水—喷淋—管道井	P-SPRN-PWEL	—
喷淋标高	给排水—喷淋—标高	P-SPRN-ELVT	喷淋管标高
喷淋管径	给排水—喷淋—管径	P-SPRN-PDMT	喷淋管管径
喷淋标注	给排水—喷淋—标注	P-SPRN-IDEN	喷淋管文字标注
喷淋尺寸	给排水—喷淋—尺寸	P-SPRN-DIMS	喷淋管尺寸标注及文字标注
水喷雾管	给排水—喷淋—喷雾	P-SPRN-SPRY	—
中水	给排水—中水	P-RECW	—
中水平面	给排水—中水—平面	P-RECW-PLAN	—
中水立管	给排水—中水—立管	P-RECW-VPIP	—
中水设备	给排水—中水—设备	P-RECW-EQPM	中水管阀门及其他配件
中水管道井	给排水—中水—管道井	P-RECW-PWEL	—
中水标高	给排水—中水—标高	P-RECW-ELVT	中水管标高
中水管径	给排水—中水—管径	P-RECW-PDMT	中水管管径
中水标注	给排水—中水—标注	P-RECW-IDEN	中水管文字标注
中水尺寸	给排水—中水—尺寸	P-RECW-DIMS	中水管尺寸标注及文字标注
冷却水	给排水—冷却	P-CWTR	循环冷却水
冷却水平面	给排水—冷却-平面	P-CWTR-PLAN	—
冷却水立管	给排水—冷却-立管	P-CWTR-VPIP	—

（续五）

图层	中文名称	英文名称	备　注
冷却水设备	给排水—冷却—设备	P-CWTR-EQPM	冷却水管阀门及其他配件
冷却水管道井	给排水—冷却—管道井	P-CWTR-PWEL	—
冷却水标高	给排水—冷却—标高	P-CWTR-ELVT	冷却水管标高
冷却水管径	给排水—冷却—管径	P-CWTR-PDMT	冷却水管管径
冷却水标注	给排水—冷却—标注	P-CWTR-IDEN	冷却水管文字标注
冷却水尺寸	给排水—冷却—尺寸	P-CWTR-DIMS	冷却水管尺寸标注及文字标注
废水	给排水—废水	P-WSTW	—
废水平面	给排水—废水—平面	P-WSTW-PLAN	—
废水立管	给排水—废水—立管	P-WSTW-VPIP	—
废水设备	给排水—废水—设备	P-WSTW-EQPM	废水管阀门及其他配件
废水管道井	给排水—废水—管道井	P-WSTW-PWEL	—
废水标高	给排水—废水—标高	P-WSTW-ELVT	废水管标高
废水管径	给排水—废水—管径	P-WSTW-PDMT	废水管管径
废水标注	给排水—废水—标注	P-WSTW-IDEN	废水管文字标注
废水尺寸	给排水—废水—尺寸	P-WSTW-DIMS	废水管尺寸标注及文字标注
通气	给排水—通气	P-PGAS	—
通气平面	给排水—通气—平面	P-PGAS-PLAN	—
通气立管	给排水—通气—立管	P-PGAS-VPIP	—
通气设备	给排水—通气—设备	P-PGAS-EQPM	通气管阀门及其他配件
通气管道井	给排水—通气—管道井	P-PGAS-PWEL	—
通气标高	给排水—通气—标高	P-PGAS-ELVT	通气管标高
通气管径	给排水—通气—管径	P-PGAS-PDMT	通气管管径
通气标注	给排水—通气—标注	P-PGAS-IDEN	通气管文字标注
通气尺寸	给排水—通气—尺寸	P-PGAS-DIMS	通气管尺寸标注及文字标注

（续六）

图层	中文名称	英文名称	备　注
蒸汽	给排水—蒸汽	P-STEM	—
蒸汽平面	给排水—蒸汽—平面	P-STEM-PLAN	—
蒸汽立管	给排水—蒸汽—立管	P-STEM-VPIP	—
蒸汽设备	给排水—蒸汽—设备	P-STEM-EQPM	蒸汽管阀门及其他配件
蒸汽管道井	给排水—蒸汽—管道井	P-STEM-PWEL	—
蒸汽标高	给排水—蒸汽—标高	P-STEM-ELVT	蒸汽管标高
蒸汽管径	给排水—蒸汽—管径	P-STEM-PDMT	蒸汽管管径
蒸汽标注	给排水—蒸汽—标注	P-STEM-IDEN	蒸汽管文字标注
蒸汽尺寸	给排水—蒸汽—尺寸	P-STEM-DIMS	蒸汽管尺寸标注及文字标注
注释	给排水—注释	P-ANNO	—
图框	给排水—注释—图框	P-ANNO-TTLB	图框及图框文字
图例	给排水—注释—图例	P-ANNO-LEGN	图例与符号
尺寸标注	给排水—注释—标注	P-ANNO-DIMS	尺寸标注及文字标注
文字说明	给排水—注释—文字	P-ANNO-TEXT	给排水专业文字说明
公共标注	给排水—注释—公共	P-ANNO-IDEN	—
标高标注	给排水—注释—标高	P-ANNO-ELVT	标高符号及文字标注
表格	给排水—注释—表格	P-ANNO-TABL	—

三、计算机制图规则

1. 计算机制图的方向与指北针

计算机制图的方向与指北针应符合下列规定：

(1)平面图与总平面图的方向宜保持一致。

(2)绘制正交平面图时，宜使定位轴线与图框边线平行。图 10-6 为正交平面图制图方向与指北针方向示意图。

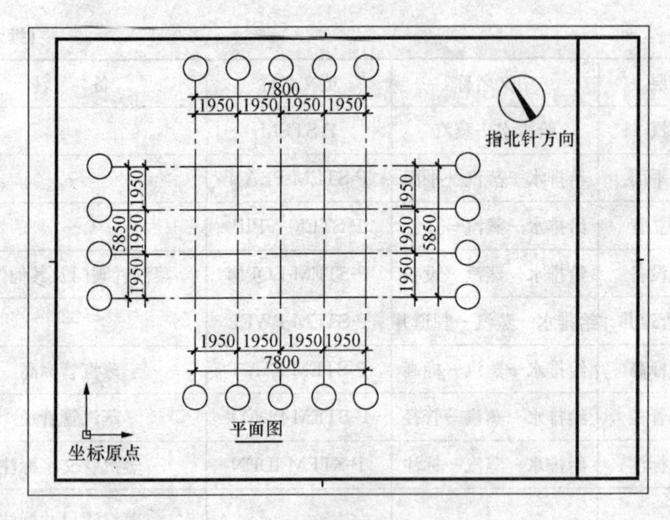

图 10-6　正交平面图制图方向与指北针方向示意

(3)绘制由几个局部正交区域组成且各区域相互斜交的平面图时,可选择其中任意一个正交区域的定位轴线与图框边线平行。图 10-7 为正交区域相互斜交的平面图制图方向与指北针方向示意图。

(4)指北针应指向绘图区的顶部,并在整套图纸中保持一致。

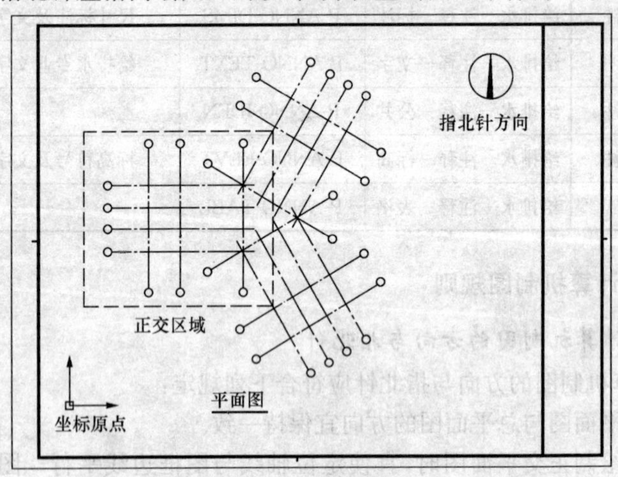

图 10-7　正交区域相互斜交的平面图制图方向与指北针方向示意

2. 计算及制图的坐标系与原点

计算机制图的坐标系与原点应符合下列规定：

(1)计算机制图时，可选择世界坐标系或用户定义坐标系；

(2)绘制总平面图工程中有特殊要求的图样时，也可使用大地坐标系；

(3)坐标原点的选择，宜使绘制的图样位于横向坐标轴的上方和纵向坐标轴的右侧并紧邻坐标原点；

(4)在同一工程中，各专业应采用相同的坐标系与坐标原点。

3. 计算机制图的布局

计算机制图的布局应符合下列规定：

(1)计算机制图时，宜按照自下而上、自左至右的顺序排列图样；宜布置主要图样，再布置次要图样；

(2)表格、图纸说明宜布置在绘图区的右侧。

4. 计算及制图的比例

计算机制图的比例应符合下列规定：

(1)计算机制图时，采用 1∶1 的比例绘制图样时，应按照图中标注的比例打印成图；采用图中标注的比例绘制图样，应按照 1∶1 的比例打印成图；

(2)计算机制图时，可采用适当的比例书写图样及说明中文字。

参考文献

[1] 朴芬淑．建筑给水排水施工图识读[M]．北京：机械工业出版社，2009．
[2] 李永红．水暖安装工程识图与预算入门[M]．北京：人民邮电出版社，2005．
[3] 叶欣．建筑给水排水及采暖施工便携手册[M]．北京：中国计划出版社，2006．
[4] 中华人民共和国住房和城乡建设部．GB/T 50106—2010 建筑给水排水制图标准[S]．北京：中国计划出版社，2010．
[5] 中华人民共和国住房和城乡建设部．GB/T 50001—2010 房屋建筑制图统一标准[S]．北京：中国计划出版社，2010．
[6] 中华人民共和国住房和城乡建设部．GB/T 50015—2003 建筑给水排水设计规范[S]．北京：中国计划出版社，2003．
[7] 杨波．管工识图速成与技法[M]．南京：江苏科学技术出版社，2009．
[8] 隋宝吉．管工识图[M]．北京：化学工业出版社，2007．